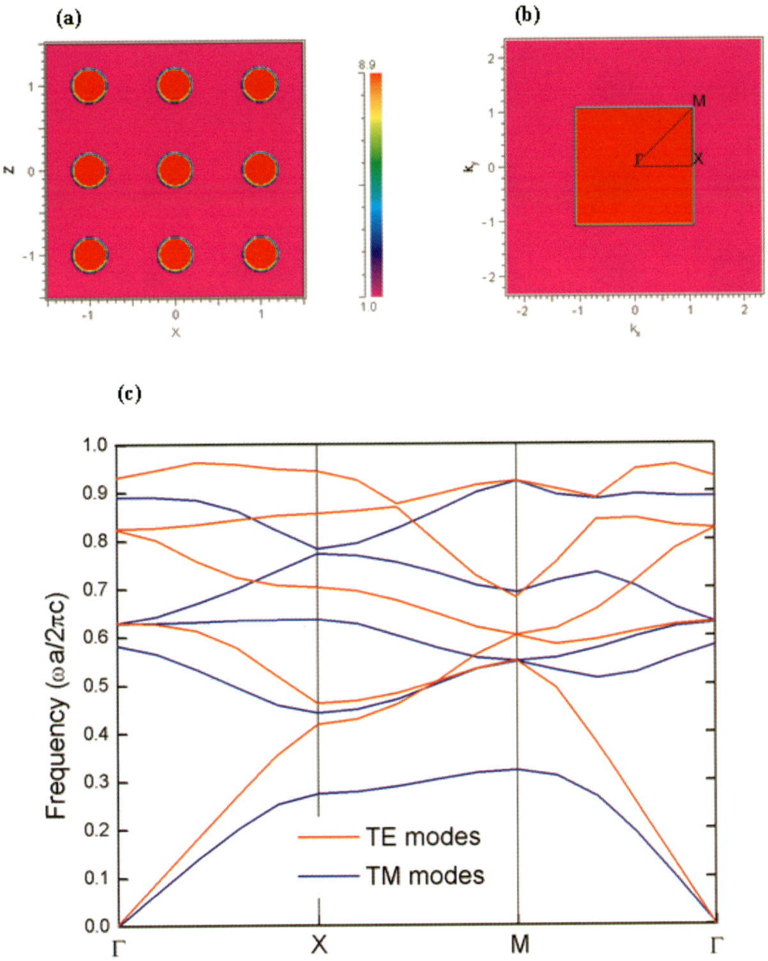

[그림 3.1] (a) 공기 중 원주형 유전체가 정사각형 격자를 이루며 배열된 구조 $\epsilon=8.9$이고 $r=0.2a$. a는 격자주기, r은 원주형 유전체 반경.

(b) 정사각형 격자의 브릴리앙 영역

(c) 광자밴드구조, 파란색 밴드는 TM 모드를 나타내고 빨간색 밴드는 TE 모드를 나타낸다.

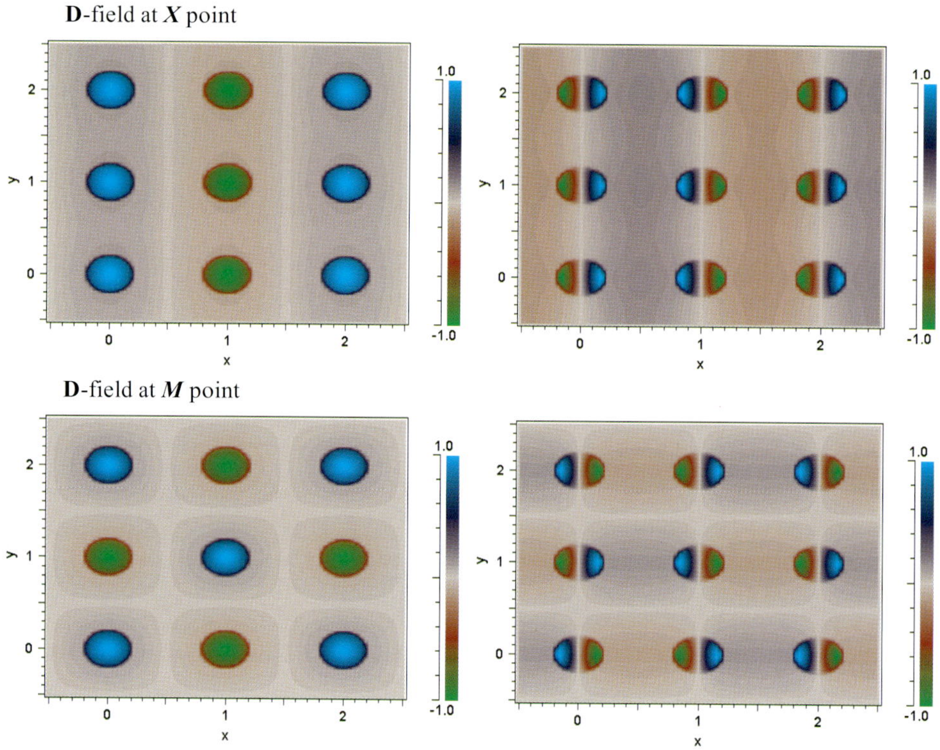

[그림 3.2] 정사각형 격자구조의 원주형 유전체에 대한 TM 모드에서의 대체 전기장의 z-축 성분, X와 M에서 각각 왼쪽은 첫 번째 밴드(dielectric band)이고 오른쪽은 두 번째 밴드(air-band)이다.

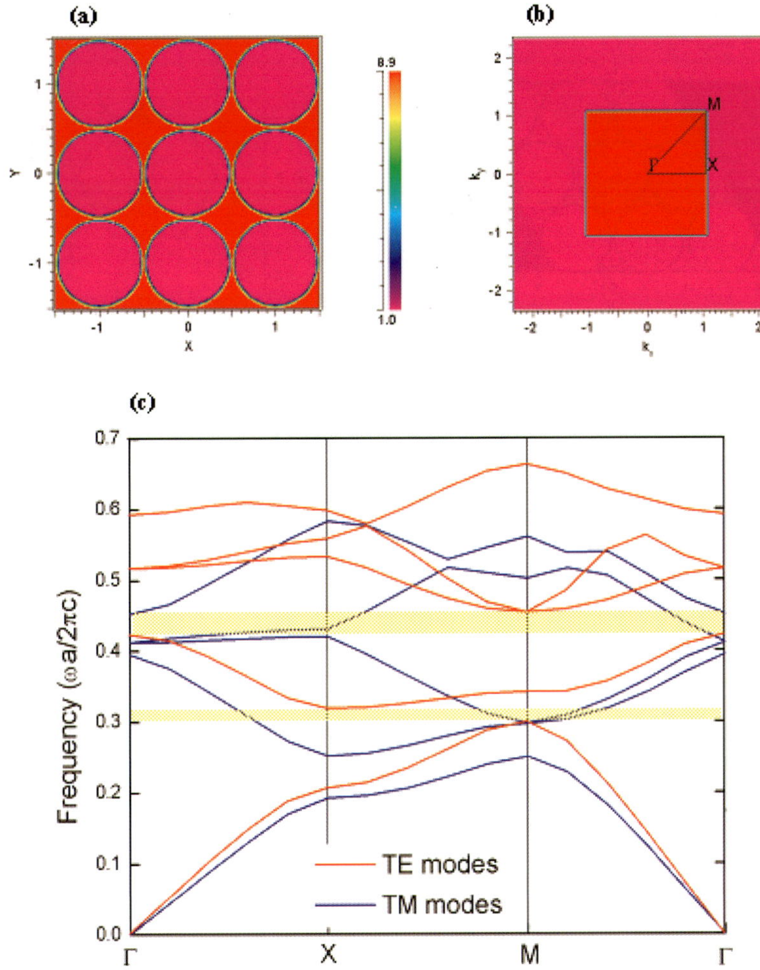

[그림 3.3] (a) 유전체 내 공극이 정사각형 격자를 이루며 배열된 구조. 유전체의 유전상수 $\epsilon = 8.9$이고 공극의 반지름 $r = 0.4a$. (b) 정사각형 격자의 브릴리앙 영역 (c) 광자밴드구조, 파란색 밴드는 TM 모드를 나타내고 빨간색 밴드는 TE 모드를 나타낸다. TE 모드에서 첫 번째 밴드와 두 번째 밴드 사이에 그리고 두 번째 밴드와 세 번째 밴드 사이에 광자 밴드갭이 나타난다.

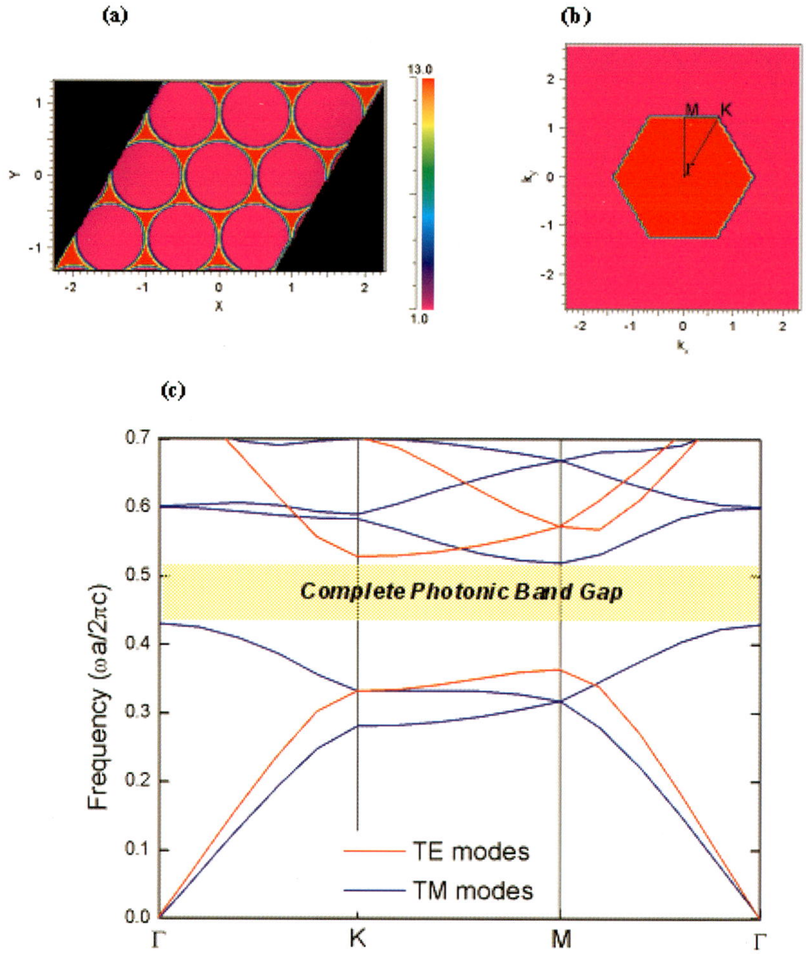

[그림 3.6] (a) 유전체 내 공극이 육각형 격자를 이루며 배열된 구조. 유전체의 유전상수 $\epsilon = 13$이고 공극의 반지름 $r = 0.48a$. (b) 육각형 격자 구조의 브릴리앙 영역 (c) 광자밴드구조, 파란색 밴드는 TM 모드를 나타내고 빨간색 밴드는 TE 모드를 나타낸다.

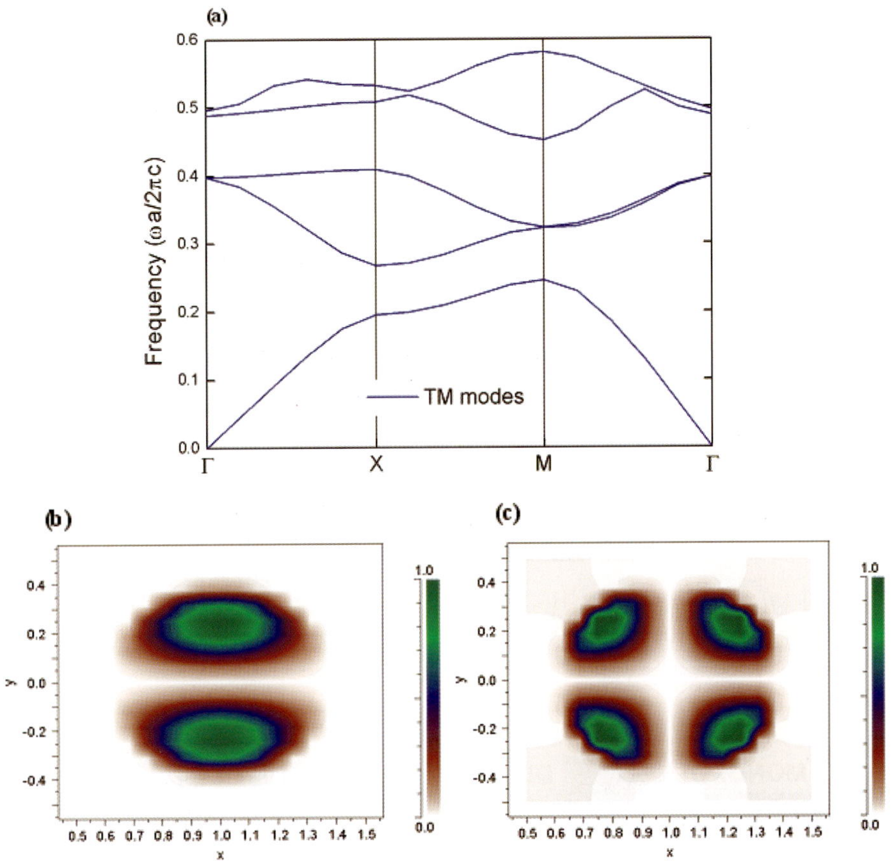

[그림 3.7] 원주형 유전체의 정사각형 격자구조에서 $\epsilon = 8.9$, $r = 0.38a$일 때의 TM 밴드 구조.

(a) 광자밴드갭은 첫 번째 밴드와 두 번째 밴드 사이, 그리고 세 번째 밴드와 네 번째 밴드 사이에서 나타난다.

(b) X에서 세 번째 밴드의 필드 분포

(c) M에서 네 번째 밴드의 필드 분포

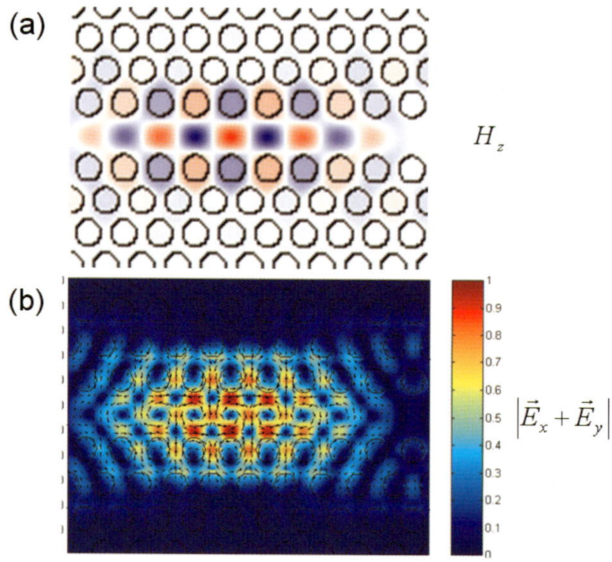

[그림 4.8] (a) z=0 평면에서 본 H_z 성분의 분포
(b) z=0 평면에서 본 E_x, E_y의 분포

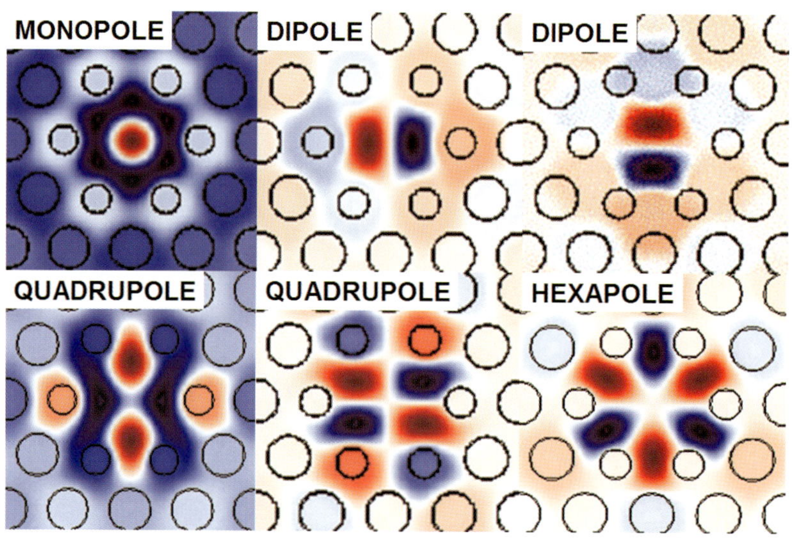

[그림 4.11] 삼각격자 광자결정 단일세포 구조에서 발견되는 기본 모드. z-방향의 자기장 성분 (H_z)을 나타내며, 적색과 청색은 π의 위상 차이를 의미한다.

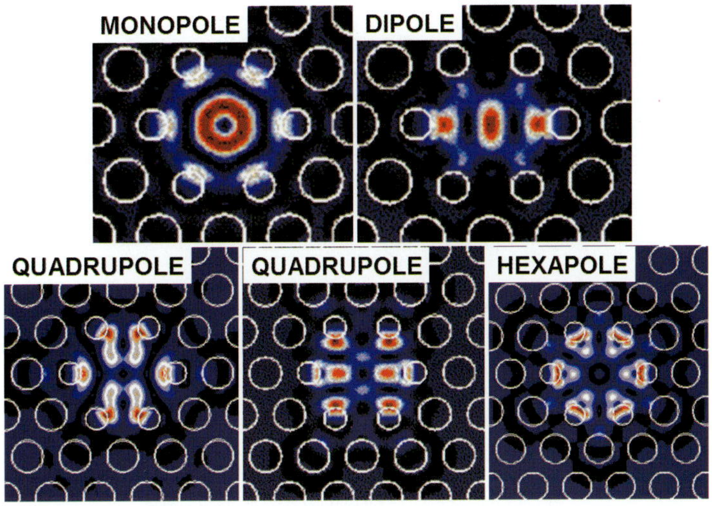

[그림 4.12] 각 모드의 전기장세기 분포를 나타낸 그림. 적색 부분이 전기장이 강하게 분포된 영역을 가리킨다. 육각모드의 경우 전기장이 공기구멍 주위에 집중되어 있어 공기구멍의 변형 정도에 모드의 물리적 성질들이 큰 영향을 받을 것으로 예상할 수 있다.

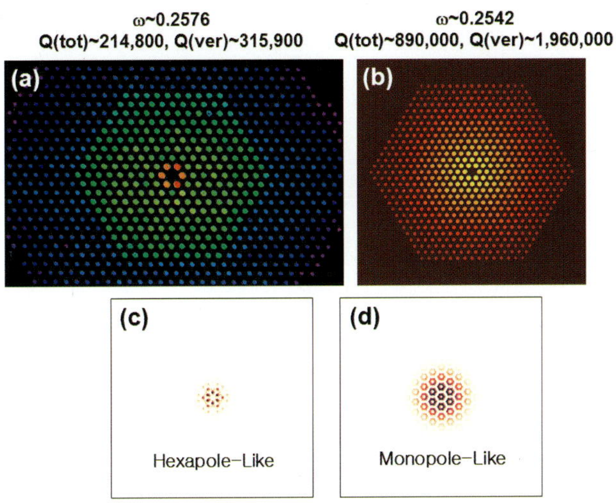

[그림 4.29] (a), (b) 수평방향의 손실을 줄이기 위해 새롭게 도입한 구조. 세 가지 크기를 가진 공기구멍(0.40a, 0.35a, 0.20a)을 적당히 배열하거나(a), 단위세포 근처(0.35 a)에서부터 외곽 부분(0.20a)까지 점진적으로 구멍 크기를 줄여나간다. 여기서, 각 구조체에는 공기구멍의 변화를 뚜렷하게 확인하기 위해 구멍 크기에 따라 다른 색깔을 채용하였다.

(c), (d) 유전체 밴드에서 연유 된 공진모드들의 전기장 분포. 두 모드는 이중축퇴 되어 있다.

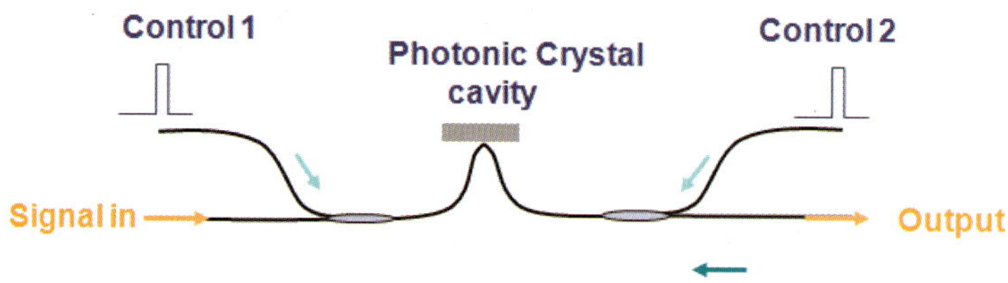

(a)

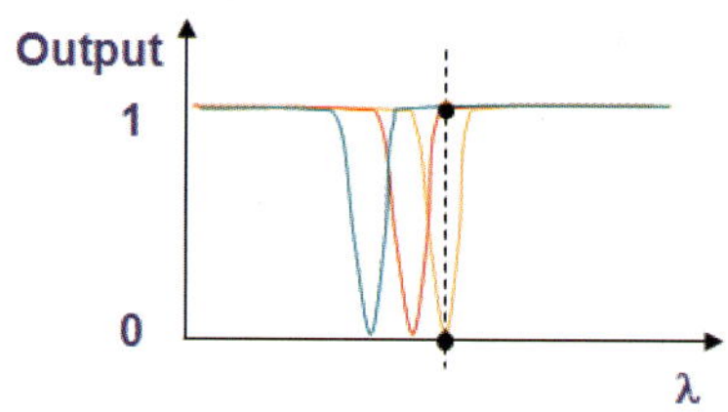

(b)

[그림 6.7] 광섬유-공진기 결합을 이용하여 광 OR 논리 연산자를 구현한 예. 두 제어광 세기의 합이 공진파장 이동에 기여함으로써, 두 제어광 중 어느 하나만 1이 되면, 출력광이 1이 된다.

광통신용 능동소자와 응용

Optical Communication Devices and their Applications

박윤호 · 우덕하 · 이유종 · 이종창 공저

윤현재 감수

북스힐

머리말

21세기 문턱을 넘어설 즈음 크게 각광 받았던 광통신 분야는 과잉 투자 및 시장의 위축으로 인해 큰 위기를 맞았으나, IPTV와 UCC 등의 등장으로 통신 데이터 전송량이 지속적으로 증가하고, 유무선 통신의 백본(backbone)과 가입자망의 수요도 증가하였다. 이에 힘입어 광통신 분야의 성장 잠재성이 점차 확대되어 가고 있다. 특히, 초고속 광전 소자 및 네트워크에 대한 핵심 기술 구축과 국내외 시장의 확보는 21세기 광산업 커뮤니티에 던져진 숙제가 되고 있다. 한동안 불어닥친 광산업계의 위기로 말미암아 지난 수십 년간 축적된 고급핵심기술이 유실되거나 사장될 우려가 있는 이 시점에 다시 한번 광통신 분야의 전문인력을 양성하고 확보하는 것은 이러한 도전과 과제를 풀기 위한 첫걸음이 될 것이다.

광통신 분야의 핵심기술은 크게 소재 및 소자 분야, 회로 분야, 그리고 시스템 분야로 나눌 수 있을 것이나, 오늘날 임베디드 시스템(embedded system) 및 SoC(System on Chip) 기술의 보급으로 인하여 그 경계가 점점 사라져 가고 있는 추세이다. 급변하는 시장의 수요와 기술의 변화를 감안할 때 과거와 같이 소자와 시스템의 경계 속에 안주하는 정적인 기술은 도태되어 가고, 최종 사용자의 기호를 파악하여 디자인과 다기능성까지 감안한 일체형 SoC 개발만이 살아남을 수 있는 상황으로 전개되고 있는 실정이다. 그리하여 이 책은 광통신 분야의 종사자들 모두가 폭넓게 이해할 수 있도록 구성하였다. 디자인이나 시스템 엔지니어라도 쉽게 이해할 수 있도록 소자의 동작원리와 패키징 구조를 제시하고, 소재 및 소자 개발자라도 쉽게 이해할 수 있도록 회로 및 인터페이스 기술을 제시하였다. 다소 수식적인 내용이 불가피한 부분들이 있지만, 전체 그림을 파악하기 원하는 독자는, 그 부분은 건너뛰고 그 결과가 제시하고 있는 동작의 특이성에 주목해 주기를 바란다. 본 책에서 언급된 대개의 수식들은, 실제 소자와 시스템의 특성을 정량적으로 개선하려는 엔지니어들이,

컴퓨터나 캐드툴을 활용하여 해석하는 최소한의 기틀이 되는 부분이다.

이 책은 크게 두 부분으로 나뉜다. 전반부인 제1장에서 4장까지는 광 능동소자의 구조와 동작원리를 제시하며, 후반부인 제5장에서 8장까지는 광 능동소자의 대표적인 응용분야 및 응용기술을 열거한다. 먼저 제1장에서는, 이 책에서 다루게 될 제반 능동소자에 대하여 간단히 소개하며, 이를 동작하기 위한 일반적인 회로 및 인터페이스를 제시하고 있다. 제2장에서는, 광 능동소자를 제작하기 위한 일반적인 반도체 공정을 제시하고 있다. 과거에는 최종 회로설계자나 외관 디자이너들이 이 분야까지 알 필요는 없었으나, 최근에는 소자의 소형화 및 초고집적화로 인하여, 소자의 물리적인 구조에 대한 이해 없이는 최종 제품의 디자인을 완벽하게 끝낼 수가 없게 됐다. 실제로 제작 공정상의 획기적인 아이디어는 제품 홍보의 주요 카피가 되기도 한다. 그러므로 제반 반도체 제조 공정은 광 능동소자의 이해에 필수적인 부분이 될 것이다. 다음으로 제3장에서는, 광 능동소자 중 빛을 발생하는 광원소자인 레이저 다이오드의 동작원리 및 특성을 다루고 있다. 특히 레이저 다이오드의 전류전압 특성뿐만 아니라 광변조 특성 및 패키징 기술까지 다루고 있어 레이저를 이용한 소자 및 시스템 설계에 있어서 반드시 이해해야 할 부분이라 하겠다. 제4장에서는 광 신호를 수신하여 전기적인 신호로 변환하여 주는 수광소자인 포토다이오드를 다룬다. 포토다이오드의 구조, 스펙트럼 특성, 주파수 특성, 잡음 특성 및 제조 공정과 패키징 구조를 제시한다.

이 책의 후반부에서는 먼저, 제5장에서 광송수신모듈의 구조와 인터페이스 기술을 제시한다. 광송수신기의 패키징 기술과 드라이버 회로 기술을 열거하고 대량생산에 있어서 수율개선을 위한 공정기술을 제시한다. 다음으로 제6장에서는 광증폭기와 파장 변환기 등의 핵심 광능동소자를 다루고, 제7장에서는 광섬유센서 등 광 능동소자 응용기술을 제시한다. 마지막으로 제8장에서는 광 능동소자의 성능 평가에서 한 단계 진일보하여 광통신 시스템의 통신품질 측정기술을 제시하고 이를 위한 제반 규격을 다룬다.

이 책은 광 능동소자 및 응용분야에 있어서 소재, 공정, 소자, 회로, 응용기술 및 시스템을 망라하는 매우 폭넓은 분야를 다루고 있으며 세부 분야별로 그 심도도 깊으나, 가능한 한 이 분야에 대한 사전 지식이 없더라도 일반적인 물리이론이나 회로이론으로부터 시작하여 쉽게 이해할 수 있도록 기술하였다. 일부 전문 학술 용어로 인하여 접근이 어려운 부분은 기타 참고자료를 통하여 해소하길 바라며, 이공계 학부 3-4학년 정도이면 누구나 이해할 수 있을 것으로 기대하는 바이다.

마지막으로 이 책을 저술할 수 있도록 입안하여 주신 전남대학교 광기술인력센터 센터장 문종하 교수님과 한순희 씨께 감사드리며, 본 교재가 한국의 광능동소자 및 응용기술 관련 분야 학생 혹은 산업체 인력들에게 조금이라도 도움이 되었으면 하는 마음으로 인사를 대신하고자 한다.

2009년 2월

저자 박윤호 · 우덕하 · 이유종 · 이종창

차 례

제 3 장 광레이저 다이오드 / 87

제 4 장 포토다이오드 / 125

제 8 장 광통신 측정 / 277

제1장 광통신 능동 소자

통신 네트워크의 데이터전송량의 증가추세는 초고속 광전 소자 및 시스템에 대한 관심을 다시 한번 고취시키고 있다. 인터넷의 확산과 마이크로프로세서 및 메모리 소자의 속도증가 추이를 감안할 때 데이터통신속도는 계속해서 병목현상으로 자리 잡고 있어 좀 더 빠른 통신채널에 대한 연구개발 동기를 부여하고 있다.

빛을 신호 반송파로 사용하는 생각은 고대 그리스 시대 방패거울이나 조선시대 봉화 등으로 거슬러 가지만 빛의 진행 경로를 광섬유를 통해 유도하는 방식은 1950년대 중반에 이르러서야 대두되었다. 초기 방식은 빛의 전송 손실이 너무 커 현실화되지 못했지만 빛의 광대역 정보용량은 광통신 분야에 엄청난 연구개발을 촉발시켜 1970년대 실용적인 광통신 네트워크가 구현되었다.

이 장에서는 광통신에 대한 개관과 이를 구현하는 데 필요한 핵심 소자에 대한 소개를 다룬다. 먼저 간략한 현대 광통신에 대한 역사를 소개하고 일반적인 광통신 시스템을 살펴보면서 그 구성요소들의 기능과 원리를 설명한다. 다음으로 현재 광송수신기 설계 제작에 있어서 직면하고 있는 문제점과 도전목표를 제시하며, 마지막으로 광송수신기 기술의 최근 수준을 살펴본다.

1 광통신 네트워크 개관

1.1 광통신 네트워크 발달 역사

빛을 "유도"하려는 시도는 1840년대로 거슬러 간다. 프랑스 물리학자 Jacque Babinet은 제트 분사되는 물을 통하여 빛의 경로를 구부릴 수 있다는 것을 보여주었다. 1800년대 말에 과학자들은 구부러진 유리 막대 안으로 빛이 진행할 수 있다는 것을 발견하였다. 휠 수 있고 투명한 유리나 플라스틱 관을 이용한 "광섬유"에 대한 개념이 이때 태어났다.

1954년 네덜란드의 Delft 대학의 Abraham van Heel과 영국 Imperial 대학의 Harold Hopkins와 Narinder Kapany는 광섬유 번들(bundle)을 이용해서 영상을 전송할 수 있다는 구상을 발표하였다. 이 아이디어는 내시경으로 발전하였다. 이후 광섬유를 굴절률이 작은 유리로 감싸서 전송 손실을 줄이는 방법을 사용함으로써 1950년대 1000 dB/km이었던 광손실이 1970년 20 dB/km, 1975년 4 dB/km, 1979년 0.2 dB/km로 줄어들어 오늘날에 이르고 있다.

한편 1960년대 초강도 광원으로 자리 잡아 가던 레이저를 광통신의 신호원으로 사용하려는 시도는, 빛을 고속으로 변조하는 기술의 출현과 더불어 광통신 시스템을 대용량 전송분야의 핵심 역할로 자리매김하게 되었다. 그동안의 대용량 정보를 광신호를 통하여 장거리로 전송하려는 꿈은 마침내 1977년 AT&T와 GTE에 의해서 실현되었다.

광통신 시스템의 대역폭과 통신거리의 발달 추이를 시대별로 구분하면 그림 1.1과 같다. 이 그림에서 가로축은 연도를 나타내며 세로축은 광섬유 전송거리와 대역폭의 곱을 나타낸다. 그 값은 계단형으로 발전하고 있음을 볼 수 있으며 그 계기가 되는 것을 열거하면 다음과 같다. (A)는 초기의 다중모드 광섬유를 이용한 시스템이고, (B)는 1.3 μm 파장의 단일모드 광섬유를 이용한 시스템이며, (C)는 1.55 μm 단일모드 광섬유 및 DFB-LD를 이용한 시스템이다. (D)는 진폭신호 광검출 대신 레이저의 간섭 현상을 이용한 광검출(coherent detection)을 한 경우이며 (E)는 광섬유 광증폭기를 사용한 경우이다. 전송거리와 대역폭을 곱한 값은 평균 10년에 100배 이상 증가하는 추세로서 그 어떤 기술의 발전 속도보다 더 빠른 추세를 보여준다.

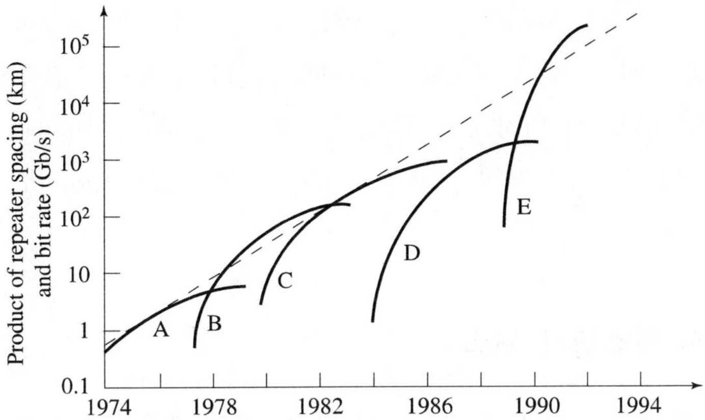

그림 1.1 광통신 기술의 발달 과정. 세로축은 광섬유 전송거리와 대역폭의 곱을 나타낸다.

그림 1.1에서 괄목할 만한 발달의 계기가 된 것은 광섬유 증폭기의 출현이다. 이전까지는 광섬유를 진행하던 광신호가 약해지면 광검출기로 광신호를 전기신호로 변환한 후 전자회로를 이용하여 증폭하고, 다시 레이저 다이오드를 이용하여 광신호로 바꾸어 주었다. 이를 광중계기(repeater)라고 하였다. 그러나 광섬유 증폭기가 출현한 이후부터는 광신호를 전기신호로 변환하지 않고 직접 증폭할 수 있게 되어 중계기의 간격을 획기적으로 늘릴 수 있게 되었다. 기존의 중계기 간격이 50 km 이하였다면 현재의 중계기 간격은 100 km 이상으로 늘어나게 되었다. 아울러 광섬유와 광증폭기의 연결방법도 PD와 LD를 사용할 때에는 접속 손실이 매우 컸으나 광섬유 증폭기를 사용할 때에는 접속 손실이 거의 무시할 수 있을 정도로 줄어들게 되었다. 이로 인해 광통신 대역폭 및 중계거리가 그림 1.1의 (E)와 같이 비약적으로 늘어나게 되었다.

현재의 광통신 시스템 확산의 주된 요인은 광섬유의 넓은 전송용량(5~10 THz)과 광섬유의 저손실(0.15~0.2 dB/km)이다. 참고로 xDSL의 경우는 100 MHz 대역에서 200 dB/km 정도이며 동축케이블은 1 GHz에서 500 dB/km, 무선통신은 2~5 GHz 대역에서 1000 dB/km이며 전송량도 100 Mb/s 정도이다.

광섬유의 넓은 대역폭에 미치지 못하는 전자 소자의 대역폭의 한계를 극복하기 위하여 또 다른 중요한 발전이 이루어졌는데 바로 파장분할 다중통신(wavelength division multiplexing, WDM)이다. 그것은 파장이 서로 다른 광신호를 하나의 광섬유를 통하여 전송하는 방식으로서, 서로 다른 파장끼리의 빛은 서로 간섭을 일으키지 않는 특성을 이용한 것이다. 예를 들어 서로 다른 파장을 갖는 100개의 10 Gbps 광통신 시스템의 광신호를 한 가닥의 광섬유를 통하여 전송하면 이 시스템의 전송용량은 1 Tbps에 달하게 된다. 현재 이러한 1 Tb/s 데이터용량의 전송거리는 400 km 이상에 달해 ucc 서버 등의 저장 분야 네트워크(storage area network)에 활용되고 있다.

1.2 광통신 시스템의 구조

광통신의 가장 간단한 예를 나타내면 그림 1.2와 같은 오디오용 광케이블이라 하겠다. 마이크로폰이나 오디오 기기로 들어온 아날로그 광신호를 디지털 부호기(digital encoder)에서 디지털 신호로 바꾸어 준다. 이 신호를 레이저 다이오드의 주입전류로 사용하면 레이저 다이오드의 광출력은 주입전류에 비례하므로 레이저 다이오드의 광출력 파형은 주입전류의 파형과 같아진다.

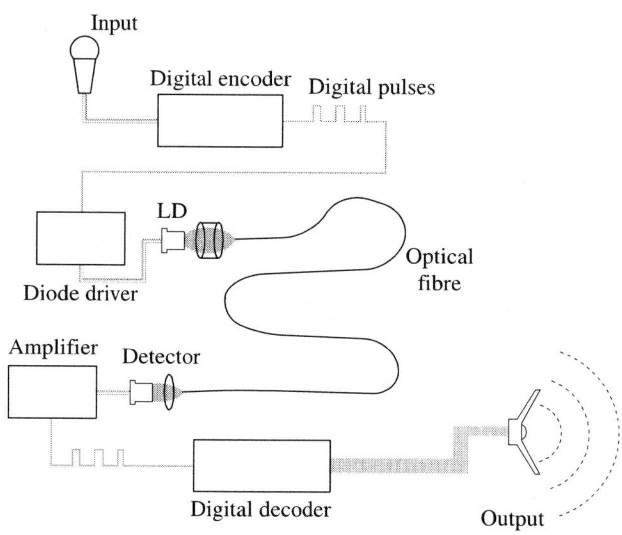

그림 1.2 광섬유를 이용한 오디오 링크

이 과정을 광변조(modulation)라 하며 특히 레이저와 같은 광원에 직접 신호를 인가하는 방식을 직접변조라 한다. 한편 레이저 다이오드에서 나온 빛을 렌즈 등을 이용하여 광섬유에 입사하면 이 빛은 광섬유를 따라 진행한다. 그러므로 전선을 이용하여 전기회로망을 꾸미듯 광섬유를 이용하여 광연결망을 꾸밀 수 있다. 이 광섬유를 따라 진행한 빛은 수신단의 광검출기에서 빛의 파형과 같은 미세한 광전류를 발생시킨다. 전자 증폭기로 이를 증폭한 후 디지털 복호기(digital decoder)에 입력하면 아날로그 신호로 변환된다.

디지털 부호기와 복호기는 사전에 약속한 법칙에 따라 아날로그 신호와 디지털 신호를 변환하는 장치이다. 조선시대 봉수대에서 적의 동태를 아날로그 신호에 비유하고 봉화의 수를 디지털 신호에 비유할 때 봉수꾼이 수행했던 역할이 바로 디지털 부호기와 복호기 기능이었다. 이와 같이 디지털 복호기의 출력 신호를 스피커나 이어폰 등에 연결하면 원래 마이크로폰에 입력된 파형과 같은 소리를 얻게 된다.

그림 1.2의 광통신 링크를 좀 더 세분하면 그림 1.3과 같다. 먼저 송신기에는 그림 1.3(a)와 같이 여러 채널에서 입력된 신호를 다중화하는 MUX(multiplexer), 그리고 각 채널의 동기를 맞춰주는 리타이머(retimer), 그리고 그림 1.3(b)와 같이 레이저 다이오드(LD)의 출력을 감시하는 모니터링 포토다이오드(PD)와 이를 이용하여 LD의 출력 및 신호를 제어하는 제어회로 소자가 추가된다. 수신부에는 그림 1.3(c)와 같이 PD의 전류신호를 증폭하는 전치증폭기(tran-impedance amplifier, TIA)와 신호잡음비를 개선하기 위한 리미터(limiter)와 AGC(auto gain control), 그리고 클럭 펄스(clock pulse)를 추출하기 위한 클럭 재생회로가 추가되며 마지막으로 각 채널의 신호를 추출해 내는 DMUX(demultiplexer)가 있다. 이를 모두 종합하면 그림 1.3(d)와 같은 구조를 이루게 된다.

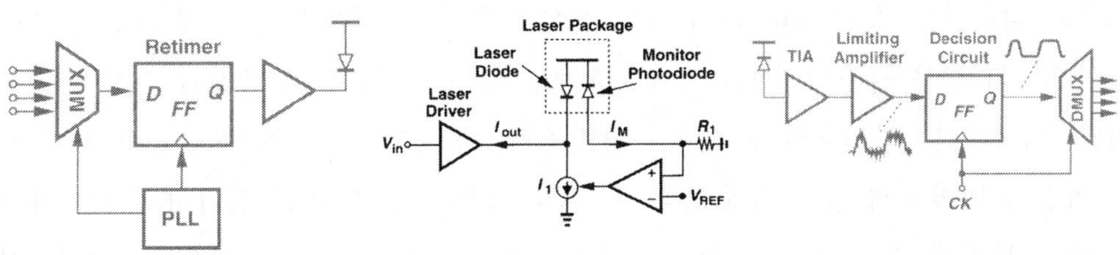

(a) (b) (c)

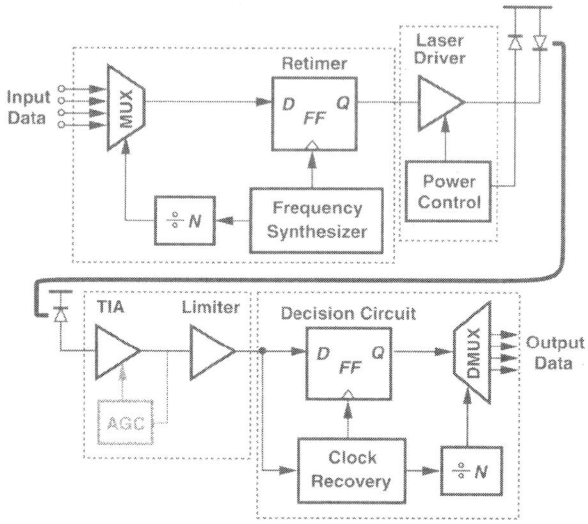

(d)

그림 1.3 디지털 광통신 송수신기의 내부구조

2 광통신 소자

본 절에서는 광통신에 사용되는 핵심 소자의 기능과 동작원리를 살펴보려 한다. 광통신에 필요한 광전자 소자는 전기신호(E)를 광신호(O)로 변환하는 레이저 다이오드와 같은 광송신기(transmitter), 광신호(O)를 전기신호(E)로 변환하는 포토다이오드와 같은 광수신기(receiver) 외에도 그림 1.4와 같이 다양한 소자가 필요하다. 이 중에는 광신호를 변조하는 광변조기, 광신호를 증폭하는 광증폭기, 입출력 파장을 변화시켜 주는 파장 변환기, 서로 다른 파장의 빛을 결합하였다가 파장에 따라 분리해 주는 파장분할기, 그리고 광신호를 분배해 주는 광분배기 등이 있다. 본 절에서는 이와 같은 광기능 소자의 구조와 특성을 살펴보려 한다.

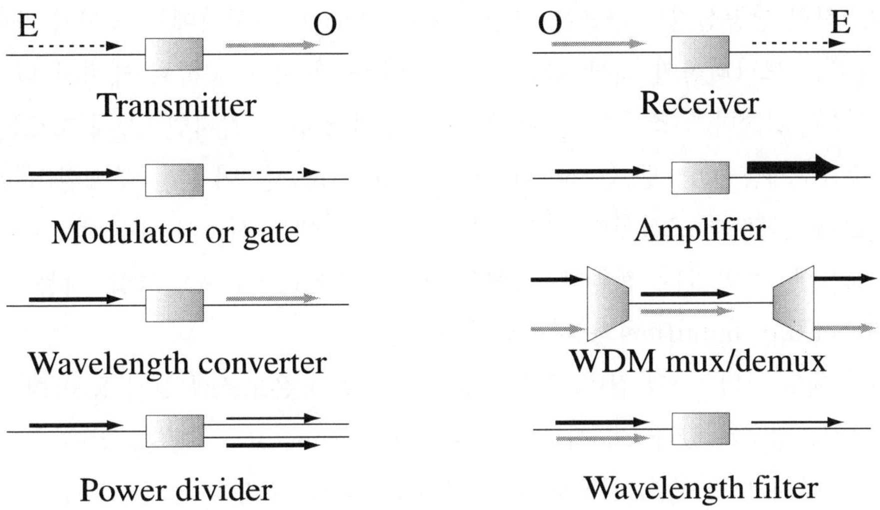

그림 1.4 광기능 소자의 종류

2.1 광송신기

광송신기는 일반적으로 LED나 레이저 다이오드와 같은 발광 소자로 이루어졌다. 그러나 효율적인 광통신을 위해서는 광의 파장과 출력이 일정하여야 하며 광출력은 입력 신호에 따라 반응하는 속도가 빨라야 한다.

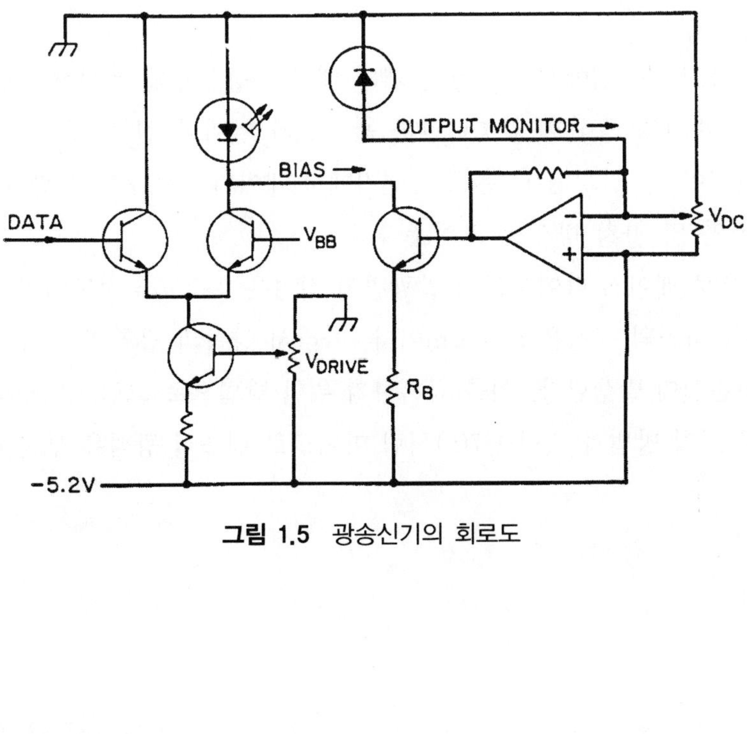

그림 1.5 광송신기의 회로도

일반적인 광송신기의 구조는 그림 1.5와 같다. 이 송신기에는 레이저 다이오드의 출력을 모니터하기 위한 광검출기가 부착되어 이를 통하여 레이저 다이오드의 출력을 일정하게 조절할 수 있다. 즉, PD의 전류가 커지면 LD에 흐르는 전류를 줄여주게끔 OP 앰프(operational amplifier)를 이용한 부궤환(negative feedback) 회로가 구성되어 있다. 아울러 입력단에는 신호가 효율적으로 레이저 다이오드에 주입되는 전류를 조절하게끔 에미터(emitter) 결합 차동 증폭기(differential amplifier)가 구성되어 있다.

이 외에도 그림 1.6과 같이 온도를 조절하기 위한 온도조절 장치 등도 함께 실장되어 있는 경우가 있다. 이 회로에서 온도계(thermistor)의 발생전압은 온도에 따라서 달라지므로 이를 이용해서 펠티어(peltier) 소자와 같은 전자냉각 장치(thermoelectric cooler, TEC)의 온도를 제어할 수 있다.

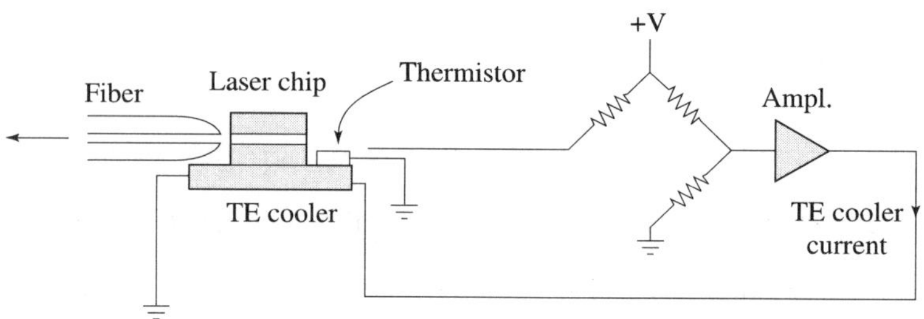

그림 1.6 레이저 다이오드의 온도 보상 회로

한편 광통신 시스템에서 광신호는 거의 대부분 광섬유를 통해서 전달된다. 그러므로 각 광소자의 광신호 입출력단과 광섬유가 얼마나 잘 연결되었는가가 매우 중요한 관건이 된다. 그림 1.7은 광송신기에서 레이저 다이오드와 광섬유를 연결하는 대표적인 몇 가지 방식을 보여준다.

일반적으로 레이저 다이오드의 발광면의 직경은 1~2 μm 정도이며 단일모드 광섬유 코어(core)의 직경은 6~8 μm이다. 따라서 양쪽의 광파의 모양이 달라서 상당한 결합손실이 발생한다. 이를 극복하기 위한 방법으로 그림 1.7(a)와 같은 접촉식 광섬유 부착 방법과 그림 1.7(b)처럼 마이크로 렌즈식 광섬유 부착 방법을 많이 사용한다.

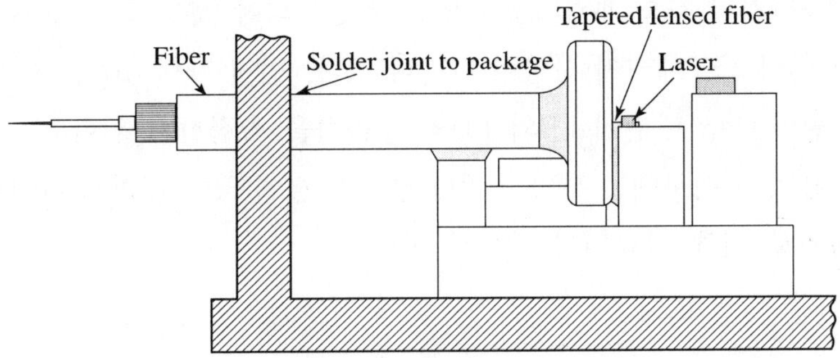

(a) 접촉식 광섬유 부착

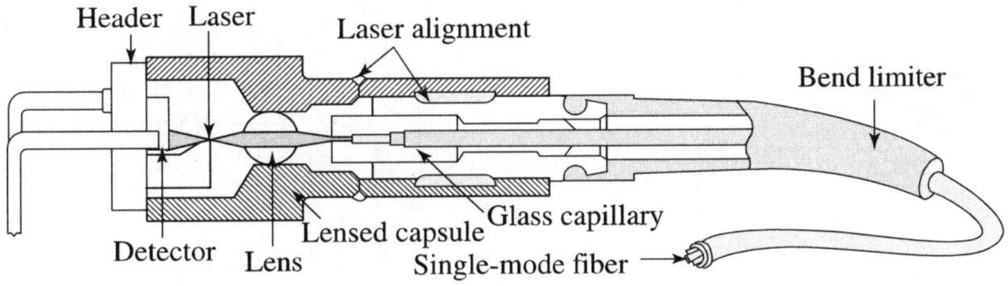

(b) 마이크로 렌즈식 광섬유 부착

그림 1.7

먼저 그림 1.7(a)와 같은 접촉식 방법은 광섬유의 끝을 둥글게 볼록렌즈처럼 가공하고 이 광섬유 테이퍼 렌즈(taper lens)의 초점이 반도체 레이저의 광출력 면과 일치하도록 미세 조정한다. 이 상태에서 반도체 레이저와 광섬유를 정밀가공 기판에 강력접착제 등으로 고정시키고 밀봉한다. 한편 그림 1.7(b)의 마이크로 렌즈식 부착 방법은 광섬유와 레이저 다이오드 사이에 마이크로 원통형 렌즈를 삽입하여 레이저 다이오드의 출력광의 초점이 광섬유 코어(core)에 맺히도록 한다. 이 경우에는 광결합효율이 광섬유 끝부분(fiber-tip) 정렬의 정확도에 덜 의존하게 된다. 일반적으로 마이크로 렌즈 방식이 광섬유 테이퍼 렌즈 방식보다 결합효율이 낮다.

그림 1.8(c)는 상용화된 광송신 모듈(AT&T Astrotec laser package)의 한 예인데 접촉식 부착법일 때의 결합효율은 약 70% 정도이고 마이크로 렌즈를 사용하였을 때의 결합효율은 약 40%가 된다. 이와 같이 광섬유가 광소자의 입출력단에 부착된 것을 그 모양이 돼지꼬리가 말린 모습과 비슷하다는 데서 피그테일(pigtail)이라고 부른다.

한편 레이저 다이오드의 응용분야가 다양한 것과 마찬가지로 레이저 다이오드를 포함한 광송신기의 최종 패키지도 다양하게 설정되어 있다. 그림 1.8에 여러 종류의 레이저 다이오드 패키지 사양이 나타나 있다. 먼저 그림 (a)는 TO Can 형태로서, 작은 원형 Can 내부에 LD와 LD의 광출력을 측정하기 위한 모니터용 PD가 조립되어 있고 그 상부에는 투명 유리나 렌즈가 덮여 있어 레이저 다이오드가 외부 공기나 습기로 인해 열화되지 않도록 한다.

(a)

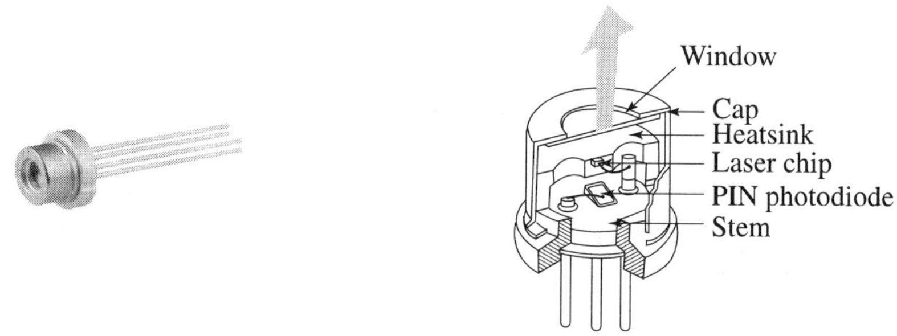

(b)

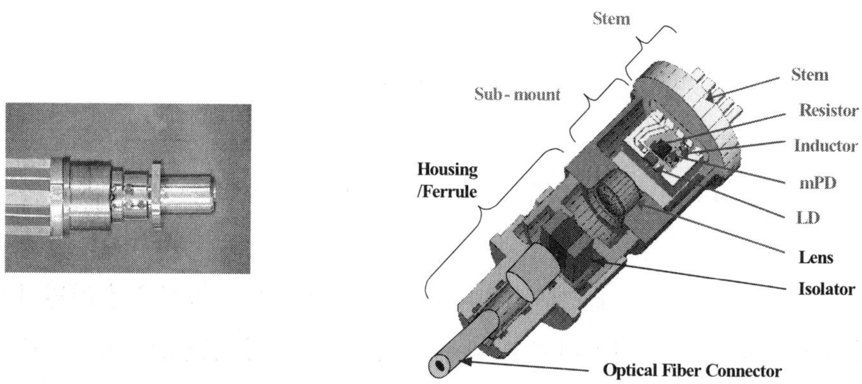

(c)

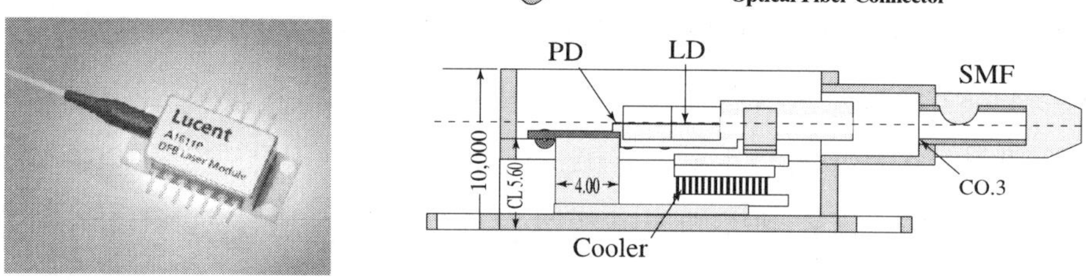

그림 1.8 (a) TO CAN (b) TOSA CAN (c) fiber-pigtailed butterfly

한편 레이저 다이오드의 바닥은 금속판에 부착되어 있어 방열을 촉진한다. CAN 밑의 인입선은 각각 LD와 PD에 세금선으로 연결되어 있다. 그림 (b)의 TOSA(transmitter optical sub assembly)는 광섬유와 연결이 쉽도록 광섬유 커넥터가 가공되어 있고 광섬유 표면으로부터 반사된 빛이 레이저 다이오드로 유입되는 것을 막기 위하여 광 아이솔레이터가 삽입되어 있는 제품도 있다. 한편 그림 (c)와 같은 버터플라이(butterfly) 패키징 내부에는 레이저 다이오드의 온도를 조절할 수 있는 열전소자(thermoelectric cooler, TEC)까지 부착되어 있고 이를 제어하기 위한 전극에까지 인입선이 구비되어 있다. 그리고 레이저 다이오드에 단일모드 광섬유(single mode fiber, SMF)가 정렬되어 부착되어 있어 광통신용 송신기로 사용된다. 보통 초고속 광통신을 위하여 내부회로가 마이크로 스트립 라인(micro strip line)과 MMIC(monolithic microwave integrated circuit)로 구성되어 있다.

2.2 광수신기

광수신기는 pin PD나 APD(avalanche photodiode)와 같은 광검출기를 이용하여 광신호를 검출하는 소자이다. 이 경우도 광송신기와 마찬가지로 광섬유와 PD가 서로 피그테일로 연결되어 있어 효율적으로 광신호를 광전호로 변환할 수 있게 되어 있다. 광검출기에서 얻어진 광전류를 전압신호로 변환하기 위해서는 광검출기 양단에 저항을 달아줘야 한다. 이 저항 값이 클수록 전압이 증가하므로 광수신기의 감도를 증가시키기 위해서는 이 저항 값이 높을수록 좋다. 이런 구조를 높은 임피던스(high impedance) 광수신기 회로라 한다. 한편 이 저항 값이 너무 크면 광수신기의 반응속도가 떨어진다. 그러므로 속도를 증가하기 위해서는 그림 1.9(b)와 같이 전치증폭기(preamplifier)와 병렬로 저항을 달아주는 경우가 있는데 이를 트랜스 임피던스 증폭기(transimpedance amplifier, TIA) 광수신기 회로라 한다. 일반적으로 초고속 광수신기를 구성하기 위해서는 TIA 회로를 많이 사용한다.

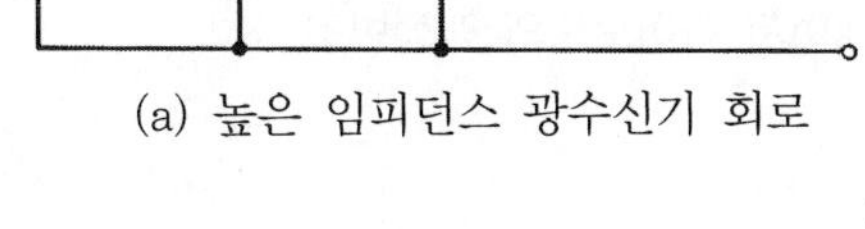

(a) 높은 임피던스 광수신기 회로

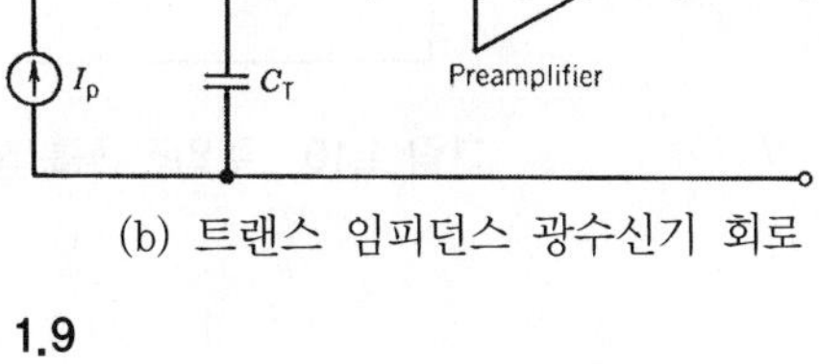

(b) 트랜스 임피던스 광수신기 회로

그림 1.9

2.3 광변조기

광검출기가 광신호를 전기적인 신호로 변환하는 기능을 가진 것과 같이 광변조기는 전기적인 신호를 광신호로 변환하는 소자이다. 가장 대표적인 광변조 방식은 LED나 레이저 다이오드와 같이 발광 소자에 전기적인 신호를 인가하여 광신호를 얻어내는 직접변조(direct modulation)이다. 이와 같이 광원을 직접변조하는 경우에는 별도의 광변조기가 필요 없이 광원 자체가 광변조기가 된다. 그러나 직접변조의 경우에는 레이저 출력광의 파장이 주입전류의 크기에 따라 변화하는 이른바 색변(chirping) 현상이 심각해진다. 그림 1.10에 직접변조 시의 일반적인 레이저 변조특성이 나타나 있다. 이 그림은 디지털 변조 방식 중 진폭변조에 해당한다. 여기서 I_o는 off-state의 전류를 나타내며 이때의 광출력은 0이 된다. on-state의 전류 I_1이 인가되면 광출력은 P_1으로 증가한다. 그러나 레이저 다이오드의 유도방출이 안정화될 때까지는 광출력이 불안정하여 그림과 같이 매우 빠른 속도로 증감을 거듭한다. 이러한 현상을 relaxation oscillation이라고 하며 이로 인해 파장이 불안정하게 흔들리는 처핑(chirping) 현상이 나타난다. 레이저의 파장폭이 넓어지면 광펄스가 장거리 구간을 통과하면서 파장별로 전송속도의 차이가 커져서 펄스폭도 넓어지게 된다. 이러한 현상은 장거리 광통신의 장애로 대두된다.

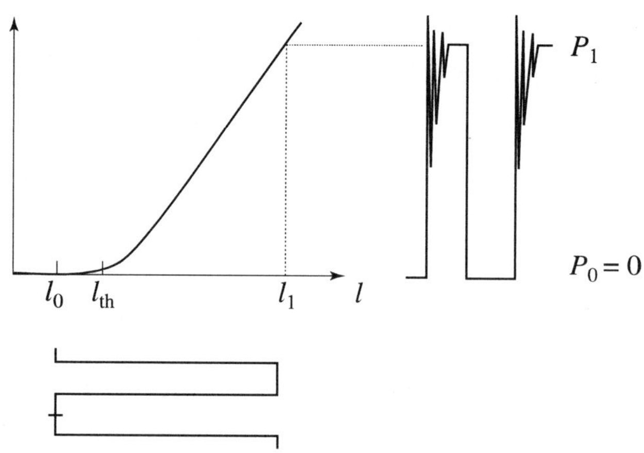

그림 1.10 주입전류를 통한 레이저 다이오드의 직접변조

이러한 문제로 인해 초고속 통신망에는 발광 소자를 직접변조하는 방식의 대안으로 표 1.1과 같은 광집적회로를 이용한 외부변조(external modulation) 방식이 광범위하게 채택되고 있다.

표 1.1 광변조기의 종류

	Type	Diagram
반도체 레이저 (LD)	직접변조	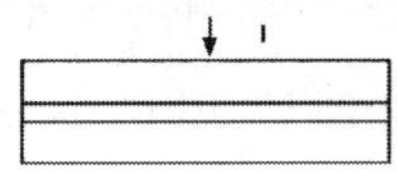
광흡수 변조기 (EAM)	Electro-Absorption	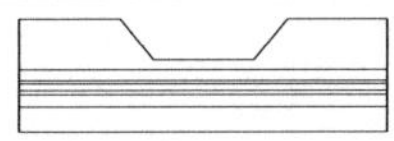
	Carrier Injection	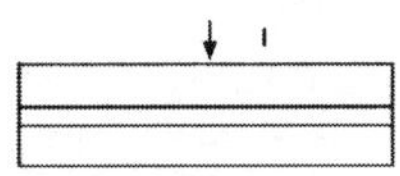
광굴절 변조기 (EOM)	Directional Coupler	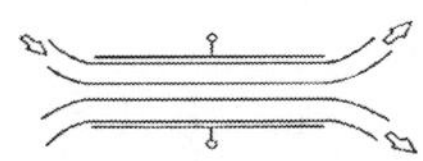
	Mach-Zehnder Interferometer	
	Total Internal Reflector	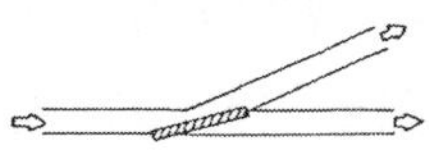

표 1.1에 나타난 바와 같이 직접변조 방식의 반도체 레이저 외에 외부 광변조기는 크게 광흡수 현상을 이용한 광흡수변조기(electro-absorption modulator, EAM)와 광굴절 현상을 이용한 전계광학변조기(electro-optic modulator, EOM)로 분류할 수 있다. 먼저 EAM은 반도체의 수직방향에 인가한 전압이나 전류주입량으로 반도체 흡수계수를 변화시켜 지나가는 광파의 광출력을 변조하는 소자이다. 반면 EOM은 반도체에 인가한 전압으로 반도체 내부의 굴절률을 변화시켜 빛의 전파상수 변화에 따른 광 간섭 정도를 조절하여 출력을 변조하는 소자이다. EOM에는 앞에서 설명한 바와 같이 방향성결합기(directional coupler)와 마하젠더 간섭기(Mach-Zehnder interferometer), 그리고 전반사기(total internal reflector)가 있다. 전반사기는 전압을 인가하여 도파로의 경계면의 굴절률을 감소

시켜 주면 이 굴절률 차이에 의해 전반사가 일어난다. 이로 인해 도파로를 직진하던 빛이 반사를 일으켜 비스듬하게 연결된 광도파로로 빠져나가게 된다. 이렇게 하여 광변조를 얻어 낸다.

그림 1.11에는 N×N 광스위치의 한 예인 4×4 광스위치의 구조가 그려져 있다. 이 그림에 있는 1×2 스위치는 위에서 설명한 바와 같이 On-Off 상태에 따라 출력 방향을 변환시킬 수 있다. 그러므로 각 전극에 가한 전압의 조합에 의해 각 입력단의 광신호는 임의의 출력단으로 전달된다. 이와 같은 N×N 광스위치는 전화국의 광교환기 등에서 add/drop multiplexer(ADM)로 사용될 수 있다. 즉, 입력광 신호를 추출할 수도 있고 또 기존 채널에 원하는 광신호를 추가할 수도 있다.

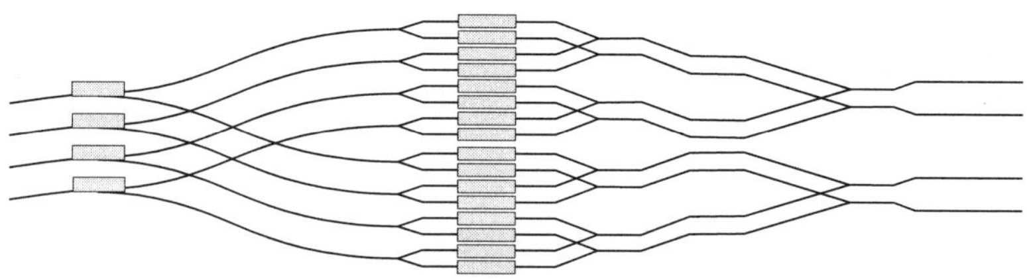

그림 1.11 4×4 광스위치

일반적으로 광변조기에서 직접변조 방식은 구조가 간단하고 추가의 외부 광변조기가 필요 없어 가장 널리 사용되는 광변조 방식이다. 이 방식은 현재 10GHz 이하의 단거리 광통신에 널리 사용된다. 그러나 장거리 광통신이나 10GHz 이상의 초고속 광통신에는 EAM 방식이나 EOM 방식을 사용하여야만 한다. 이 중 EAM은 그 구조가 pin 반도체 레이저와 구조가 비슷하여 레이저 다이오드와 단일 기판에 집적할 수 있어 광집적회로(photonic integrated circuit, PIC)에 널리 사용된다. 이와 같이 LD와 EAM을 단일 기판에 집적한 소자를 EML(electro-absorption modulator laser diode)이라 한다. 한편 EAM은 광흡수효과가 활성층의 밴드갭(bandgap) 파장보다 짧은 파장에서 일어나므로 동작 주파수가 한정된다. 이에 반해 EOM은 동작 파장의 제한이 적고 또 광굴절 효과만 이용한 소자이므로 EAM에 비하여 색변(chirping) 효과가 작아서 현재 가장 높은 변조 주파수를 보여주고 있다.

2.4 광증폭기

다음으로는 광증폭기(optical amplifier)가 있다. 이 광증폭기에는 반도체 광증폭기(semiconductor optical amplifier, SOA)와 어븀 첨가 광섬유 증폭기(erbium-doped fiber amplifier, EDFA) 등이 있는데 소형의 광시스템에는 SOA가 선호되고 그 외의 통신망에는 EDFA 등의 광섬유 증폭기가 선호된다. 이 광증폭기의 개략도는 그림 1.12와 같다.

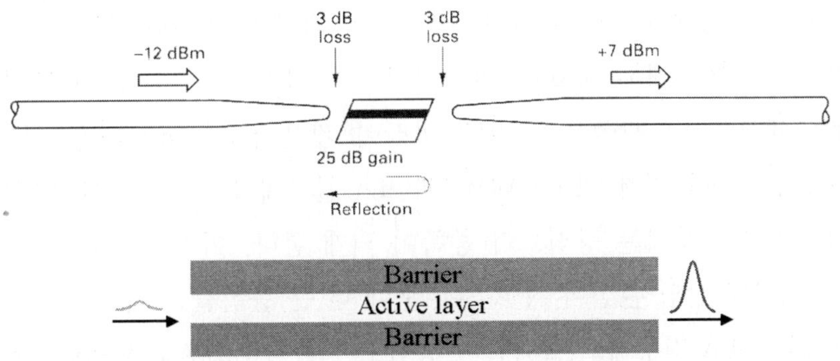

(a) SOA

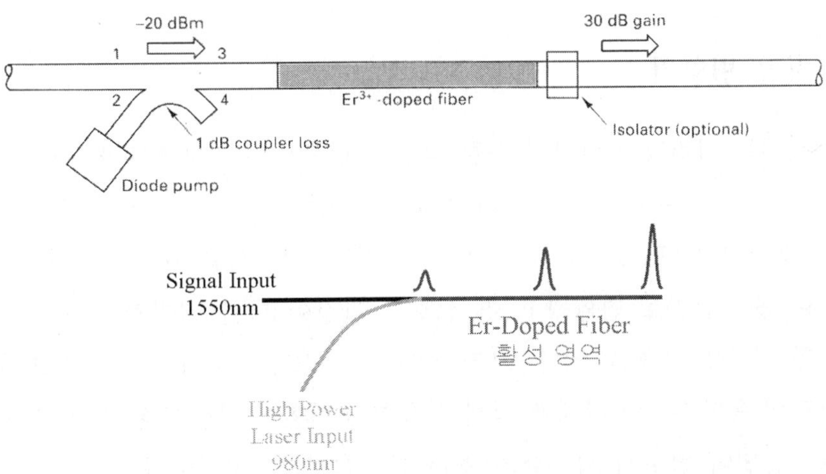

(b) EDFA

그림 1.12 광증폭기의 구조

먼저 SOA는 그림 1.12(a)와 같이 광섬유 사이에 반도체를 삽입하여 광을 증폭한다. 반도체에 전류를 충분히 흘려주면 반도체 내의 유도방출에 의해 광파가 결맞음 증폭이 일어나 광신호가 증폭이 된다. 이때 반도체 단면에서의 반사를 줄이기 위해서 입사면이 경사지게 한다. 이 반도체에 전류를 주입하는 정도에 따라 광증폭률이 결정된다. 예를 들어 입사 광섬유의 신호가 −12 dBm이고 SOA의 광증폭률이 25 dB, SOA 표면에서의 손실이 각각 3 dB이라 하면 출력단의 광섬유로는 7 dBm(−12−3+25−3=7)의 출력광이 나오게 된다. 이는 광신호가 거의 100배 증폭되는 경우를 나타내 준다. 이 구조에서 광신호가 조금이라도 반사되면 이 반사된 광신호도 100배씩 증폭되기 때문에 SOA 공정에서는 이 반사광을 1/1,000 내지 1/10,000 이하로 줄여주기 위한 무반사 코팅이 매우 중요한 과정이 된다. 한편 그림 1.12(b)와 같은 fiber amplifier에서는 이 광섬유 구간에 파장이 짧은 pumping 광을 입사하면 이 pumping 광의 에너지가 EDFA 내의 erbium 원자에서 유도방출이 일어나게 하여 이로 광섬유를 진행하는 광신호가 증폭이 되게 한다. 이런 구조에서는 SOA보다 입출력단에서의 삽입 손실이 작고 SOA보다 더 큰 증폭률을 얻을 수 있는 장점이 있다. 한편 EDFA 경우에도 출력단의 광신호가 다시 EDFA로 되돌아오는 것을 방지하기 위하여 광 아이솔레이터를 삽입하는 경우가 있다.

2.5 파장 변환기

광통신에는 입력광의 파장과 다른 파장의 빛으로 출력하여야 할 경우가 많은데 이와 같은 기능을 수행하는 소자가 파장 변환기(wavelength converter)이다. 파장 변환에는 PD와 LD를 결합하는 방식이 가장 많이 사용된다. 즉 입력광을 PD를 이용하여 전기신호로 변환하고 이 신호로 파장이 다른 레이저를 변조하게 되면 파장변환 결과를 얻을 수 있다. 그러나 이 경우 소자의 수가 늘어나고 또한 레이저 다이오드의 응답속도의 한계에 의해 고속 파장변환이 어렵게 된다. 이를 극복하기 위한 한 방법이 반도체 광증폭기(SOA)를 이용하는 방법이다.

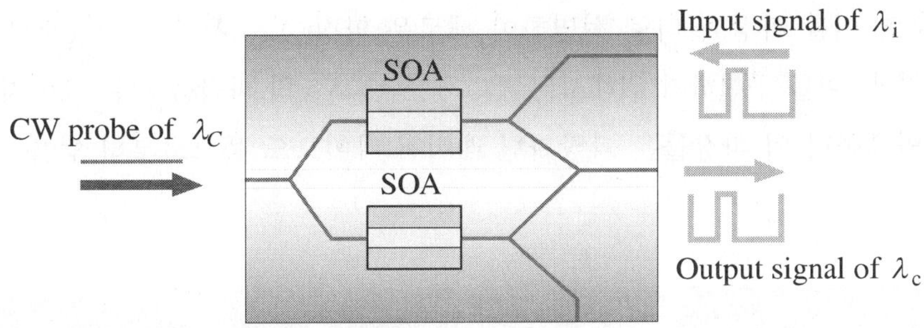

그림 1.13 파장 변환기

그림 1.13에 나타낸 SOA는 빛의 증폭률이 주입전류가 아니라 이 SOA에 입사되는 펌핑(pumping) 광의 세기에 의해 결정되는 특수한 구조이다. 이 SOA에 λ_i의 광신호가 펌핑 광으로 입사되면 이 SOA의 광증폭률은 주입전류 대신 펌핑 광의 진폭에 의해 결정된다. 이때 이 SOA에 λ_c의 파장을 갖는 빛을 입사하면 출력단에는 광증폭기의 증폭률에 비례하는 빛이 나오게 된다. 그러므로 출력단에는 진폭은 λ_i의 펌핑 광과 동일한 파형이나 파장은 λ_c인 빛이 나오게 된다. 그러므로 이 소자에서는 λ_i의 파장을 갖는 광신호를 입사하면 λ_c의 파장을 갖는 광신호가 출력되는 파장변환 결과를 얻게 된다.

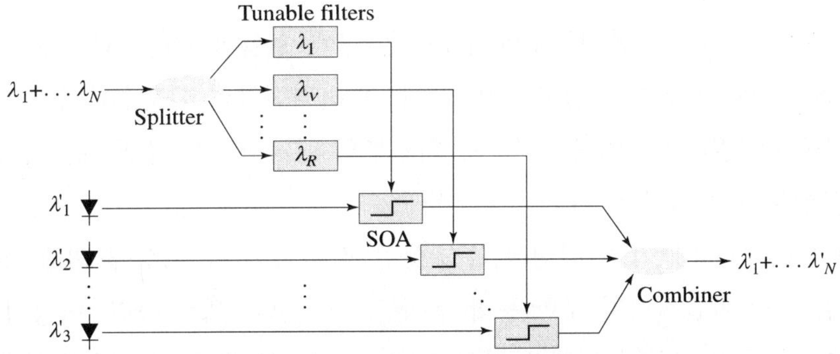

그림 1.14 SOA를 이용한 파장변환 시스템

이러한 SOA 기반 파장 변환기는 PD-LD를 이용한 파장 변환기에 비해 소자의 수가 적을 뿐만 아니라 신호의 대역폭도 월등하게 커서 수십 GHz 이상의 속도로 파장 변환을 얻을 수 있다. 그림 1.14에 실제 파장분할 다중통신 시스템에 사용되는 파장 변환기의 사용 예가 나타나 있다. 입력 광섬유로부터 λ_1, λ_2, ... λ_N의 파장이

들어오면 이를 파장 필터로 선별하여 새로운 파장 λ'_1, λ'_2, ... λ'_N으로 변환해 주고 있다. 이를 구현하기 위해서는 λ'_1, λ'_2, ... λ'_N의 파장을 갖는 레이저 다이오드가 필요하며 이 파장들은 파장가변 레이저 다이오드 등으로부터 얻을 수 있다.

3 광송수신기 설계상 주의사항

지난 수십 년간 디지털 광통신기의 구조는 앞서 설명한 그림 1.3과 같은 구조에서 크게 벗어나지 않았지만 그 구성요소에 대한 설계사항과 집적도 수준은 현저하게 변하였다. 광소자 성능 및 IC 기술의 발달과 더불어 보다 높은 성능과 원가경쟁 요인 등으로 인하여 이러한 변화는 광통신 시스템 설계에 있어서 새로운 도전을 야기하였다. 이들을 살펴보면 다음과 같다.

그림 1.3의 송신기에서는 초고속 IC 기술에 있어서 몇 가지 문제점을 드러내고 있다. 송신기의 지터(jitter)는 PLL(phase-locked loop)에 의해 결정되기 때문에 전원과 접지의 잡음제거도가 높은 견고한 저잡음 증폭기의 설계가 가장 중요하다. 또한 MUX 등의 고속 IC의 설계에 있어서 각 채널 간의 skew를 줄이는 기술도 매우 중요해진다.

다음으로는 LD의 구동회로부에서 1 ns 이내에 수십 mA를 공급하는 기술이다. LD는 on/off에 따라 큰 전압차가 발생하는데 전원전압이 작을수록 구동회로의 설계가 더욱 어려워진다. 아울러서 구동회로부의 패키징에서 발생하는 기생소자 역시 송신성능을 저하하게 된다.

그림 1.15에서 LD, IC, 광섬유, PD 등은 각각의 소자 특성에 의해 chirping, 분산, 감쇠 등 바람직하지 못한 동작 특성을 보여준다. 예를 들면, 이상적인 LD의 동작 특성은 주입전류의 크기에 따른 그림 1.15(a)와 같은 광출력 특성을 보여준다. 즉 LD 주입전류가 문턱전류(threshold current)보다 크면 주입전류의 크기에 따라 LD의 출력광이 커진다. 이런 특성을 이용하여 LD 주입전류를 그림 1.15(b)와 같이 인가하면 LD 출력광이 변조된다. 그러나 실제 출력광은 그림 1.15(c)와 같이 출력지연(delay)이나 이완공진(relaxation oscillation) 등 비정상적인 특성을 보여준다.

이러한 현상에 따라 변조 대역폭은 그림 1.15(d)와 같이 f_1 정도로 제한받게 된다.

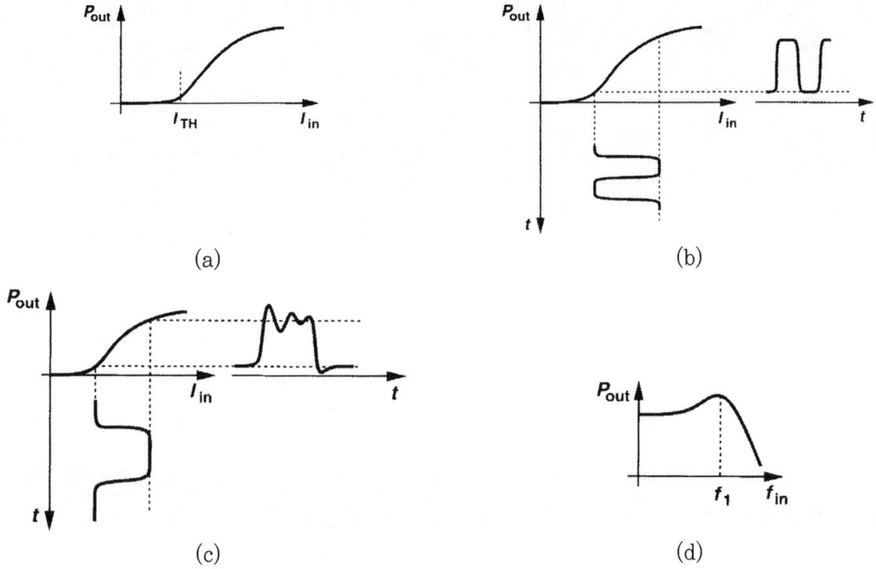

그림 1.15 LD의 변조 특성

광수신기 역시 많은 문제점을 드러낸다. TIA와 limiter의 내부 잡음, 이득, 대역폭등에 의해 수신감도와 전송속도에 영향을 미치게 된다. 아울러 클럭 재생 IC의 속도와 성능은 엄격한 jitter나 대역폭에 허용오차를 만족하기 위해 높은 속도와 신뢰도를 발휘하여야 한다.

그림 1.3에 있는 송수신기를 단일 칩으로 집적화하는 데에는 아직도 많은 과제가 남아 있다. 예를 들면 MUX나 DMUX의 높은 주파수의 디지털 신호는 PLL이나 CDR 회로에 영향을 주어 오동작을 야기하고 있다. 그러므로 아직은 상호 간섭을 줄일 수 있도록 여러 기판에다 각각의 소자를 구현하는 hybrid 방식을 취하고 있다. 그림 1.3에서 점선 사각형이 통상적인 단일 칩 경계를 나타낸다. 즉, 송신기에는 PLL/MUX 칩과 LD 구동회로 칩, 그리고 수신기에는 TIA/limiter 칩과 CDR/DMUX 칩 등이 단일 칩으로 구현된다. 최근에는 송수신기의 PLL/MUX와 CDR/DMUX가 단일 칩으로 구현되고 있지만, 여전히 저잡음 증폭기는 별도 소자로 구성되고 있다.

제2장
결정 성장(Crystal growth)

1 반도체 결정 성장 개요

결정(crystal)이라 함은 원자의 주기적인 배열을 갖는 구조를 갖고 있어야 한다. 이러한 주기성에 의해 밴드갭(bandgap)이 형성되며 밴드갭보다 큰 에너지를 갖는 전자만이 존재할 수 있다. 이러한 밴드갭이 형성되면 전도대(conduction band)에 있는 전자가 가전도대(valence band)에 있는 정공(hole)과 결합하면서 밴드갭 에너지에 해당하는 빛을 방출하게 된다.

실리콘(Silicon)과 게르마늄(Germanium)은 4족 원소로서 한 가지 원소로만 구성되어 있으며 네 개의 공유 결합을 통하여 결정을 이루고 있다. 실리콘은 현재 가장 완벽한 결정을 만들 수 있는 정도로 기술이 발전되어 왔다. 전자적 특성이 좋고 재료를 무한대로 공급 받을 수 있기 때문에 대부분의 전자적 반도체에 쓰이고 있다. 4족 원소 가운데 또 하나는 탄소(Carbon)로 구성된 다이아몬드이다. 굉장히 큰 밴드갭을 가지고 있어서 좋은 반도체 재료이나 인조적으로 만들기가 어렵고 도핑 기술이 개발되어 있지 않아서 전류를 주입할 수 있는 방법이 없기 때문에 아직까지는 반도체 재료로 사용되지 않고 있다.

실리콘은 많은 장점이 있어서 전자적 반도체에 널리 사용되고 있으나 간접 천이형 밴드 구조를 형성하고 있기 때문에 그림 2.2의 마지막 구조에서 보는 바와 같이 포논(phonon)의 도움 없이는 전도대에서 가전도대로의 천이가 불가능하므로 빛을 발산하는 반도체 재료로는 부적절하다.

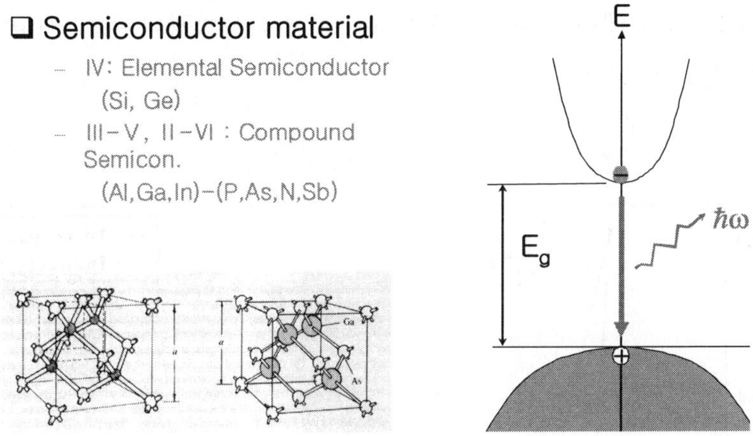

그림 2.1 반도체 결정의 밴드갭

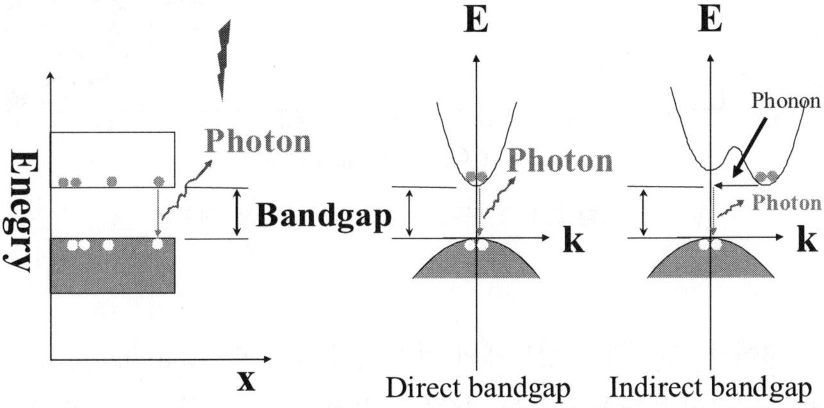

그림 2.2 직접 천이형과 간접 천이형의 밴드갭 구조

4족 원소로 이루어진 반도체는 4개의 전자가 공유 결합을 통하여 8개의 전자를 갖는 구조를 형성하고 있다. 이와 유사하게 3족과 5족의 원자를 번갈아 가면서 배열을 갖게 되면 이 또한 공유 결합을 통하여 각 원자가 8개의 전자를 갖게 되므로

유사한 구조를 갖게 된다. 2족과 6족의 원자들도 비슷한 구조를 가질 수 있다. 이러한 구조의 반도체는 단일 원소가 아닌 두 가지 이상의 원소로 이루어져 있으므로 화합물 반도체라고 불린다. 이러한 화합물 반도체들은 대부분이 직접 천이형 밴드 구조를 형성하므로 효율적으로 빛을 발산하게 된다. 따라서 이러한 반도체들을 이용하여 빛을 내는 레이저 다이오드(laser diode)나 발광다이오드(light emitting diode)를 만들고 있다.

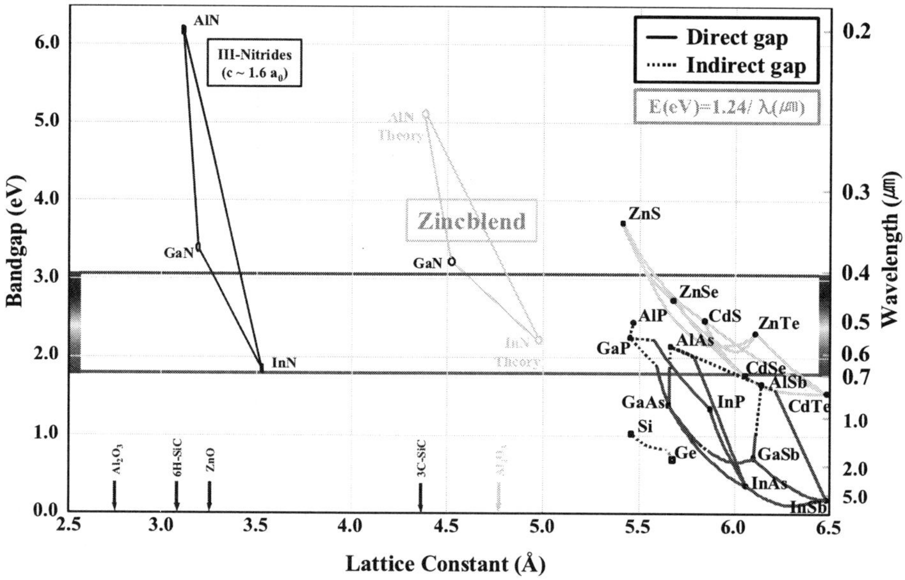

그림 2.3 반도체 결정의 격자 상수와 밴드갭

그림 2.3에서 여러 가지 반도체의 격자 상수와 밴드갭(bandgap)의 관계를 볼 수 있다. 대부분의 반도체 결정을 성장하기 위해서는 성장하는 반도체 결정과 같은 구조를 갖는 기판(substrate)을 사용하여 그 위에 결정 구조는 같지만 성분이 같거나 혹은 다소 다른 물질을 성장함으로써 원하는 구조의 반도체 결정을 얻을 수 있다. 현재 화합물 반도체 중에서 가장 큰 시장을 형성하고 있는 것은 GaN를 기반으로 하고 가시광을 방출하는 III-nitride이다. Full color를 구현하기 위해서는 RGB(red, green, blue)의 삼원색이 필요하다. 밴드갭이 커지면서 반도체를 성장하기 어려웠기 때문에 청색을 구현하는 반도체가 가장 늦게 개발되었다. 청색 후보

물질로서 GaN와 ZnSe 계열의 화합물 반도체가 경합을 벌이다가 GaN 기술이 진보하면서 청색 계열의 광 반도체가 GaN에 의해 평정되었다. 결정 성장의 가장 기본은 같은 구조를 갖는 기판 위에 반도체 결정을 성장하는 것이다. 따라서 GaN를 성장하기 위해서는 GaN 기판을 사용하여야 하나 현재 GaN 기판은 소량으로 제작 가능하고 그 품질도 원하는 만큼 양질에 미치지 못하며 가격 또한 고가이어서 현실성이 부족한 상태이다. 그러나 다행스럽게도 사파이어 기판(Al_2O_3)이나 SiC를 사용하여 GaN 계열의 결정이 잘 성장되는 결과를 얻었다. 그래서 현재 대부분의 GaN 계열의 반도체는 이러한 기판을 사용하고 있다. 또 하나의 GaN 계열 반도체 기판 후보로 ZnO를 들 수 있다. 격자 상수가 GaN 계열과 상당히 비슷하기 때문에 결함을 적게 하면서 GaN 계열의 반도체를 성장할 수 있을 것으로 기대되지만 아직까지는 사파이어 기판을 사용하는 것보다 좋은 결과를 내지 못하고 있다.

광통신에 사용되는 빛은 주로 600~1550 nm 파장 대역의 광을 사용하고 있으므로 그림 2.4에서 이 영역에 대한 3족과 5족 원소로 구성된 화합물 반도체 결정을 자세히 살펴보자.

이 범주에 속하는 반도체는 3족으로 Al, Ga, In 그리고 5족으로 As, P를 사용하고 있다. 이러한 화합물 반도체 중에서 현재 기판으로 수급 가능한 반도체는 GaP, GaAs, InP, InAs가 있다. GaP 계열은 간접 천이형 밴드갭을 가지고 있으므로 강한 빛을 내는 물질로서 부적절하다. 그럼에도 불구하고 가장 먼저 빛을 내는 소자로 개발되어 수십 년 동안 녹색과 적색 LED의 재료로 사용되어 왔다. 이는 반도체 결정에 포함된 불순물에서 빛을 내는 특성을 이용하여 왔는데 그 결과 빛을 내기는 하지만 그 효율이 좋지 못하기 때문에 강한 빛을 내는 데는 부적절하였다. 따라서 아주 작은 광원으로서 주로 시그널용으로 사용되어 왔다. 예를 들면 컴퓨터나 가전 제품 등의 전원이 켜졌는지 등을 표시하는 용도 등이다.

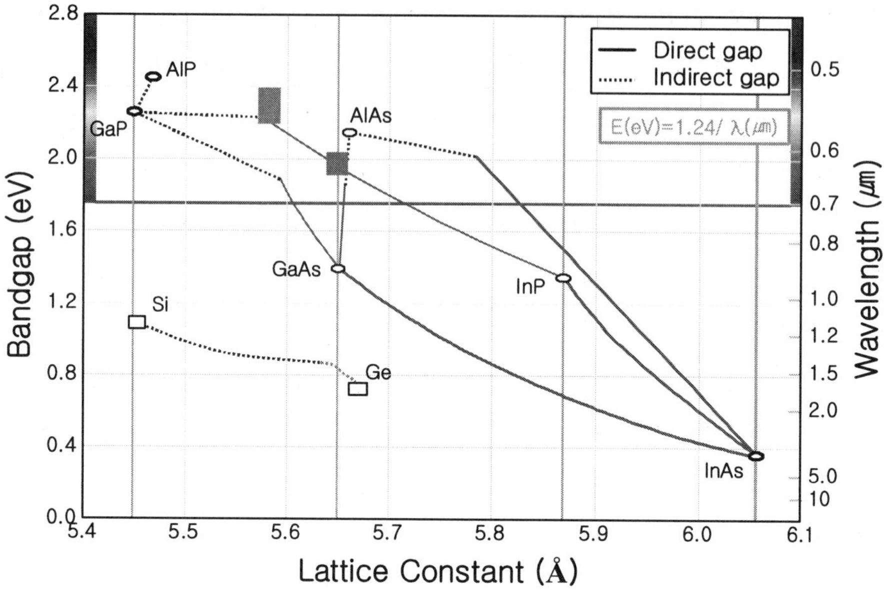

그림 2.4 광통신에 사용되는 범주의 화합물 반도체 결정의 격자 상수와 밴드갭

GaAs는 반도체 중에서 밴드갭을 본격적으로 이용하여 빛을 내는 물질로 가장 먼저 개발되었으며 현재 가장 기술이 앞서 있는 물질이다. 여기서 특히 주목해야 할 물질은 AlAs이다. Al은 Ga과 주기가 다른 계열에 속하는 물질임에도 불구하고 AlP는 GaP와 격자 상수가 비슷하고 AlAs는 GaAs와 비슷한 격자 상수를 갖고 있다. 따라서 GaAs 위에 AlAs를 쉽게 성장할 수 있다. 이러한 이점을 이용하여 밴드갭이 다른 물질을 적층하여 반도체 구조를 갖는 헤테로 구조 반도체 박막을 성장할 수 있으므로 초기 화합물 반도체 소자 및 양자 구조 등의 개발에 유용하게 사용되어 왔으며 현재도 많은 화합물 반도체 소자들이 이러한 이점을 이용하고 있다. AlAs를 33% 이하로 GaAs에 섞을 경우 직접 천이형 밴드 구조를 갖고 적색의 빛을 내기 때문에 고휘도 적색 LED를 제작하는 데 이 물질이 사용되어 왔다.

Al을 사용할 경우 Al이 공기 중에 노출되면 공기 중의 산소와 강한 결합을 하기 때문에 AlAs 층을 포함하는 구조로 소자를 만들 때에는 상당히 제한을 받는 불편함이 있다.

GaP와 InP를 반 정도씩 섞으면 GaAs와 비슷한 격자 상수를 갖게 된다. 따라서 GaAs를 기반으로 하는 반도체에 InGaP를 쉽게 성장할 수 있다. 이 구조는 직접 천이형 밴드 구조를 갖고 강한 적색 빛을 낼 수 있으며, 공기 중에 노출되었을 때에도 Al과 같은 산화 문제가 없으므로 현재는 고휘도 적색 LED는 이 계열의 재료를 많이 사용하고 있다.

보편적으로 사용되고 있는 실리카 계열의 광섬유는 1550 nm 대역에서 가장 흡수가 작다. 또한 1310 nm 대역에서 다소 흡수가 크지만 가장 빠른 통신을 할 수가 있다. 이러한 이유 때문에 광통신에 사용되는 빛은 1310 nm와 1550 nm의 적외선을 사용하고 있다. 이 영역에서 광원으로 사용하기 위해서는 크기가 작고 강한 빛을 낼 수 있는 광원이 필요하다. 이러한 이유로 InP를 기반으로 하는 레이저 다이오드가 개발되어 왔다.

GaAs(혹은 AlAs)와 InAs를 반 정도씩 혼합하면 InP와 격자 상수가 비슷하게 된다. 이 InGaAs는 약 1700 nm 근처의 빛을 낼 수 있다. 또한 이러한 InGaAs와 InP를 적절히 혼합하면 1310 nm와 1550 nm 대역의 빛을 얻을 수 있다. 다른 방법으로는 InGaAs를 양자우물의 우물로 사용하고 두 가지를 혼합한 InGaAsP를 장벽으로 사용함으로써 강한 빛을 내고 특성이 우수한 양자우물 구조의 광원을 제작할 수 있다.

광원(laser diode 혹은 light emitting diode)이나 포토다이오드(photodiode)는 박막 형태로 성장되며 그 두께는 약 1~10 μm 정도가 된다. 이러한 박막을 성장하기 위해서는 성장하고자 하는 반도체 결정과 같은 구조를 갖는 기판이 필요하다. 기판으로 쓰이는 반도체 결정은 어느 정도의 기계적 강도를 가져야 하므로 일반적으로 100~500 μm 정도의 두께를 가지고 있다. 면적은 클수록 가격적인 측면이나 소자 제작 단가 측면에서 유리하다. 일반적으로 2~12inch 정도의 직경을 가지는 기판을 상용적으로 사용하고 있다. 실리콘은 기술이 많이 발달되어 있어서 12inch가 쉽게 공급되고 있으나 GaP, GaAs, InP, InAs는 일반적으로 2inch를 많이 사용하고 있다. 소자 기술이 많이 개발된 GaAs와 InP의 경우에는 3, 6, 8inch의 기판도 사용되고 있다.

기판은 두께가 두꺼워야 하고 결정성이 그다지 좋지 않아도 되므로 대면적이 가능하고 성장속도가 빠른 방법으로 성장하여야 한다. 반면 활성층으로 사용되는 박막은 두께가 얇고 품질이 우수하여야 하고 성장속도가 늦더라도 성장을 제어하기가 쉬워야 하므로 고가의 장비를 사용하고 있다.

화합물 반도체 기판은 주로 LEC(liquid encapsulated Czochralski) 방법이나 HB(horizontal Bridgeman) 혹은 이러한 방법들을 다소 변형한 방법들로 성장하고 있다.

박막은 LPE(liquid phase epitaxy), MBE(molecular beam epitaxy), MOCVD(metal organic chemical vapor deposition) 시스템을 사용하고 있다. MOCVD는 사람들에 따라서 MOVPE(metal organic vapor phase epitaxy), 혹은 OMVPE(organo-metallic vapor phase epitaxy)라고 불리기도 하는데 최근에는 MOCVD로 평정되어 가고 있다. 일반적으로 deposition은 결정성이 없이 성장되는 방법이고 epitaxy는 기판과 박막의 결정성이 같을 경우에 사용하는 단어이다. 그래서 MOCVD로 박막을 성장하는 사람들이 반도체 결정은 기판과 박막의 결정성이 같으므로 deposition이라는 단어보다는 epitaxy라는 단어를 쓰고 싶어 하였으나 MOCVD가 일반화되어 있다.

표 2.1에 화합물 반도체 결정 성장에 사용되는 시스템의 장단점을 비교·정리하였다.

표 2.1 화합물 반도체 결정 성장 시스템의 장단점 비교

Type	LPE	MOCVD	MBE
source	liquid	gas	solid
crystal quality	◎	○	○
MQW	×	○	◎
interface	×	○	◎
doping	△	△	○
sample size	×	◎	○
growth capacity	○	◎	○
source efficiency	×	△	○
analysis tool	×	reflectance	RHEED, Flux, Auger, SIMS
system price	○	△	△

LPE 방법은 결정의 특성이 우수하기는 하지만 양자 구조에 필요한 얇은 박막을 성장할 경우 제어가 거의 불가능하다.

따라서 초기에는 LPE 방법을 사용하여 AlGaAs 및 InGaAsP 계열의 결정을 성장하였으나 현재는 MBE와 MOCVD의 기술이 발달하여 결정성이 우수한 반도체를 성장할 수 있고, 하나의 분자층 정도 정밀도로 두께 제어가 가능하며 박막의 성분을 쉽게 바꿀 수 있으므로 이러한 방법들을 사용하고 있다. LPE 방법은 현재는 거의 사용되지 않고 있다.

MBE는 초고진공 환경에서 결정을 성장하고 가열에 의한 증발을 이용하여 원료를 공급한다. 따라서 시스템의 대형화에 어려움이 있고 대면적에 대하여 원료를 균일하게 공급하기 어려운 문제가 있다. 또한 고체 원료를 사용하고 있는데 인(P, phosphorus)을 제어하기에 어려움이 많으므로 주로 AlGaAs 계열의 화합물 반도체를 성장하는 데 사용되고 있다. 최근에는 인을 제어하는 방법이 개발되어 사용되고 있으나 사용하기가 편한 것은 아니다. 또한 기체 상태인 질소(N, nitrogen)를 사용하기가 매우 어려우므로 III-Nitride를 성장하기가 어려움이 많지만 최근에는 질소를 공급할 수 있는 장치를 개발하여 III-Nitride의 성장에도 사용되고 있다. 그러나 연구실 수준에 머물러 있고 대량 생산용 III-Nitride 박막을 성장하는 데에는 한계가 있다. 그러나 박막의 두께 제어를 쉽게 할 수 있어서 초격자나 양자우물 등의 매우 얇은 층을 성장하기에 유리하다. 원료의 공급을 원활히 하기 위하여 MOCVD에서 사용하는 기체상의 원료를 사용하는 시도가 되고 있지만 결정의 품질이나 제어적인 측면에서 많은 어려움이 있다.

MOCVD는 기체상의 원료를 사용하므로 기체상으로 만들 수 있는 대부분의 원료가 사용 가능하고 대면적화가 상대적으로 쉬우므로 화합물 반도체를 이용한 소자의 대량 생산을 위해서 주로 사용되고 있다.

이제부터 MBE와 MOCVD를 이용한 결정 성장 방법에 대하여 살펴보자.

2 Molecular Beam Epitaxy(MBE)

2.1 개요

MBE(molecular beam epitaxy)는 반도체, 금속, 절연체 등의 얇은 에피 결정층을 성장시킬 수 있는 획기적인 기술이다. MBE에서 박막은 열에너지를 가진 분자 또는 원자선과 초고진공하에서 고온으로 가열된 기판 표면과의 상호반응을 통해 결정화된다. 성장된 에피층의 조성과 도핑농도는 조성원소와 불순물들의 상대적인 도달비율에 의존하는데, 그것들은 각 source의 증발률에 의존한다. 전형적으로 1 μm/h(1monolayer/s)의 성장률은 성장표면으로 충돌하는 분자가 표면에 정착하기에 충분할 정도로 낮아 성장된 막의 표면은 매우 평탄하다. Beam source 앞에 장착된 간단한 mechanical shutter는 beam의 흐름을 차단하는 데 사용된다. 예를 들면 증착과 doping을 시작하고 정지시키는 데 사용된다. 따라서 조성과 doping의 변화는 원자적인 차원에서 급격하게 변화시킬 수 있다.

그림 2.5 MBE system with valved cracker cell (VG-V80)

MBE가 종래의 진공증착 기술과 다른 점은 beam flux와 성장조건의 정확한 제어이다. 진공증착으로 인해 MBE 성장은 열역학적 평형과 관계없이 수행되며, 충돌 beam이 기판 결정의 최상층의 원자층과 반응할 때 발생하는 표면 공정의 운동에 의해 주로 지배된다. 이것은 LPE(liquid phase epitaxy) 또는 VPE(vapor phase epitaxy)와 같은 열평형에 가까운 조건하에서 주로 확산과정에 의해 제어되는 다른 에피 성장기술과는 대조적이다.

각 증발원과 기판 사이에 기계적인 제어장치나 shutter를 이용함으로써 성장공정을 제어할 수 있다. Molecular Beam Epitaxy란 이름이 암시하듯이 증발원에서 기판으로의 성분의 흐름은 유체역학(hydrodynamic)적 흐름이 아닌 분자이며, 이로 인해 분자선(또는 원자선)은 실제적으로 내부의 상호작용이 무시된 단일 지향성으로 간주할 수 있다. 기계적인 제어장치의 사용으로 분자선이 기판에 도달하는 것을 효과적으로 제어할 수 있고, 각 분자선을 중첩시켜 별개의 결정구성을 할 수도 있게 된다. 성장층에 잔류성분으로 인한 불필요한 불순물의 혼입을 최소화하기 위해, 증발원과 성장부를 액체질소(liquid-nitrogen) 냉각판으로 보호할 필요가 있다. MBE 성장의 일반적인 장점은 다음과 같다.

1. 일반적으로 성장속도가 1μm/hr 정도(1monolayer/sec)로 낮다. 따라서 shutter 작동의 동작시간(<1s)의 변화로 원자차원의 구성이나 dopant의 변화를 가능케 한다.
2. 다른 성장기술과 비교할 때, 성장온도(T_s)가 낮고(GaAs=500~650℃), 이로 인해 내부 확산을 무시할 수 있다.
3. 기판의 표면에 이동 가능한 기계적인 mask를 사용(epitaxial writing)함으로써 3차원적으로 물질구조의 기하학적 제어가 가능하다.
4. 초고진공이기 때문에 전체적으로 표면분석 조사를 할 수 있어, 성장전-성장중-성장후의 에피층의 화학적, 구조적 특성의 관측이 가능하다.
5. 별개의 물질의 순차적 증착이 가능하다. 예를 들면 in-situ로 금속이나 절연막을 증착할 수 있기 때문에 계면의 화학적 완전성(chemical integrity)을 보전할 수 있다.
6. 모든 공정의 자동화가 가능하여 정확한 생산 체계가 실현될 수 있다. 즉, 초고진공 환경의 실현으로 RHEED(reflection high-energy electron diffraction), AES(Auger electron spectroscopy), ellipsometry와 같은 예민한 표면분석 장치에 의해 in-situ로 제어될 수 있다. 이러한 제어와 분석에 대한 강력한 장비는 MBE에서 발생할 수 있는 많은 guess work을 제거하고 이 성장기술을 이용함으로써 복잡한 소자의 제작을 가능하게 한다.

2.2 MBE 기술의 원리

고진공하에서 박막을 성장시키는 기술은 대략 두개의 범주로 나눠지는데, 이것은 증발원이 source로부터 기판으로의 전달이 물리적 또는 화학적으로 이루어졌는가에 의존한다. 물리적 전송에서는 화합물 또는 조성원소가 높은 온도에서 다결정(polycrystalline) 또는 무결정(amorphous) source로부터 증기화되고, 순차적으로 진공 반응기를 통해 화학적 변화 없이 증발기체나 열에너지 beam의 형태로 기판으로 전달된다. 화학적 전송기술에서는 성장된 막의 조성원소를 포함한 휘발성 원소는 먼저 진공 반응기의 내부나 외부에서 생성되어 증발기체나 beam의 형태로 반응기를 통해서 기판 근처의 반응지역으로 전달된다. 이러한 기체류는 기판결정의 표면에 막을 성장하는 반응 물질을 형성하기 위해서 순차적으로 반응 영역에서 화학적 반응을 하거나 열분해 된다.

위에서 언급한 증착방식이 현재 사용되고 있는 MBE 기술인데, 박막성장이 실현될 수 있는 두 가지 진공의 범주를 구별하는 것이 편리하다. 반응기 내부의 전체압력이 1.33×10^{-1} Pa $\geq p \geq 1.33 \times 10^{-7}$ Pa($10^{-3} \sim 10^{-9}$ torr)의 범위일 때 고진공(high vacuum)이라는 용어를 사용하고, $p \leq 1.33 \times 10^{-7}$ Pa(10^{-9} torr)일 때 초고진공(ultra high vacuum)이라는 용어를 사용한다. MBE 기술의 특징은 기판으로의 흐름이 beam이라는 점이다. 이러한 관점에서 필요불가결한 진공조건, 즉 진공 반응기 내의 대량 전달의 beam의 성질을 보존하기 위해서 필요한 잔류 gas의 전체 압력 허용치 등을 고려하는 것이 중요하다.

압력과 밀접히 관련된 두 가지 요소는 진공의 특성에 있어서 중요한 것이다. 그 중 하나는 진공 중을 통과하는 평균자유행로이고, 나머지 하나는 기체의 밀도(단위 체적당 분자의 수)이다. 평균자유행로(L)는 연속적인 충돌 사이에서 분자들이 이동하는 평균거리로 정의된다. 이상기체의 운동이론에 관한

1. 기체분자는 동일한 점질량이다.
2. 분자 간의 상호작용은 무시된다.
3. 분자의 속도 분포는 Maxwellian을 따른다.
4. 기체는 등방성이다.

라는 추론을 이용하여, 평균자유행로에 관한 다음과 같은 관계를 얻어낼 수 있다.

$$L = 1/(2^{1/2}/2\pi n d^2) \quad (2.1)$$

여기서 d는 분자의 반경이고, n은 압력 p와 온도 T에 관련된 진공 중의 기체분자의 밀도이며 다음과 같이 표현할 수 있다.

$$n = p/(k_B T) \quad (2.2)$$

k_B(=1.381×10^{-23} J/K)는 볼쯔만상수이다.

이것을 식 (2.1)에 대입하여 기체분자의 평균자유행로를 얻을 수 있다.

$$L = 3.11 \times 10^{-24}\, T/(p\ d^2) \quad (2.3)$$

여기서 모든 양들의 단위는 SI이다.

표준 MBE 반응실에서 effusion cell 내에서 생성되거나 특별한 gas inlet을 통해 진공환경 내로 들어온 분자선은 Beam source의 outlet 구멍과 결정기판 표면 사이의 0.2 m 정도의 거리를 횡단한다. Beam이 기판으로 가는 도중 chamber 내부의 압력이 충분히 낮지 않으면 분자는 잔류기체와 충돌하게 될지도 모른다. 따라서 분자의 흐름을 방해하는 산란(scattering)이 발생한다.

잔류기체 압력의 최대 허용치는 잔류기체 환경으로 스며드는 reactant beam의 분자의 평균자유행로 L_b가 beam source로부터 결정기판 표면까지의 거리보다 커야 한다는 조건($L_b > 0.2$ m)으로부터 설정된다. 간단히 말하면 분자선과 잔류기체가 혼합되어 동시에 발생되므로 잔류기체 분자의 허용밀도의 계산은 다음 공식을 이용하면 된다.

$$L_b^{-1} = 2^{1/2}\pi\ n_b d_b{}^2 + \pi n_g d_{bg}(1 + v_g/v_b{}^2)^{1/2} \quad (2.4)$$

$$d_{bg} = (d_b + d_g)/2$$

여기서 n_b, d_b, v_b는 각각 분자선 내의 분자의 밀도, 직경, 평균속도를 나타내며, n_g, d_g, v_g는 반응기 내부의 잔류기체 분자의 밀도, 직경, 평균속도를 나타낸다. 보통 질량 가스 분자들의 평균속도는 beam 분자의 속도보다 훨씬 작다($v_g \ll v_b$). 따라서 식 (2.4)는 분자속도의 비율을 포함한 항을 제거함으로써 간략해진다. 간소화된 표현식을 다시 정리하면 질량 가스 분자들의 농도에 관해 얻을 수 있다.

$$n_g = (L_b^{-1} - 2^{1/2}\pi\ n_b\ d_b{}^2)/(\pi\ d_{bg}{}^2) \quad (2.5)$$

또한 잔류기체의 분압은 다음과 같이 표현된다.

$$p_g = k_B\, T(L_b^{-1} - 2^{1/2}\pi n_b\, d_b^2)/(\pi d_{bg}{}^2) \tag{2.6}$$

일반적인 GaAs의 MBE 성장에서는

$T = 300\ \mathrm{K}$, $k_B = 1.381\times10^{-23}\ \mathrm{J/K}$, $L_b = 0.2\ \mathrm{m}$, $d_b = 2.70\times10^{-10}\ \mathrm{m}$,
$d_g = 3.74\times10^{-10}\mathrm{m}$, $n_b = 2.6\times10^{16}\ \mathrm{m}^{-3}$

이다.

여기서 d_b는 Ga 원자의 직경이며, d_g는 대기 중 273 K에서 점성의 측정으로부터 얻어진다. n_b는 10^9[atoms $\mathrm{m}^{-2}\mathrm{s}^{-1}$]의 Ga의 beam flux와 1250 K에서 Ga source의 온도로 계산되었다. 식 (2.6)에서 위의 수치를 이용해서 잔류기체 압력의 최고치 $P_{g\max} = 7.7\times10^{-2}$ Pa을 얻는다. 대량 전달의 beam의 성질은 고진공(high vacuum) 조건하에서 보존된다는 것은 분명하다. 그러나 결정화된 에피층에서 무시할 수 있는 자연 발생의 불순물 준위와 관련하여 낮은 성장률(약 1 μm/h 또는 1monolayer/s)을 사용하는 경우, MBE 성장실 내의 잔류기체는 전체 압력에 대해 상당히 엄격한 제한을 가져온다.

아주 청결한 에피층 성장을 위한 조건은 beam의 1monolayer 증착시간 $t_1(b)$과 잔류기체 증착시간 $t_1(v)$ 사이의 관계로 표현된다.

$$t_1(b) = 10^{-5}\, t_1(v) \tag{2.7}$$

이것은 불순물의 단원자층이 진공 반응기의 내부의 잔류기체로부터 기판 표면에 증착되는 데 소요되는 시간 $t_1(v)$은 분자선으로부터 단원자층 두께의 막의 증착에 필요한 시간 $t_1(b)$보다 10^5배 정도 길다는 것을 뜻한다. 기판 표면에 도달하는 10^{19} [atoms $\mathrm{m}^{-2}\mathrm{s}^{-1}$]의 beam flux와 기판 결정 원자의 평형 표면 밀도는 10^{19}[atoms m^{-2}]로 동일하기 때문에 1초 동안의 $t_1(b)$값을 얻을 수 있다. 결국 위의 조건은 시간 $t_1(v)$가 10^5 s(≒28 h)보다 짧지 않으면 만족될 것이다.

단위 시간당 기판 표면의 단위 면적에 충돌하는 잔류기체의 분자 수는 물질 i의 분압(P_i)에 관계하며 이 물질의 분자량(M_i), 그리고 다음의 공식에 의해 진공 반응기 내의 잔류기체 온도(T)에 의존한다.

$$w_i = P_i[N_A/(k_B M_i\, T)]^{1/2} \tag{2.8}$$

N_A와 k_B는 Avogadro와 Boltzmann상수이며, 위 식은 다음과 같이 간략화된다.

$$w_i = 8.33 \times 10^{22} p_i / (M_i T)^{1/2} [\text{molecules m}^{-2}\text{s}^{-1}] \tag{2.9}$$

진공 반응기 내의 잔류기체가 질소 분자($M_i = 28.02 \times 10^{-3}$ kg/mol)로만 구성되고, 잔류기체의 온도를 300 K라 하면 $w_i = 2.87 \times 10^{22} p_i$라는 관계식을 얻는다. 만약 증착률이 atoms $m^{-2}s^{-1}$의 단위로 표현되어야 한다면 두 개의 원자로 구성된 질소 분자는 이 관계에서 수치 2를 곱해주는 것을 고려해야 한다. 결론적으로, 계산된 시간은 $t_1(v) = 10^{19}(5.74 \times 10^{22} p_i)^{-1}$이고, 이 값은 10^5 s보다 크거나 같다. 이 필요조건으로부터 진공 반응기 내의 잔류기체 압력에 대해서 $P_i \max < 1.7 \times 10^{-9}$ Pa과 같은 조건이 나온다. 이 수치는, MBE 성장은 UHV하에서는 낮은 비율(1 μm/h)로 수행되어야 함을 의미한다.

일반적으로 예기치 않은 불순물 농도의 성장막으로의 침투는 성장온도에서 표면의 흡착계수(S_i : stricking coefficient)에 의존한다. 결국 진공 반응기 내의 잔류기체로부터 성장막으로 침투하는 전체 오염도는 다음과 같이 표시된다.

$$n = \sum_{i=1}^{n} n_i = \sum_{i=1}^{n} s_i w_i r_g^{-2} \tag{2.10}$$

여기서 n_i는 물질 i의 gas 분자의 불순물 농도이며, r_g는 에피층의 성장률을 나타낸다.

MBE 진공 system에서 대략적으로 얻어지는 잔류기체의 압력은 7.5×10^{-11} torr에서 7.5×10^{-12} torr의 범위에 있다. 이러한 값들은 동작 중 effusion cell furnace와 기판으로부터 증가된 heat load로 인해 다소 증가한다. 기판의 회전은 높은 level의 탄소(carbon) 원소, 메탄(methane), 일산화탄소, 이산화탄소의 방출의 원인이 되어, 이것들이 MBE layer 속으로 침투한다. 주어진 값은 $p_i \max$로 계산된 값보다 크다. 그러나 이것에도 불구하고 매우 청결한 박막이 얻어진다. 이 사실은 MBE 기술의 성공은 도달 가능한 낮은 잔류기체 압력과 더불어 가열된 기판 위의 잔류기체의 낮은 흡착계수로 인해 가능해졌다는 것을 의미한다.

각 MBE 배열은 서로 다른 물리적 현상이 발생하는 세 부분으로 나눌 수 있다는 것을 나타내고 있다. 첫 번째 지역은 분자선을 생성하는 곳(cell)이고, 다음은 다른

source로부터의 beam이 서로 교차하고, 기화된 성분들이 섞여 기판 부분에 접하는 매우 특별한 기체를 만드는 부분(초고진공)이다. 단결정화 과정이 일어나는 이 지역은 MBE의 물리적 system의 세 번째 구역(기판 표면)이라고 할 수 있다.

분자선은 첫 번째 지역인, 온도가 정확히 제어된 Knudsen effusion cell 형태의 source로부터 생성된다. 고성능의 비례적분(PID)제어기와 열전쌍에 기초한 종래의 온도 조절은 ±1% 이하의 flux 안정도를 가능케 한다. Cell과 기판의 온도를 적절히 조절함으로써 원하는 화학 조성의 에피층을 얻을 수 있다. 정확히 선택되고 제어된 기판과 조성 beam을 가진 source의 온도는 성장 과정에 직접적인 영향을 끼친다.

MBE에 의해 성장된 막의 조성뿐만 아니라, 두께의 균일성은 분자선속의 균일성과 source와 기판 사이의 공간적 배치형태에 의존한다. substrate-source의 구조를 생각해 보면, 표면의 한 점 P에서 단위 면적당 단위 시간당 기판 표면에 충돌하는 분자 또는 원자의 수는 다음과 같이 표현할 수 있다.

$$N_p = I_A (r/r_p)\cos\theta \cos\theta (\theta + \Phi)\cos\delta \tag{2.11}$$

여기서 거리 r_p와 각 θ 그리고 δ는 이 두 좌표의 일정한 값에 의존하는 반면, 거리 r, R 그리고 x_o는 source의 형태로 일정하게 주어진다. 따라서 주어진 source와 기판(substrate)의 구조에서 N_p는 다음과 같이 ρ와 β의 함수로 표현될 수 있다. 단위 시간당 단위 면적당 기판 위로 증착되는 물질 i의 질량은 다음과 같이 주어진다.

$$m_i(\rho, \beta) = m_{i1}N(\rho, \beta) = M_iN(\rho, \beta)/N_A \tag{2.12}$$

여기서 m_{i1}=물질 i의 1분자 질량이며 N_A는 아보가드로(Avogadro) 수, 그리고 M_i는 물질 i의 분자 질량이다. 간단히 하기 위해 기판에 충돌하는 물질 i의 분자에 대한 흡착계수 S_i는 1로 하였다.

주어진 물질 i에 대한 에피층의 성장률은 다음의 식으로부터 계산할 수 있다.

$$r_{gi}(\rho, \beta) = m_i(\rho, \beta)/d_i \tag{2.13}$$

여기서, d_i는 이 물질의 밀도이다. 따라서, beam flux가 시간에 의존하지 않는다면, 물질 i의 분자로부터 성장된 층의 두께는 다음과 같다.

$$l_i(\rho, \beta) = tr_{gi}(\rho, \beta) \quad (2.14)$$

여기서 t는 성장 시간이다. 따라서, n개의 source에 의해 동일한 물질 i의 분자선이 생성될 때 그 결과로서 한 점 P(ρ, β)에서 생성되는 에피층의 두께는 합으로 표시된다.

$$l_i(\rho, \beta) = \sum_{j=1}^{n} l_j(\rho, \beta) \quad (2.15)$$

여기서 j는 물질 i를 담고 있는 source를 나타낸다. l_i의 값은 j번째 effusing source의 축과 기판 표면에 수직인 축 사이의 각 Φ뿐만 아니라 ρ와 β에도 의존한다.

또한, 에피층의 두께에서 inhomogeneity는 homogeneity계수를 결정함으로써 얻을 수 있다.

$$\gamma = l_{i\max} - l_{i\min} / l_{i\max} (\times 100\%) \quad (2.16)$$

여기서 $l_{i\max}$와 $l_i$min는 에피층 두께의 최대치와 최소치이다.

각 source로부터 방출된 k개의 다른 물질의 경우, 조성 동질성 계수 η를 정의할 수 있다. 만약 기판 표면의 한 점 P(p, β)에서의 물질 i의 밀도 Q_i가 다음과 같다면

$$Q_i(\rho, \beta) = N_i(\rho, \mu) \left(\sum_{j=1}^{k} N_j(\rho, \mu) \right)^{-1} \quad (2.17)$$

이며, 조성 균일성은 다음과 같이 표현된다.

$$\eta = (Q_{i\max} - Q_{i\min}) / Q_{i\max} (\times 100\%) \quad (2.18)$$

서로 다른 x_0값에 대해 γ와 n의 값을 계산함으로써, 기판과 source의 system에 대한 배열의 적절한 구조를 선택할 수 있다. 그러나 이것은 매우 어려운 일이다. 그러므로, 만약 이것이 가능하다면 기판은 성장 도중 표면에 수직인 축 주위로 일정한 각속도를 가지고 회전된다. 기판의 회전은 성장층 두께와 조성의 동질성을 상당히 향상시키지만, 불행하게도 오늘날의 반도체 소자기술에서 잘 요구되는 패턴구조의 성장 가능성을 허용하지 않는다.

MBE 성장실 내의 두 번째 지역은 분자선들이 서로 교차해서 혼합되는 지역이다. 이 지역에서 일어나는 물리적 현상에 관해서는 거의 알려진 바 없다. 이 결과는

일반적으로 교차하는 분자선에 해당하는 분자의 평균자유행로가 어떠한 충돌이나 다른 종류의 분자와의 어떠한 상호작용도 일어나지 않을 정도로 길다는 사실로부터 나온다.

MBE에서 에피 성장은 기판 표면에 해당하는 세 번째 지역에서 실현된다. 일련의 surface process가 MBE 성장에 포함되지만 다음 과정은 가장 중요한 것들이다.

1. 기판 표면에 충돌하는 조성 원자나 분자의 흡수(adsorption)
2. 흡수된 분자의 표면이동과 해리(surface migration and dissociation)
3. 기판 또는 이미 성장된 에피층의 결정격자 내로의 조성 원자들의 응집(incorporation)
4. 결정격자 내로 응집되지 않는 원소의 열적 방출(thermal desorption)

기판의 결정 표면은 그곳에서 충돌하는 분자 또는 원자가 상호작용하는 소위 결정부위(crystal site)로 나누어진다. 각 결정부위는 각각의 화학적 활동에 의해 특정된 결정 표면의 작은 부분이다. 이런 부위는 dangling bond, vacancy, step edge 등에 의해 생성된다. MBE 성장 도중에 발생하는 surface process는 그것들을 양적으로 나타내는 상대적인 운동 파라미터에 의해서 특징지어진다.

또한 도달률은 도달하는 원소의 flux에 의해서 설명되는데, 이것으로 초당 표면의 단위 면적에 충돌하는 원자의 수를 알 수 있다. 화합물 반도체의 MBE 성장에서 필요한 flux는 보통 $10^{18} \sim 10^{20}$[atoms $m^{-2}s^{-1}$] 정도이다. 기판 표면에 도달하는 원자는 대개 중심의 온도에 비례하는 에너지 분포를 하게 될 것이다. MBE의 경우 effusion cell의 온도 T_i가 빈번히 사용된다. 기판온도 T_s(일반적으로 T_i보다 낮다)의 원자가 기판 표면에 도달한 후 원자들은 온도 T_e에 상응하는 에너지를 가지고 즉시 재기화(reevaporate)된다. 그러나 충돌 원자는 온도 T_s에서 열역학적인 평형에 도달할 때까지 기판 위의 원자들과 에너지를 교환한다. 이 과정의 설명은 열수용계수(thermal accommodation coefficient)를 결정함으로써 가능하다.

$$a = (T_i - T_e) / (T_i - T_s) \tag{2.19}$$

여기서 T_e가 T_s와 같아지면 수용계수는 1이 된다. 따라서 이것은 도달원자가 기판과 열평형에 이르는 정도의 척도를 나타낸다. 위에서 정의된 수용계수와 흡착 또는 응축계수 s를 구분하는 것이 중요하다.

흡착계수는 기판 표면에 부착되는 원자의 수와 도달원자의 비로서 정의된다.

$$s = N_{adh} / N_{tot} \tag{2.20}$$

대부분의 경우 흡착계수는 1보다 작고, 기판 위에 원자의 흡수 에너지가 낮을 때나 기판의 온도가 높을 때 매우 작은 값이 된다. $a=1$이라 가정하면 도달하는 모든 원자는 기판 표면에 수용되고 열역학적으로 평형을 얻는다. 그러나 이것은 도달하는 원자들이 영구적으로 그곳에 남는다는 것을 의미하지는 않는다. 그것들은 인력을 극복하고 기판을 벗어나는 데 충분한 에너지를 얻을 가능성을 갖고 있다. 만약 adatom의 집합과 같은 응축이 발생하지 않는다면 모든 adatom은 궁극적으로 재기화될 것이다. 따라서 흡착계수는 수용계수가 1임에도 불구하고 거의 영에 가까워진다.

또한 흡착에는 물리적 흡착과 화학적 흡착이 있는데, 먼저 물리적 흡착(physisorption)은 adsorbate와 adsorbent 사이에 전자 전달이 없는 경우이며, 인력(attractive force)은 van der Waals 형태이다. 다음은 화학적 흡착인데 이것은 화학적 반응과 같은 전자 전달이 adsorbate와 absorbent 사이에서 일어날 때를 말한다. 인력은 적절한 화학 결합에서 발생하는 형태이다. 일반적으로 물리적 흡착의 흡착 에너지는 화학적 흡착 에너지보다 작다. 이러한 두 가지 흡착에 대해 다른 흡착계수를 정의할 수가 있다. Chemisorption process의 정의에 의하면, chemisorbed phase에 대한 흡착계수 S_c는 기판 표면의 특성과 결정 방향에 의존하게 되어, 원자의 공간적 분포는 이 표면에 흡수된다. 한편 physisorption은 일반적으로 surface site 배열에 거의 의존하지 않는다. 결국 physisorbed phase의 흡착계수 S_p는 기판 표면의 orientation과 coverage와 같은 지역 환경에 영향을 받지 않게 된다.

분자류가 precursor physisorbed phase를 통해서 chemisorbed 상태로 도달하는 2단계 응고 과정을 통한 결과와 같은 분자선류가 사용된 많은 경우의 MBE 결정 성장은 실험적으로 잘 입증되어 있다. 점진적인 응고 과정의 가장 간단한 표현은 다음과 같이 나타낼 수 있다.

$$A_g \underset{k_c}{\overset{k_d}{\rightleftarrows}} A_p \xrightarrow{k_a g(\theta)} A_c \tag{2.21}$$

여기서 A_g, A_p와 A_c는 각각 gaseous, precursor, chemisorbed 상태의 adsorbate 상태의 표현이다. k_c와 k_d는 precursor 상태의 응고나 방출을 나타내는 비율 상수이며, $k_a g(\theta)$는 precursor 상태에서 chemisorbed 상태로 변화를 나타내는 비율 상수이다. 이 변환 비율은 θ가 단원자층에서 계산된 표면 coverage일 때, chemisorbed 상태에서 적합한 vacant site를 가질 수 있는 가능성 $g(\theta)$의 비로써 계산된다.

또 다른 precursor 상태를 통한 응고 과정의 형태가 다음과 같이 표현된다.

$$
\begin{array}{cccccc}
 & & A_p,1 & & & \\
 & & \Big| \; k_{diff} & & & \\
A_g & \xrightarrow{k_d} & A_p,2 & \longrightarrow & A_c & \\
 & & \Big| \; k_{diff} & & & \\
 & & A_p,j & & &
\end{array}
\tag{2.22}
$$

이 model은 만약 precursor 상태의 분자에 의해 점유된 site가 chemisorbed된 물질에 채워졌을 때, 분자가 비율 상수 k_{diff}로 다른 site로 확산이 가능하다는 것을 제외하면 식 (2.21)과 같다. Precursor 상태에서 흡수된 분자가 $E_a < E_{dp}$로 인해 진공 속으로 재기화할 경우보다도 표면에서 순차적으로 chemisorbed되었을 때 더 낮은 barrier를 넘게 된다는 것을 알 수 있다.

일반적으로 표면 위의 결정 성장의 방법이 3가지로 구분된다. Island나 Volmer-Weber 방식에서 작은 cluster는 기판 표면 위에 직접 핵화되어서 고상의 island로 성장된다. 이것은 증착된 원자나 분자 상호 간의 결합이 기판과의 결합보다 더 강할 때 발생한다. 이 방식은 graphite와 mica 같은 절연체 위의 금속성장 같은 system에서 나타난다. Layer-by-layer, Frank-van der Merwe 방식은 정반대의 특징을 나타낸다. 원자 상호 간보다 기판과 더 강하게 결합되어 있기 때문에 첫 번째 원자는 표면 위에 완전한 monolayer를 형성하고, 약간 약하게 결합된 두 번째 층으로 덮이게 된다. 성장이 진행됨에 따라 결합 에너지가 증착물질의 bulk 결정치로 단조적으로 감소한다면, layer 성장 모드가 얻어진다. 이 성장방식은 graphite와 몇 가지 금속의 희귀 gas 같은 absorbed gas의 경우와 어떤 금속-

금속계 그리고 반도체 위의 반도체 성장에서 관측된다. Layer plus island 혹은 Stranski-Krastanov 성장모드는 중간적인 경우에 해당한다. 첫 번째 monolayer나 몇 층의 monolayer가 형성된 후에는 layer-by-layer 성장이 일어나지 않고 island가 이 중간층 위에 형성된다. 이 모드가 생기는 원인에는 여러 가지가 있는데, layer-by-layer 성장의 특징인 결합 에너지의 단조적 감소를 방해하는 거의 모든 요인이 이 원인일 것이다.

2.3 MBE 장치 구성

1) 시료 출입실

시료 출입단에서는 하나의 시료 기판대(sample holding block)나 cassette hold를 MBE 장비에 신속하게 넣거나 뺄 수 있도록 되어 있다. 간단한 선형 동작 구동 및 밸브단은 하나의 시료 기판대나 cassette를 직접 시료 준비 및 분석실로 전달하기 위해 동작한다. 직경 3inch의 기판을 최고 10개까지 동시에 넣을 수 있는 cassette형의 경우는 초기 진공 상태에서 고속 casette 출입단(중진공에서 동작, $<1\times10^{-6}$ torr)으로 들어간다. 선형 구동 장치는 magnetic transfer rod나 레일 방식으로 되어 있으며, pickup fork의 이용으로 각각의 기판을 확인하고 선택할 수도 있다.

출입실 장치는 시료 및 cassette를 출입단에서 출입시키기 위한 고속 자동 출입문, 출입 공정 중 시료 준비 및 분석실로부터 출입실을 분리시키는 분리밸브, 시료를 시료 출입실에서 시료 준비 및 분석실 내부로 이동시키기 위한 전달장치, 그리고 기판을 고정하기 위해 molybdenum으로 만들어진 기판 고정용 평판으로 구성되어 있다. Molybdenum은 고온에서 변형이 없고 고순도로 제작할 수 있으며 원하는 형태로 재단이 가능하므로 시료의 홀더로 사용되고 있다.

2) 시료 운송계

기판전달계는 각각의 기판을 시료 출입실에서 시료 준비실 및 성장실 내부로 분리용 gate valve를 통해서 성장실 내부의 기판 고정대로 전달하는 신빙성 있고 실용적인 장치이다. 일반적으로 single wafer 이동 시스템은 magnetic transfer system을 이용하고 있으며, cassette형의 경우는 선반과 톱니바퀴가 직접 결합된 track과 trolley가 결합된 이동 장치 형태를 하고 있다. 기판 운반용 접시는 시료 전달 장치에서, 한 방향으로 유연하게 움직일 수 있어서 시료 준비실이나 성장실의 정해진 공정 위치로 이동했다가 cassette로 되돌아올 수 있게 되어 있다. 또한 시료를 기판 운반용 trolley 위에 올려놓거나 내리기 위한 fork가 있어서 기판 운반용 접시와 시료 출입실의 cassette holder, 성장실의 기판 지지대 사이에서 시료를 전달해 준다. 그리고 각 공정단마다 viewport가 있어서 시각에 의한 조작을 가능하게 해 준다.

기판 지지대는 균일하고 안정된 성장층의 형성에 적합하도록 기판 전체의 온도가 균일하게 ±5℃ 이내로 안정되어야 한다. 따라서 일반적으로 저항이나 방사에 의해 가열되는 내화성 금속(주로 molybdenum)을 사용한다. 기판 자체는 indium이나 In/Ga 공융(eutectic) 결합물과 함께 Mo 블록 위에 올려진다. 성장온도에서 액체인 In이나 In/Ga 공융은 표면장력에 의해 기판을 블록 위에 달라붙게 하며, 온도를 기판으로 잘 전달해 준다. 공융 물질로 실온에서 기판을 고정시킬 수는 있지만, 그 속에 포함된 Ga이 침투하여 Mo과 혼합되는 경향이 있다. MBE system에서 필수적인 것은 기판과 기판 장착 블록을 성장실에서 대기 중으로 옮기는 fast entry lock이다.

Mo 블록은 원형으로서 99.97% 정도의 순도로 만들어야 한다. 저항 가열기(resistant heater) 또는 복사 가열기(radiation heater)의 성분은 고순도 Ta(99.97%)으로 유기된 전자장(electromagnetic field)이 최소가 되도록 만들어져야 하는데, 이는 reflection high energy electron diffraction(RHEED) 패턴과 Auger spectra의 왜곡에 영향을 미칠 수 있기 때문이다.

3) 시료 열처리 및 분석실

적합한 상태로 주로 열처리에 의한 기판의 준비 과정은 MBE 공정에서 없어서는 안 될 아주 중요한 단계이다. 이것은 에피층의 특성에 크게 영향을 끼친다. 성장 공정 이전에 기판의 특성을 조사하거나, 성장된 층을 조사하는 표면분석에서도 유용하다. 시료의 준비 및 분석은 분리된 chamber 또는 같은 chamber에서 두 가지의 다른 단계로 수행할 수 있다. 일반적으로 outgassing(800℃) 기능을 포함하여 XPS(X-ray photoemission spectroscopy), UPS(ultraviolet photoemission spectroscopy), SAM(scanning Auger microscopy), SIMS(secondary ion mass spectroscopy)와 LEED(low energy electron diffraction) 등의 표면분석 장비를 부착하고 있다.

MBE로 성장된 큰 치수의 기판(3인치 이상)의 고품위 에피층은 이제 산업용 생산에서 보편화되었다. 결함(defect)은 전체 공정의 생산에 결정적인 영향을 끼치므로 어떤 방법으로든지 제거되어야 한다. 결함을 줄이려면 청결하고, 구조상 완벽한 시료의 표면 위에서 MBE 성장을 시작할 필요가 있다. MBE 증착에 필요한 예비 단계로서 화학 에칭 과정에서 생성된 산화막은 열적으로 제거되어야 한다. 그러나 산화층이 10Å 정도로 아주 얇기 때문에 이것은 아주 위험한 방법이다. 더욱이 산화막 제거가 진행되는 동안 표면원소의 stoichiometry는 보호되어야 한다. 많은 in-situ 시료 준비 방법들 중 GaAs의 경우 arsenic이나 hydrochloric acid 기압에서 As 분자선하에서의 가열이 유용하다. Arsenic을 사용할 경우에는 dimer(As_2)가 tetramer(As_4)보다 더욱더 효과적으로 증착됨이 알려졌다. 따라서, MBE 증착 system의 모든 오염을 방지하기 위해서 특정의 UHV system에서 행해지는 표면의 예비 준비단이 필요한데, 시료 준비단과 시료 분석단이 하나의 진공실 내부에 수용되는 형태의 설계도 가능하다. 비록 MBE에서는 sputtering이 잘 사용되지는 않지만, outgassing단에 sputter cleaning source를 위치시켜 두는 것도 가능하다. 비록 이것이 성장 공정 이후에 사용되시만 금속화 장비가 시료 준비단에 장치될 수도 있다. 막의 두께 측정용 monitor 또는 여러 개의 effusion source로 된 단일 또는 다중 도가니 electron beam evaporator도 유용하다. Plasma 산화 장치와 같은 단순 공정 장비도 부가할 수 있다.

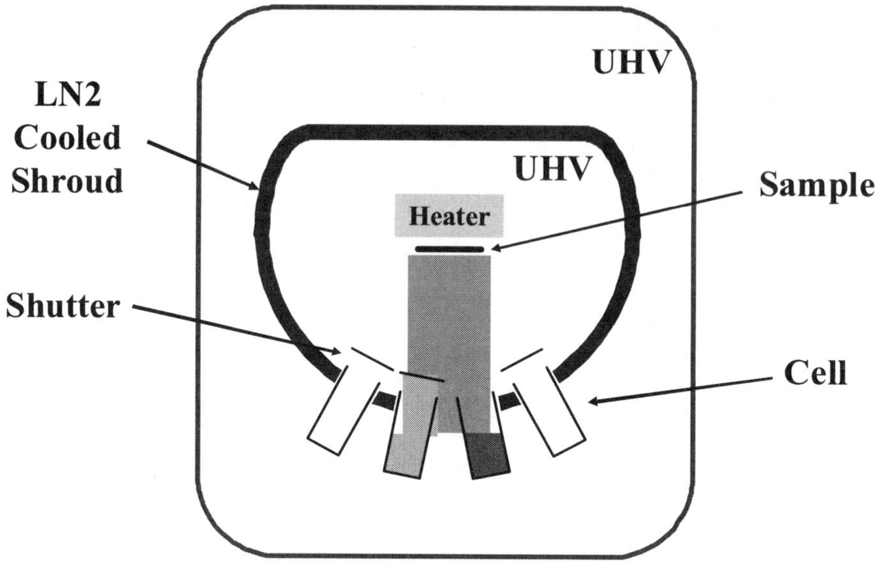

그림 2.6 MBE 성장실의 개념도

4) 성장실

그림 2.6은 MBE 성장시스템의 주요 구성요소를 나타낸 개략도이다. 성장실 내의 설비로는 shutter와 분자선원, 성장 관측 및 분자선 관측 장비와 함께 기판 가열기 등이 있다. Source는 큰 flange에 source의 균일도를 위하여 대칭으로 배열되어 있다. 이러한 수직형으로 장착된 증발원의 장점은 증발원의 액화된 물질의 중력에 의한 falling flake로 부터의 오염이 최소화되는 데 있다. 각 증발원은 액체질소로 된 차단 장치에 의해 다른 증발원과 서로 분리되어 있어 화학적, 열적 혼합이 최소로 된다. 보통 표면분석 장치와 시료준비 장치 같은 보조 공정은 인접한 초고진공 용기에 설치되어 있다. MBE에 있어서 성장실은 전체 system에서 가장 중요한 부분이다. 여기에는 극도로 청결한 환경(10^{-10} torr 이하의 초고진공)하에서 에피 성장을 제어할 수 있는 모든 장치들이 위치하고 있다. 이것으로는 beam source와 각각의 shutter, 액체질소로 채워져 있는 cryogenic shroud, 가열과 연속 회전 장비가 부착된 기판 manipulator, 전자총과 RHEED 장치의 발광 스크린과 압력 제어 장치가 있다.

각 초고진공 용기는 각각의 1차 펌핑부와, gate valve로 분리된 stainless steel 구조이며 모든 구성 성분은 200℃의 baking에 견딜 수 있어야 한다. 잔류 gas

환경은 초청결 상태이며 활성 기체(H_2O, O_2, CO, CO_2) 준위는 일반적인 초고진공 체계에 나타나는 것보다 현저하게 낮다는 것을 확인하기 위해서 많은 노력이 행해졌다. 이렇게 하기 위해서는 2차 냉각 pumping panel을 성장 영역에 근접시켜 위치시킨다. 또한 낮은 증기압에서는 금속과 부도체의 내화성 물질(150℃ 이상의 온도에 견딜 수 있는 물질)은 고온의 source 영역과 기판 지지대 가까이에 위치시킨다. MBE 성장실은 최적의 성장 환경 보호와 성장위치에서 고속 배기를 위해서 큰 면적의 냉각판으로 구성되어 있다.

챔버 배기는 주로 ion과 sorption pump의 조합으로 구성되어 있으며, MBE system의 대부분이 이러한 형태로 되어 있다. 이온 펌프(ion pump)는 pumping capacity는 그다지 크지 않지만 기름을 사용하지 않으며 유지 관리가 아주 간단하며 정전과 같은 위기 상황에서도 진공 시스템에 큰 문제를 일으키지 않기 때문에 고체의 원료를 사용하는 경우에 많이 사용된다. 이온 펌프는 pump로 들어오는 기체를 가속하여 titanium으로 된 cell의 표면 내에 박아 넣는 방법을 사용하기 때문에 많은 양의 기체가 들어오는 경우에는 다 감당하기 어려우므로, 외부에서 기체를 주입하는 진공 시스템에서는 사용할 수가 없는 단점이 있다. 이온 펌프는 고체 원료만을 사용하는 전통적인 MBE에서는 최적의 진공 펌프이다. 따라서 이러한 체계가 다른 초고진공 pumping system(즉 trapped turbomolecular, trapped oil diffusion, helium pump)에 비해서 더 적합하다고 단언은 할 수 없다.

최근에 GaAs의 성장 system에 확산 펌프(diffusion pump)를 이용하기도 한다. 상업용 이온 펌프로 성장된 것과 비교해 보면 pumping system의 종류는 성장된 물질의 전기적, 광학적 품질과 별로 상관이 없다. 더욱이 반응 물질 또는 P, S, Se, Te, Hg와 같은 고증기압(high-vapor-pressure) 물질이 사용되었을 때 또는 AsH_3, PH_3와 같은 gas 증발원이 이용되어 많은 연속 기체가 도입되었을 때, storage 펌프(이온 또는 냉각 펌프)에 비해서 diffusion pump와 turbomolecular pump 등의 high throughput pumping system을 사용하면 좋은 것으로 알려지고 있다. 이런 상태에서 이온 펌프를 사용하면, 큰 용량의 pumping 능력을 더해주기 위해서 2차 폐순환(closed-cycle) 헬륨 냉각 펌프도 필요하게 된다. 성장 환경(growth environment) 부근에서의 2차 pumping은 고순도 반도체 물질의 생산에 사용되는데, 이것은 일반적으로 LN_2로 차단된 titanium sublimation pump(TSP)와 함께 성장 환경을 완전히 둘러싸는 큰 LN_2 냉각 panel의 형태를 취한다. 이를 결합했을 때의 pumping 속도는 일반적으로 H_2O가 $50,000 l \cdot s^{-1}$이고 O_2가 $20,000 l \cdot s^{-1}$이지만, 이것은 가변적이고 TSP는 용량이 적기 때문에 1차 펌프(ion pump 등)가 함께 사용되어야 한다. 그러나 V족 원소는 대부분 panel에 응고되어서 극소량만이 1차 pumping system으로 제거된다.

증발원과 기판을 둘러싼 면적이 클수록 그리고 완전할수록 잔류 오염 물질을 제거하는 데 냉각 panel이 더욱 효율적이다. Beam 증발원의 물질이나 도가니(crucible)로부터 유출되지 않은 불순물은 성장 환경으로 도달하기 이전에 LN_2 냉각 표면과 적어도 한 번의 충돌을 하게 된다. 적절히 위치한 냉각 panel은 MBE system에서는 없어서는 안 되는 구성 요소이다. 예를 들어 GaAlAs/GaAs DH laser의 threshold 값의 개선은 이러한 system에서만 실현된다. 냉각 panel은 Al과 강하게 반응하는 것으로 알려진 산소나 탄소(C)를 포함한 물질의 분압(partial pressure)을 감소시키기 때문에 Al이 증착된 상황에서 특히 유효하다고 알려져 있다. 높은 pumping 속도와 냉각 panel로 인한 효과는 잔류기체의 수준을 상당히 감소시킨다. 5×10^{-11} torr보다 낮은 전체 압력은 전형적인 bakeout 처리(8h at 250℃)를 행한 후에 도달되고, 전체 압력은 자주 전리계의 X-ray 제한치($\leq 2\times10^{-11}$ torr) 이하로 된다. 장시간의 baking(72h at 200℃)은 고순도 GaAs($N_A-N_D < 10^{14}$ cm^{-3})의 성장에 필수적이라는 보고가 있었다. 잔류기체 분석에서 저압에서 지배적인 H_2와 5×10^{-13} torr 이하의 분압에서 나타난다. 잔류 탄화수소(hydrocarbon)의 peak치는 mass spectrometer의 감지 한계치(1×10^{-14} torr) 이하이다. 그러나 잔류기체가 불필요한 doping 준위를 감소시키는 데 정확히 어떠한 역할을 하는지는 확실치는 않다.

다중 chamber system에서는 시료의 도입으로 인한 성장 영역의 진공도의 저하는 무시할 수 있을 정도이고, 성장에서 새롭게 증착된 물질은 청결한 표면을 계속해서 생성한다. 성장 중에는 최대 진공 준위보다 더 높은 진공상태가 유지된다. 이러한 준위는 pumping 속도뿐만 아니라 고온상에서 사용되는 물질의 선택에 관련됨은 물론 outgassing의 과정, 열 차폐(thermal shielding)의 효과, input heat의 소비, 증발원 물질의 순도와도 관련이 있다. 특히 증발원 물질의 순도는 상당히 중요하다는 것을 염두에 두어야 한다. 증발원 물질이 7N 순도에서, 성장 박막에서 기껏해야 10^{15} cm^{-3} 정도의 잔류불순물이 있다는 것을 나타낸다. 따라서 위치적으로, 전기적으로 활성인 증발원 물질의 잔류불순물은 매우 낮은 기압으로 인해 증착되지 않거나, 시료 표면에서 매우 높은 기압으로 인해 즉시 outgass되어 버린다.

대기 노출(air exposure) 후에는 아주 세밀한 outgassing을 행하여야만 한다. 새로운 system의 경우 모든 고온부(Knudsen cell, 기판 지지대 등)를 고온(empty cell: 1400~1600℃, 기판 지지대: 1000℃)을 유지해서 bakeout할 필요가 있다. Ⅲ-Ⅴ 물질과 그 dopant의 경우에는 성장 중의 잔류 진공 조건에 관해서는 많은 data가 나와 있다. 최초로 가열된 cell에 대해서, 구성 중의 많은 산화물류는 잔류 gas 분석으로 관측할 수 있다. 짧은 outgassing만으로도 이러한 산화물류는 신속하게 제거된다. 증발 도중 특히 boron nitride(BN) 도가니를 사용했을 경우 고온에서는 N_2가 관측되지만, 주로 관측되는 것은 H_2O, N_2, CO이다. CO는 냉각 panel에 의해서 아주 효과적으로 축출되어 1×10^{-11} torr 이하의 수준으로 유지된다. 따라서 냉각 panel은 성장 도중 온도의 증가를 허용하지 않아서 CO_2를 즉시 방출해 버리기 때문에 필수적이다.

Port는 성장 관측 장비를 완전하게 하는 데 필수적이다. Cross-beam quadruple mass spectrometer, RHEED gun과 형광 스크린용 port도 있다. 또한 시료 manipulator port에 위치한 것은 이동용 이온화 gauge이다.

Chamber의 대략적인 pumping은 all-metal gate valve를 통해 chamber에 접속해서 사용하는 oil-free rotary pump와 sorption pump로 가능하다. Pumping은 ISA Riber MBE32 구조에서 chamber의 하부와 VG Semicon V80H chamber의 상부에 위치한 LN_2로 냉각되고, 분리된 sublimation pump로 잘 조정된다. 그러나 2차 UHV pumping system은 이러한 주설비로 가능하다. 진공 pumping system의 다양성(ion pump, turbopump, diffusion pump와 cryopump)으로 phosphorus, mercury, sulfur, arsine 또는 phosphine 등 각 공정의 서로 다른 진공도의 요구가 만족된다. 모든 option은 임계치인 5×10^{-14} torr의 초청결한 잔류 진공 준위가 보장된다.

기판 시료는 성장 공정 도중 자동적으로 연속 회전하고 기판을 가열하는 설비가 되어 있는 수평축 manipulator 위에 고정되어 있다. 기판은 분자선원을 고려한 수평과 수직 사이의 어떠한 각도에도 위치시킬 수 있다. Manipulator에는 W/Re-W/Re(5%~26%) 열전쌍으로부터 온도 궤환으로 기판을 800℃까지 가열할 수 있는 고효율의 tantalum(Ta) 방사 foil이 절연 상태로 감겨져 있다. 또한, 시료 기판대는 입사 beam의 방향면에 수직축으로 회전할 수 있게 되었다. 따라서 각 Knudsen cell로부터의 중복된 beam 분포로부터 일어나는 두께의 균일성을 높이고 조성의 편차를 줄여준다. 조성이 0.2% 이하인 Ⅲ-Ⅴ족 이종 화합물 성장에서 측면 편차를 감소시키기 위해서 3~5 rpm 정도의 회전이 필요하다. 또한, 두께와 doping의 균일성도 기판 회전으로 향상시킬 수 있다. 그러나 alloy의 응용에서 단원자층 증착시간에 적합한 속도로 기판을 회전시켜, 성장 방향으로의 조성 변동 가능성을 제거하기도 한다. 60 rpm을 능가하는 회전속도와 직경 3inch의 시료전체에 편차가 ±1% 정도의 두께 균일성을 얻을 수 있다.

5) 분자선원 및 분자선 차단

① 분자선원

MBE에 사용되는 beam source 설계는 에피층의 성장에 중요한 영향을 끼치게 된다는 점을 중요시해야 한다. 표준 effusion cell은 내화성 물질(PBN, Mo 또는 Ta)로 만들어지며, 방사 가열 형태로 매우 효과적인 큰 면적의 foil heater로 가열된다. VG Semicon에서는 세라믹 절연이 최소로 된 effusion cell을 거의 자체 제작하고 있으며, ISA Riber의 heater는 PBN 절연체로 제작한다. 도가니(crucible)는 cell 끝의 입구로 갈수록 직경이 증가하는 cone 구조이다. 이러한 cell의 boron nitride 도가니는 foil heater 또는 선형 히터로 둘러싸여져 있다. Beam 발생 장치는 균일하고 적합한 강도로 안정된 flux의 초고순도 beam을 요구한다. Beam을 만드는 일반적인 기술은 열적인 것이나, 최근에는 일부 금속에 대해서는 dissociation(또는 cracker) source, gas source, electrochemical cell, electron beam evaporator와 같은 대체 증발원이 이용되고 있다.

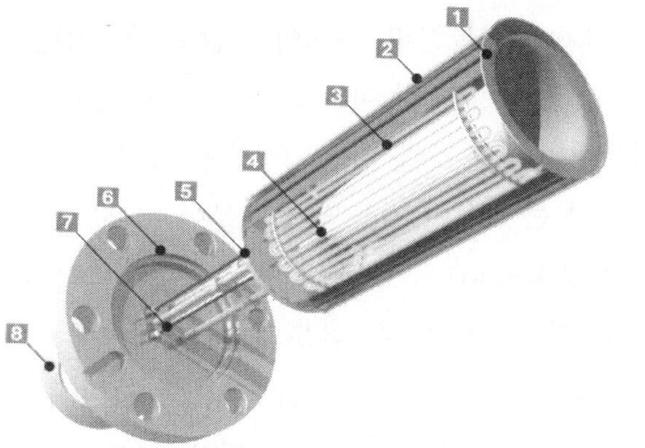

1. 도가니
2. 열 차단막
3. 히터
4. 열전대
5. 하부 열차단막
6. Vacuum flange
7. Electrical feedthrough
8. Electrical connector

그림 2.7 MBE에서 사용되는 표준 Knudsen effusion cell

• Knudsen Effusion Cell

Knudsen effusion cell은 MBE system의 critical 구성이며 거의 모든 beam 발생의 기본이 된다. 기판 표면으로의 matrix와 dopant 원자의 도달률은 기체압력의 data와 system의 공간 배치구조로부터 계산할 수 있다. 이상적인 Knudsen effusion에서 cell은 condensed phase와 이것의 평형에서의 증발기체를 포함하고 있기 때문에 beam flux를 정확하게 계산할 수 있다. 온도 T(K)에서 기판으로부터 거리가 l만큼 떨어진 cell orifice의 면적을 A라 할 때 단위 면적당 단위 시간에 기판에 부딪히는 분자(원자)의 flux는

$$J = (1.118 \times 1022)p\ A/[l^2(MT)^{1/2}]\ [\text{moleculars cm}^{-2}\text{s}^{-1}] \tag{2.23}$$

로 표현된다. 여기서 p는 cell 내부 source의 압력[torr]이고, M은 source material의 분자 질량을 나타낸다. 실제적으로 전형적인 GaAs의 성장 조건은 $M = 70$, $A = 5\ \text{cm}^2$, $l = 15$ cm, $T = 1000$℃(1273 K)이다. 이 온도에서 Ga의 평형기압은 4×10^{-3} torr이고 Ga 원자의 기판 도달률의 계산치는 3.33×10^{15}[atoms $\text{cm}^{-2}\text{s}^{-1}$]이다. 이것은 다음과 같이 정의되는 성장률(growth rate) R로도 표현할 수 있다. 즉,

$$R = a J_{Ga}\ [\mu\text{m h}^{-1}] \tag{2.24}$$

에서 (100)면의 경우 $a=(6.18\times10^{14})^{-1}$이다.

Knudsen은 분자 방출에 cosine 법칙을 적용해서 기판 표면이 이와 유사한 분자 분포를 나타낼 것으로 생각했다. Source 물질의 level이 증발로 낮아지면, 즉 L과 r이 각각 Knudsen cell의 길이와 반경이라 할 때, $L \gg r$이 되면 분포 profile이 급격히 변한다. 실제의 증발원에서는 낮은 온도에서 성장률을 증가시키고 균일성을 개선하기 위해서 exit orifice가 큰 cell이 사용되기 때문에 ideal K-cell과는 거리가 멀다. 고상(solid) 또는 액상(liquid) source 물질은 저항성 가열기에 의해 가열된 불활성 도가니 내에 들어 있고, 열전쌍은 온도의 궤환 제어에 이용된다.

현재 증발원으로 잘 사용되는 절연물은 pyrolytic boron nitride(PBN)이며, 10 ppm 이하의 불순물 준위를 얻을 수 있다. 비록 이 물질의 해리는 1400℃ 이상에서 일어나지만, 생성된 nitrogen이 성장층에 유해하다는 보고는 아직 없다. 비록 다른 물질도 성공적으로 사용되고 있고(고온증착에서 graphite와 500℃ 이하의 온도에서 석영), 전체 불순물 준위가 1 ppm 이하인 불침투성 휘발성 carbon의 사용도 흥미를 끌고 있지만, 가장 적합한 도가니 재료는 PBN이다. Graphite는 전체적으로 outgas하기 어렵고 표면 면적이 크고 자연 침투성이기 때문에, 대기에 노출되면 gas 흡착의 영향을 받기 쉽게 된다. 또한 Al의 기화온도(>1100℃)에서 Al은 graphite와 반응하기 때문에, PBN은 일반적으로 이러한 물질의 도가니로 쓰인다. 그러나 Aluminum은 도가니의 내부 표면을 wet시키는 경향이 있어서, PBN 도가니의 성장 박막을 모세관 작용으로 움직인다. 냉각된 Al이 응고되고 그 결과로 축소(contraction)되어 PBN 도가니에서 열분해가 자주 일어날 수 있다. 도가니 수명의 제한을 극복하기 위해서 소량의 Al만을 도가니 내로 도입시키면(total crucible 용량의 1/10 정도) 'wetting'은 불완전해지며 도가니가 파괴되지 않는다. 더욱 실제적인 해결은 보조 Al 도가니를 주 도가니 내부에 위치시키고, 이것이 손상되거나 누출(leakage)이 발생되기 이전에 도가니를 교환해 주는 것이다. 특별히 Al 기화에 있어서 다른 팽창계수를 가진 이중 표면으로 된 PBN 도가니를 만드는 것도 가능하며, 이는 월등히 개선된 열특성을 가진 두 개의 분리된 도가니와 비슷하게 동작한다.

증발원에 사용되는 표준적인 열전대 재료는 W-Re(5%의 W와 26%의 Re)이다. 이러한 내화성 합금은 고온에서의 동작에 적합하며 반응 환경에 대해서 불활성이어서 주위 물질과 잘 화합하지 않는다. Multiple radiation shield가 온도 안정성과 열효율을 개선시키기 위해서 각 furnace를 둘러싸고 있다. 그러나 방사 열전달은 고온에서는 무시할 수 없고, shield 자체가 불필요한 gas 생성의 2차 중심이 될 수도 있다. Gas 방지용 radiation heat shield를 이러한 gas들이 기판으로의 도달을 막기 위해 cell orifice의 주위에 장치한다.

이와 같이 설계된 K-cell은 1400℃까지의 온도 동작범위를 가지고 있어서 1600℃에서 짧은 outgassing 공정을 가능하게 한다. 이러한 온도는 Ⅲ-Ⅴ 물질에서 더 유용하지만, 실제로 대부분의 cell은 겨우 Ga, Al, Si(dopant source)로서 증착에 적합한 범위 내에 있는 1200℃ 정도의 동작온도로 제한되어 있다. 그 이유는 outgassing 문제가 가열기와 cell 내부에 있는 전하의 실제온도(1200℃에서 300℃ 이하)와의 큰 온도차에 의해 발생되기 때문이다. 이러한 문제점을 줄이기 위해서 최근에 설계된 K-cell에서는 방사 표면의 면적이 매우 큰 가열기를 사용한다. 여기서는 wire 대신에 foil radiation heater를 사용하기 때문에 도가니가 열 표면에 의해 거의 완벽하게 둘러싸여 도가니의 온도는 가열기온도와 거의 비슷하다. Foil 가열기의 또 한 가지 장점은 쉽게 구할 수 있고 고온에서 절연물과의 접촉을 피할 수 있다는 것이다. 이러한 design 변경의 결과로 새로운 cell은 상당히 높은 동작범위(1600℃ 정도)를 가지며 더 완전하게 outgass할 수 있어서 성장 중 불순물의 생성이 최소로 된다. 이 cell에는 system 내부로 열이 방사되는 것을 방지하는 integral continuous-flow water cooling jacket이 내장되어 있다. 냉각회로를 사용하면 cell이 계속 가열되어 있거나 성장 간의 시간간격을 늘일 수 있고, 가열기의 온도 순환을 최소화시켜서 수명을 증가시키는 동작상의 장점이 있다.

• **Dissociation Cell**

표준 effusion cell 대신에 dissociation cell을 설치하는 것도 가능하다. Dissociation 또는 cracker cell은 방사된 beam이 Knudsen crucible enclosure로부터 고온부(cracker)를 거쳐 기판으로 도달하는 종래의 K-cell을 개량한 것이다.(그림 2.8, 2.9) 이러한 증발원은 V족 물질인 As와 P에 이용되어 저온에서 원소로부터 직접 기화되어 각각 tetramer As_4와 P_4를 생성한다. Cracker source는 두 개의 별개의 온도 제어 heater 영역으로 구성되어 있다. 첫 번째 영역은 저장조로 V족 물질(일반적으로 tetramer)의 기화에 이용된다. 기화된 물질은 두 번째의 분리된 고온 가열 영역으로 전달되어 차단 영역에서는 고온에서의 다중 충돌을 도와주어 tramer를 dimer로 분리시킨다. 즉 이 고온영역에서 As와 P의 dimer 열분해(dissociation)가 일어나게 된다.

그림 2.8 Valved cracker cell for arsenic

그림 2.9 Valved cracker cell for phosphorus

Beam에서 dimer로 열분해하는 데 충분한 온도는 modulated beam mass spectroscopy 실험으로 측정되었고, As_4와 P_4의 완전한 열분해가 800~1000℃의 범위에서 이루어진다. Furnace의 압력이 상당히 높고(10^{-2}~10^{-1} torr), 평균자유행로가 짧기 때문에 간단하고 효과적인 열분해에는 긴 tube(30 cm)가 좋다. 내화성 물질의 선택과 가열기의 설계에 관한 비슷한 방법이 종래의 K-cell의 열분해 지역에 대해서도 취해졌다. 고온부와 K-cell 사이의 효과적인 열전달, 즉 불필요한 증착의 발생을 피하도록 설계되어야 한다. Dimer source(Monomer source까지도)는 V족 MBE source로서의 장점을 가지고 있고 V족 증발원으로서의 표준형으로 받아들여진다. 실질적 견해에서 As_2의 흡착계수는 As_4의 2배이고 arsenic flux의 반만이 한 성장 공정에 필요하다. V족 물질의 사용은 일반적으로 공기 노출 공정의 시간 간격을 결정짓기 때문에 증발원 용량이 매우 큰 것을 사용하거나 이 증발원을 진공 interlock하는 데 유용하다. 사실 모든 주요한 증발원들을 진공 interlocking함으로써 오랫동안(1년 정도) 공기 노출을 할 필요가 없다.

• **Gas Source**

Gas sources는 V족에 있어서의 대체 증발원으로서 AsH_3와 PH_3의 사용을 위해 앞에서 언급한 것과 같은 비슷한 방법으로 dimer As_2와 P_2로 열분해된 정제되지 않은 고순도 gas를 사용하는데, dissociation의 주 생성물은 dimer와 약간의 tetramer, H_2와 잔류 수소화물(hydride)이다. 최근에 연구된 것에 의하면 열분해 지역 내에 tantalum wire를 결합해서 gas 촉매반응에 의한 열분해를 얻을 수 있다. 이렇게 하여 V족 monomer의 생성이 실현되었다. Flux는 종래의 cell의 표준 온도 ramping 대신에 초고진공 leak valve에 의해 제어되기 때문에 dimer나 monomer flux의 빠른 변화를 용이하게 한다. 또한 주 feedstock은 진공용기의 외부에 접속함으로써 gas source는 V족 성분의 공급을 효과적으로 무진장 제공한다. 이러한 source의 큰 단점은 gas feedstock의 높은 유독성이다. 만약 gas를 H_2 내에서 정제함으로써 이 위험을 최소화시키려고 하면 V족 원소보다 더욱더 많은 양의 H_2가 생성된다. 비록 hydrogen이 MBE process로 제어된 양은 일반적으로 유용하다고 보이지만, 여기서 생성된 hydrogen은 ion 또는 storage pump system에 까다로운 규제를 가한다.

유기 금속 gas source는 gas 주입기로서 열분해 영역을 필요로 하지 않는다.

Gas는 두께와 조성의 균일도를 향상시키기 위해서 작은 구멍이 있는 차단막으로 된 원추형의 PBN 도가니로 흘러 들어간다. 또한 gas가 cell의 내부에서 응고되지 않도록 가열(<100℃)해 준다. Gas Source MBE(GSMBE) process에서 요구되는 gas 흐름의 정확성과 안정성을 유지하기 위해서 effusion source 대신에 gas source로 사용되는 MBE 장비의 gas 조작 장치가 특별하게 설계되었다. 각 gas inlet는 gas inlet, gas outlet, gas 배출, bypass와 분리를 제어하는 여러 개의 분리 밸브로 구성된 제어 line과 접속되어 있다. 모든 제어 line은 쉽게 접속할 수 있도록 gas cabinet에 장착되어 있다. 방출 pumping계가 빠르고 안전한 gas 방출과 공급의 편리를 위하여 설치되어 있다. Vacuum trapped 유회전펌프가 turbomolecular pump와 함께 system의 기본을 구성하고 있다. 그러나 gas source를 사용함으로써 진공 시스템의 유지에 어려움이 있고 성장된 시료의 품질이 기대한 만큼 좋지 않기 때문에 현재는 많이 사용되지 않고 있다.

- **Ionized Beam Source**

Ⅲ-V MBE 성장에 사용되는 dopant의 대부분이 중성 source beam을 결합하여 사용한다. 그러나 저에너지의 ion beam doping도 또한 MBE 성장 중 GaAs와 GaAlAs 구조의 in-situ writing 기술로 연구되었다. 여기에서는 액체금속 증발원이 주로 이용된다. 액체금속은 capillary needle 끝에서 field-ion-emission을 이용하여 연속적으로 공급하며, 이러한 ion의 생성 방법으로 높은 공간 해상도(<0.1 μm)가 얻어진다. 단점으로는 보통의 동작온도와 압력에서는 금속이 반드시 액체이어야 한다는 것과 기화하지 않는다는 점(As와 B의 경우와 같다)과 그렇지 않다면 어떤 공융점의 조절이 필요하다는 것이다. 흥미를 끄는 이 기술의 개발로 Si/Au/Be의 공융을 사용하여 하나의 cell에서 n형과 p형의 dopant를 공급할 수 있다. 그리고 액체금속 증발원의 ion optics로 질량을 구별하여 dopant를 선택할 수 있다.

- **Electeochemical Knudsen Cell**

Ⅵ족 원소인 S, Se와 Ta를 사용하는 MBE에서 donor를 만드는 새로운 방법이 개발되었는데, 여기에서는 저온 Knudsen source와 전기화학(electrochemical) cell을 결합시켰다. Ⅵ족 원소는, 고기압 물질이어서 잘 혼합되지 않기 때문에 MBE로 성장된 Ⅲ-V물질의 donor로서 적절하지 않다고 본다. 둘째로 Ⅵ족 원소

의 전하의 대부분이 system bake-out 동안에 Knudsen cell에서 소멸된다는 문제이다. 그러나 최근 Ⅵ족 불순물과 GaAs 격자와의 강한 상호작용이 effective doping을 안전하게 하는 데 충분하다고 알려졌다.

Pt/Ag/AgI/Ag_2S/Pt의 갈바니 전지(galvanic cell)를 이용한 것이다. Ag_2S에 양(+)극을 걸어 EMF가 cell 전체에 가해지면 한쪽 전극에서는 Ag_2S가 금속 Ag와 동시에 존재하고, 다른 극에서는 액체 S와 같이 존재하게 되어 Ag_2S의 화학양론이 변한다. 이 nonstoichiometry의 영역에서는 화학적 전위와 Ag_2S 내의 Ag와 S 원자의 활동이 화학양론과 함께 변한다. 이렇게 cell이 변화하면 EMF는 cell 전체의 유황의 기압을 변화시킨다. Cell이 만약 어떤 적당한 온도(200℃)로 유지된다면 $2 \le x \le 8$ 범위의 유황분자 S_x는 cell로부터 방출된다. 이 cell의 중요한 장점은 1초 이하로 알려져 있는 빠른 시간상수로 이것은 기존의 thermal K-cell의 열응답 시간과 비교해서 빠른 것이다.

• **Electron Beam Evaporation**

이 source는 보통 K-cell과 동시에 기화하는 형태가 아니기 때문에 electron beam evaporation은 일반적으로 Ⅲ-V MBE system에서는 사용되지 않는다. Electron beam evaporator는 main matrix element의 생성뿐만 아니라 metal silicide의 동시 증발을 위해 Si-MBE에 사용된다. III-V족 화합물 반도체에 n형 도핑을 위하여 Si을 사용할 경우에는 Si의 온도가 낮아도 되므로 일반 표준 Knudsen cell을 사용할 수 있다. 그러나 Si-MBE에서 Silicon 막을 성장하기 위해서는 Si를 고온으로 가열하여야 하는데 일반적인 PBN 계열의 crucible은 충분한 Si beam을 형성할 만큼 높은 온도까지 견디지 못한다. 그러한 연유로 Si MBE에서는 electron beam을 이용하여 Si을 고온으로 가열하여 source로 사용하고 있다. 그러나 Ⅲ-V system에서는 이것이 특별한 문제를 지니고 있다. 예를 들어 강한 EMF의 생성이 RHEED를 사용하는 데 지장을 주고, 표유 전자가 발생하여 오염을 만든다(예를 들어 F와 Cl은 residual gas spectrum으로 검출된다). 이것의 단점은 두 evaporator를 계속해서 작동시킴으로써 최소화시킬 수 있고, 오염 가능성의 위험을 제거하기 위해 시료 준비실에 metallization electron beam evaporation source를 위치시키는 것이 일반적이다.

② 분자선 차단

일반적인 K-cell의 동작온도에서, cell에서 기판으로의 flux는 molecular의 직선적 흐름만으로 볼 수 있기 때문에(조성입자의 평균자유행로가 약 1 m 정도) 각 beam 간의 상호작용은 무시할 수 있다. Beam 속에 mechanical shutter를 위치시켜 두면 beam 성분이 기판에 도달하는 것을 효과적으로 막을 수가 있다. 따라서 모든 cell을 동작온도로 높인 후, 필요한 shutter만을 간단히 열고 닫음으로써 증착 조성비를 변화시킬 수 있다. 이와 비슷한 방법으로 기판의 필요한 부분 위에 mechanical mask를 위치시켜 제어할 수도 있다.

각 cell과 밀접하게 관련된 것은 내화성금속 shutter이다. 이 shutter는 source와 기판 사이에 위치하여 분자선을 차단하고, shutter가 닫혔을 때에는 기판을 각각의 분자선으로부터 효과적이며 완전하게 보호한다. MBE에서 정밀한 layer 두께의 정의를 충분히 이용하는 데 필요한 요구를 만족하기 위하여 shutter는 정밀한 mechanical design의 표준과 일치해야만 한다.

Cell orifice의 면에 대한 shutter blade의 각도 또한 중요하다. Cell orifice의 면과 shutter blade의 각도가 평행이 되면 열은 cell 속으로 재방사되어 들어가며 shutter가 open되면 cell의 온도가 급격히 떨어진다. 이러한 초기의 과도 flux의 불안정성을 줄이기 위해서 shutter의 각도를 냉각 표면 방향에서 멀리 떨어지게 할 필요가 있다. ISA Riber system의 shutter는 거리와 과도 flux를 줄이기 위한 각 source의 각도에 대해 회전을 활성화시켰다. 이것은 기화 flange에 위치한 lubricant-free rotary feed-through에 의해 활성화된다. Stepping motor는 computer에 의한 공정제어에 의해 위치에 관한 확실한 정보와 궤환제어로 shutter의 부드럽고 빠른(<100 ms) 동작을 가능하게 하며, 탄성충격 흡수장치가 필요 없게 된다. VG Semicon system에서 shutter는 활성의 직선형이며, 분자선이 cell 내부로 재반사되어 들어가는 것을 최대한으로 줄이기 위하여 각 source에 대해서 24°의 각도로 이루어져 있다. 이것은 shutter 동작 중 cell에서의 열방사의 분열을 최소화시킨다.

Growth environment에서의 진공도 저하를 최소화하기 위해서 시간이 0.1 s 이하의 신뢰할 수 있는 연속 on/off 순환이 이루어져야 한다. 이것은 다시 말해서 shutter를 저온으로 유지하기 위해서 효과적인 열전도행로를 가지고 있는 고순도 내화성 금속의 사용을 선호하게 된다는 것을 의미한다. Shutter를 움직이기 위해서 gas 방출과 신빙성의 저하를 야기하는 bellows의 사용을 피할 수 있는 linear electromagnetic coupling system을 사용하면 가장 좋다. 전체를 bake할 수 있는 구조의 외부의 이중 solenoid는 UHV system 내부의 자기 core를 둘러싸고 있고 nonmagnetic stainless steel 벽을 통해서 구동할 수 있도록 연결되어 있다. 이러한 기계 장치로 shutter의 매우 빠른 동작(<100 ms)이 가능하다. Magnetic core는 내화성 금속 shutter와 효과적으로 열적 격리가 되어 있다.

Mechanical mask는 내화성 물질이나 Si로 만든다. 이것은 static과 dynamic이 있으며 MBE system에 쉽게 적용시킬 수 있다. Static mask는 window 구멍을 내기 위해 기판과 가깝게 접촉시킨다. (100) Si wafer로 50 μm 두께의 mask가 실현되었으며, 선폭을 1 μm까지 줄이는 것도 가능하다. 이러한 Si mask는 기계적으로 강하고 오염이 적으나 window를 통한 성장의 dimension control이 mask에 상당한 영향을 받기 때문에 문제점으로 남아 있다.

③ 분자선 Monitoring 및 분석 장치

MBE의 evaporation source는 nonideal Knudsen cell이며, 측정온도와 기판에 도달하는 flux 사이의 관계는 정확하게 예측할 수 없다. 따라서 beam flux를 측정하기 위해서 다른 방법을 강구하여야 한다. 각각의 beam flux를 계산하는 가장 간단한 방법은 증착된 Ⅲ족 원소의 막의 두께를 측정하는 것이다. Ⅲ족 원소의 기판 도달률은 성장률과 직접 관련이 있기 때문에 전체 성장률을 계산할 수 있다. V족의 flux도 LN_2로 냉각된 표면 위로의 증착에 의해서 비슷하게 추측할 수 있다. 그러나 도달률은 일반적으로 임계치 이하이며, 비교 ion gauge로 알 수 있고 또한 성장 중 RHEED pattern의 관측으로도 알 수 있다.

Beam flux 계산의 가장 일반적인 방법은 각 분자선과 기판 사이에 이동용 ion gauge를 설치하는 방법으로, beam-on에서 beam-off까지의 pressure의 측정으로 각 분자선의 비례 flux를 알 수 있다. 이 기술은 주로 성장에 앞서 Ⅲ-V compound의 relative flux를 설정하는 데 사용된다. Ion gauge는 사실상 밀도를 측정하며 각 source 물질의 비례 평균속도는 beam equivalent pressure를 비교할 때 고려되어야 한다.

$$J_X / J_Y = (P_X / P_Y)(\eta_y / \eta_x)[(T_X / M_Y)^{1/2} / (T_Y / T_X)] \tag{2.25}$$

여기서, J_X는 X의 flux이며, P_X는 beam equivalent pressure이고, T_X와 M_X는 각각 절대 온도와 분자의 무게이다. η는 $\eta/\eta N_2\,[(0.4Z\,/\,14)+0.6]$으로 주어지는 질소에 관한 상대 이온화효율이고, Z는 원자번호이다. MBE system에서 ion gauge를 분자선에 대해서 쉽게 회전할 수 있도록 substrate holder 뒤에 두는 것이 편리하다. 그러나 흡착계수가 1 이하인 물질은 다중 충돌로 인하여 gauge의 측정에 오차의 원인이 된다.

Beam monitor로서 quadrupole mass spectrometer를 이용할 경우 ionizer는 반드시 냉각 panel로 둘러싸인 cross-beam mode로 설치하여야 ion화되지 않고, 이곳을 통과하는 분자가 응고되어 재산란되지 않는다. 그러나 양적으로 beam flux를 측정하기 위한 quadrupole의 사용은 간단하지가 않다. 도달분자의 energy, ion 추출 공정과 ion source의 분열 반응(fragmentation reaction)이 ionization cross section에 의존하기 때문에, 발생하는 문제는 모두 mass spectrometer의 동작변수의 영향을 받는다. 더욱이 장기간의 불안정성과 ion detection system의 오염의 증가로 인해 발생하는 불안정은 quadrupole mass spectrometer가 이상적으로 beam의 양을 관측하는 데 방해가 된다.

Crystal quartz monitor 또한 beam flux를 측정하기 위하여 이용된다. 이것은 crystalline quartz의 압전(piezoelectric) 특성의 이용에 의존한다. 얇은 결정 wafer는 양 표면이 접촉되어서, oscillator circuit의 부분을 이룬다. Alternating field는 공명주파수가 역으로 wafer의 두께에 비례하는 crystal에서의 thickness--shear oscillation을 유도시키고, 따라서 물질의 두께는 그 결과로서 증착된다. 실질적으로 결정 관측기의 정확성은 oscillator circuit의 안정성에 의해서 결정된다. 이러한 것들은 보통 10~100[Hz h^{-1}]의 범위이고 실제의 질량감지의 한계는 10^{-6}~10^{-7}[g cm^{-2}]이다. 공명주파수는 온도에 민감하기 때문에 crystal은 수냉 radiation shield로 둘러싸여 있다. 증착된 양이 quartz wafer의 두께에 비해서 더 이상 작아질 수 없을 때 공명주파수와 증착된 양의 관계가 선형적으로 감소한다. 두께측정의 최대범위는 약 5000~50000 Å이며, 청결한 결정 위에 증착된 박막의 밀도에 의존한다.

Beam을 관측하는 여러 가지 광학적 방법이 조사되었다. GaAlAs 증착 도중에 Ga과, Al beam을 관측하기 위해서 atomic absorption spectroscopy가 사용된다. 그렇지만 여러 번의 개선 후에도 Al diffusion cell의 온도가 겨우 5℃를 넘는 변화에도 쉽게 검침되어 버린다. Atomic beam emission spectroscopy는 개발된 또 다른 연구법이다. Electron beam은 방출 물질과 상호작용해서 그 물질 특유의 원자의 여기 방출(예를 들어 일반적으로 Ga과 Al에 각각 3184 Å과 3093 Å의 선이 관측된다)이 일어난다. 수집된 방출 원자는 photomultiplier로 측정된다. 따라서 Ⅲ족 원소의 경우, photon flux는 beam의 밀도와 직접적으로 관련이 있어서 성장속도에 영향을 미친다.

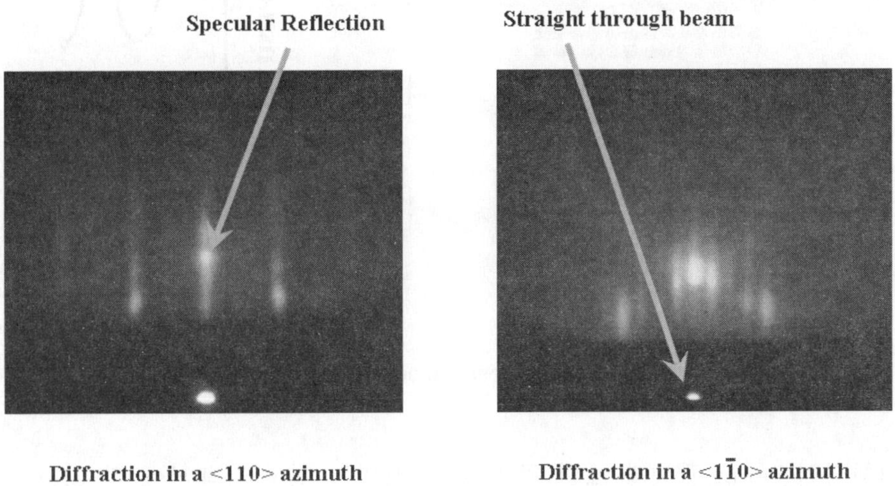

그림 2.10 RHEED patterns during the growth of GaAs

최근에 발견된 RHEED pattern에 관한 효과는 monolayer 성장을 관측하는 데 직접적으로 이용될 수 있다. 초기 성장에서의 RHEED pattern의 반사 beam에서의 진동은 때로는 육안으로도 관측되지만, photomultiplier과 optical fiber 장비로 관측하는 것이 일반적이다. 이 진동은 단결정층의 성장과 동시에 일어나기 때문에 성장층의 두께를 매우 정확하게 그리고 연속적으로 측정할 수 있다. 그림 2.11에서와 같이 결정의 표면이 평탄할 경우에는 반사가 가장 강하고 표면의 일부가 단분자층의 반 정도 쌓이면 표면에서의 산란이 크게 일어나서 반사가 약해진다. 이런 원리를 이용하여 반사빔의 세기를 측정하면 단분자층의 성장주기를 얻을 수 있다. 이 주기의 계산으로부터 결정의 성장속도를 구할 수 있다. 이러한 방법이 아니면 결정 성장 후 시료를 꺼내서 SEM이나 TEM을 관측하는 방법을 사용하여야 하는데 RHEED oscillation 방법을 사용하면 시료의 성장 전 혹은 성장 도중에 시료의 성장속도를 알 수 있기 때문에 매우 강력한 측정 도구로 사용된다.

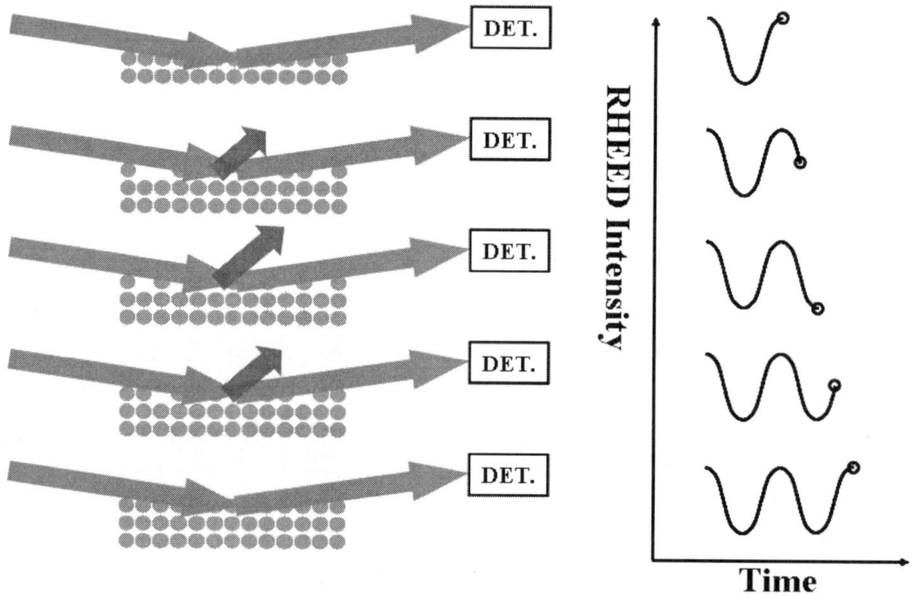

그림 2.11 RHEED oscillation을 이용한 성장속도 측정

전체적인 beam 관측과 표면 구조 관측 장비는 성장실 내부에 장치되어 있다. 관측계는 mass spectrometer, 이온화 gauge와 RHEED로 구성되어 있다. QMS는 기판의 위치와 근접한 ion source와 성장 방향에 수직인 rod의 축과 함께 위치해 있다. Quadrupole assembly는 전체 냉각 판넬 용기에 둘러싸여 있다. Manipulator의 기판 회전에 의해 이온화 gauge가 기판 위치에 놓일 수 있다. 이 위치에서 각 source로부터 오는 분자선을 관측하고 측정할 수 있다. 기판이 manipulator holder 위에 위치해 있으면 main shutter에 의한 기화로부터 보호된다. Port는 성장실에서 완전한 glancing 입사된 반사 전자 회절 system을 조정할 때 이용된다. RHEED system은 기판과 기판 위에서 성장하고 있는 막의 구조에 관한 정보를 제공해 준다. 시료의 azimuthal 회전으로 최적의 패턴을 얻을 수 있다. 시료 표면에 의해 생성되는 RHEED 회절 패턴은 증착실 내부에 위치한 형광

스크린에 나타난다. 이 패턴이 얻어지면 특별히 설계된 optoelectronic system에서 process된다. 5~50keV의 에너지를 가진 전자들이 가변 반사 각도($0 \leq \theta \leq 5^{\circ}$)로 기판 위로 입사된다. 입사되는 주요 분자선의 굴절은 비탄성적으로 산란된 전자들로 인해 균일한 background에 중복되어 shadow edge에 수직이며 강도가 변조된(intensity-modulated) streak(또는 rod)를 발생시킨다. 그림 2.11로부터 기판 표면에 분자선을 수직에 가까운 각도로 입사시켜 충돌시키는 것이 바람직하기 때문에 이러한 배치가 MBE와의 조합에 있어서 이상적이라는 것을 명백히 알 수 있다.

MBE의 장점 중의 하나는 초고진공 기술이라는 점과 이로 인해 광범위한 표면분석 기술이 성장 전, 성장 중, 그리고 성장 후의 성장 공정을 관측하는 데 사용된다는 점이다. MBE system 기술의 발달로 다중 chamber 장비는 이제 보편화되어서 복잡한 장비의 대부분을 시료 준비실에 위치시켜 기화에 의한 오염을 제거할 수 있다. 그러나 성장 공정을 관측하기 위해서 일부 장비를 증착실에 위치시켜야만 할 필요가 있다. RHEED는 기판의 청결도와 성장조건에 관한 정보를 제공해주며 MBE에 있어서 주 분석기술로 간주되기 때문에 필수적이다. Mass spectrometry는 잔류기체의 분석과 leak 검침에 유용하고, 이동용 ion gauge는 beam flux의 관측에 필요하다. 현재 MBE에 사용될 수 있는 표면분석 기술의 범위는 실로 광범위하다.

RHEED 기술은 성장 parameter의 함수로 성장 전 또는 성장 도중 결정 내 원자의 표면층 구조의 변화를 아주 예민하게 관측하는 데 이용한다. RHEED 패턴으로부터 표면 구조, microstructure, 평탄도에 관한 정보를 얻을 수 있으며, 관측하고자 하는 표면에서의 원자 배열의 unit mesh를 결정하는 데 용이하게 사용될 수 있으며, 패턴의 streakness는 표면 평탄도를 나타낸다. 결정 표면의 어떠한 거칠기(asperity)에도 electron beam은 3차원 원자 배열에 의해 회절될 것이며, bulk 물질로부터 얻어진 것과 유사한 불연속점의 연속과 같은 종래의 회절 pattern이 관측될 것이다. 일반적으로 RHEED 기술의 이용은

1. 성장 전 기판 표면의 청결상태를 관측
2. Epitaxial 성장의 초기 단계를 제어

3. 성장 중 계획적으로 바뀐 조성원소의 도달률의 변화에 대한 표면 구조의 변화 관측 등이다.

최근의 MBE 장비는 Auger, SAM, XPS, UPS와 조성분석을 위한 depth profiling, 구조 분석을 위한 역상(reverse-view) LEED를 포함한 다양한 표면분석 기술을 장비하고 있다. 이러한 분석 장비는 대부분 시료 준비 및 분석실 내의 분석단이나 분리된 분석실에 위치하고 있다.

끝으로 앞서 언급한 바와 같이 매우 복잡한 구조의 소자를 만드는 MBE의 potential은 효과적인 자동 제어에 의해서 실현된다. 이것은 computer 제어 system이 MBE system에서 빼놓을 수 없는 부분이라는 것을 의미한다.

2.4 MBE 기술의 발전 및 변형

수많은 물질이 MBE에 의해 에피 박막으로 결정화되었으며, 일반적으로 Ⅲ-V족 반도체인 GaAs와 $Al_xGa_{1-x}As$는 대표적인 물질로서 많은 관심을 끌어 왔다. 이것은 Si과 비교했을 때 Ⅲ-V 반도체의 뛰어난 고주파 특성과 독특한 광학 특성 때문이다. 더욱이 Ⅲ-V 화합물의 MBE 성장 mechanism은 Bell Laboratory와 Phillips Research Laboratory의 초기 연구에서 많이 보고되었다. 금속 및 절연체 그리고, Si는 물론 Ⅱ-Ⅵ와 Ⅳ-Ⅵ 화합물의 성장도 많은 흥미를 끌고 있다. 이와 같이 MBE는 다양한 종류의 에피층 성장에 유용하며, 더욱이 정밀한 dimension 제어와 낮은 성장온도로 인해 원자층 단위로 tailor 증착이 가능하며, 자연적으로는 존재하지 않는 주기성을 가진 인공적인 결정의 성장도 가능하다.

1980년대의 MBE 기술의 발달 단계에 있어서 네 가지의 기념비적 업적이 있다. 그 첫 번째는 화합물 반도체를 만들기 위하여 잘 제어된 P와 (P+As)의 사용을 가능하게 하는 MBE의 사용에 요구되는 기체원을 도입한 것이다. 두 번째는 Neave와 Van Hove가 발표한 MBE의 성장 동안에 일어나는 RHEED 패턴에 있어서 다양한 형태의 강도가 진동하는 것을 관찰한 결과로부터 발생하는데, 이것은 MBE 성장을 연구하는 것뿐만 아니라 박막과 초격자(superlattice)의 성장을 정확하게 제어하는 데에도 사용되어 왔다. 세 번째 업적은 적외선 혹은 이온화된 수소 같은 외부 방사의 도움을 받으면서 MBE 성장 동안 성장층 표면에 반응물을 순간적으로 공급하는 것과 관련이 있다. 이 순간적 반응물 공급 성장기술의 장점은 Ⅲ-Ⅴ와 Ⅱ-Ⅵ 화합물 성장 시 온도를 상당히 낮출 수 있다는 것과 성장하는 동안 확산이 없다는 것이다. 이것은 잘 구조화된 기판 위에 에피층을 성장시키는 것을 포함하는 새로운 기술 개발을 위한 것뿐만 아니라 n형과 p형 불순물의 급격한 투입과 급격한 헤테로 결합을 얻을 수 있다는 이점이 있다. 마지막 업적은 여러 개의 진공실을 갖춘 system으로 설계된 한 개의 준비 장치에서의 UHV 공정단계와 모든 MBE 관련 기술 및 특성 공정을 합치는 것과 관련된다. 예를 들어 focused ion beam implantation과 식각 공정 장비들은 MBE 성장과 특성 장비와 합쳐져 왔다. 따라서 UHV 환경 내에서 복잡한 구조를 가진 소자의 실현이 가능해졌다. 또한, 1980년대 MBE 기술의 발전은 많은 MBE 변형을 가져왔다. 그러나 불행하게도 그 중 일부분은 본래의 MBE 기술과는 거리가 먼 새로운 이름으로 소개되어 왔다.

Gas source MBE(GS-MBE)는 Panish, Tsang, Tokumitsu 등에 의해 초기 연구가 이루어진 이래, $Al_xGa_{1-x}As/GaAs$ 헤테로 결합을 위한 전형적인 MBE에 의해 얻어지는 것만큼 정밀도를 가지고 InP 기판 위에서 ternary 혹은 quaternary 화합물의 에피 성장을 가능하게 하는 것을 AsH_3와 PH_3의 분해를 위한 gas source의 사용이 가능하게 한다는 것은 확실해졌다. 유기금속 gas source를 사용하는 것을 포함한 기본적인 gas source MBE 공정의 수정은 gas source 방법의 유용성을 증가시킨다.

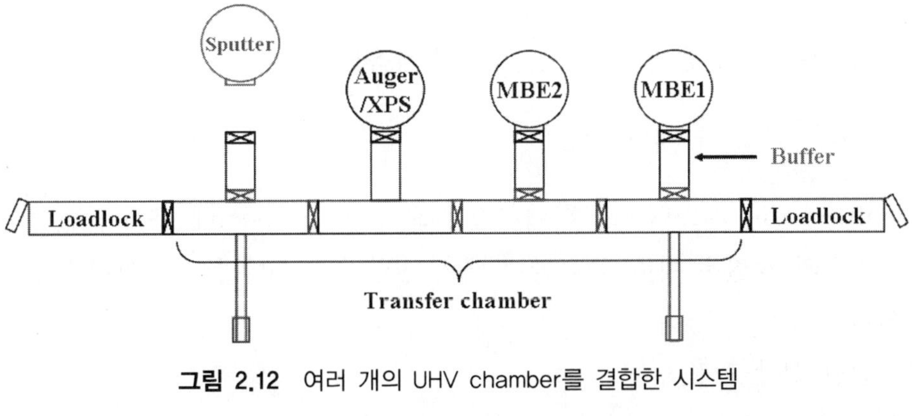

그림 2.12 여러 개의 UHV chamber를 결합한 시스템

유기금속 gas source를 사용하는 GS-MBE의 변형에 있어서 chemical beam epitaxy(CBE)와 MOMBE라는 이름이 소개되었다. MOMBE는 MBE의 많은 장점과

유기금속 화학증착(MOCVD)의 장점들을 결합하였고 이 두 기술 이상의 epitaxy 기술로 발전시켰다. 일반적인 CVD에서는 반응실 내의 기체압이 10^5과 1 Pa 사이이다. 결과적으로 반응 기체의 전달은 점성흐름(viscous flow)에 의해서이다. 만약 그 압력이 10^{-2} Pa 이하로 낮춰진다면 기체 전달은 분자선 형태가 된다. 그래서 이 공정은 기상 증착(vapor deposition)에서 분자선 증착으로 발전한다. 만약 증착된 박막이 에피층이라면 우리는 이 공정을 유기금속 기체원 혹은 유기금속 기체원과 비유기금속 기체원의 혼합을 배타적으로 사용할 수 있는 metalorganic MBE라 부른다. 이것은 기본 분자선원의 경우 MBE와는 달리 Al, Ga, In과 같은 분자선원을 가열된 기판 표면에서 trimethyl Al, trimethyl Ga, trimethyl In과 같은 유기금속 화합물로부터 열분해해서 얻어진다. As_2와 P_2는 가열된 차단통로를 통과시켜 그들의 수소화물을 열분해해서 얻는다. 화학 물질이 운반 기체의 확산에 의해 기판 표면으로 보내지는 MOCVD와는 달리, MOMBE에서의 화학 물질은 고진공 성장실 내에서 분자선의 형태로 된다.

따라서 MBE와 비교해 보면 다음과 같은 장점이 있다.

1. 실온 이상으로 가열시킬 필요가 없이 충분히 높은 기체압을 가지는 고체 혹은 액체 상태의 Ⅲ족 유기금속원의 사용.
2. 충분한 원료와 성장 환경에 알맞은 즉각적인 유속응답에 의한 정확한 전자흐름 제어.
3. 조성을 균일하게 하는 단일 Ⅲ족 beam.
4. 집적회로소자 응용에서 중요한 높은 성장속도에서의 oval defects가 없음.

MOCVD와 비교했을 때의 장점은

1. multi-wafer 시스템으로 확대시킬 때도 flow pattern에 문제가 없다.
2. 분자선의 성질은 아주 급격한 헤테로 접합면과 초박막층을 쉽게 만들 수 있다.
3. 청결한 성장 환경.
4. RHEED와 같은 측정 장치들을 쉽게 설치할 수 있다.
5. 금속증착, ion beam milling, 이온 주입과 같은 고진공 박막 공정 방법과의 호환성.

1983년에 MBE 성장 동안 RHEED 패턴의 회절 beam 및 회절점 강도가 감쇠 진동함이 처음으로 관측되었는데, 이것의 활용으로 phase-locked epitaxy(PLE)로의 변형이 이루어지게 되었다. MBE 성장 중 GaAs(001) 표면에서 RHEED 반사 회절점의 강도패턴의 예가 그림 2.13에 나타나 있다. 진동주기는 단일층, 즉 Ga와 As 원자의 완결층([001]방향에서 (a_o/2))과 관련하고, 입사선의 방위각과 측정된 회절형태와는 결과적으로 무관하다. 그러나 그 크기는 이 두 변수에 크게 의존한다. 결정 성장 동안의 평가를 위한 대부분의 정보가 여기에 함축되어 있다. 표면 거칠기에 따른 RHEED pattern의 특정 광선의 강도상 변화를 같게 할 수 있다면 평형 표면을 부드럽고 높은 회절성을 갖게 할 것이다. 성장 시 표면의 어떤 거칠기도 국부적 성장 비율에 관계될 수 있다. 그러나 전체 성장 비율은 변하지 않고 단지 gallium flux에 의해 결정된다. Driving force의 응용으로 cluster는 결정 표면의 random position에 형성되어 회절성의 감소를 가져온다. 이 감소는 광학적인 이유로 예견될 수 있다. 이는 보통 사용되는 전자의 de Broglie 파장이 약 0.12 Å이고, bilayer step이 약 2.8 Å이므로 파장은 적어도 충돌자의 크기보다 작게 되어 diffuse reflectivity가 된다. 에피 성장은 단결정층에 국한되지 않지만 전형적인 layer가 완성되기 전에 새 layer가 시작될 수 있다. 그렇지만 초창기에는 한 layer는 다른 layer가 시작되기 전에 거의 완성된 것 같았기에 reflectivity는 다시 표면이 부드러워짐에 따라 증가된다. 이러한 반복적 과정은 표면이 통계적으로 몇 개의 불완전한 원자층에 분포되어 있으므로 reflectivity 상의 감소진동을 야기한다.

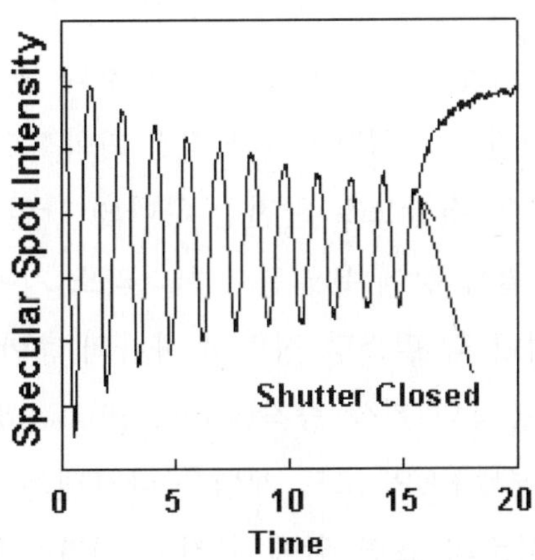

그림 2.13 RHEED oscillation during the growth of GaAs

실질적으로 1970년 중반에 창안되어 1980년대 MBE 발전에 크게 기여한 ALE(atomic layer epitaxy) 박막 성장기술의 기본적인 아이디어는 기존의 박막기술의 source-controlled 성장 대신에 surface-controlled 성장을 사용하는 것이다. 그러나 ALE에서는 material transfer 대신에 material growth의 문제가 있다. ALE 공정은 분리된 표면 반응으로 순차적으로 행해지는데 각각은 하나의 layer만을 형성한다. ALE를 간단히 설명하면, molecular species가 성장에 참여할 때 compound의 전형적인 결합인 chemisorption과 훨씬 약한 결합인 순수한 물질의 결합, 또는 weak physisorption과의 차이를 이용하게 한다는 것이다. 즉, 원자 또는 분자의 처음 layer가 고체 표면에 도달될 때 보통 강한 interaction(chemisorption)이 있고, 다음 layer는 훨씬 덜 강하게 interaction(physisorption 또는 weakly bound chemisorption)하는 경향이 있다. 만약 처음에 기판이 충분히 가열되었다면 단지 첫 번째 chemisorbed layer만을 붙어 있게 할 수 있다. 초기의 가장 간단한 ALE의 예는 진공 중 증착에 의한 ZnS의 성장이다. Zn vapor를 가열된 유리 위로 투사한다. 증착을 멈추어도 투사된 flux가 재증발되기 때문에 약하게 흡수된 Zn가 존재한다. 그 공정은 sulfur에 대해서도 반복되는데 처음의 Zn layer에 첫 번째 layer가 chemisorbed 된다. 계속해서 약하게 흡착된 sulfur는 sulfur flux가 off되면 기판온도에 의해 사라지게 되어, 하나의 ZnS layer만을 남기게 된다. 이러한 완전한 cycle은 무한정으로 반복될 수 있는데, 성장되는 layer의 수는 단지 cycle의 수에 의해서 결정된다.

따라서, ALE는 기판의 고체 표면상에서의 화학적 반응을 근간으로 하고 있다. 반응 물질은 고진공 내에서 빔 단락법을 쓰거나 불활성의 운반용 가스에 혼합된 기체 흐름을 차단하는 법을 이용하여 중성의 분자나 원자펄스로써 교번하여 유입된다. 초기의 펄스는 기판의 최외각원자와 직접 화학적으로만 반응하여, 다음 펄스가 도달하기 전에 화학적 결합으로 완전한 하나의 단일층을 형성하게 된다. 이때 과잉의 분자나 원자가 필름 상에 유입된다 하더라도 기판의 온도를 적절히 선택하면 달라붙지 못하게 되어 각 펄스당 정확히 하나의 층만 증착되게 된다. 한 cycle당 하나의 층 형성은 통상의 기상 증착(vapor phase deposition)에서 나타나는 성장률의 모드와는 다른 ALE의 모드 개념을 나타내는 특수 양상이다. 이와 같이 ALE의 기본 양상은 서로의 표면 위에 완전한 원자층을 교번적으로 성장시키는 것으로서, 가열된 기초 원자 물질의 증발 증착이라는 측면에서는 MBE와 유사하며, 반응 화합물질 사이의 연속적인 표면 상호작용에 의존된다는 측면에서는 CVD 기술에 기초하고 있다.

Ⅲ-V족 화합물의 MBE 성장에서 에피 표면에 대한 반응 물질의 펄스모드 응용인 MLE(molecular layer epitaxy) 또는 MEE(migration enhanced epitaxy) 성장기술이 있는데, 이들은 원리적으로 ALE와 유사하지만 통상적인 MBE에 비해 GaAs의 성장 온도를 상당히 낮출 수 있다는 것이다. 예로서 TMGa와 AsH_3를 사용한 GaAs MLE의 경우 성장온도는 500℃이며, TEGa와 AsH_3를 사용한 경우는 300℃까지 성장온도를 낮출 수 있다. MEE 기술은 성장표면에 Ga 또는 Al과 As를 번갈아 공급하는 방식이다. GaAs 표면에 As가 없는 분위기에서 Ga 또는 Al 원자의 빠른 표면 migration 효과를 근간으로 하고 있는데, 이 방법을 이용하여 고품위 GaAs 에피층이 200℃에서 성장되었고 300℃에서 GaAs-AlAs 고품위 양자우물 구조가 성장되었음이 보고되었다.

진공을 기본으로 하는 증착 기술들은 현재 단순한 금속 증착과 열처리로부터 이온 주입, plasma 및 reactive ion etching, plasma 증착과 같은 보다 복잡한 공정에 이르기까지 반도체 공정 전체를 다루게 되었다. MBE 성장과 UHV 공정 기술이 성숙해짐에 따라 UHV 내에서의 반도체 성장 및 공정 기술이 결합되어 진공하에서 완전한 반도체 소자 제작을 가능케 한다. MBE 장치의 제작자들은 이미 반도체 성장실과 interlock된 보조 진공실 내에서 부가적인 공정단계를 수행할 수 있는 장비를 생산하고 있다. 기술적인 장비의 개발에 의하여 이러한 조류는 1980년대 MBE 발전의 네 번째의 획기적인 특징을 이루었다. UHV에서 실행된 흥미 있는 microfabrication 공정으로, FIBI(focused ion beam implanter)-MBE system을 사용하여 실제로 양 재질의 계면성을 갖는 $Al_xGa_{1-x}As$/GaAs 이종접합 레이저 다이오드 구조 제작으로 그 가능성을 보여주었다. 소자 제작 공정에서 FIB 기술은 photomask나 photoresistor가 필요 없이 doping에 의해 외부로부터의 유기 또는 무기 물질의 오염이 없는 깨끗한 공정을 가능하게 한다. 고해상도 ion beam을 기판 표면의 원하는 부분에만 scanning하여 불순물을 doping하는 이온 주입은 submicron doping 구조뿐만 아니라 controlling lateral doping density의 가능성을 제시했다. 액체 합금 금속 ion source는 여러 종류의 ion을 동시에 방출시킬 수가 있어서, 공정 도중에도 dopant를 임의로 그리고 즉시 공급이 가능하다. 또한, software만을 통한 microfabrication 공정의 패턴 설계의 빠른 수정이 가능하다. 완전한 전체 system(MBE 성장실, FIBI chamber, 시료전달실)은 10^{-8} Pa 이하의 oil-free 진공을 유지하며, 각 chamber는 gate valve로 분리되어 있다.

3 MOCVD에 의한 결정 성장

3.1 개요

MOCVD 장비의 대량 생산 능력은 MOCVD 장비가 가진 고유의 가장 큰 장점 중의 하나로서 MOCVD 장비가 처음 제안된 1970년대 이후 역사적으로 그리고 전 세계적으로도 검증을 받았으며, 실제 그 응용성을 살펴보면 이미 산업적 차원에서도 매우 커다란 자리를 차지하고 있고 앞으로 그 수요가 더 커질 수 있다는 것을 쉽게 예상할 수 있다.

21세기 들어 더욱 가속화되고 있는 정보통신 분야의 발달은 화합물 반도체 기술의 발전을 이끌어 새로운 빛의 혁명을 예고하고 있다. 그 대표적인 예를 들면, 적색 및 녹색 발광다이오드와 더불어 청색(blue)과 순녹색(pure green)의 빛을 낼 수 있는 GaN 계열의 물질을 이용한 발광다이오드가 개발되어 총천연색의 구현을 갈망하던 램프 및 디스플레이 장치 산업과 짧고 안정된 파장을 요구하는 광메모리 장치 등 여러 발광다이오드 응용 산업 분야로부터 시작하여 청색 및 순녹색 발광다이오드의 수요는 점차적으로 증가하게 되었고, 현재 기하급수적으로 늘어나는 시장의 수요를 공급이 감당치 못하고 있는 실정이다.

인터넷 보급률 세계 5위 이내를 자랑하는 우리나라에서는 특히 통신 분야에 대한 관심과, 상대적 기술적 우위를 이용하여 정보화에서는 세계 대열의 수위를 확보하려는 노력을 정부 차원에서도 적극 지지하고 있고 실제 e-Korea 또는 u-Korea라는 기치를 표방하고 있는 실정이다. 이처럼 21세기에 더욱 시급하고 중요하며, 국가 차원의 시책에 부합하기 위해서는 초고속, 대용량 서비스가 가능한 기술이 필요하다. 이 때문에 광섬유를 이용한 광통신 기술은 현재 이런 목적을 이룰 수 있는 가장 유망한 기술로 전망되고 있다. 광통신 기술에서 가장 핵심적인 요소 중 하나로 평가

되고 있는 분야는 광통신 소자 기술로서, 이에는 통신용 및 광정보 처리 광원으로 사용되는 850 nm(AlGaAs/GaAs), 980 nm(InGaAs/GaAs), 1300 nm(InGaAsP/InP, AlFaInAs/InP, InGaAsN/GaAs), 1550 nm(InGaAsP/InP) 파장대역의 반도체 레이저, 광통신 및 광정보 처리의 수신 소자로 사용되는 InGaAs/In(Ga)P(As) 계열의 반도체 물질을 이용한 광검출기(pin-PD, APD, MSM-PD, Schottky PD), 크기가 작고 사용이 간편하여 장점이 많은 반도체 광증폭기(InGaAsP/InP), InGaAsP/InP 계열의 물질을 이용하여 집적한 후 복잡한 광기능을 환성하는 데 많이 사용되는 광교환기, 광스위치, 및 3R(Optical reamplification, regeneration, reshaping) 소자 등, 이외에도 반도체를 이용하여 수많은 광소자를 제작할 수 있다.

이처럼 발광다이오드를 비롯하여 모든 광통신용 반도체 소재 및 광통신 모듈, 그리고 기타의 광전자용 소자들은 MOCVD를 이용하여 결정을 성장한다.

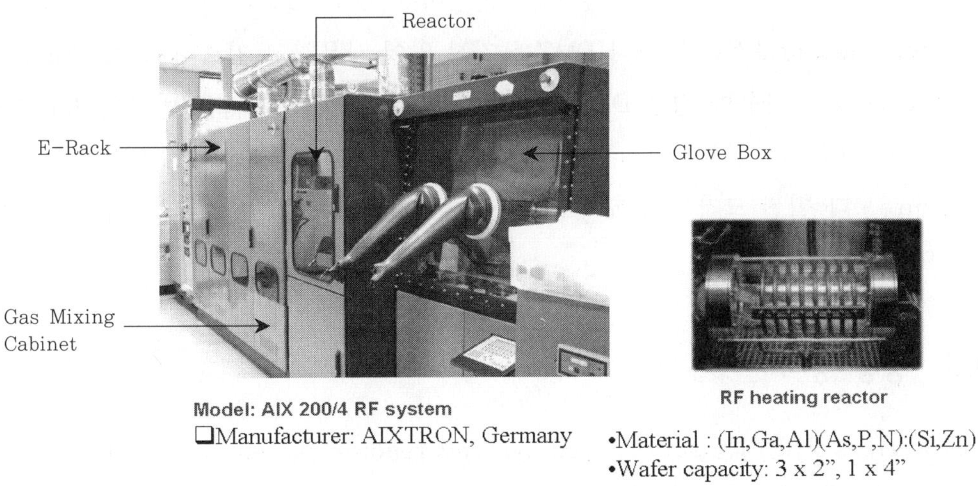

그림 2.14 MOCVD system과 시료 가열 장치

3.2 MOCVD법의 원리

MOCVD법은 metalorganic 화합물 액체를 어느 일정 온도에서 증발시켜 수소 이송 기체로 반응로까지 보낸 다음 가열된 기판 위에서 다른 기체와 화학 반응이 일어나도록 하여 고체 상태의 결정층을 형성시키는 방법이다. (In, Al, Ga)(As, P) epi층을 성장하기 위해서 In의 원료로는 TMI(Trimethyl indium), Ga의 원료로는 TMG(Trimethyl gallium), Al의 원료로는 TMA(Trimethyl aluminum), As의 원료로는 AsH_3, P의 원료로는 PH_3를 사용한다.

그 화학 반응 방법은 다음과 같다.

$$(CH_3)_3(In, Ga, Al) + AsH_3 \rightarrow (In, Ga, Al)As(s) + 3CH_4$$

$$(CH_3)_3(In, Ga, Al) + PH_3 \rightarrow (In, Ga, Al)P(s) + 3CH_4$$

Epi층 결정 성장에 사용하는 dopant로는 n-type dopant로 H_2S, H_2Se, TET(Tetraethyltin), Tetramethyltin(TMT), SiH_4, Si_2H_6 등이 있고, p-type dopant로서 DMZ(Dimethylzinc), DEZ(Diethylzinc), DEB(Diethylberyllium) 등이 있다. 아직까지 어느 dopant가 가장 좋은 것인지는 밝혀져 있지 않으며, 목적에 따라 적당한 dopant를 선택해서 사용하여야 한다. 지금까지 알려진 바로는 n-type dopant로서, SiH_4나 Si_2H_6가 memory effect를 최소화할 수 있다고 알려져 있으며 Si_2H_6가 SiH_4보다는 온도 의존성이 적다고 알려져 있다.

p-type dopant로서는 DEZ나 DMZ를 가장 많이 사용하고 있으며 GaAs doping의 경우 DMZ를 사용할 경우 DEZ를 사용할 경우보다 좀 더 넓은 범위의 doping level(10^{16}~$10^{20}cm^{-3}$)을 얻을 수 있다. DMZ의 vapor pressure가 DEZ의 vapor pressure보다 훨씬 크기 때문에 bubbler의 온도를 $-10^\circ C$ 이하로 낮춰야 하는 어려움이 있다.

3.3 성장 장치

MOCVD 성장 장치는 source feed system, reactor system, exhaust system의 세부분으로 나누어져 있다.

각종 반응 기체를 reactor로 보내주는 feed system의 모든 배관은 고순도 316 stainless steel을 사용하며 electropolished grade를 사용한다. Valve는 air activated bellow valve를 사용하며 전기적으로 개폐가 가능하고 computer에 의해 실험 과정을 자동으로 진행한다. 각 반응 기체의 유량은 mass flow controller로 조절한다. Metalorganic source는 저온용 bath($-5^\circ C$~$30^\circ C$)를 사용하여 $0.1^\circ C$ 오차에서 일정한 온도를 유지한다(그림 2.15).

그림 2.15 Source feed system

Reactor system으로는 소형이며 저가인 경우 석영으로 된 유리관을 사용하며 대형 상용 시스템의 경우 stainless steel로 된 chamber를 사용한다. 시료를 장착하는 susceptor는 graphite를 사용하고 소형 시스템에서는 수소 가스를 이용하여 회전하며 대형 시스템의 경우 모터를 사용하여 고속 회전한다. 시료의 가열 방식으로는 램프를 사용하여 가열하기도 하고, RF generator로 유도 가열하는 방식을 사용하기도 한다.

그림 2.16 exhaust system: 응집을 방지하기 위하여 모든 밸브 및 관로를 가열한다.

그림 2.16의 exhaust system은 reactor에서 생긴 반응 생성물을 처리하는 부분으로서 AsH_3나 PH_3가 분해되어 생긴 가루를 포집하는 trap과 반응하지 않은 유독

가스를 제거하는 trap, 진공펌프, burning system 등으로 구성되어 있다. AsH_3나 PH_3는 독성이 매우 강하여 TLV(threshold lethal value)가 AsH_3는 30ppb, PH_3는 50ppb 정도이므로 잔여기체의 처리 후 잔여 농도를 감시하여야 하며, 시스템 운영자 및 환경의 안전을 위하여 누출이 있는지 24시간 감시하여야 한다.

MO source는 고순도 수소를 bubbler를 통과하게 하여 수소와 함께 반응로에 들어가게 된다. 수소는 hydrogen purifier를 사용하게 되는데 이것은 Pd로 된 막을 400°C 정도로 가열하게 되면 수소 원자만이 투과할 수 있는 공간이 막에 생기게 된다. 이 시스템을 사용하면 거의 완벽하게 수소를 정제하게 되어 9N 이상의 고순도 수소를 얻을 수 있다.

3.4 결정 성장

InGaAsP를 InP 기판 위에 성장하는 것은 GaAs 계열의 결정 성장에 비하여 상당히 더 복잡하다. 여기에서는 GaAs의 경우에 대하여 설명한다.

GaAs 기판은 MOCVD의 경우 (100)+2° off toward⟨110⟩를 사용하는 경우 결함이 적다. 두께는 300～450 μm 정도의 것을 사용한다.

시편은 성장실에 장입하기 전에 TCE, Acetone, Methanol로 유기성 불순물을 제거하고 deionized water를 사용하여 세척한 후 필터를 통과시킨 고순도 질소를 사용하여 건조시킨다. 그런 다음 H_2SO_4:H_2O_2:H_2O(4:1:1)의 용액에서 1분 정도 etching하고 deionized water로 충분히 세척한 후 질소 가스로 건조시킨 후에 바로 성장실에 장입한다. 현재 대부분의 기판 공급사들은 이러한 복잡하고 까다로운 전처리를 수행하지 않고 바로 성장실에 장입하여 사용할 수 있는 epi-ready grade의 기판을 공급하고 있다.

전처리한 기판을 성장실에 장입한 후 진공 펌프로 성장실을 진공으로 한 다음 수소를 주입하는 과정을 5회 이상 반복하여 시료주입 시 따라 들어간 공기를 제거한다. 다음으로 수소를 흘리면서 susceptor를 가열한다. 온도가 400°C 정도일 때부터 AsH_3 가스를 유입시켜 GaAs 기판에서 As이 해리되는 것을 방지한다. 성장온도에 도달하면 III족의 원료인 MO 화합물을 증기를 성장실에 유입시킨다. 이때 이 증기를 bypass 시켜 유량을 안정시킨 다음 성장실로 유입시켜 일정한 박막 결정 성장속도를 얻도록 한다.

성장이 끝나면 MO source를 다시 bypass로 한 다음 AsH_3는 계속 유입시키면서 온도를 내린다. Susceptor의 온도가 400°C 이하가 되면 AsH_3의 유입을 멈추고, 100°C 이하가 되면 질소 가스로 성장실 내의 수소를 제거한 다음 시편을 꺼낸다. 결정을 성장시키지 않을 때에도 성장실에 항상 수소를 흘려서 성장실 내의 분위기가 변하지 않도록 한다. 표 2.2에 GaAs 및 AlGaAs 박막을 성장할 때의 실험 조건을 예로 보여준다.

성장 도중 성장실의 압력은 수십 torr로 유지하는 저압 MOCVD와 대기압 정도를 유지하는 상압 MOCVD가 있으나 그 차이는 성장실의 설계에 따라 다르다.

표 2.2 MOCVD에 의한 AlGaAs 박막층의 성장 조건 예

parameter	range
total pressure	1 atm
temperature	500~850°C
TMG	$0.5\sim2.5\times10^{-4}$ m.f
TMA	$0.2\sim2.0\times10^{-4}$ m.f
AsH_3	$1.5\sim5.0\times10^{-3}$ m.f
H_2	2~5l/min
H_2Se	$0.2\sim2.0\times10^{-6}$ m.f
DEZn	$0.3\sim3.0\times10^{-5}$ m.f

4 성장된 박막 분석법

4.1 Photoluminescence

성장한 시료의 광특성 분석을 위하여 가장 많이 사용되는 방법은 photoluminescence이다. 이 방법은 레이저 광을 시료에 조사하고 이 빛에 의해 여기된 전자와 정공이 재결합하면서 방출하면서 내는 빛을 분석하여 시료의 광특성을 분석하는 방법이다. 비교적 실험 방법이 간단하고 시료에 특별한 준비 과정을 거치지 않고

측정할 수 있으며 상당히 많은 정보를 제공해 주는 분석법이어서 널리 이용되고 있는 방법이다.

1) PL 분광법은 어디에 활용되고 있나?

미국의 9·11 테러 이후부터 최근의 영국 폭탄 테러는 각 국가의 주요 도시 및 항공업계, 정부 건물이나 각 기관들도 테러 위협의 사정권 안에 있음을 시사한다. 따라서 각 나라에서는 폭발물 탐지를 위한 노력과 투자에 상당히 혈안이 되어있다. 이러한 상황에서 최근 재미(在美) 한국인 유학생이 멀리서 빛만 비추는 간단한 방법으로 폭발물을 탐지하는 최신 기술을 개발하였다고 한다. 유학생이 개발한 폭발물 탐지의 기본 원리는 PL 현상으로서, 레이저를 비추어 폭발물에서 반사되는 특정한 파장의 빛을 찾아내는 방법이다. 방출되는 빛의 파장은 그 물질의 화학구조에 따라 다양하며, 일종의 지문과 같기 때문이다. PL 현상의 가장 간단한 예로서 형광등을 들 수 있다. 형광등의 양쪽 끝에서 전기를 주면 내부를 채우고 있는 수은증기에서 자외선이 발생한다. 이 자외선이 형광등의 내부 표면에 발라져 있는 형광물질을 때리면 PL 현상에 의해 우리 눈에 보이는 가시광선이 나오게 되는 것이다. PL은 주로 반도체의 광학적 특성, 조성, 불순물의 종류와 농도, 결정성 등을 측정, 평가하는 데 사용된다. 또한 양자우물 구조에서 양자우물의 두께, 계면의 특성 등을 측정, 평가하는 데에도 사용이 된다.

2) PL(광발광 · Photoluminescence)이란?

Luminescence(발광, 發光)란, 원자 및 분자에 외부 에너지를 가하여 줌으로써 그 물질 내의 고유한 전자 상태 간의 전이(轉移)에 의해 흡수된 에너지를 빛 형태로 방출하면서 원래의 평형 상태로 되돌아가는 일련의 물리적 현상을 말한다. 즉 발광은 전자를 여기(勵起) 시키는 외부 에너지의 종류에 따라 구분되는데, PL은 레이저와 같은 단색광의 광자(photon) 에너지를 이용한 발광의 한 종류이다. 세부적으로 표현하자면 물질의 고유한 광흡수에 따른 전자와 정공의 생성과 불순물에 기인하여 여기가 되면 어떤 파장의 빛을 흡수하여 에너지를 얻게 되고, 저에너지 준위로부터 고에너지 준위로 전자가 들뜨게 된다. 이것은 원자나 분자에서는 바닥상태로부터 들뜬 상태로의 전이로서 표현할 수 있다. 들뜬 상태에서 일정 시간이 지나면 전자는 바닥상태로 되돌아오게 된다. 발광체에서 이러한 전이를 하는 동안에 에너지의 일부 또는 전부를 빛의 형태로 방출하게 되는데, 이때 방출되는 빛이 PL이고 이 PL 스펙트럼은 물질의 성질에 대한 정보를 얻어내는 데 중요한 역할을 하며, 물질의 구조나 불순물의 전자 상태를 알기 위해 사용되고 있다.

3) PL 측정을 위한 레이저

PL은 레이저와 같은 단색광의 양자 에너지를 이용한 발광의 한 종류이기 때문에 PL 측정을 위한 광원으로 레이저를 사용한다. PL 측정을 위한 레이저는 측정하고자 하는 샘플과 알고자 하는 특정 영역의 파장에 따라 매우 다양하게 사용될 수 있다.

- He–Cd 레이저[325 nm] : III–N 계열의 시료를 분석하기 위해서 주로 사용된다. 레이저 튜브의 수명이 짧고 빛이 눈에 보이지 않아서 사용하기가 불편하지만 III–N 계열의 시료에서는 자외선 광이 필요하므로 이러한 레이저를 사용하여야 한다.
- Ar–ion 레이저[488, 514 nm] : 주로 GaAs 및 InP 계열의 시료를 분석하는 데 사용된다. 파장 영역이 AlGaAs를 여기 시키기에 충분하다. 레이저 튜브의 수명이 짧아서 사용하기가 다소 불편하다.
- He–Ne 레이저[633 nm] : InP 계열의 시료들을 여기 시키기에 충분하다. 비교적 수명이 길고 저가이므로 적외선 영역의 시료에 적합하다.
- Diode pumped Green Laser[532 nm] : 이 레이저는 대부분의 AlGaAs 및 InP 계열의 시료를 분석하기에 충분하다. 비교적 저렴한 가격이며 유지 보수에 대한 어려움이 없고 수명이 길다. 현재 Ar–ion 레이저 대용으로 많이 사용되고 있다.

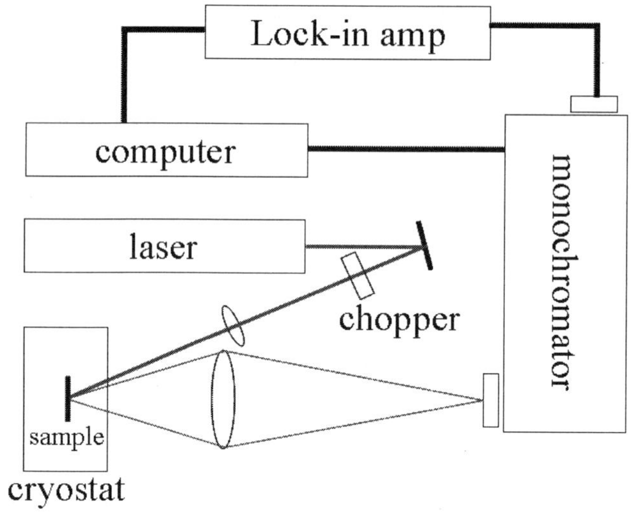

그림 2.17 Photoluminescence 시스템 개략도

4) Photoluminescence system

PL 분광시스템의 개략도를 그림 2.17에 나타내었다. 여기용 레이저로부터 방사된 광이 chopper를 지나 냉각 장치인 cryostat 안에 고정되어 있는 샘플에 쪼여지게 되고 monochromator를 지나 검출기에 검출된다. 이 신호를 Lock-in 증폭기(amplifier)를 사용하여 증폭시킨 후 컴퓨터에서 스펙트럼으로 보이게 한다. cryostat는 액체 헬륨을 사용하는 경우도 있지만 액체 헬륨의 가격이 워낙 비싸서 특별한 경우 외에는 사용하지 않는다. Compressor를 이용한 closed cycle He cryostat은 6K의 저온까지도 달성하는 시스템이 있으나 대략 10K 정도에서 쉽게 운용 가능하다. Monochromator는 double grating을 채용한 정밀한 시스템도 있지만 PL 측정을 위해서는 분광 거리가 50 cm 정도의 저렴한 시스템을 사용하여도 일반적인 측정을 할 수 있다.

4.2 X-ray diffraction

일반적으로 XRD 측정으로부터 격자 상수를 쉽게 구할 수 있다. 그러나 반도체 결정들의 격자 상수는 잘 알려져 있고 격자 상수가 크게 변하지 않기 때문에 격자 상수를 구하기보다는 박막과 기판의 격자 상수 차이를 측정하기 위하여 사용하거나 초격자 구조에서 초격자의 주기를 측정하기 위하여 사용된다. X-ray source로는 CuKα를 사용하는데 $K\alpha_1$과 $K\alpha_2$가 혼재되어 있다. 이를 분리하기 위하여 첫 번째 결정(crystal)을 사용하게 된다. 따라서 이러한 시스템은 결정을 두 개 사용하여 측정을 하게 되므로 double crystal XRD로 부른다. 분해능은 1arcsec 이하가 되며 미세한 격자 상수 차이의 측정이 가능하다.

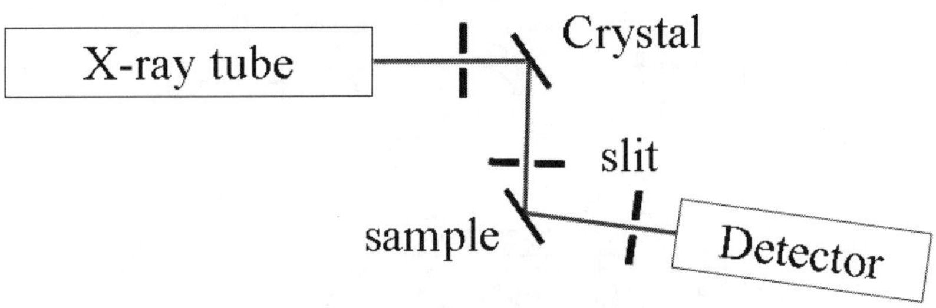

그림 2.18 Double crystal XRD system의 개략도

4.3 Hall effect measurement

Hall effect는 1897년 Hall이 미국의 존스 홉킨스 대학에서 Henry A. Rowland 밑에서 대학원생으로 있을 때 발견하였다. Hall은 current가 흐르는 도선이 자석에 의해 힘을 받는 것을 알고서 도선 전체가 힘을 받는 것인지 아니면 도선 내의 electron(current)만이 힘을 받는 것인지 알고 싶어 했다. 그는 후자가 맞을 것이란 생각에 '만약 고정된 도선 내의 current 자신이 자석에 끌린다면, current는 도선의 한쪽으로 흘러나와야 하겠기에 도선의 전기 저항이 증가할 것'이란 가정에 따라 실험을 행하였다. 실험은 결국 magnetoresistance을 찾는 것으로 당시의 실험 정밀도로는 알기 어려울 정도로 변화가 작아서 실패하였다. 그는 여기에 실망하지 않고 '만약 자석이 current를 당기더라도 도선 바깥으로 끄집어낼 수 없는 정도라면 도선 내에 한쪽 벽으로 전기적인 응력이 생겨날 것이고 이 응력은 전압(전위차)으로 나타날 것'이라고 가정하여 전위차를 측정해 보게 되었다. 이것이 Hall voltage이고 이로써 Hall effect가 발견되었다.

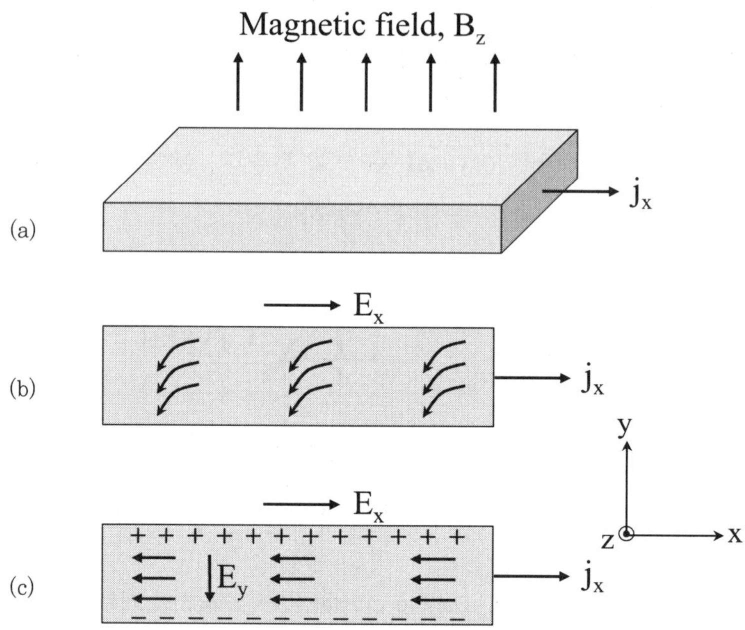

그림 2.19 홀효과 측정을 위한 표준 배열도. (a)에서 보는 것과 같이 직사각형 단면을 가진 막대 모양의 시료가 자기장 B_Z 내에 놓여 있다. 시료의 양 끝에 가해진 전기마당 E_x는 시료 막대를 따라 전류 j_x를 흐르게 한다. (b)에서는 전기장이 가해진 직후에 음전하를 가진 전자의 drift velocity를 보여주고 있다. 자기장으로 인해 y−방향으로 휘어짐이 있다. (c)에서처럼 막대의 한쪽 면에는 전자들이 모이고 맞은 쪽 면에는 자기마당에 의한 로렌츠 힘을 상쇄할 정도의 전기장(Hall 장)이 생길 때까지 양이온들이 남아 있게 된다.

이런 Hall effect의 발견으로 charge carrier가 어떤 부호의 charge인지 그리고 얼마나 빨리 이동할 수 있는지를 알아낼 수 있게 되었고 또한 magnetic field의 크기와 방향을 알아내는 데에도 유용하게 쓰이게 되었다.

magnetic field 내에서 움직이는 charge는 힘(Lorentz force)을 받는다. 힘을 받은 charge는 힘의 방향으로 움직이나 박막, 도선 등 제한된 크기의 물체 내에 있는 charge의 경우에는 charge가 물체의 바깥으로 쉽게 나갈 수가 없으므로, 이들 경우에는 electron뿐이나, 반도체 물질의 경우에는 type에 따라서 electron과 hole일 수 있다. current와 magnetic field에 수직한 벽면의 전위차를 측정해 보면, 그 극성으로부터 charge의 부호를 알 수 있다. 이를 그림 2.19에 나타내었다.

이렇게 charge의 분포가 균일했던 상태에서 벗어나 한쪽에 쌓이게 되면 이들 charge에 의해서 electric field가 생겨나 더 이상의 charge가 쌓이는 것을 억제한다. 결국 충분한 시간(10^{-6}~10^{-11} s)이 지나면 평형 상태에 도달하게 되는데, 이때는 electric field E_y에 의한 electric force와 Lorentz force가 같은 크기(방향은 반대)가 되는 때이다. 이로부터 생겨난 전위차(이를 Hall voltage라고 부른다)를 구하면

$$V_H = E_y a \tag{2.26}$$

이고, charge q에 미치는 electric force는 크기가

$$F_g = q \cdot E_y \tag{2.27}$$

이며, Lorentz force는 크기가

$$F_m = q \cdot v_d B \tag{2.28}$$

이므로 Hall effect에 의한 내부 electric field는

$$E_y = v_d B \tag{2.29}$$

또, Hall voltage는

$$V_H = v_d B \cdot d \tag{2.30}$$

가 된다. Hall voltage를 측정하고 magnetic field(B)와 y-방향으로의 크기(박막의 두께) d를 알면 charge의 drift velocity v_d를 알 수 있다. 또, drift velocity와 current density(단위 면적당의 current) J 사이에는

$$J = nqv_d \tag{2.31}$$

의 관계가 있어, Hall voltage의 측정으로부터 charge carrier의 density(즉, 단위 부피당 존재하는 charge carrier의 수) n을 알아낼 수 있다.

또, 식 (2.30)과 식 (2.31)에서 Hall voltage는 magnetic field의 크기와 current에 비례하는 것을 알 수 있다. 만약 current와 magnetic field가 서로 수직하지 않고 경사져 있는 경우에는 수직한 magnetic field 성분이 유효하다. 즉, Hall voltage는 current와 magnetic field의 사이각 θ에 $\sin\theta$로 의존한다.

1) Hall Effect and Magnetoresistance

1897년에 E. H. Hall은 B-field에서 current가 wire에 통과하는 것에 의해 얻어진 force가 전체 wire에 가해지는지, 아니면 단지 wire 안의 움직이는 electron에 대해서만 가해지는지 정의하려고 시도했다. 그는 후에 무언가가 있다고 생각했고 그의 실험은 "fixed conductor에서 current of electricity가 magnet에 의해 attract된다면 current는 wire의 한쪽 면에 끌릴 것이고 그래서 얻은 resistance는 증가될 것이다."라는 argument에 기초를 두고 있었다. 이 extra resistance를 detect하려는 그의 시도는 성공하지 못했다. 그렇지만 Hall은 "magnet는 그렇게 할 수 없이 current를 deflect하는 경향이 있다. 그것은 이러한 경우 wire의 한쪽으로 electricity pressing에 의해 conductor 안에 stress state가 있는 것이 확실하다."라는 결론처럼 Hall은 실험이 안 된다고 생각하지 않았다. 이 stress state는(오늘날 알려진 Hall voltage) transverse voltage로 나타나야 했다. 그리고 Hall은 그것을 관찰할 수 있었다.

Hall의 실험은 다음과 같다. electric field E_x는 wire가 놓인 x방향으로 걸리고 current density j_x는 wire에 흐른다. 여기서 H-field를 양의 z방향으로 건다. 그 결과 Lorentz force

$$-\frac{e}{c}\mathbf{v}\times\mathbf{H} \tag{2.32}$$

는 y-방향으로 electron을 deflect되게 작용한다(electron의 drift velocity는 current flow의 반대 방향이다). 하여간 electron은 wire의 한쪽에 우연히 만나기 전에 y방향으로 움직일 수 없다. 그것들이 거기에 축적함으로써 electric field는 그들의 운동과 그들의 더 많은 축적을 방해하는 y방향으로 생긴다. 평형 상태에서 이 transverse field(Hall field) E_y는 Lorentz force와 balance를 이룰 것이고 current는 x방향으로만 흐를 것이다.

두 가지 흥미로운 양이 있다. 하나는 wire를 따라 흐르는 E_x-field와 current density j_x의 ratio이다.

$$\rho(H)=\frac{E_x}{j_x} \tag{2.33}$$

이것이 Hall이 field-independent가 된다는 것을 알게 된 magnetoresistance 이다.

다른 하나는 transverse field E_y의 size이다. 그것이 Lorentz force와 balance를 이루기 때문에 적용된 H-field와 wire를 따라 흐르는 current j_x에 비례할 것이라고 생각한다. 이 양은 Hall coefficient로 알려져 있고 정의는

$$R_H = \frac{E_y}{j_x H} \tag{2.34}$$

이 된다. Hall field는 y-방향이므로 R_H는 음임을 주의하라.

또 다른 면으로 charge carrier가 양이라면 그것의 x방향의 속도의 sign은 역이 되고 Lorentz force는 변하지 않는다. 결과적으로 Hall field는 negative charge를 가지고 있는 carrier의 방향과 반대가 되어야 한다. Hall field의 측정이 charged carrier의 sign을 정의할 수 있다는 것이 가장 중요하다. Hall의 본래 data는 후에 Thomson에 의해 정의된 charge sign과 일치했다.

Hall effect의 두드러진 해석의 하나는 어떤 금속에는 Hall coefficient가 양이고 그것은 electron의 charge와 반대되는 charge를 갖고 있는 carrier가 있다고 제안한 것이다. 이것은 full quantum theory of solid가 나오기 전까지는 의문 상태에 있었다. Hall coefficient와 magnetoresistance를 계산하기 위해 먼저 임의의 E_x, E_y 성분을 갖는 E-field와 z축 방향의 H-field에서의 current density j_x, j_y를 알아야 한다. 위치에 무관한 electron에 작용하는 force는

$$\mathrm{F} = -e(\mathrm{E} + \frac{1}{c}\mathrm{v} \times \mathrm{H}) \tag{2.35}$$

이고, momentum per electron에 대한 식은

$$\begin{aligned} &\frac{d\mathbf{p(t)}}{dt} = -\frac{\mathbf{p(t)}}{\gamma} + \mathbf{F(t)} \\ &\Rightarrow \frac{d\mathbf{p(t)}}{dt} = \frac{\mathbf{p(t)}}{\gamma} - e(\mathbf{E} + \frac{1}{c}\mathbf{v} \times \mathbf{H}) \end{aligned} \tag{2.36}$$

가 된다. steady state에서 current는 시간에 무관하므로 p_x, p_y는

$$0 = -eE_x - \omega_c p_y - \frac{p_x}{r}$$
$$0 = -eE_y + \omega_c p_x - \frac{p_y}{r} \qquad \text{where } \omega_c = \frac{eH}{mc} \tag{2.37}$$

를 만족한다. 이 식들에 $\neq \tau/m$을 곱하면

$$\sigma_0 E_x = \omega_c \tau j_y + j_x$$
$$\sigma_0 E_y = \omega_c \tau j_x + j_y \qquad \text{where} \quad \mathbf{j} = -\neq \mathbf{v} \tag{2.38}$$

가 되며, σ_0는 magnetic field가 없을 때 Drude model DC conductivity이다.

Hall field E_y는 transverse current j_y가 없을 때 정의된다. 위의 두 번째 식에서 $j_y = 0$으로 두면

$$E_y = \left(\frac{\omega_c \tau}{\omega_0}\right) j_x = -\left(\frac{H}{\neq c}\right) j_x \tag{2.39}$$

가 된다. 그러므로 Hall coefficient는 $R_H = -\frac{1}{\neq c}$가 된다. 이것은 Hall coefficient가 carrier의 density를 제외하고 금속의 어떤 parameter에도 의존하지 않는다는 결과이다. 먼저 원자의 가전자가 metallic conduction electron이 된다는 가정하에 n을 계산했기 때문에 Hall effect의 측정은 이 추정의 명확함을 직접 확인할 수 있게 한다.

측정된 Hall coefficient로부터 electron density n을 알려고 할 때 위의 식에 반대되는 문제점에 부딪히게 된다. 그 문제점은 일반적으로 magnetic field에 의존한다. 게다가 sample의 온도와 보관 상태에도 의존한다. 이 결과는 온도와 상태에 의존하는 relaxation time τ는 위의 식에서 나타나지 않기 때문에 알 수는 없다. 아무튼 매우 낮은 온도, sample의 순수한 상태, 그리고 높은 field에서 측정된 Hall coefficient는 한계값에 가까이 나온다.

Hall effect를 측정함으로써 세 가지 중요한 양을 얻는다.

첫째, 전류를 이루는 charge의 부호가 결정된다. 표 2.3의 처음부터 Na까지의 금속에 있어서 이 charge의 부호는 명백히 electron이다.

둘째, R의 크기를 알면 매 단위 부피에 포함되어 있는 charge carrier의 계수가 계산된다.

셋째, 전자이동도(mobility)가 직접 계산된다.

표 2.3 실온에 있어서 몇 가지 금속에 대한 coefficient와 mobility

금속	R, ×1010volt m^2/amp weber	μ, m^2/volt sec
Ag	−0.84	0.0056
Al	−0.30	0.0012
Au	−0.72	0.0030
Cu	−0.55	0.0032
Li	−1.70	0.0018
Na	−2.50	0.0053
Zn	+0.3	0.0060
Cd	+0.6	0.0080

2) semiconductor 속에서의 Hall coefficient

Fermi 분포를 하고 있는 전자의 충돌과 충돌 사이의 평균시간을 써서 금속의 전기전도도를 $\sigma = Nq^2\tau/m_e^*$로 표시할 수 있다. carrier의 종류로는 전자 한 가지뿐이고, 단위 부피 안에 들어 있는 전자의 수는 금속의 종류에 따라 별 차이가 없으므로, 금속 사이의 전기전도도의 차는 주로 충돌과 충돌 사이의 평균 자유 시간의 차이 때문에 생긴다. 금속은 Ohm의 법칙에 잘 따르고, 주어진 온도에서 열처리된 주어진 순도의 금속의 전기전도도는 잘 알려진 상수이다.

반도체도 역시 Ohm의 법칙을 잘 따른다. 그러나 반도체의 경우는 언제나 양과 음의 charge carrier가 있고, 그 전도도는 두 carrier의 전도도에 의하여 다음과 같은 식으로 표시된다.

$$\sigma = \frac{nq^2\tau_n}{m_n^*} + \frac{pq^2\tau_p}{m_p^*} \tag{2.40}$$

또는 mobility로 바꾸어서 표시하면 다음과 같다.

$$\sigma = n|q^{\mu_n}| + pq + \mu_n \tag{2.41}$$

여기서, n과 p는 각각 electron과 hole의 성질을 나타내고 있다. 앞에서 쓴 부호기호법과 일치시키기 위하여 q-를 negative charge로 보고, q+를 positive charge로 본다.

반도체의 Hall coefficient로 역시 두 가지 carrier의 함수로써 표시되어야 한다. 금속에 대해서 한 것과 같은 방법으로 적당한 식을 유도하면 다음과 같이 된다.

$$R = \frac{1}{|q|}\frac{p\mu_p^2 - n\mu_n^2}{(p\mu_p + n\mu_n)^2} \tag{2.42}$$

분모는 언제나 양의 값이다. 따라서, R은 분자의 두 항의 상대적 크기에 따라서 양, 음, 0으로 된다. R이 이와 같이 두 가지 carrier의 density와 mobility의 복잡한 함수이므로 간단한 금속의 경우와 같이 Hall coefficient를 측정하는 것만으로는 charge carrier의 mobility를 결정하는 데에 충분하지 못하다. 본질적인 반도체에 대하여 이 식을 간단하게 만들 수 있다.

이 경우 $n = p$이므로,

$$\sigma_{\text{본질}} = n|q|(\mu_p + \mu_n) \tag{2.43}$$

본질적인 반도체의 σ의 온도 의존성은 전도 전자의 수가 온도에 따라서 변하는 모양과 mobility가 온도에 따라서 변하는 모양에 의존한다.

본질적인 물질의 mobility는 격자 이온에 의한 전자 carrier의 scattering에 의해서 거의 완전히 결정되고, 대략 $T^{-3/2}$ 모양으로 변하는 것이 알려져 있다.

즉,

$$\sigma_{\text{본질}} \cong const. \times e^{-E_g/2} \tag{2.44}$$

이 식은 실험 결과와 매우 잘 맞는다. 순수한 Ge와 Si에 대한 1/T대 lnσ의 그림은 이 관계에 더욱 잘 맞는다.

실험적 사실에 있어서 mobility의 온도 의존성은 관계식 $T^{-3/2}$에 엄밀하게 맞지 않는 것으로 나타나 있다. 어떤 측정자는 Ge에 대하여 $\mu_p \sim T^{-2.3}$과 $\mu_n \sim T^{-1.7}$임을 알았고, Si에 대하여는 변화가 $\mu_p \sim T^{-2.3}$과 $\mu_n \sim T^{-2.3}$임을 관측했다. 이 함수는 σ의 온도 의존성이 모두 다음과 같다는 것을 뜻한다.

$$\sigma \cong const. \times T^k \times e^{-E_g/2} \tag{2.45}$$

여기서, k는 0과 −2 사이의 값을 가진다. 보통 쓰이는 반도체에서 주어지는

E_g의 값(0.5 eV 또는 그 이상)에 대하여 T^{-2}형으로 변하는 온도는 지수형으로 변하는 것에 비하면 아주 작은 것이다. 따라서, 온도에 따라 변하는 일은 실제로 일어날 것으로 기대할 수 있는 일이다. 본질적인 반도체의 Hall coefficient는 식 (2.42)에 표시된 것보다 약간 더 간단하다. $n=p$이므로

$$R=\frac{1}{n|q|}\frac{\mu_p-\mu_n}{\mu_p+\mu_n} \tag{2.46}$$

이 된다.

이 식에 의하여 mobility를 표시하면 다음과 같이 된다.

$$\left|\frac{E_y}{E_x\,B_z}\right|=\mu_p-\mu_n \tag{2.47}$$

만일, 두 mobility가 같으면 E_y와 R은 모두 0으로 된다. 그러나 보통은 두 mobility가 같지 않다. 따라서 실수의 Hall coefficient가 꼭 존재한다. 보통 μ_n이 μ_p보다 크므로, 일반적으로 R은 negative의 값이다.

비본질적인 반도체에 대하여 관계식 (2.42)와 식 (2.43)을 더 간단하게 할 수는 없다. 그것은 그 관계식에 4개의 미지수가 들어 있기 때문이다. 따라서, 완전한 설명이 이루어지려면 또 다른 측정이 필요하다. 이런 측정 중에서 가장 중요한 것은 photoexcitation 실험에 의하여 carrier의 확산(따라서 mobility)을 측정하는 일이다. 물질이 강한 n 또는 p-type인 극단의 경우에는 모든 식이 단일 charge carrier에 대한 식으로 바뀐다.

3) Van der Pauw law

모양이 일정치 않은 시료의 전기 전도도 및 Hall coefficient를 측정하는 방법으로서, van der Pauw가 발전시킨 conformal mapping에 이론적인 근거를 두고 있다. 그는 다음의 4개 조건이 충족된다면 전류의 pattern에 대해 모르고서도, 임의의 모양과 일정한 두께를 가진 시료의 resistivity, carrier concentration, 그리고 mobility가 결정될 수 있다는 것을 보였다.

- contact가 sample의 경계에 있다.
- contact가 충분히 작다.

- sample의 두께가 일정하다.
- sample의 표면이 singly connected되어 있다(sample의 내부에 빈 공간이 없다).

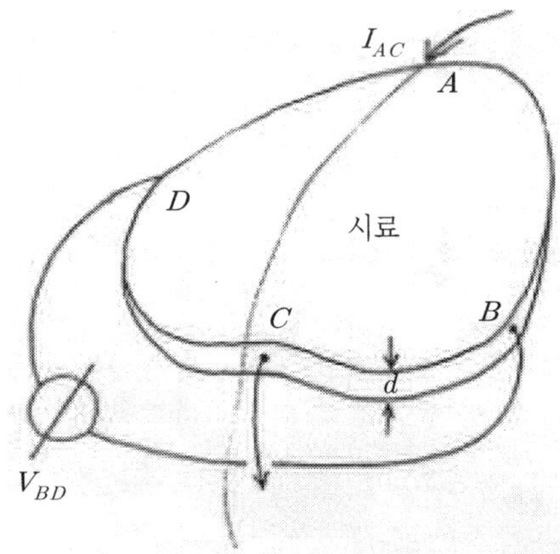

그림 2.20 Ohmic contact A, B, C, D

그림 2.20에서처럼 두께가 d인 시료의 가장자리인 임의의 곳에 ohmic contact A, B, C, D를 취한다. A에서 B로 전류 I_{AB}를 흘렸을 때, C와 D 간의 전위차가 V_{CD}이면 전류와 전위차의 비를

$$R_{A.B.C.D} = |V_{CD}| / I_{AB} \tag{2.48}$$

라 하고 같은 방법으로 B에서 C로 전류 I_{BC}를 흘렸을 때 D와 A 간의 전위차를 V_{DA}로 하면 그 비가

$$R_{B.C.D.A} = |V_{DA}| / I_{BC} \tag{2.49}$$

로 된다. 이 비와 시료의 비저항 ρ 사이에는 다음의 관계식이 성립한다.

$$\exp\left(-\pi\frac{d}{p}R_{AB.CD}\right) + \exp\left(-\pi\frac{d}{\rho}R_{BC.DA}\right) = 1 \tag{2.50}$$

이 식은 해석적으로 풀리지 않으나 컴퓨터를 사용하여 ρ를 구할 수 있다.

4) Hall 계수와 Hall 이동도 측정법

Hall 계수를 측정할 때에는 그림 2.20과 같이 자기장 없이 먼저 A에서 C로 전류 I_{AC}를 흐르게 하고 B와 D 간의 전위차 V_{BD}를 측정하여 그 비를 구한다.

$$R_{AC.BD} = |V_{BD}| \, / \, I_{AC} \tag{2.51}$$

다음에 시료에 수직으로 자기장 B를 걸었을 때 B와 D 간의 전위차를 V_{BD}라 하여 그 비를 구한다.

$$R_{AC.BD} = |V_{BD}| \, I_{AC} \tag{2.52}$$

여기서 $\Delta R_{AC.BD} = R_{AC.BD} - R_{AC.BD}$라 하면

$$R_H = \frac{d}{|b|\rho} \Delta R_{AC.BD} \tag{2.53}$$

이 되어 Hall 계수 R_H를 구할 수 있다. 그리고 Hall 이동도 μ_H는

$$\mu_H = \frac{R_H}{\rho} = \frac{d}{|B|\rho} \Delta R_{AC.BD} \tag{2.54}$$

로 표시된다.

Hall 측정법은 시료에서의 doping 농도를 측정하는 방법을 제공하며 mobility를 측정함으로써 시료의 품질을 판단할 수 있다.

마지막으로, 화합물 반도체는 강한 빛을 방출하는 특성을 가지고 있으므로 광통신 소자의 광원으로 사용된다. 또한 격자 상수가 같으면서 밴드갭이 다른 물질이 존재하므로 이를 적층하면 헤테로 구조의 반도체를 형성할 수 있다. 이를 이용하여 양자우물을 만들수 있다. 양자우물은 일반 벌크 구조에 비하여 여러 면에서 우수한 특성을 보여준다. 또한 헤테로 구조는 전자를 일정한 지역에 국한시키는 강력한 도구를 제공하여 주고 굴절률 차이로 인하여 전자뿐만 아니라 빛도 일정한 영역으로 가이드할 수 있다. 이러한 장점들을 이용하여 효율이 좋은 광소자들을 제작할 수 있다.

또한 화합물 반도체에서는 전자의 이동 속도도 대단히 빠르므로 광소자뿐 아니라 전자 소자로서도 우수한 특성을 보여준다.

이러한 화합물 반도체들은 현재 MBE와 MOCVD라는 결정 성장 방법을 이용하여 상당히 고품위의 박막을 성장할 수 있다. 이 방법들의 기술이 상당한 수준으로 진화되어 원하는 구조의 박막을 큰 어려움 없이 얻을 수 있다. 이러한 박막 성장기술의 발달로 새로운 구조의 광소자 및 전자 소자를 디자인한다면 과학 및 기술 발전에 공헌이 클 것으로 기대된다.

참고문헌

E.H.C. Parker, *The Technology and Physics of Molecular Beam Epitaxy*, Plenum Press, New York, 1985.

M.A. Herman and H. Sitter, *Molecular Beam Epitaxy*, Springer-Verlag, Berlin, 1989.

V. Swaminathan and A.T. Macrander, *Materials Aspects of GaAs and InP Based Structures*, Prentice Hall, New Jersey, 1991.

제3장

광레이저 다이오드

20세기 중반 정보 기술 혁명을 야기한 반도체 집적회로 기술은 현대 광기술에도 큰 영향을 주어 광통신 및 광정보 처리 등에 필요한 다양한 광학장치를 경량화・소형화・집적화하기에 이르렀다. 이러한 반도체 기반 광소자는 작은 크기, 작은 구동전력, 높은 효율 외에도 전자시스템과의 용이한 결합 등의 장점과 아울러 적외선에서 가시광선까지의 다양한 파장 영역에서의 활용 등으로 인해 광범위한 응용분야를 갖게 되었다. 초기 광통신 기술에 응용되어 초고속 정보통신 시대를 개척한 반도체 광소자는 이어서 CD나 DVD 광픽업 등에 활용되어 멀티미디어 산업을 창출하였고 오늘날에는 평판디스플레이와 반도체 백색광원을 구현하게 되는 등 그 응용분야가 점증되고 있다. 본 장에서는 이와 같이 현대 광기술 분야에 널리 응용되는 레이저 다이오드(laser diode, LD)에 대해 살펴보려 한다. 먼저 레이저 다이오드를 구성하는 광전자용 반도체에 대하여 살펴보고, 다음으로 레이저 다이오드의 동작원리, 마지막으로 그 변조특성을 살펴보려 한다.

1 반도체의 광특성

1.1 직접 밴드갭 반도체와 간접 밴드갭 반도체

주기적인 원자구조를 갖는 결정으로 이루어진 반도체 내에서 움직이는 전자는 자유전자와 달리 움직임에 상당한 제약을 받게 된다. 결정 내의 전자는 그 결정구조에 따라 일정한 운동특성을 보여주고 있는데 이를 가장 잘 나타내는 도표가 곧

그 결정의 $E-k$ 다이어그램이라 하겠다. 여기서 E는 전자의 에너지, k는 전자의 운동량에 비례하는 파수(wave number)로서 $k=2\pi/\lambda$와 같이 전자의 파장 λ의 역수에 비례한다(주기적인 구조를 갖는 결정물질에서는 전자가 자유공간의 전자와는 달리 입자의 특징보다는 파동의 특징을 더 강하게 보여준다). 한편 전자의 파수 k는 de Broglie 물질파 원리에 따라 다음과 같이 전자의 운동량(kinetic momentum) p로 나타낼 수 있는데 이는 식 (3.1)과 같이 속도 v에 비례한다.

$$p = mv = \frac{h}{\lambda} = \frac{h}{2\pi}\frac{2\pi}{\lambda} = \hbar k \tag{3.1}$$

여기서 $\hbar = h/2\pi$이며 h는 Planck 상수, m은 전자의 질량, λ는 전자의 파장을 나타낸다. 그러므로 자유공간에서의 전자의 운동에너지는 다음과 같이 주어진다.

$$E = \frac{1}{2}mv^2 = \frac{(mv)^2}{2m} = \frac{p^2}{2m} = \frac{\hbar^2 k^2}{2m} \tag{3.2}$$

즉 전자의 에너지는 전자의 파수 k의 제곱에 비례하므로 일반적인 전자의 $E-k$ 다이어그램은 포물선을 그리게 된다. 그러나 실제 반도체의 $E-k$ 관계식 즉 $E-k$ 다이어그램은 그림 3.1과 같이 보다 복잡한 특성을 보여준다. 이 그림에서 $p=0$인 점은 전자의 운동량이 0인 경우, 즉 전자가 정지 상태에 있을 때를 나타낸다. 여기서 p[100]축은 전자가 원자 배열 방향과 평행한 방향으로 진행할 때의 평균운동량의 증가치를 나타내며, p[111]축은 전자가 원자 배열 방향과 대각선 방향으로 진행할 때의 평균운동량의 증가치를 나타낸다. 그림 3.1에서 보듯이 결정 내의 전자는 전자의 운동량 즉 $p=\hbar k$가 증가하더라도 그 에너지가 포물선 모양으로 증가하지 않고 어떤 밴드에서는 감소하고 어떤 밴드에서는 증가하다가도 다시 감소하게 되기도 한다. 이러한 특성을 다 이해하기 위해서는 원자 내의 수많은 전자의 상호작용을 다 이해하여야 하나 본 장에서는 그 결과 중 광소자와 밀접한 밴드 구조 몇 가지만 간단히 살펴보려 한다.

먼저 가전대역은 대부분의 반도체와 같이 Si이나 GaAs 모두 운동량이 증가하게 되면 전자의 에너지가 포물선 모양으로 감소하게 된다. 일반적으로 전자는 낮은 에너지부터 채우게 되므로 만일 가전대역에 전자의 빈자리가 생기게 되면 낮은 에너지부터 채워져 항상 가전대역의 제일 높은 에너지 부근, 즉 $p=0$ 부근에 빈자리가 생기게 된다.

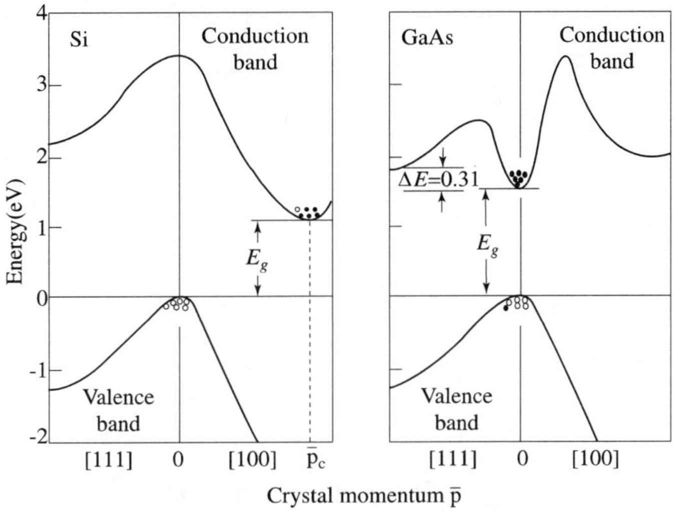

(a) Si (b) GaAs

그림 3.1 결정에서의 전자의 $E-k$ 다이어그램

한편 전도대역의 경우는 이와 다른 양상을 보여주고 있다. 먼저 Si과 같은 경우에는 전자의 운동량이 늘어나면 상호작용에 의해 그 에너지가 감소하게 된다. 그러므로 전도대역에 전자가 생성하면 항상 전도대역의 가장 낮은 에너지 부근, 즉 $p=\overline{p_c}$ 부근에 모이게 된다. 그러나 GaAs의 경우에는 전도대역의 가장 낮은 에너지가 $p=0$인 영역이므로 전도대역에 전자가 생기게 되면 이 부근에 모이게 된다. 이 부분을 보다 상세하게 나타내면 그림 3.2와 같다.

그림 3.2에서 왼쪽은 GaAs의 전도대역과 가전대역의 $E-k$ 다이어그램이며 오른쪽은 Si의 경우와 같은데 이와 같이 반도체의 $E-k$ 다이어그램은 크게 그림 (a)와 같은 직접 밴드갭 구조와 그림 (b)와 같은 간접 밴드갭 구조로 나눌 수 있다.

이 중 직접 밴드갭 구조에서는 전도대역의 전자가 가전대역의 빈자리를 찾아 에너지가 떨어질 때 에너지 보존법칙에 의해 그 밴드갭 에너지 E_g만큼의 에너지가 빛에너지로 변환하여 광자(photon)를 발생하게 된다. 이때 전도대역의 전자나 가전대역의 전자는 모두 그 운동량이 '0' 이므로 운동량 보존법칙이 저절로 만족된다. 한편 Si과 같은 간접 밴드갭 구조에서는 전도대역에 있는 전자는 운동량이 '0'이 아니어서 가전대역의 빈자리로 직접 옮겨갈 수가 없다.

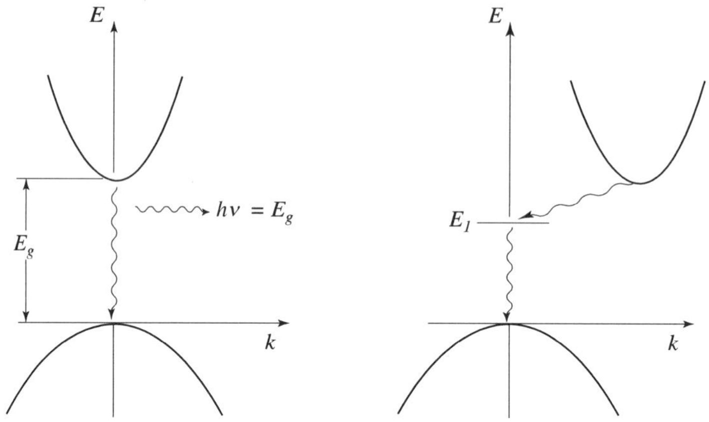

(a) 직접 밴드갭 구조 (b) 간접 밴드갭 구조

그림 3.2 $E-k$ 다이어그램

운동량 보존법칙을 만족시키기 위하여 전도대역의 전자는 일단 운동량을 '0'으로 줄이기 위하여 중간 단계를 거쳐야만 가전대역으로 옮겨갈 수 있다. 이 중간 과정을 거치게 되면 전도대역의 전자가 가전대역으로 떨어지게 되더라도 원래 가지고 있던 에너지가 빛에너지로 다 변환되지 않게 된다. 이로 인해 이런 구조에서는 빛의 생성이 어렵게 된다. 일반적으로 Si, Ge 같은 반도체는 간접 밴드갭 물질이며 직접 밴드갭 물질로는 GaAs나 InP와 같은 화합물 반도체가 있다. 그러므로 일반적인 반도체 광소자는 위와 같은 직접 밴드갭 물질로 이루어진다.

1.2 반도체의 밴드갭 에너지와 광자의 파장

직접 밴드갭 반도체로 이루어진 광소자에서 발생하는 광자의 파장은 밴드갭 에너지에 의해 결정된다. 즉 그림 3.2와 같이 전도대역의 전자가 가전대역으로 에너지가 떨어질 때 생성되는 광자의 에너지는 에너지 보존법칙에 의하여 전도대역과 가전대역의 에너지 차이인 밴드갭 에너지 E_g와 같다. 그러므로 광자의 에너지가 밴드갭 에너지와 같다는 조건으로부터 빛의 파장은 다음 식과 같이 결정된다.

$$E_{photon} = hv = \frac{hc}{\lambda} = E_g \tag{3.3}$$

여기서 v는 빛의 진동수이며, 앞서 밝혔듯이 h는 Planck 상수, c는 빛의 속도,

λ는 빛의 파장이다. 이 조건으로부터 반도체 밴드갭에 해당하는 빛의 파장은 다음과 같은 값으로 주어진다.

$$\lambda_g = \frac{hc}{E_g} = \frac{1.24\mu\text{m} \cdot eV}{E_g} \tag{3.4}$$

즉, E_g가 1 eV인 반도체에서 생성되는 빛은 1.24 μm인 적외선이며 E_g가 3 eV인 반도체에서 생성되는 빛은 0.413 μm인 청색이 될 것이다.

1.3 반도체에서의 빛의 흡수 및 방출

반도체 내부에 광자가 진행하게 되면 광자와 전자의 상호작용에 의해 광자가 흡수되거나 혹은 추가적인 광자가 방출된다. 만일 반도체에 입사된 광자의 에너지가 반도체의 밴드갭 에너지보다 작으면 흡수가 일어나지 않고 반도체 내부를 그냥 통과하게 된다. 만일 광자의 에너지가 반도체의 밴드갭 에너지보다 크면 가전대역의 전자가 이 빛에너지를 흡수하여 전도대역으로 에너지가 상승한다. 이러한 광자와 전자의 상호작용을 그림으로 나타내면 그림 3.3과 같다. 먼저 그림 (a)는 광자가 반도체에 입사할 때 가전대역에 있는 전자가 광자의 빛에너지를 흡수하여 전도대역으로 상승하여 전도대역에 전자 하나, 가전대역에 빈자리 하나, 즉 정공(hole) 하나를 만들어 내는 빛의 흡수(absorption) 현상을 나타낸다. 이렇게 생긴 전자-정공 한 쌍을 EHP(electron-hole pair)라고 일컫는다. 다음으로 그림 (b)는 전도대역에 있던 전자가 가전대역의 빈자리를 메우면서 전자가 갖고 있던 에너지가 빛에너지로 전환하여 광자가 방출되는 자연방출(spontaneous emission) 현상을 나타낸다. 이를 다른 말로는 전자-정공의 재결합(recombination)이라 하며 결과적으로 EHP 하나가 소멸하게 된다. 한편 전자-정공쌍이 반도체 내를 진행하는 광자를 만나게 되면 이 전자-정공쌍에 의해 새로 생성된 광자는 진행하는 광자의 파동과 위상이 일치하게 되어 빛의 결맞음(coherence) 현상이 일어나게 된다. 이럴 경우를 그림 (c)와 같이 유도방출(stimulated emission)이라 일컫는다. 이러한 결맞음 상태의 발생광의 특징은 파장이 일정하고 직진성이 강하여 이상적인 광원으로 여겨지는데, 일반적인 레이저의 출력광은 이러한 유도방출에 의해 발생하게 된다.

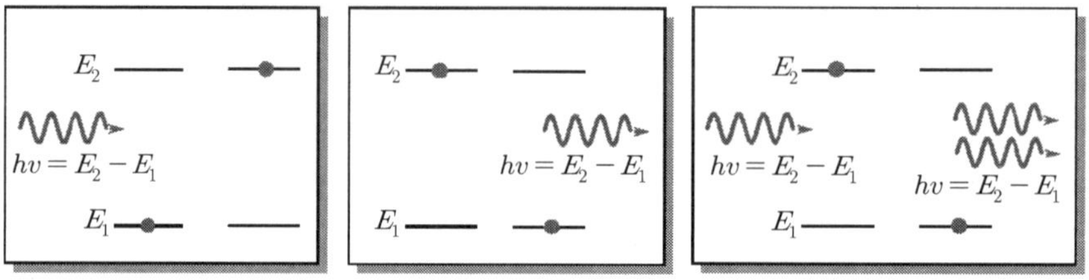

(a) 흡수 (b) 자연방출 (c) 유도방출

그림 3.3 전자와 광자의 상호작용

그림 3.4는 빛의 성질을 여러 관점에서 분류하였다. 먼저 빛의 색깔이 균일한 경우 이를 단색(monochromatic), 여러 색깔이 공존할 때 이를 다색(polychromatic)광이라 한다. 다음으로 빛의 편광이 일정한 방향일 때는 선형편광, 그렇지 못할 때는 무편광이라 한다. 한편 빛의 위상이 일정할 때를 결맞음(coherent)광이라 하는데 자연광은 이런 특성을 갖지 못한다. 다음으로 빛이 진행하면서 퍼지지 않는 빛을 집속(collimated)광이라 하며 자연광의 경우와 같이 퍼지는 빛을 방사광이라 한다.

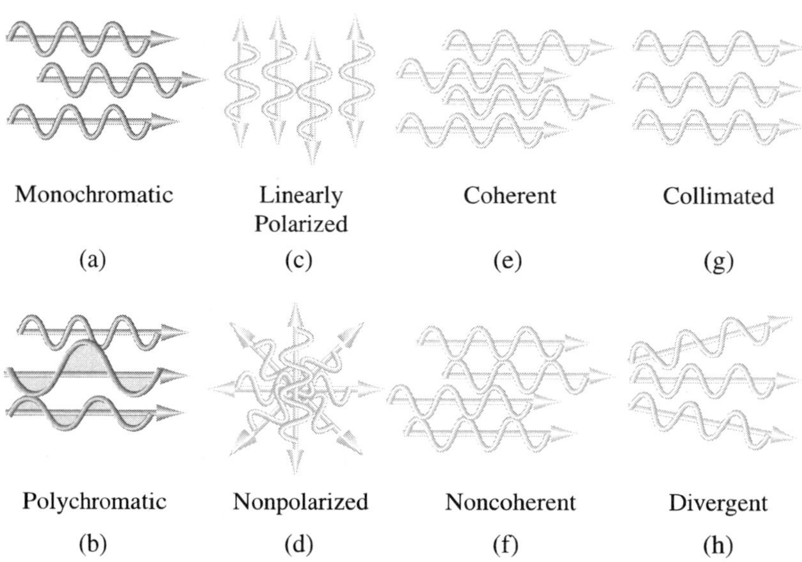

그림 3.4 빛의 분류

(a) 단색광 (b) 다색광 (c) 선형편광 (d) 무편광
(e) 결맞음광 (f) 무결맞음광 (g) 집속광 (h) 방사광

광통신이나 광정보 처리 등에 효율적으로 활용할 수 있는 빛을 얻기 위해서는 그림 3.4에서 설명한 것처럼 단색이고 선형편광이며 결이 맞고 집속할 수 있는 광을 얻어야 한다. 이러한 빛은 자연방출로는 얻을 수 없고 오직 유도방출을 통해서만 얻을 수 있다. 이러한 유도방출을 얻기 위해서는 먼저 전도대역에 충분히 많은 전자가 존재해야 하며 가전대역에는 충분히 많은 빈자리, 즉 정공(hole)이 존재하여야 한다. 또한 전자와 정공의 생성속도도 자연방출로 감소하는 비율보다 커야 한다. 이와 같이 전도대역에 많은 전자를 주입하고 가전대역에는 많은 정공을 마련하기 위해서 반도체에서는 서로 다른 극성의 반도체로 형성된 pn 접합 다이오드(junction diode)를 활용한다. 그림 3.5에 pn 접합 다이오드의 구조가 나타나 있다.

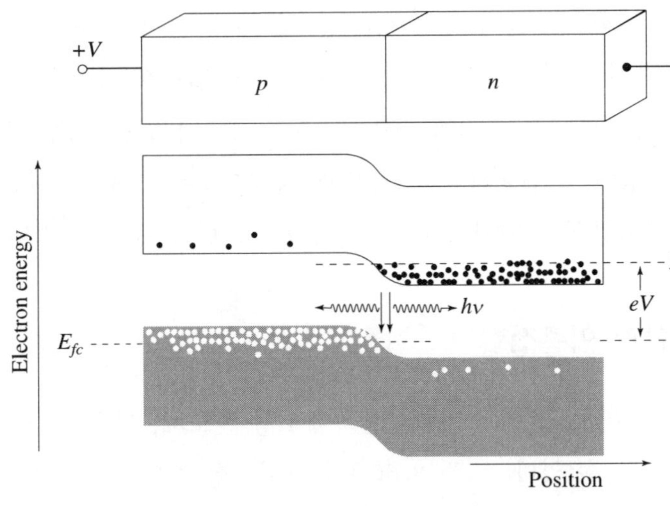

그림 3.5 반도체의 pn 접합 다이오드의 구조

먼저 반도체의 한쪽 영역에 최외각전자인 가전자의 수가 반도체 구성물질의 가전자의 수보다 적은 원자를 주입하게 되면 이 반도체의 전자가 이 물질에 옮겨가서 가전대역에는 전자의 빈자리, 즉 정공이 많이 발생한다. 이러한 반도체를 p형 반도체라 하며 정공을 발생하는 첨가물질을 억셉터(acceptor)라 한다. 여기서 가전대역에서 전자가 비는 에너지 준위를 가전대역에서의 페르미 에너지(Fermi energy level) E_{fv}라 한다. 반면에 가전자의 수가 반도체 구성물질의 가전자 수보다 많은 원자를 주입하게 되면 이 물질의 전자가 쉽게 반도체로 옮겨가서 이 반도체의 전도

대역에는 전자가 많이 발생한다. 이러한 반도체를 n형 반도체라 하며 전자를 공급하는 첨가물질을 도너(donor)라 한다. 여기서 전도대역에 전자가 채워지는 에너지 준위를 전도대역의 페르미 에너지 E_{fc}라 한다. 이와 같은 p형 반도체와 n형 반도체의 접합으로 이루어진 반도체를 pn 접합 다이오드(junction diode)라 한다. 그러므로 그림 3.5와 같이 pn 접합 다이오드의 p 영역에 상대적으로 더 높은 전압을 인가하면 p형 반도체에 있던 전자의 빈자리, 즉 정공은 양전하와 양극 간의 반발력에 의해 n 영역으로 밀려가고 n형 반도체에 있던 전자도 음전하와 음극 간의 반발력에 의해 p 영역으로 밀려간다. 따라서 p형과 n형 반도체의 경계면에는 많은 양의 전자와 정공이 주입되어 효율적인 전자와 정공의 재결합이 일어난다. 그러므로 pn 경계영역에서 많은 전자가 정공과 결합하여 에너지를 방출할 때 이 에너지에 의해 다수의 광자가 발생하게 된다. 광자의 수가 충분히 늘어나게 되면 유도방출이 가능하게 된다. 한편 전압을 반대 극성으로 걸어주게 되면 전자와 정공이 서로 반대 방향으로 끌려가게 되어 pn 경계면에서의 광자의 발생이 소멸하게 되어 흡수만 일어나게 된다. 그러므로 pn 접합 다이오드는 p형에서 n형 방향으로 전압을 걸었을 때는 빛의 생성이 잘 일어나지만 그 반대 방향으로는 그렇지 못하다. 이와 같이 전압을 p형에서 n형으로 인가할 때를 순방향, 그 반대 방향을 역방향이라 한다.

1.4 동종접합과 이종접합

일반적인 pn 다이오드는 반도체의 한쪽에 n형 반도체, 다른 쪽에 p형 반도체를 형성함으로써 얻을 수 있다. 그림 3.6(a)와 같이 p형 반도체와 n형 반도체의 밴드갭 에너지가 같은 경우를 동종접합(homojunction)이라 한다. 이 pn 다이오드에 순방향 전압을 인가하면 그림 3.6(b)와 같이 pn 경계면에 전자-정공쌍이 형성되어 광자가 생성된다. 그러나 이 경우 전자와 정공이 pn 경계면에만 국한되지 않고 일부 전자가 p형 반도체로 확산되면서 p형 반도체 내부로도 확대되며 마찬가지로 일부 정공이 n형 반도체로 확산되어 n형 반도체 내부로도 확대된다. 그림 (b)에서 L_n은 전자의 확산거리를, L_p는 정공의 확산거리를 나타낸다. 그러므로 pn 경계면에서의 전자-정공의 재결합효율이 감소하게 된다. 이런 이유로 인해 동종접합 pn 다이오드에서는 광방출효율이 상당히 작다. 이러한 문제를 해결하기 위하여 고안된 구조가 그림 (c)와 같은 이종접합(heterojunction)을 이용한 p-i-n 구조이다.

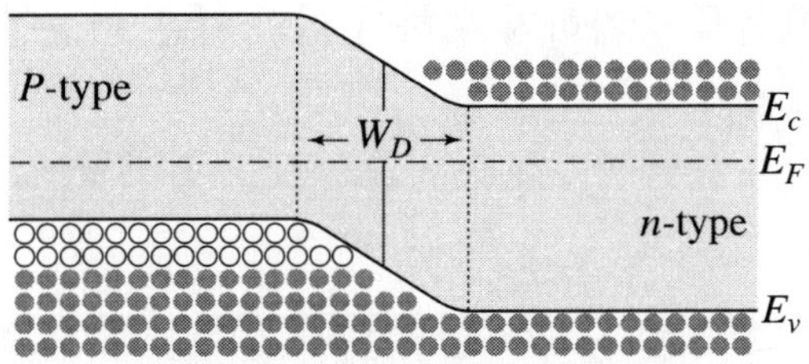

(a) 동종접합 pn 다이오드(V=0)

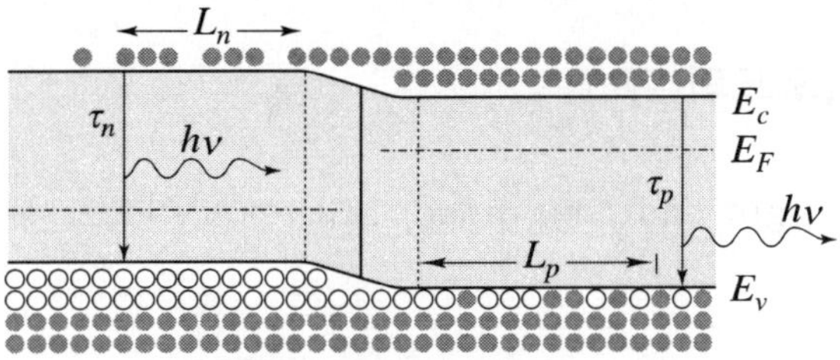

(b) 동종접합 pn 다이오드(V>0)

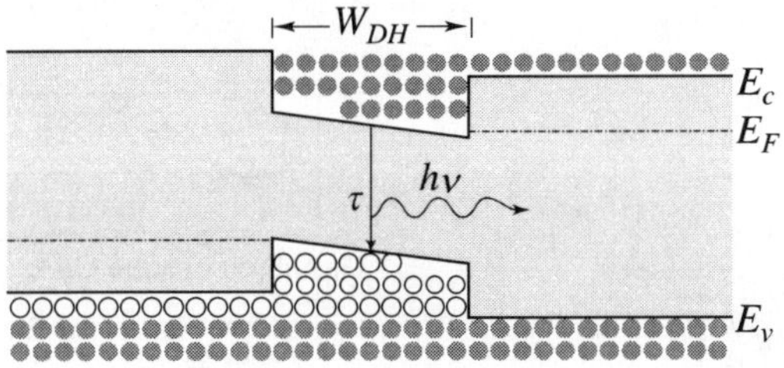

(c) 이종접합 pin 다이오드(V>0)

그림 3.6

이종접합이란 반도체의 밴드갭 에너지가 다른 물질끼리 경계를 이루는 접합을 일컫는다. 이 중 pin 다이오드는 일반적으로 pn 접합 다이오드의 경계면에 밴드갭 에너지가 작은 물질에 아무런 억셉터나 도너를 첨가하지 않아 p형도 아니고 n형도 아닌 중성 반도체(intrinsic semiconductor)를 삽입한 구조이다. 이 구조에 순방향 전압을 인가하게 되면 n형 반도체 쪽에서 밀려온 전자는 에너지 준위가 낮은 중성 반도체 영역에 모이게 된다. 아울러 p형 반도체에서 밀려온 정공도 n형으로 확산되어가는 경우는 거의 없이 대다수가 중성 영역에 모여 있게 된다. 그러므로 이 중성 반도체 영역에서 전자와 정공이 재결합하게 되어 광자의 생성효율이 pn 동종접합 다이오드에 비해 월등히 향상된다. 이 경우 빛의 파장은 중성층의 밴드갭 에너지에 의해서 결정되며 이 중성층에서 가장 활발한 광자의 생성이 일어난다. 이로 인해 이 중성층을 활성층(active layer)이라고도 일컫는다. 그러므로 현대 광소자는 성능 및 효율을 증가하기 위하여 이와 같은 이종접합 pin 구조를 사용하는 경우가 대다수이다.

2 발광다이오드

2.1 발광다이오드의 구조

발광다이오드(light emitting diode, LED)는 다이오드에서 빛이 방출되는 소자를 일컫는다.

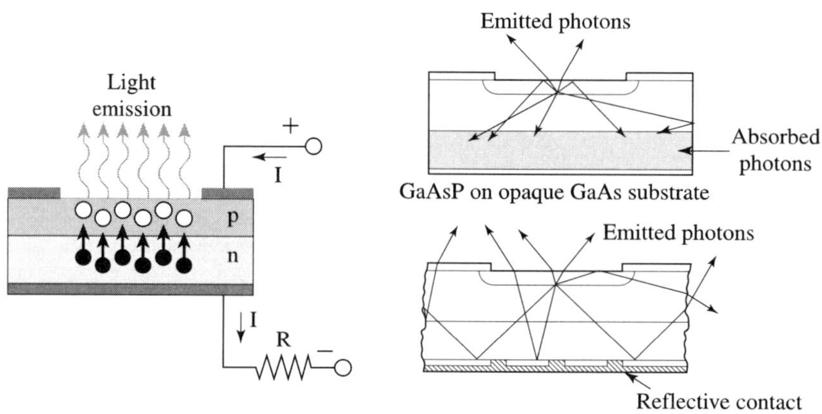

(a) 바이어스 회로 (b) 표면 방출 구조

그림 3.7 발광다이오드의 구조

반도체에서 빛을 얻기 위해서는 전도대역에 지속적으로 전자를 공급하고 가전대역에 있는 전자는 효율적으로 외부로 소거하여 전자가 떨어질 빈자리, 즉 정공(hole)을 마련해 주어야 한다. 이를 위해서 그림 3.7(a)와 같이 p형 반도체에 양의 전압을 걸어주어 정공을 주입하고, n형 반도체에는 음의 전압을 인가하여 전자를 주입하여 준다. 이렇게 주입된 전자와 정공은 pn 접합의 경계면에서 광자를 방출한다. 한편 이렇게 발생한 광자는 임의의 방향으로 방출된다. 이를 LED의 위쪽으로 효율적으로 끌어내기 위하여 아래로 향하는 빛은 흡수되거나 반사되도록 그림 3.7(b)와 같이 반도체의 아래 부분에 흡수판 또는 반사판을 부착한다. 이와 같은 구조로 인하여 대부분의 LED는 표면으로 빛이 방출된다.

그림 3.7(a)에 있는 pn 다이오드를 확대하여 나타내면 그림 3.8(a)와 같다. 즉, 순방향 전압을 인가하면 p형 반도체에서 전자가 왼쪽으로 옮겨가면서 이때 생기는 전자의 빈자리인 정공은 전자흐름과 반대 방향으로 움직이게 된다. 한편 전자는 n형 반도체에 인가된 음의 전압에 의해 왼쪽으로 움직인다. 그러므로 p형 반도체와 n형 반도체가 만나는 경계면에서는 정공과 전자가 서로 만나 소멸하면서 전도대역의 전자가 가진 밴드갭 에너지에 해당하는 에너지가 광에너지로 변환하면서 빛을 방출하게 된다. 한편 pn 다이오드보다 정공과 전자의 결합효율을 더 높이기 위하여 그림 3.6(c)에서 설명한 바와 같이 pn 경계영역에 중성층(intrinsic layer)을 활성층으로 삽입한 pin 구조가 그림 3.8(b)와 같이 사용된다.

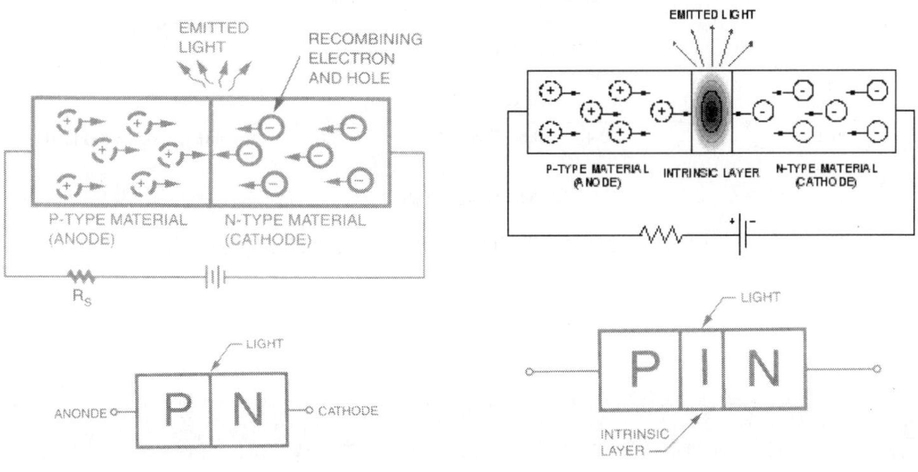

(a) pn 다이오드 (b) pin 다이오드 LED

그림 3.8 pn 다이오드와 pin 다이오드

한편 LED는 활성층의 밴드갭 에너지에 따라 발광파장이 달라진다. 디스플레이용 가시광선 LED에 사용되는 반도체는 그림 3.9에 나타낸 바와 같이 $Al_xGa_{1-x}As$, $Al_xIn_yGa_{1-x-y}P$나 $In_xGa_{1-x}N$ 등의 화합물반도체가 사용된다. 여기서 A_xB_{1-x}는 A 물질과 B 물질을 $x:1-x$ 비율로 합성한 물질을 나타내며 이 합성물질의 밴드갭 에너지는 그 격자 상수가 비슷할 경우 A 물질과 B 물질의 밴드갭 에너지를 $1-x:x$로 평균한 값과 비슷하게 된다. 그림 3.9에 LED의 활성층 반도체의 물질의 조성비에 따른 발광파장의 범위가 나타나 있다. 이 그림에서 Bulk는 두꺼운 반도체를 사용하는 경우이며 양자우물(quantum well)은 100 Å 이하의 얇은 반도체를 활성층으로 사용하였을 때를 나타낸다. 양자우물의 경우는 양자효과에 의해 보다 우수한 발광 특성을 나타낸다.

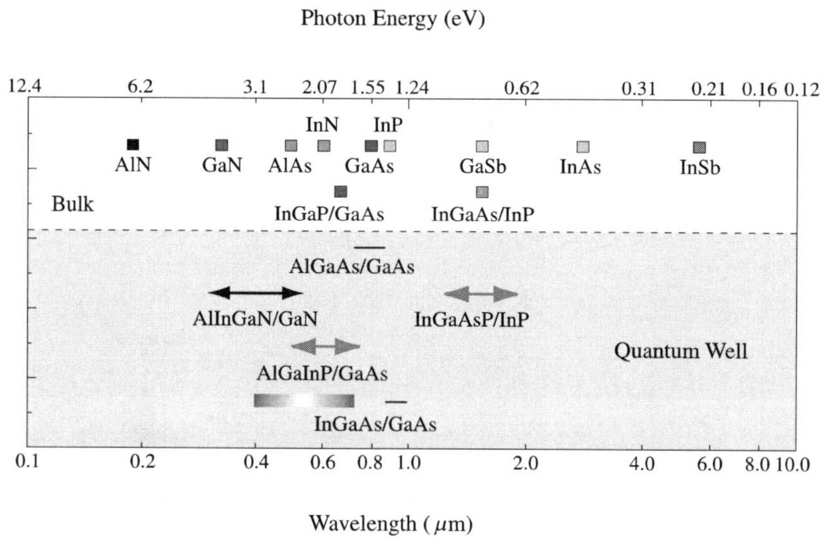

그림 3.9 활성층 종류에 따른 LED 광출력 파장의 범위

3 레이저 다이오드

3.1 레이저 다이오드의 구조

발광다이오드 중 공진기 구조를 형성하여 자연방출로 생성된 빛이 유도방출 상태로 전환되도록 하여 결맞음 특성을 갖는 빛을 방출하는 소자를 레이저 다이오드(laser diode, LD)라 한다. 그러므로 레이저 다이오드는 빛이 반사되어 왕복할 수 있는 공진기 구조를 갖추어야 한다. 그림 3.10에 가장 보편적인 레이저 다이오드의 구조가 나타나 있다.

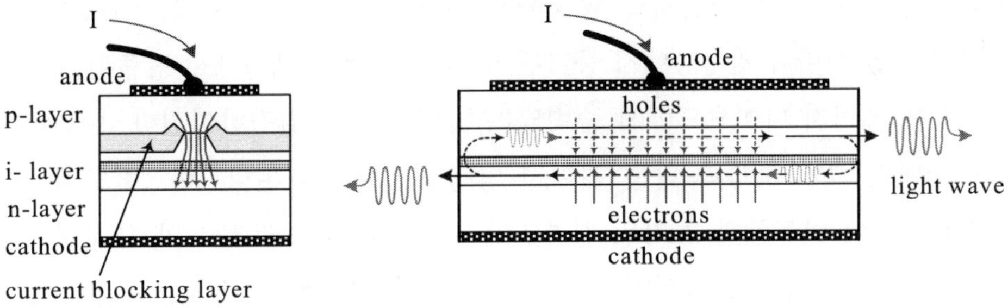

(a) 평면도 (b) 측면도

그림 3.10 레이저 다이오드의 구조

먼저 그림 3.10(a)에 레이저 다이오드의 단면 구조를 나타내었다. 반도체 레이저는 LED와 같이 반도체 밑바닥과 표면에 각각 양극(anode)과 음극(cathode)의 전극이 있어 수직 방향으로 pin 구조를 가진 다이오드에 전류를 주입할 수 있다. 이때 주입된 전류가 반도체의 외부로 유실되지 않고 활성층에 효율적으로 공급되도록 레이저 다이오드 가장자리에 전류 차단층이 있다. 그러므로 화살표와 같이 전류는 활성층의 가운데 영역으로만 주입된다. 그림 3.10(b)는 이 레이저 다이오드의 측면 그림을 나타낸다. 이 그림은 활성층에 주입된 전자와 정공에 의해 광자가 생성되며 이 광자는 활성층을 따라 진행하면서 유도방출을 야기하고 있음을 보여준다. 그러므로 광자의 수는 활성층이 길수록 더욱 늘어나게 되며 더 나아가 유도방출에 의해 결맞음 조건을 만족시키는 광파(coherent wave)를 형성하게 된다. 이 광파가 더욱 진행하다가 활성층이 끝나는 영역에 이르게 되면 반도체와 공기의 경계면을 만나게 된다. 이 경계면은 반도체 결정의 결을 따라 쪼개져서 완전한 평면을 이루게 된다. 그런데 반도체의 굴절률은 보통 3.5 이상이고 공기의 굴절률은 1.0이므로 이와 같은 큰 굴절률 차이에 의해 반사율은 아래 식과 같이 상당히 큰 값을 갖게 된다.

$$R = r^2 = \left(\frac{n-1}{n+1}\right)^2 \tag{3.5}$$

여기서 n은 반도체의 굴절률, r은 반사계수, R은 반사율을 나타낸다. 그러므로 많은 양의 광파가 이 경계면에서 반사된다. 반사된 빛은 다시 활성층을 따라 진행하면서 더욱 증폭되다가 맞은편 경계면에서 일부는 외부로 방출되고 일부는 다시 반사되어 되돌아오게 된다. 이렇듯 반도체 레이저에서는 반도체와 공기의 경계면에 의한 거울에 의해 공진기를 형성하게 된다. 이 공진기 내부를 진행하는 빛은 한 번 왕복할 때마다 활성층에서 증가된 빛의 양과 두 경계면에서 방출된 빛의 양이 같아질 때 레이저 다이오드에서 출력되는 빛의 세기가 일정하여진다. 이를 수식으로 나타내면 그림 3.11과 같은 레이저 방정식으로 표현된다. 즉, 반도체 내부를 진행하는 빛이 반도체와 공기의 경계면에서 반사를 일으켜 반도체 내부를 공진하게 될 때 반도체 내부를 왕복하는 광파의 위상과 진폭은 그림 3.11과 같이 표현할 수 있다.

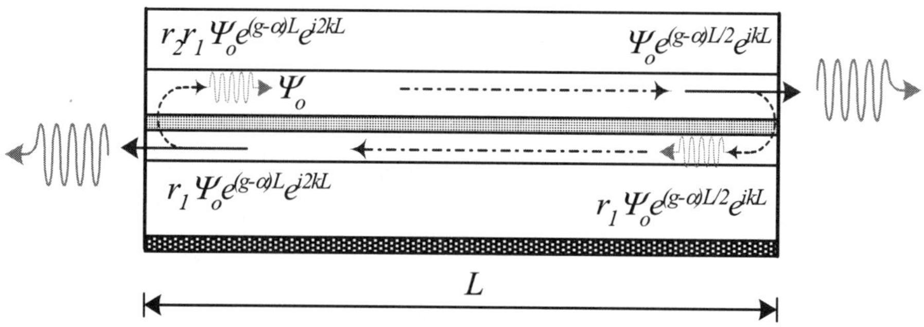

그림 3.11 레이저 다이오드 내부의 광파의 다중 반사

먼저 $z=0$에서 출발한 광파의 전계를 Ψ_0라 하고 반도체의 길이를 L, 경계면에서의 반사계수를 r_1, r_2라 하면 반도체 내부를 1회 왕복한 후의 광파의 위상 및 진폭은 다음과 같은 식으로 표시된다.

$$\Psi(2L) = r_1 r_2 \cdot \Psi_o \cdot \exp\left[(g-\alpha)L\right] \cdot \exp\left[-j2kL\right] \tag{3.6}$$

여기서 g는 반도체의 단위 길이당 유도방출로 늘어나는 광자의 양을 나타내는 파워 광이득(optical gain), α는 산란이나 흡수 등으로 사라지는 광자의 양을 나타내는 파워 광손실(optical loss), k는 전파상수(wave number)로서 아래와 같이 표현된다.

$$k = \frac{2\pi n}{\lambda} \tag{3.7}$$

여기서 λ는 광파의 파장이다. 이 반도체에서 나오는 광파가 결맞음 조건을 만족시키기 위해서는 1회 왕복한 후의 광파가 그 이전의 광파와 진폭 및 위상이 일치하여야 한다. 먼저 한 번 왕복한 후 빛의 진폭이 같아지기 위하여서는 식 (3.6)에서 아래의 조건이 만족되어야 한다.

$$r_1 r_2 \cdot \exp\left[(g-\alpha)L\right]=1 \Rightarrow g_{th}=\alpha+\frac{1}{L}\ln\left[r_1 r_2\right] \tag{3.8}$$

여기서 g_{th}는 결맞음 조건을 얻기 위한 반도체의 임계 광이득(threshold gain)이 된다. 반도체의 광이득은 일반적으로 반도체에 공급되는 전류에 따라 증가하게 되며 따라서 반도체 레이저를 동작시키기 위해서는 임계 광이득을 얻기 위한 전류를 공급하여야 하는데 이때의 전류값을 임계전류 I_{th}(threshold current)라 한다.

한편 결맞음 조건을 얻기 위해서는 1회 공진한 후 진폭이 일치하여야 할 뿐만 아니라 위상도 일치하여야 한다. 즉 그림 3.11과 같이 공진기 내부에서 광파의 위상이 왕복하기 전과 왕복한 후 같아져야 한다. 이러한 위상 일치조건은 식 (3.6)으로부터 다음과 같이 결정된다.

$$\begin{gathered}\exp\left[-j2kL\right]=\exp\left[-j2\frac{2\pi n}{\lambda}L\right]=1 \Rightarrow \frac{4\pi n}{\lambda}L=2\pi\times m\\ \therefore \lambda_m=\frac{2nL}{m}\end{gathered} \tag{3.9}$$

여기서 m은 임의의 정수이다. 따라서 반도체 레이저의 파장은 m값에 따라 특정한 파장 λ_m을 갖게 되며 그 값은 여러 개 나올 수 있다. 일반적으로 레이저에서 발진할 수 있는 파장의 범위는 같은 활성층을 갖는 LED에서 방출할 수 있는 스펙트럼 범위로 한정된다. 그리고 파장분포는 활성층의 밴드갭 에너지에서 나오는 파장에 근접해 있다. 이를 그림으로 나타내면 그림 3.12(b)와 같다. 여기서 파장들 간의 간격 $\Delta\lambda$의 크기는 파장이 밴드갭 파장 $\lambda_g=1.24/E_g[\mu\text{m/eV}]$와 비슷하다는 가정하에 아래와 같은 값을 가진다.

$$\Delta\lambda=\lambda_m-\lambda_{m+1}=\frac{2nL}{m}-\frac{2nL}{m+1}=\frac{2nL}{m(m+1)}\cong\frac{1}{2nL}\cdot\left(\frac{2nL}{m}\right)^2=\frac{\lambda^2}{2nL} \tag{3.10}$$

일반적으로 반도체 레이저의 길이는 약 0.3 mm 내외이므로 $\Delta\lambda$의 크기는 약 5~10 Å 정도가 된다. 실제로 반도체의 발광스펙트럼은 이보다 상당히 넓으므로 반도체 레이저에는 결맞음 조건을 만족시키는 파장의 수가 여러 개 있어 여러 파장의 빛이 동시에 존재하게 된다. 이러한 파장들을 종모드(longitudinal mode)라고 하며 위에서 정의한 $\Delta\lambda$를 종모드 간격(longitudinal mode spacing)이라 한다.

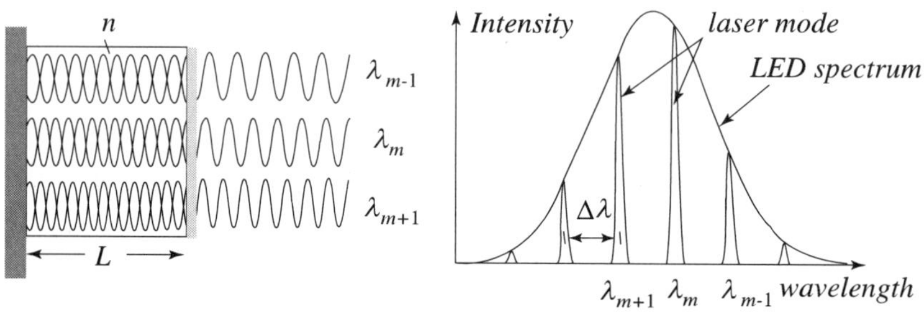

그림 3.12 (a) 종모드의 파형 (b) 종모드의 분포

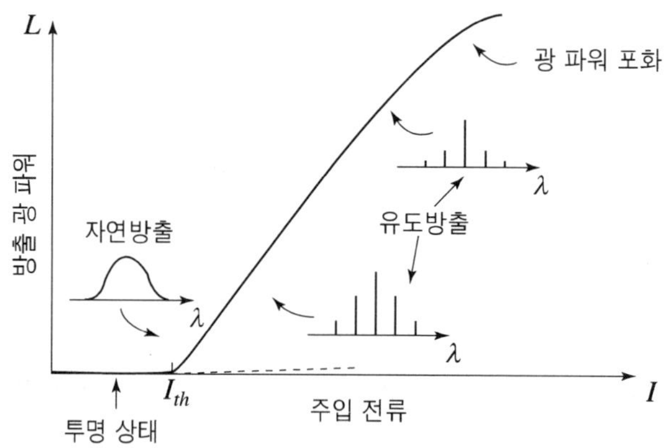

그림 3.13 반도체 레이저의 주입전류에 따른 방출광의 출력 및 파장특성

한편 레이저 출력광의 세기가 커질수록 모드 간의 광세기의 차이가 벌어져 종모드의 수가 점점 줄어드는 경향이 있다. 그림 3.13은 반도체 레이저의 주입전류에 따른 반도체 레이저의 광출력의 세기와 스펙트럼을 보여주고 있다. 주입전류가 문턱전류(I_{th})보다 작을 때는 광출력의 크기가 작을 뿐만 아니라 광스펙트럼도 발광다이오드처럼 폭이 넓고 완만한 분포를 보여주고 있다. 그 이유는 반도체 내부에서 자발방출에 의한 빛만 발생하고 아직 유도방출이 일어나지 않기 때문이다. 한편 주입전류가 문턱전류보다 커지게 되면 광출력의 크기가 증가할 뿐만 아니라 그 스펙트럼도 레이저 특유의 종모드를 보여주고 있다. 그리고 주입전류가 증가할수

록 여러 종모드에 분산된 파워가 중심파장에 있는 종모드로 집중되면서 종모드의 수가 줄어들게 된다. 그 이유는 반도체 내부에 공급되는 전자와 정공은 출력이 가장 큰 종모드와 가장 쉽게 결이 맞는 유도방출을 일으키게 된다. 그러므로 출력이 높은 종모드는 점점 커지고 출력이 낮은 종모드는 전자와 정공을 충분히 공급 받지 못해서 점점 줄어들게 된다. 그렇지만 일반적인 반도체 다이오드는 종모드의 수가 줄어들어 단일 종모드만 나오는 경우는 거의 없고 일반적으로 5~10개 정도의 종모드가 존재한다. 이때 가장 출력이 큰 종모드를 주모드(fundamental mode), 다음으로 큰 종모드들을 부모드(side mode)라고 한다.

한편 레이저가 발진 문턱을 넘어 본격적으로 발진하게 되면 일반적으로 광 출력의 증가치가 주입전류의 증가치에 비례하게 된다. 그 이유는 발진이 원만히 이루어진 다음에는 반도체 내부에 주입되는 전자의 개수에 비례해서 광자가 생성되기 때문이다. 그러므로 반도체 레이저의 양자효율은 주입전류 하나당 출력되는 광자의 개수로 표시된다. 즉, 주입된 전류를 I, 광출력을 P, 문턱전류를 I_{th}라 하면 양자효율은 다음과 같이 정의된다.

$$\eta = \frac{Number\ of\ output\ photons}{Number\ of\ input\ electrons} = \frac{\frac{P}{h\nu}}{\frac{I-I_{th}}{e}} = \frac{e}{h\nu} \cdot \frac{P}{I-I_{th}} \tag{3.11}$$

여기서 e는 전자의 전하량(1.6×10^{-19} C)이고 $h\nu$는 광자 하나의 에너지이다.

한편 반도체 레이저의 출력이 점점 증가하게 되면 저항손실 등에 의해 반도체 내부에 열이 발생하여 광출력이 더 이상 증가하지 못하고 포화하게 된다. 그러므로 반도체 레이저에서 보다 높은 최대 출력을 얻기 위해서는 반도체 내부의 열이 효과적으로 방출될 수 있는 구조를 만들어야만 한다. 이런 이유로 인해 반도체 레이저는 그림 3.14와 같이 열이 발생하는 활성층의 폭을 좁혀주기 위하여 반도체 가장자리에 전류 차단층(current blocking layer)을 형성한다. 이로 인해 전류는 반도체의 가운데 좁은 부분으로만 흐르게 되어 열이 발생하는 영역이 작아서 효율적인 열방출이 가능하여 진다. 이와 같은 반도체를 도파로형(waveguide) 반도체 레이저라 한다. 그 구조에서는 반도체의 좁은 영역에서 발생한 광파가 좁은 활성층을 따라 길이방향으로 진행하게 되어 좁은 전류주입영역이 마치 광도파로(optical waveguide)처럼 작용하게 된다.

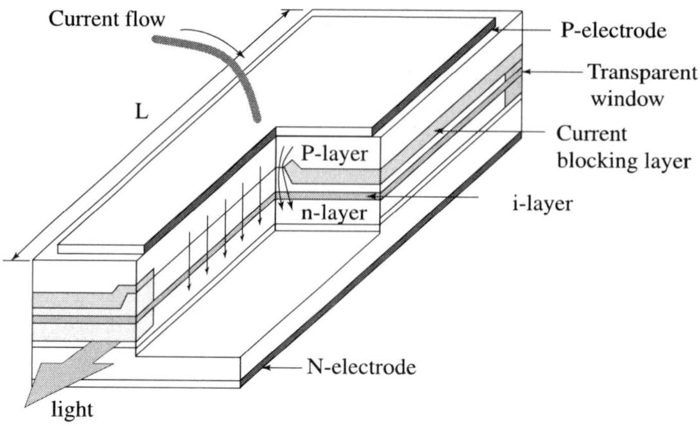

그림 3.14 도파로형 반도체 레이저의 전류차폐층

3.2 레이저 다이오드의 종류

이상적인 광원은 주입전류에 따라 광출력은 변하더라도 그 파장은 변화하지 않고 단일모드를 유지하여야 한다. 그러나 실제의 반도체 레이저 다이오드에서 그 주입전류를 변조하게 되면 그림 3.13에서 본 것과 같이 여러 파장이 발진된다. 이러한 특성은 특히 주입전류가 레이저가 발진하기 시작하는 문턱전류(threshold current, I_{th})에 가까울수록 심한데 이러한 현상은 자연방출의 영향으로 생성된 부모드(side mode)가 존재하기 때문이다. 이와 반면에 주입전류가 증가하게 되면 레이저 다이오드 내부의 온도증가 혹은 이득포화(gain saturation) 현상 등으로 인해 레이저 다이오드의 광에너지가 주입전류의 비례치에 못 미치게 되어 선형성이 떨어지게 된다. 일반적으로 성능이 좋은 레이저 다이오드가 되기 위해서는 부모드 억제율(side mode suppression ratio, SMSR)이 크고 높은 출력까지도 선형성이 뛰어나며 아울러 문턱전류가 작아서 전류주입 효율이 좋아야 한다. 이러한 특성을 갖는 이상적인 레이저 다이오드를 얻기 위한 많은 연구개발이 있어 왔으나 그 대표적인 발달과정을 정리하여 보면 그림 3.15와 같다. 먼저 그림 (a)와 같은 구조가 가장 기본이 되는 반도체 레이저 다이오드이다.

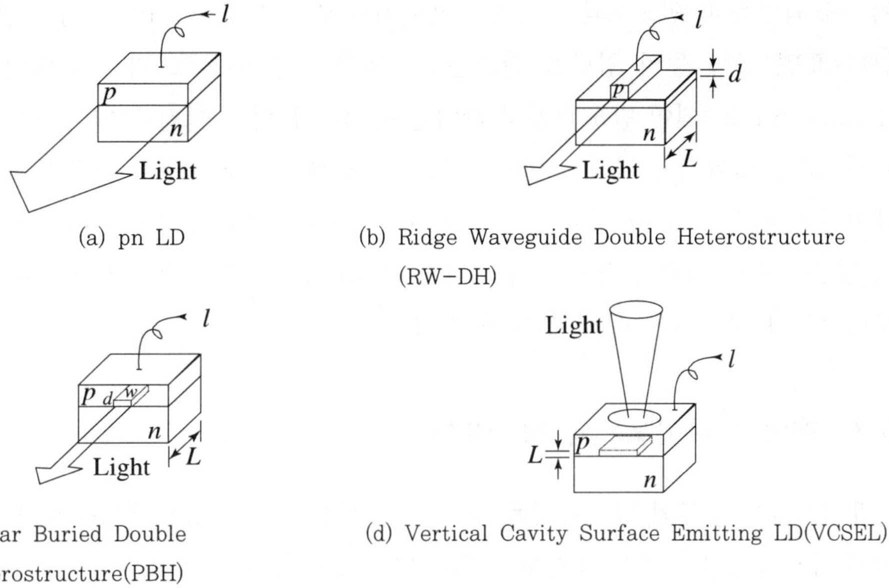

(a) pn LD

(b) Ridge Waveguide Double Heterostructure (RW-DH)

(c) Planar Buried Double Heterostructure(PBH)

(d) Vertical Cavity Surface Emitting LD(VCSEL)

그림 3.15 레이저 다이오드의 여러 가지 구조

수직 방향으로는 pn 다이오드를 이루며 평면 방향으로는 균일한 구조를 갖는다. 이 경우 pn 접합에서 레이저 광이 생성되나 전자-정공의 재결합효율이 떨어지는 단점이 있다. 그림 (b) 이후부터는 이러한 단점을 극복하기 위하여 수직 방향으로 p-i-n 구조의 다이오드를 생성하고 p나 n 지역을 이루는 물질의 에너지 대역폭(bandgap)보다 이 작은 밴드갭을 갖는 물질을 i 지역에 삽입하는 이중 이종구조(double hetero structure, DH)를 이루게 한다. 이렇게 될 경우 가운데 i 영역은 굴절률이 높아 광도파로의 핵(core) 부분이 되고 p와 n 영역은 굴절률이 낮아 보완층(cladding) 영역이 되므로 활성층인 i 지역의 광집속효율이 증대된다. 뿐만 아니라 i 영역은 에너지 대역폭이 작으므로 전자와 정공이 이곳에 고이게 되어 전자-정공의 재결합효율도 증가한다. 따라서 전체 레이저의 발진효율이 증가한다. 그리고 그림 (b)에서 보듯이 p 영역의 단면적을 둔덕 도파로(ridge waveguide) 부분으로 축소하여 줌으로써 활성층의 영역을 효과적으로 좁힐 수 있어서 전체 소모전류를 줄이게 되어 결과적으로 문턱전류를 줄일 수 있게 된다. 이로 인해 반도체 레이저 다이오드 내부에 생성되는 열을 줄일 수 있게 되므로 레이저 다이오드의 온도특성이나 내구성이 향상된다. 한편 그림 (c)에서는 그림 (b)에 보인 구조를 다른 반도체 물질로 매립하고 있다. 이런 경우의 장점은 그림 (b)에서와 같이 둔덕 부분이 공기

에 노출되었을 때 반도체와 공기의 경계면에서 생길 수 있는 여러 가지 표면 누설전류나 표면 전하 등의 영향을 감소할 수 있다는 점이다. 그리고 표면이 평면화(planarization)되어 반도체공정 작업을 용이하게 하는 이점도 있다. 마지막으로 그림 (d)는 레이저 출력광을 반도체 표면으로 향하도록 하는 수직공진 표면 발광 레이저 다이오드(vertical cavity surface emitting laser, VCSEL)를 나타낸다. 이 경우는 단일 기판에 여러 개의 레이저 다이오드를 행렬로 만들기 쉬우며 그 외에 문턱전류가 낮아지는 등의 장점이 있다.

3.3 레이저 다이오드의 방사패턴

레이저 다이오드의 발달과정을 대별하면 앞의 그림 3.15와 같으나 이 외에도 레이저 다이오드의 특성을 개선하기 위해서 수많은 종류의 새로운 구조가 제안되어 활용되고 있다. 그 중에 중요한 몇 가지를 언급하면 다음과 같다. 먼저 열방출 문제를 획기적으로 개선하기 위하여 활성층 영역을 너비뿐만 아니라 두께까지 줄인 다중 양자우물(multiple quantum well) LD가 있다.

그림 3.16은 CD 혹은 DVD 광픽업에 사용되는 0.63 mm 파장의 적색 LD의 단면구조이다. 위쪽 가장자리 짙은 부분은 전류 차단층을 나타내며 활성층은 가운데 여러 층의 얇은 영역으로 이루어져 있다. 전류는 전류 차단층 사이로 주입되어 이 부분에서 광파가 발생한다. 그림 3.16(a)에서 등고선은 광파의 모드분포를 나타낸다. 그림 (b)는 이 활성층의 수직 방향으로의 밴드갭 모양 및 그 조성 물질을 나타낸다. 이 그림에서 보면 활성층은 여러 층의 매우 얇은 두 종류의 이종접합으로 이루어져 있는데 빛이 발생하는 영역은 이 두 물질 중 밴드갭 에너지가 작은 $In_{0.6}Ga_{0.4}P$ 영역이다. 그리고 그 두께는 5~6 nm로 매우 얇아 이 안에 들어갈 수 있는 전자는 마치 원자에서처럼 에너지 준위가 서로 상당한 차이를 갖게 된다. 이와 같은 얇은 반도체를 양자우물(quantum well, QW)이라 한다. 양자우물에서는 파울리의 배타원리에 의해 각 에너지 준위에 들어갈 수 있는 전자의 개수가 제한되어 전자농도가 줄어든다. 이러한 양자효과에 의해 반도체 레이저에서는 전류가 줄어들어 열이 적게 발생하고 또 활성층이 얇아서 열의 방출도 상당히 용이하다. 이로 인해 고출력 레이저 다이오드가 필요한 광저장 장치나 광통신 시스템에는 다중 양자우물(multiple quantum well; MQW) LD가 광범위하게 사용된다.

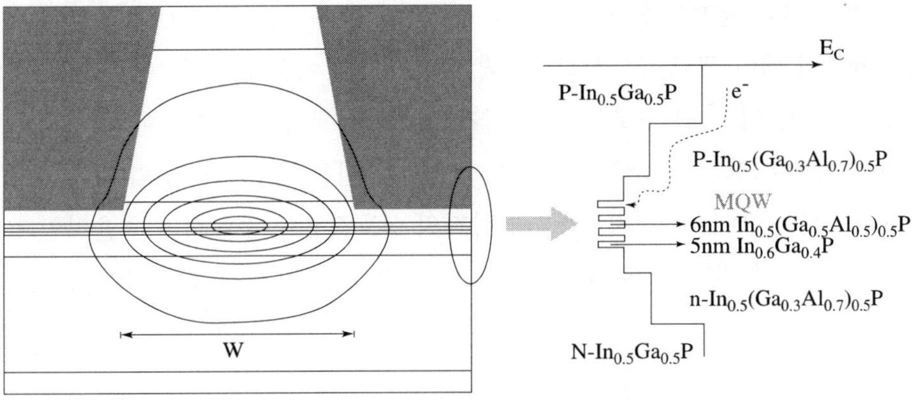

(a) MQW SCH LD의 단면구조 (b) 수직 방향으로의 밴드갭 모양 및 조성 물질

그림 3.16

한편 레이저 다이오드의 출력광의 방사 패턴은 그림 3.17과 같이 타원형을 이룬다. 그 이유는 반도체 레이저의 광발생 영역은 그림 3.16(a)에서 너비는 W로서 약 1~3 mm 정도이나 두께는 quantum well의 두께가 6 nm 정도로 매우 작다. 이 경우 회절에 의해 출력광의 빔이 퍼지게 되며 그 방사각의 크기는 아래 식과 같다.

$$\theta_{\parallel} = \frac{4\lambda}{\pi W}, \quad \theta_{\perp} = \frac{4\lambda}{\pi D} \tag{3.12}$$

그러므로 수평 방향의 방사각보다 수직 방향의 방사각이 월등히 커져서 레이저 빔의 모양이 그림 3.17(a)와 같이 타원형이 된다. 이런 현상은 레이저 광을 광섬유에 집속하거나 CD나 DVD의 표면에 집속할 때 상당한 문제점을 야기한다. 그러므로 될 수 있으면 방사각이 작아지도록 레이저구조를 설계하여야 한다. 이를 위하여 제안된 구조가 분리 집속층(separate confinement heterostructure, SCH) 구조이다. 그림 3.16을 보면 활성층의 두께는 6 nm 정도로 매우 얇지만 이 활성층 주위로 밴드갭 에너지가 중간 정도인 물질을 두께 D가 되도록 삽입하였다. 이 층을 분리 집속층이라 하는데 이 영역에서는 광자가 발생하지는 않지만 양자우물을 벗어난 광자가 모여 있도록 이 층 바깥에 굴절률이 매우 작은 보완층(cladding)을 조성한다. 그렇게 되면 마치 광섬유에서와 같이 그 경계면에서 전반사(total internal reflection)를 일으켜 이 영역에 집속되게 된다. 그러므로 광자에 대해서는 얇은 양자우물만이 활성층이지만 광모드에 대해서는 두께 D의 분리 집속층이 광도파로의 핵이 된다. 그러므로 수직 방사각이 줄어들게 된다. 이런 구조를 SCH 구조라 한다. 이 SCH 구조는 또한 양자우물에서 생성된 광자가 아래나 위로 빠져나가는 것을 SCH와 cladding 사이의 전반사를 이용하여 SCH 영역에 가두어 둠으로써 양자우물 내부의 전자-정공과 광파의 상호작용을 증진시켜 효율적인 유도방출을 야기할 수 있어 레이저 다이오드의 양자효율도 크게 증가하게 된다.

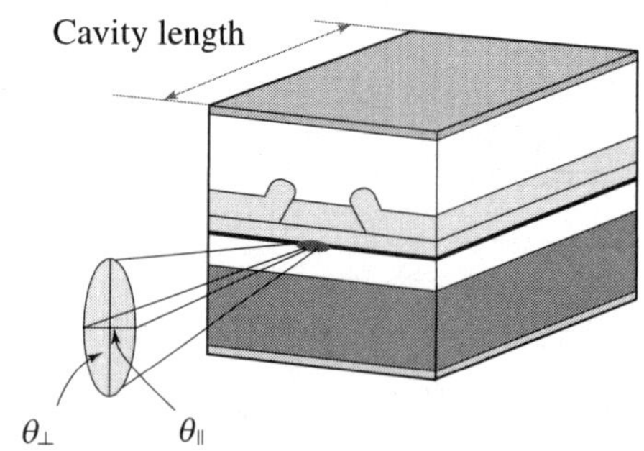

(a) 레이저 다이오드의 방사각

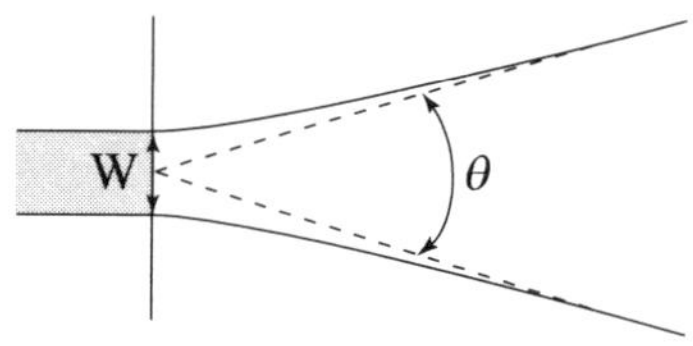

(b) 개구면 회절에 의한 빔의 방사

그림 3.17

3.4 DBR 레이저 다이오드

한편 광통신 시스템에서는 광섬유를 진행하는 빛의 속도가 파장에 따라 달라지는 분산으로 인해 광펄스가 장거리를 진행한 이후에는 펄스폭이 넓어진다. 이로 인해 펄스를 보낼 수 있는 속도가 제한되어 초고속 통신의 가장 큰 문제점으로 대두되고 있다. 이를 해결하기 위해서는 광통신에 사용되는 빛의 파장을 매우 좁게 줄여야 한다. 그러나 일반적인 레이저 다이오드에서는 5~10개의 종모드에 의한 부모드로 인해 파장폭이 종모드 간격 $\Delta\lambda$보다 매우 넓게 된다. 이 값은 식 (3.10)에 나타난 바와 같이 약 5~10 정도가 된다. 이와 같은 종모드를 줄이기 위하여 그림 3.18과 같은 DBR(distributed Bragg reflector) 구조나 DFB(distributed feedback laser) 구조가 제안되었다.

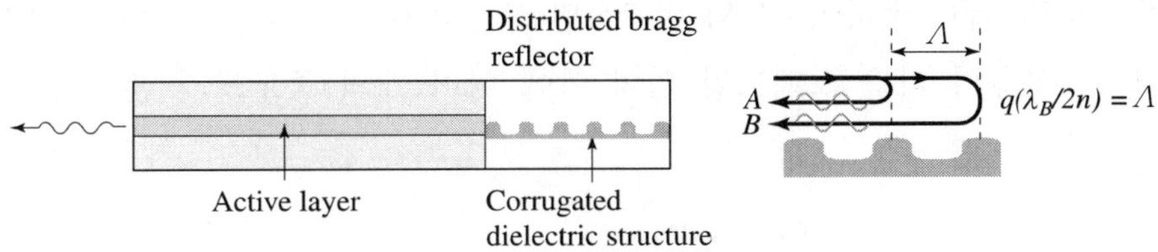

(a) DBR 구조

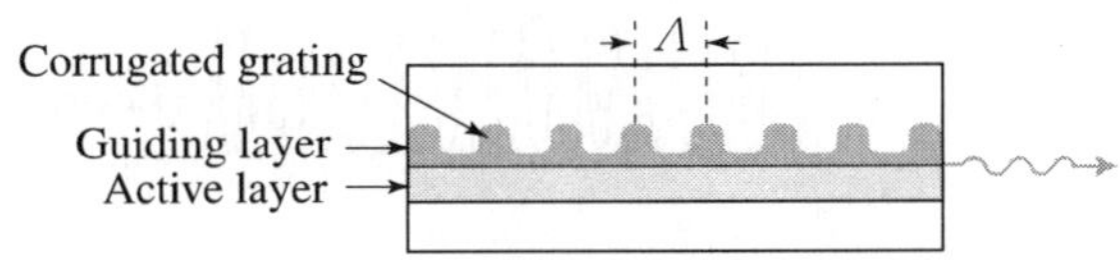

(b) DFB 구조

그림 3.18

먼저 그림 3.18(a)와 같은 DBR 구조에서는 일반적인 패브리-페로(Fabry-Perrot, FP) 레이저 다이오드의 한쪽 또는 양쪽에 주기가 L인 요철구조를 형성한다. 이 경우 이 요철에 의해 반사된 빛은 요철에 반사되기 전의 빛과 위상이 달라져서 상쇄 간섭을 일으켜 반사율이 작아져서 레이저 발진이 이루어지지 않는다. 그러나 요철의 주기가 반도체 내의 빛의 반파장의 정수 배일 경우에 한해서 보강 간섭이 일어나 이 요철의 전체 반사율이 증가해서 레이저의 발진효율이 매우 좋아진다. 이러한 요철 반사구조를 분산 브래그 반사구조(distributed Bragg reflector, DBR)라 한다. 그러므로 이 보강 간섭이 일어나 레이저 발진이 가능한 파장은 아래 식과 같이 특수한 파장에 한정된다.

$$\lambda_B = \frac{2n\Lambda}{q} \text{(단, } q\text{는 정수)} \tag{3.13}$$

일반적으로 $q=1$일 경우가 요철의 반사효율이 가장 좋아 반도체 레이저에서는 이 경우가 가장 많이 사용된다. 이를 브래그 파장(Bragg wavelength)이라 한다. $q=2$일 때의 파장은 $q=1$일 경우에 비해 반으로 줄어들게 되어 반도체 활성층의 이득 스펙트럼 영역 밖이 된다. DBR 구조에서는 레이저 발진이 가능한 파장이 하나밖에 존재하지 않아서 단일 종모드 발진이 가능하다. DFB 구조는 그림 3.18(b)와 같이 활성층 내부에 DBR 구조를 형성한 구조로서 DBR과 비슷한 파장 특성을 갖는다. 이와 같은 DBR 혹은 DFB 레이저 다이오드의 레이저 발진 파장 스펙트럼을 기존의 FP 레이저 다이오드와 비교하면 그림 3.19와 같다. 먼저 FP 레이저 다이오드는 활성층의 이득 스펙트럼 영역 안에 여러 개의 종모드가 존재하게 된다.

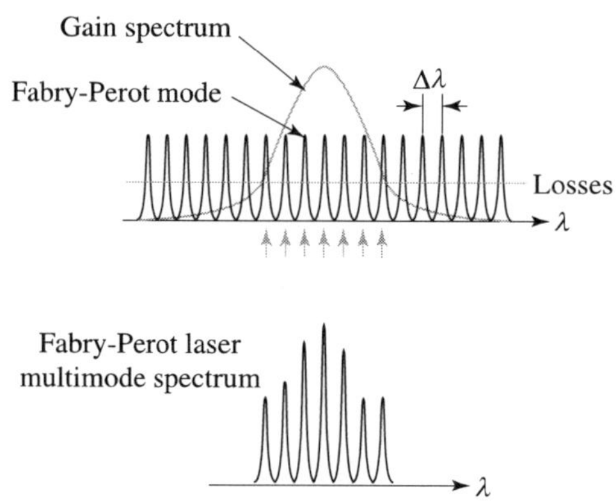

(a) FP LD의 파장 스펙트럼

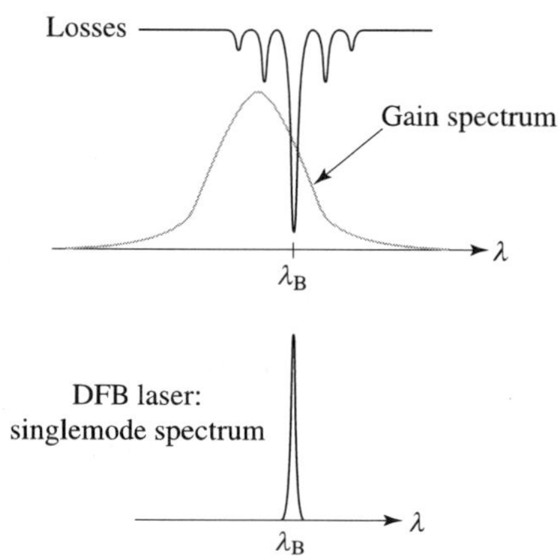

(b) DBR LD의 출력 스펙트럼

그림 3.19

실제 FP 레이저 다이오드의 출력 스펙트럼도 그림 (a)와 같이 여러 개의 부모드가 존재하며 전체 파장폭도 종모드 간격 $\Delta\lambda$의 4~5배에 해당한다. 그러나 DBR-DFB 레이저 다이오드는 이득 스펙트럼 영역 안에 단 하나의 브래그 파장이 존재하므로 단일 종모드 발진이 가능하다. 이로 인해 레이저 다이오드의 파장의 변동폭, 즉 파장선폭은 종모드 간격보다 훨씬 작은 0.1~0.2 $\Delta\lambda$ 정도가 된다. 그러므로 현재 파장선폭 면에서 가장 우수한 반도체 레이저는 수평적으로는 이러한

DBR 구조를 가지고 수직적으로는 앞에서 언급한 MQW-SCH 구조를 갖는 이른바 MQW-SCH-DBR LD로 여겨진다.

4 레이저 다이오드의 변조특성

4.1 레이저 다이오드의 비율방정식

반도체 LD의 내부 전자와 광자에 대한 모델링은 다음과 같은 비율방정식(rate equation)에 의하여 결정된다.

$$\frac{d}{dt}N(t) = \frac{I(t)}{q} - \frac{N(t)}{\tau_e} - G(t)P(t) + F_N(t) \qquad (3.14)$$

$$\frac{d}{dt}P(t) = (G(t)-\gamma)P(t) + R_{sp}(t) + 2\kappa P_{fb} + F_P(t) \qquad (3.15)$$

여기서 $N(t)$, $P(t)$그리고 $I(t)$는 각각 반도체 LD 공진기 내부의 전자의 수, 광자의 수, 및 전류를 나타낸다. R_{sp}는 spontaneous emission rate를, $G(t)$는 광이득률, γ는 광공진기의 광손실을, κP_{fb}와 $\kappa\phi_{fb}$는 외부궤환(external feedback)에 의한 광자의 크기 및 위상에 대한 궤환율을 나타내며, $F_P(t)$, $F_N(t)$는 각각 광자, 전자, 광파의 위상에 대한 Langevin noise source 항들이다. 그 외에 α는 선폭향상인수(linewidth enhancement factor)를, n_m, n_g, ω는 각각 mode refractive index, group refractive index, 그리고 광파의 각주파수를 나타낸다. Ω는 공진기의 공진 각주파수로서 free spectral range 주파수 $\nu = c/2n_m L$의 정수 배이다. 광이득률(optical gain) $G(t)$는 optical confinement factor Γ, group velocity v_g, 그리고 optical material gain g_m에 의해 $G = \Gamma v_g g_m$으로 표현되며 이는 일반적으로 다음과 같이 전자의 수 $N(t)$에 의존한다.

$$G = \frac{\frac{dG}{dN}(N - N_{tr})}{1+\epsilon P} \equiv \frac{G_N(N-N_{tr})}{1+\epsilon P} \qquad (3.16)$$

여기서 $G_N = dG/dN$으로서 광차등 이득(differential gain)을 나타내며, N_{tr}은 광이득이 '0'이 되기 위한 전자의 수(transparency carrier number)를, 그리고

ϵ은 gain compression factor를 나타낸다. 광손실(optical loss)을 나타내는 γ는 photon lifetime τ_P의 역수로서 internal cavity loss α_c와 mirror loss α_m에 의해 다음과 같이 나타낼 수 있다.

$$\gamma = \frac{1}{\tau_P} = v_g(\alpha_c + \alpha_m) = v_g\left(\alpha_c + \frac{1}{L}\ln\frac{1}{R}\right) \tag{3.17}$$

여기서 L과 R은 LD 공진기의 길이와 반사율을 나타낸다. 그 외에 τ_e는 전송자 수명(carrier lifetime)으로서, spontaneous emission lifetime τ_{sp}와 nonadaptive recombination lifetime τ_{nr}에 의해 다음과 같이 나나낼 수 있다.

$$\frac{1}{\tau_e} = \frac{1}{\tau_{sp}} + \frac{1}{\tau_{nr}} \tag{3.18}$$

그리고 spontaneous emission rate R_{sp}는 spontaneous emission efficiency β_{sp} 또는 population inversion factor n_{sp}에 의해 다음 식을 이용해서 구할 수 있다.

$$R_{sp} = \beta_{sp}\frac{N}{\tau_{sp}} = n_{sp}(\omega)G(\omega) \tag{3.19}$$

단,

$$\begin{aligned} \beta_{sp} &\cong \frac{\lambda^4}{4\pi^2 n_m^3 V_{act}\Delta\lambda_{sp}} \\ n_{sp}(\omega) &= \frac{1}{1-\exp[(\hbar\omega - E_{fg})/k_B T]} \end{aligned} \tag{3.20}$$

로 나타낼 수 있다. 여기서 λ, $\Delta\lambda_{sp}$, V_{act}는 각각 lasing wavelength, spontaneous emission spectral width, active layer의 체적을 나타내며, E_{fg}는 Fermi energy level gap을 나타낸다. 일반적인 반도체 LD에서는 대개 $\beta_{sp} \cong 10^{-4} \sim 10^{-5}$, n_{sp}=2~5가 된다.

고주파로 LD를 변조할 때는 주입전류를 다음과 같이 표시할 수 있다.

$$I(t) = I_b + I_m\cos(2\pi f_m t) \tag{3.21}$$

이때 I_b, I_m, f_m은 각각 bias current, modulation current, modulation frequency를 나타낸다.

앞에서 언급한 식 (3.14)~(3.15)는 다양한 동작조건에서 LD의 동적특성 및 정적특성을 해석하는 데 사용될 수 있는 범용 비율방정식(rate equation)이다. 이 식은 몇 가지 특수 조건에서 다음과 같이 간략화할 수 있다. 먼저 modulation current $I_m = 0$일 때는 DC 동작 상태로서 이때의 동작 특성은 모든 d/dt항을 '0'으로 놓아서 손쉽게 구할 수 있다.

4.2 LD 동작 파라미터

비율방정식을 통하여 LD의 동작 특성을 해석하기 위하여서는 LD 동작점에서의 동작 파라미터들을 구하여야 한다. 그 모든 파라미터를 설명하고 유도하는 과정은 본 장에서 논의할 수 있는 범위를 벗어나므로 일반적으로 비율방정식 해석에 필요한 파라미터의 종류를 표 3.1과 3.2에 열거하였다.

표 3.1 모델 LD의 구조 및 동작 사양

Parameter	Symbol	Value
Threshold Current	I_{th}	45 mA
Operating Current@P_{out}=30 mW	I_{op}	85 mA
Slope Efficiency=$P_{out}/(I_{op}-I_{th})$	η	0.75
Peak Wavelength	λ_p	650 nm
Cavity Length	L	650 μm
Cavity width	W	5 μm
Quantum Well Thickness	$L_z(D_{QW})$	5 nm
Number of Quantum Well	N_{QW}	4
Active Layer Volume	V_{act}	6.5×10^{-11} cm^3
Facet Reflectivities	R_1, R_2	0.9, 0.1

표 3.2 650 nm LD의 동작 파라미터

Parameter	Symbol	Value
Total cavity loss	$\alpha_t = \alpha_c + \alpha_m$	$47.1\ cm^{-1}$
Optical confinement factor	Γ	0.0466
Threshold carrier density	n_{th}	$7.53 \times 10^{18}\ cm^{-3}$
Total carrier population	$N = n_{th} \times V_{act}$	4.90×10^{8}
Carrier recombination lifetime	τ_e	1.74 ns
Spontaneous emission lifetime	τ_{sp}	2.91 ns
Group refractive index	n_g	3.40
Effective mode index	n_m	3.17
Steady state optical loss rate	$G = \gamma = v_g \times \alpha_t$	$4.16 \times 10^{11}\ s^{-1}$
Photon lifetime	$\tau_P = 1/\gamma$	2.41 ps
Differential gain	$g_n = \partial g_{\max}/\partial n$	$8.23 \times 10^{-16}\ cm^{2}$
Gain derivative	$G_N = \Gamma v_g g_n / V_{act}$	$5.20 \times 10^{3}\ s^{-1}$
Transparency carrier density	n_{tr}	$6.30 \times 10^{18}\ cm^{-3}$
Transparency carrier population	$N_{tr} = n_{tr} \times V_{act}$	4.97×10^{8}
Threshold current	I_{th}	45 mA
Bias current	I_B	85 mA
Total photon population	$P = (I_B - I_{th})/qG$	6.01×10^{5}
Average output power	P_{out}	30 mW
Radiative recombination coefficient	B	$4.57 \times 10^{-11}\ cm^{3}/s$
Population inversion factor	n_{sp}	2.11
Spontaneous emission rate	$R_{sp} = n_{sp} \times G$	$8.756 \times 10^{11}\ s^{-1}$
Solitary laser roundtrip time	$\tau_L = 2L/v_g$	14.74 ps
Linewidth enhancement factor	α	4
Gain suppression coefficient	ϵ	8×10^{-9}
External cavity length	L_{ext}	10 cm
External mirror reflectivity	R_{ext}	0.5~0.01
External cavity roundtrip time	$\tau = 2L_{ext}/c$	0.666 ns
Longitudinal mode spacing	$\Delta\nu_L = c/2n_g L$	67.87 GHz
External cavity mode spacing	$\Delta\nu_{ext} = c/2L_{ext}$	1.5 GHz
External cavity coupling efficiency	η_c	1~10%

4.3 비율방정식의 해석

앞에서 언급한 비율방정식 식 (3.14)~(3.15)를 시간 영역에서 해석하기 위한 가장 보편적인 방법은 4차 Runge-Kutta 방법이나 혹은 4차 Runge-Kutta-Fehlberg 방법 등의 ordinary differential equation을 풀기 위한 수치해석법이다. 이를 이용하여 DC 동작 상태에서 external feedback이 없다고 가정하고 얻은 전자와 광자의 변화 결과가 그림 3.20에 도시되어 있다. 인가 DC 전류는 각각 58.3, 71.7, 85 mA이며 LD의 출력은 P_{out}이 10, 20, 30 mW이다.

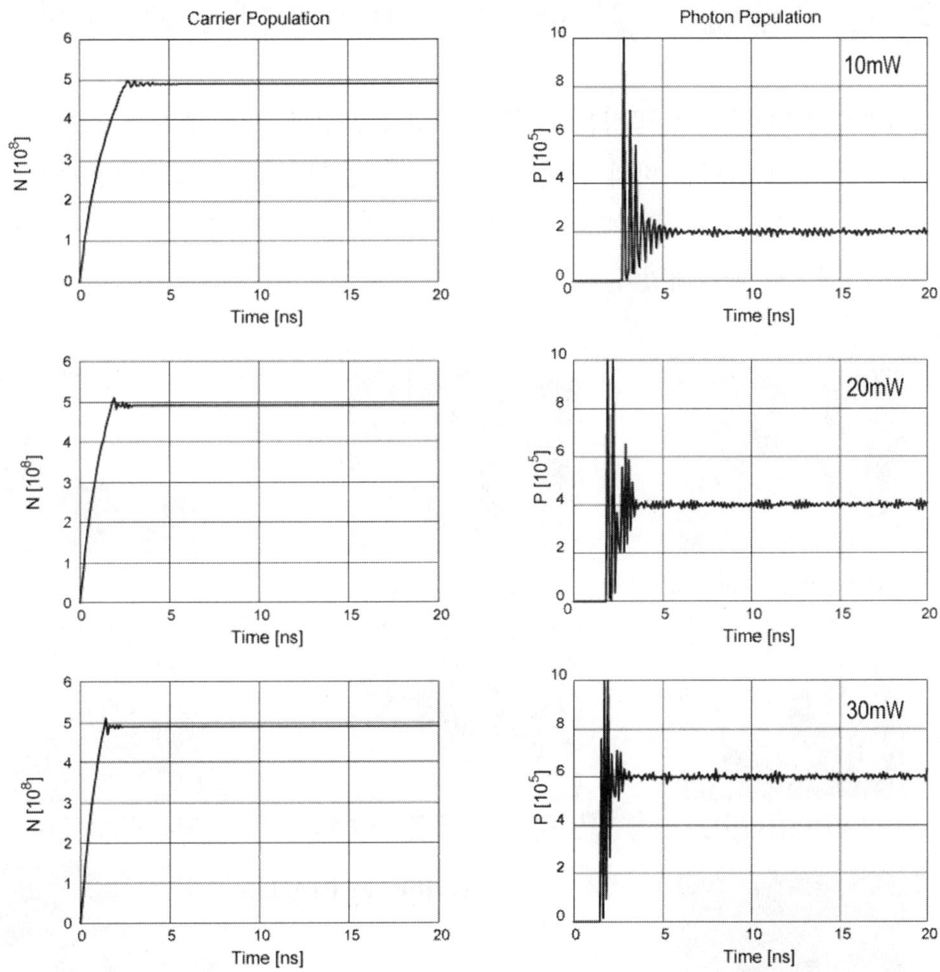

그림 3.20 시간에 따른 LD 공진기 내의 전자 및 광자의 변화.
위로부터 LD의 출력 P_{out}=10, 20, 30 mW

이 그림에서 출력이 증가함에 따라 총 광자 수도 증가함을 볼 수 있으며 아울러 turn-on delay time도 감소함을 볼 수 있다. 그림 3.20에서 보면 전자의 숫자는 출력의 변화나 인가전류의 크기에 따라 별로 변동하지 않지만 광자의 숫자는 상당히 심하게 변동하게 된다. 이러한 비율방정식을 이용하여 LD의 변조특성을 해석하게 되면 LD의 변조 대역폭을 얻게 된다. 이러한 내용에 대한 보다 자세한 고찰은 다음 장에서 좀 더 심도 있게 다루어질 것이다.

5 LD chip 제조 공정

일반적으로 LD의 제조 공정은 크게 결정 성장 공정과 chip 제조 공정으로 나눌 수 있다. 앞에서 설명한 바와 같이 결정 성장을 통해 epi 웨이퍼가 나오게 되면 chip 제조 공정으로 진행되게 된다. 그림 3.21에 LD 제조 공정을 위한 장비 및 시설을 사진으로 나타내었다.

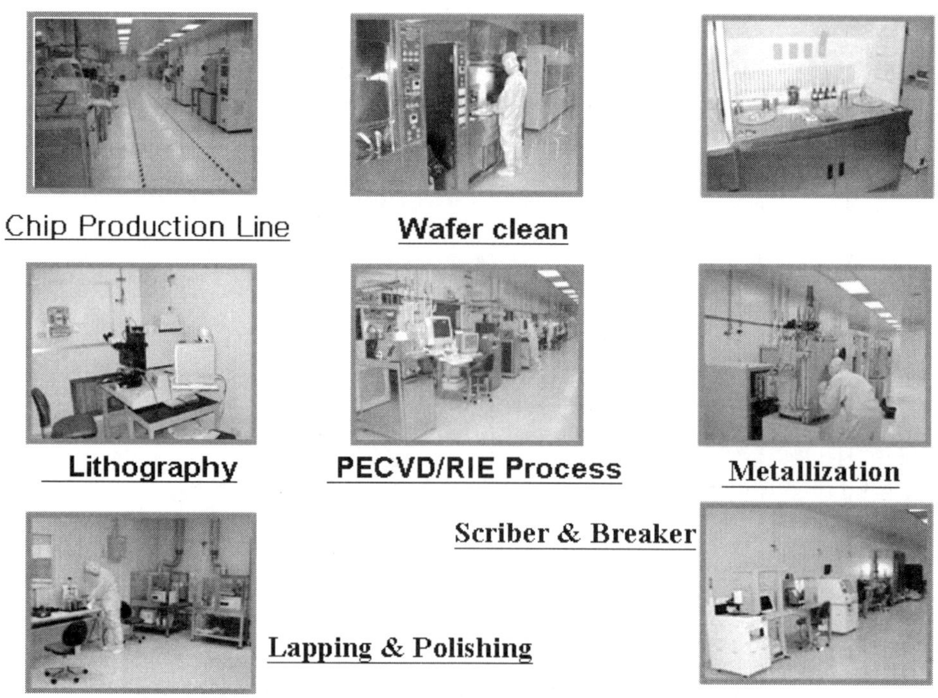

그림 3.21 LD 제조 공정을 위한 장비 및 시설

그리고 PBH LD chip의 구조를 그림 3.22에 나타내었다. 박막 성장을 위한 MOCVD 공정은 3단계로 수행하게 되는데 먼저 InGaAsP/InP의 DH(double hetero structure) 구조를 성장하고 습식 에칭으로 vertical mesa stripe 패턴을 형성한 후, p-type 및 n-type blocking 층을 성장하고 다시 패턴 위에 잔존하는 nitride 및 InGaAs 층을 제거한 후 p-type cladding층을 성장하여 BH(buried heterostructure)구조가 제작된다. 그리고 칩 제조 공정으로 DH 웨이퍼 표면에 mask를 사용하여 패턴을 형성하고 p-metal을 증착, lift-off하여 전극을 형성한 뒤 웨이퍼 뒷면을 lapping공정을 하여 두께가 약 100 μm 정도가 되도록 한다. 이는 chip breaking 과정에서 양쪽 단면의 최대 거울면을 얻기 위해서는 두께가 100 μm가 되어야 하기 때문이다. 기판 아래에 n-metal을 증착하고 옴 접촉을 위해 열처리한 후 적당한 길이의 cavity length를 갖는 LD chip을 자르게 된다.

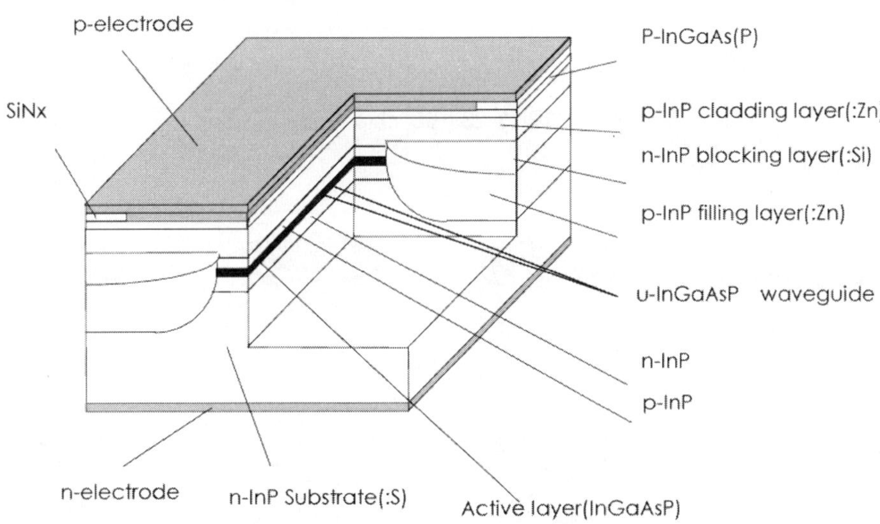

그림 3.22 PBH LD chip의 구조

한편 GHz 급 이상의 고속 동작 속도를 갖는 LD를 만들기 위해서는 U-channel 공정이 부가되는데, LD의 고주파수 특성은 주로 capacitance에서 좌우되므로 이를 낮추기 위해서는 metal contact 영역을 최소화하고 p-n-p-n blocking layer에 의도적으로 U형으로 channel이 생기도록 etching을 수행하면 capacitance값을 상당량 감소시킬 수 있다.

그림 3.23에 전면 metal로 형성된 LD chip과 U-channel 공정이 수행된 LD chip의 개념도를 나타내었다.

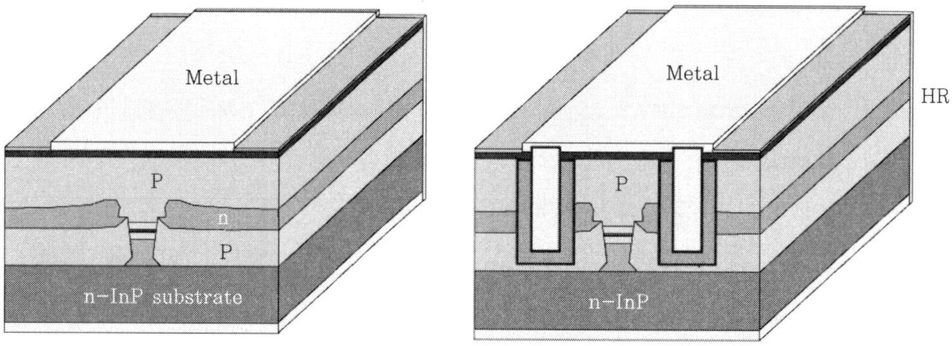

(a) 전면 metal 구조 (b) U-channel 형성된 metal 구조

그림 3.23 LD chip 구조

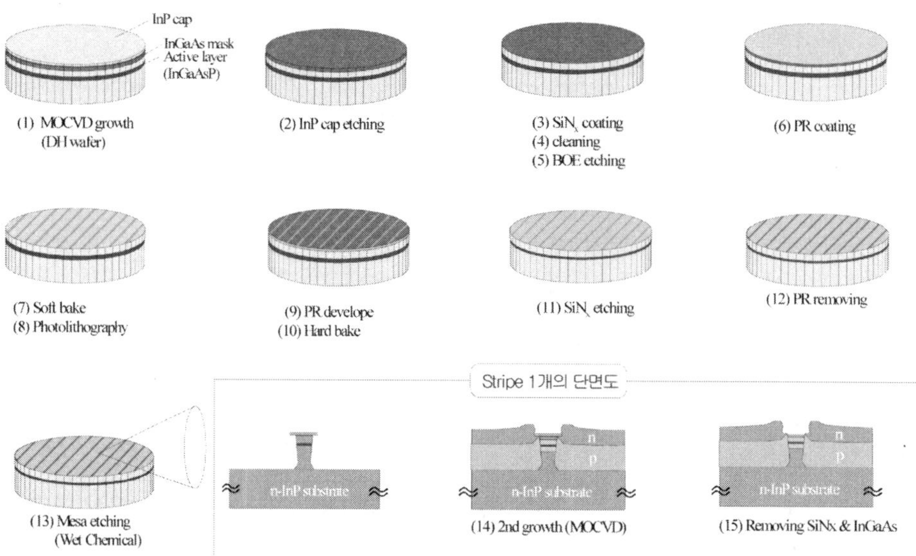

(a) LD 제조 공정 Ⅰ

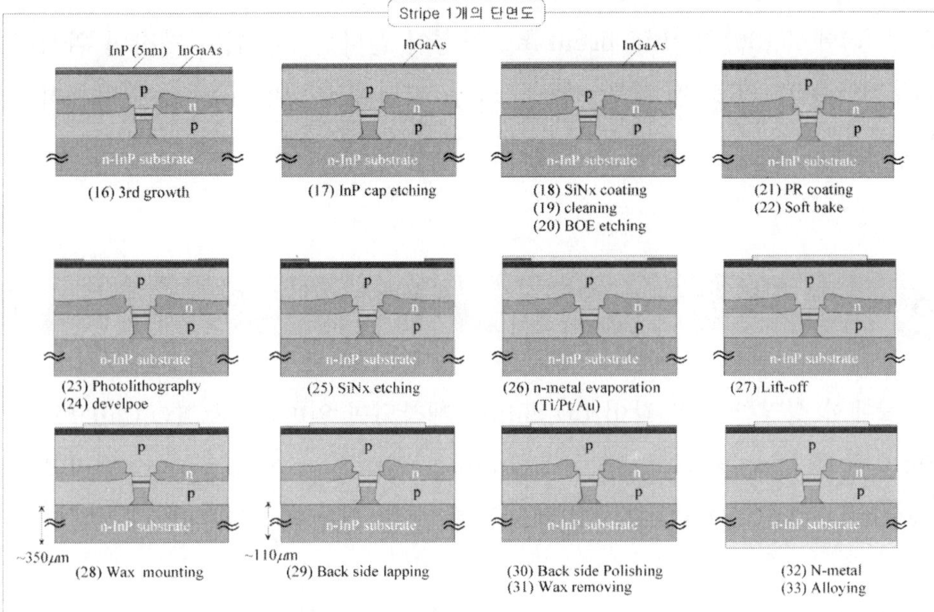

(b) LD 제조 공정 Ⅱ

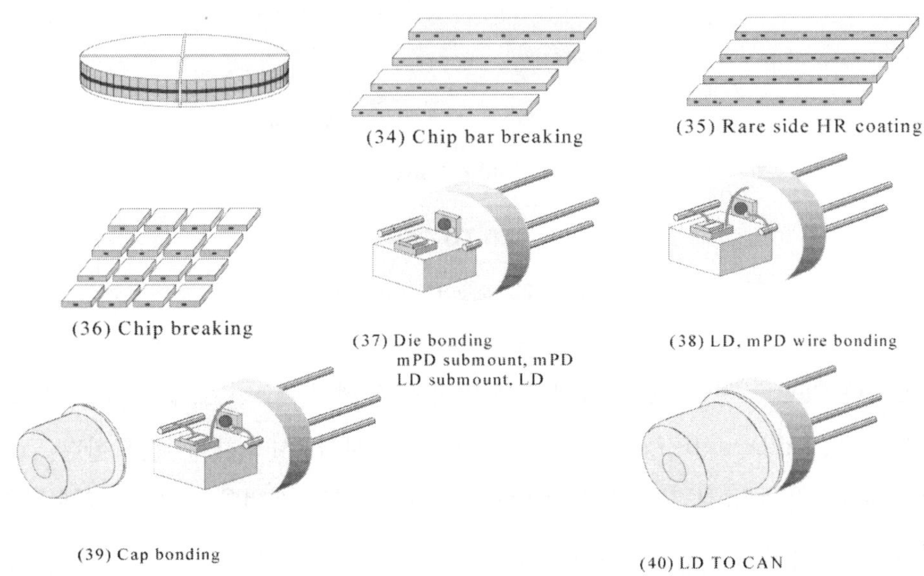

(c) LD 제조 공정 Ⅲ(LD TO Can)

그림 3.24 LD 제조 공정

그리고 그림 3.24에 LD의 제조 공정에 대해 나타내었다. 그림 (a)에서 (14)부터는 하나의 LD 칩에 대해 제조 과정에서의 변화를 나타내었다.

그림 (c)에서 (36)의 chip breaking 과정이 끝나면 LD 칩의 제작이 완성된다. (37)부터 LD TO-Can에 대한 제조 과정을 나타내었으며 다음 절에 자세히 설명한다.

6 LD TO Can 제조 공정

앞 절에서 설명한 바와 같이 LD chip이 제작되면 일반적으로 TO Can으로 제작을 하게 된다. To Can 공정에는 크게 die bonding, wire bonding, 그리고 cap welding이 있다. LD TO Can의 개념도를 그림 3.25에 나타내었다.

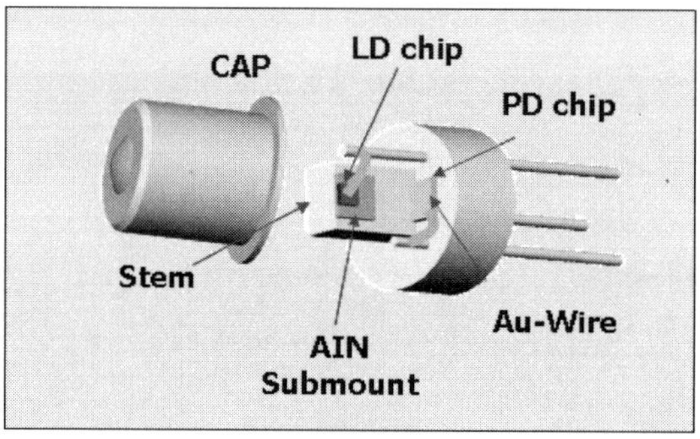

LD TO CAN

그림 3.25 LD TO Can 개념도

LD TO Can 공정에 대해 자세히 설명하기로 한다. 우선 그림 3.26에 나타낸 바와 같이 mPD sub-mount를 stem에 에폭시를 사용하여 접착한다. mPD sub-mount가 로딩되면 그 위에 mPD를 붙인다. 이의 개념을 그림 3.27에 나타내었다.

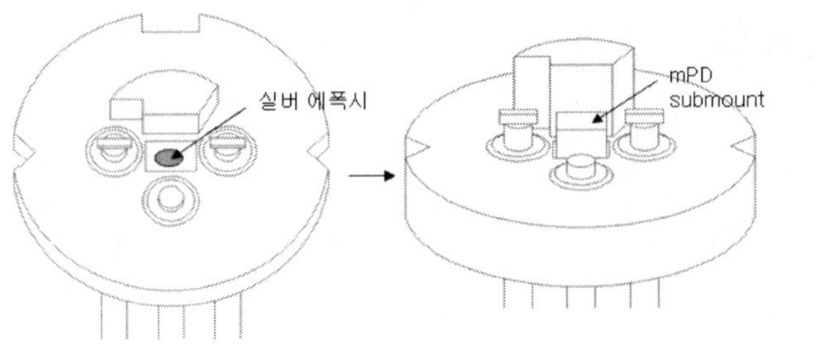

그림 3.26 Monitor PD sub-mount bonding 작업 상태도

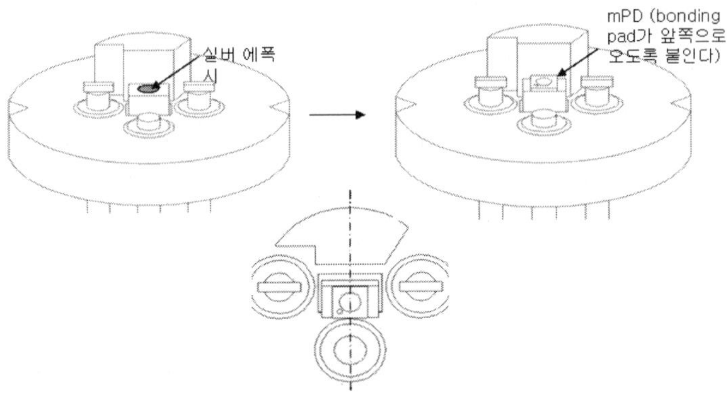

그림 3.27 mPD die bonding 작업 상태도

모니터 PD를 붙인 후 모니터 PD에서 나오는 전류를 외부에 보내기 위해 pin과 wire bonding을 하게 된다. 이를 그림 3.28에 나타내었다.

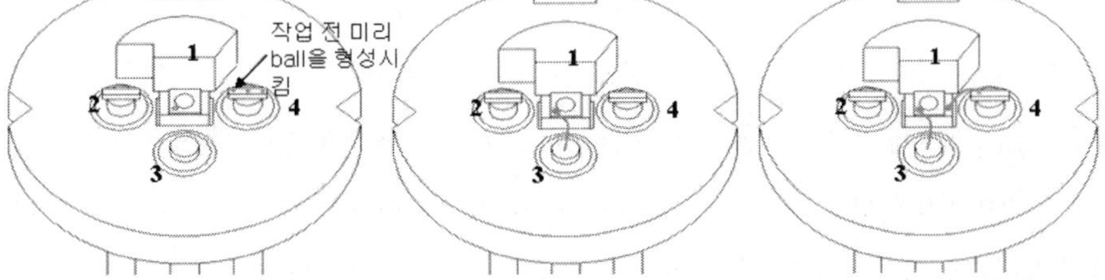

그림 3.28 mPD wire bonding 작업 상태도

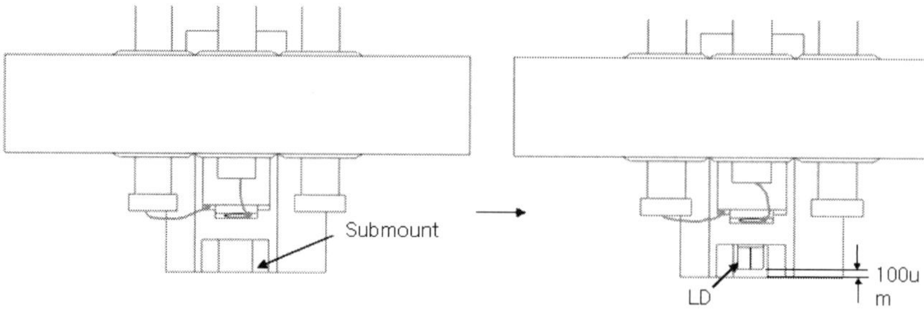

그림 3.29 LD die bonding 작업 상태도

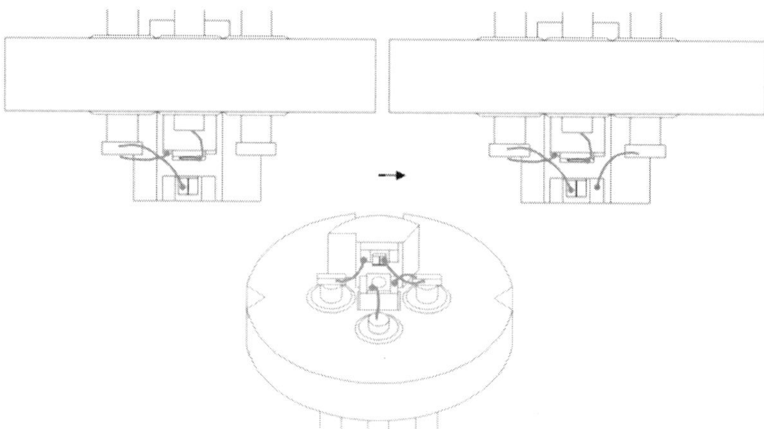

그림 3.30 LD wire bonding 작업 상태도

이로써 모니터 PD의 공정이 끝나게 되며 다음으로 LD부를 장착시켜야 한다. 스템의 LD sub-mount 자리에 LD sub-mount를 붙이고 그 위에 LD를 장착한다. LD의 위치는 그림 3.29에서 보는 바와 같이 sub-mount 가장자리에서 100 μm 정도 여유를 두고 붙이는 것이 일반적이며 용도에 따라 간격을 변화시킬 수 있다.

그런 다음 LD에 전류를 흘리기 위해 pin과의 wire 연결을 해야 한다. 그림 3.30에 wire bonding 과정을 나타내었다. 마지막으로 cap을 장착시키는데 이는 전기 용접 작업을 통해 하게 된다. 따라서 그림 3.31과 같이 cap welding jig를 사용하여 작업을 하게 된다.

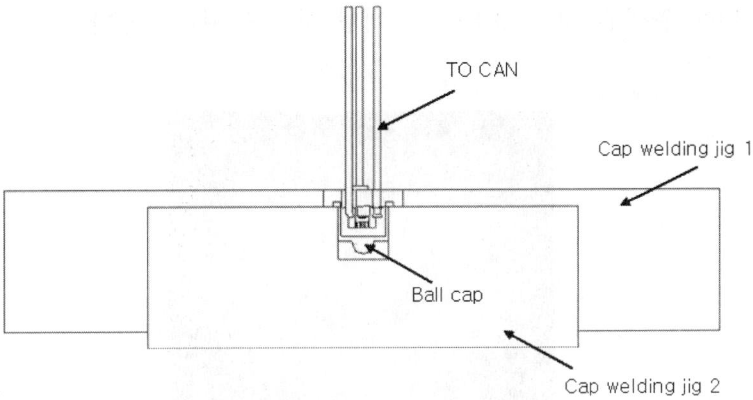

그림 3.31 Cap welding 작업 상태도

그림 3.32는 LD TO Can의 내부 사진을 나타낸 그림이다. 사진에서 스템(바닥)에 위치하고 있는 것이 모니터 PD로서 LD의 출력을 감지한다. 그리고 벽면 같은 부분에 위치하고 있는 것이 LD로서 sub-mount에 붙여 스템의 LD 위치 부분에 위치한다.

그림 3.32 LD TO Can의 내부 사진

그림 3.33에 완성된 LD TO Can의 외형 사진을 나타내었다.

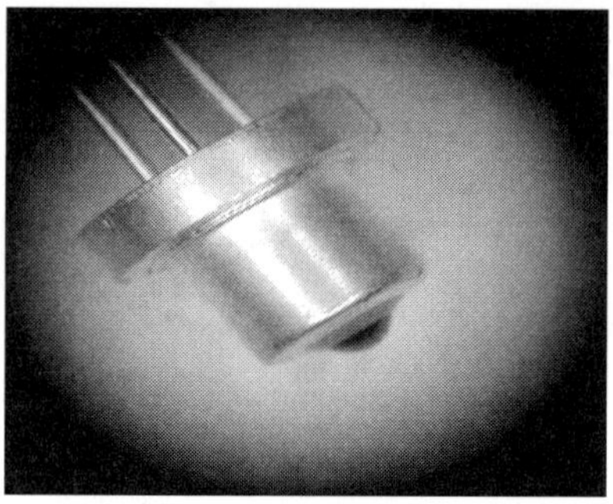

그림 3.33 LD TO Can의 외형

제4장

포토다이오드

광송신기의 기능은 광신호를 전기적인 신호로 변환하여 광통신 네트워크를 통하여 전송된 데이터를 복원하는 것이다. 이러한 광송신기에서 가장 핵심적인 소자는 바로 포토다이오드(photodiode, PD)이다. 본 장에서는 PD의 동작원리와 구조, 그리고 광수신단에서의 잡음 특성과 현안에 대하여 살펴본다.

1 수광 다이오드의 원리

1.1 수광 다이오드와 광전류

수광 다이오드(photodiode)는 다이오드에 전류를 주입하여 빛이 나오는 현상의 발광다이오드와는 반대로 다이오드의 pn 경계면에 빛을 비추면 입사된 광자의 광에너지에 의해 가전대역의 전자가 전도대역으로 여기되어 전류운반자, 즉 전자와 정공이 생성되는 소자이다. 그러므로 수광 다이오드에 생성된 전자와 정공을 효율적으로 검출하기 위해서는 발광다이오드의 경우와는 반대로 p형 반도체, 즉 다이오드의 양극(anode)에는 음의 전압을 걸어주고 n형 반도체, 즉 다이오드의 음극(cathode)에는 양의 전압을 걸어주어야 한다. 이럴 경우 전자는 양의 전압이 걸린 음극으로 흘러나오고 정공은 음의 전압이 걸린 양극으로 흘러나오게 된다. 따라서 다이오드에는 양극에서 전류가 흘러나와서 음극으로 들어가게 되는데 이 전류를 광전류(photo current)라고 한다. 그림 4.1(a)에서 수광 다이오드에 빛이 입사되지 않으면 전류가 흐르지 않으므로 저항 R_L에 전압이 걸리지 않아 저항 양단의 전압은 '0'이 된다. 하지만 빛이 입사되면 수광 다이오드에는 빛의 입사량에 비례하는 광전류 I_{ph}가 흐르게 되어 저항 R_L에 전압 $V = I_{ph} \times R_L$이 야기된다. 그러므로 이 전압을 측정하여 수광 다이오드에 흐르는 전류를 알게 되면 거꾸로 수광 다이오드에 입사된 빛의 세기를 산출할 수 있게 된다. 이렇게 광검출 기능을 수행하게 될 수광 소자는 광통신 및 광정보 처리 시스템에서 매우 중요하게 활용되고 있다. 그림 4.1(b)에는 실제 수광 다이오드의 패키징 예가 나타나 있다.

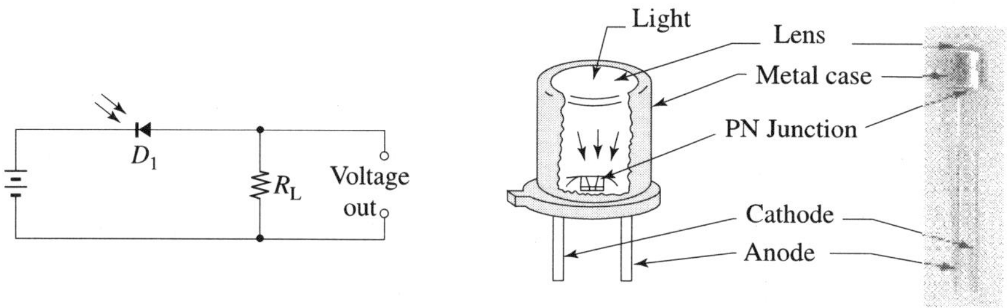

(a) 수광 다이오드의 동작 회로 (b) 수광 다이오드의 구조

그림 4.1

수광 다이오드가 동작하기 위하여서는 이 소자에 입사된 빛이 반도체에 효율적으로 흡수되어야 한다. 그러나 제3장에서 언급한 바와 같이 반도체에 입사된 빛이 흡수되기 위하여서는 입사광의 광에너지가 반도체의 밴드갭 에너지보다 커야 한다. 반도체 내부에서 빛의 흡수가 일어나게 되면 반도체 내부를 진행하는 빛의 세기는 반도체 내부 진행거리에 따라 지수적으로 감소하게 되며 이 지수계수를 파장에 따른 흡수계수 α라 한다. 이를 수식으로 표현하면 아래와 같다.

$$P(z) = P(0)\exp[-\alpha(\lambda)z] \tag{4.1}$$

그림 4.2에 파장에 따른 반도체의 흡수계수 $\alpha(\lambda)$가 나타나 있다. 예를 들어 GaAs의 경우 에너지 밴드갭이 1.42 eV이므로 파장이 1.24/1.42=0.87 μm보다 짧은 파장의 빛은 흡수계수가 커지지만 이보다 긴 파장의 빛에 대해서는 흡수가 일어나지 않는다. 반면 $In_{0.53}Ga_{0.47}As$의 경우 에너지 밴드갭이 0.73 eV이므로 1.24/0.73=1.7 μm보다 짧은 파장의 빛을 흡수할 수 있으므로 광통신에 활용되는 대부분의 적외선 광을 흡수할 수 있다. 일반적으로 밴드갭 에너지가 1.1 eV인 Si은

1.1 μm보다 짧은 파장을 흡수할 수 있으며 밴드갭 에너지가 0.8 eV이므로 1.6 μm 보다 짧은 파장의 빛을 흡수할 수 있다.

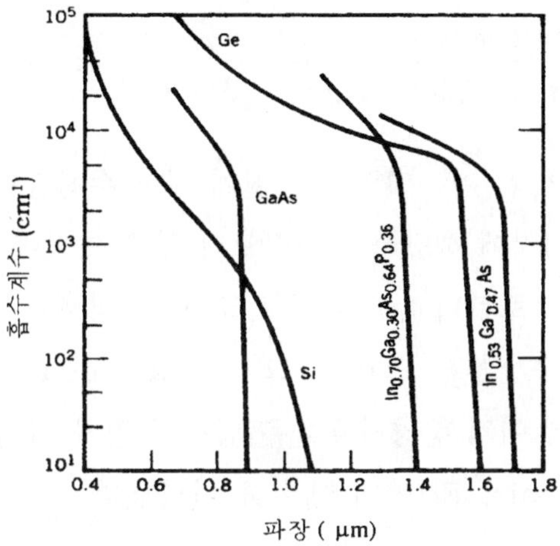

그림 4.2 여러 반도체의 광흡수계수

1.2 수광 다이오드의 감도

한편 실제로 수광 다이오드를 만들게 되면 그림 4.1(b)와 같이 패키징을 하게 되는데 이 경우 외부 실장 창의 매질에 따라 너무 짧은 파장의 빛이나 너무 긴 파장의 빛은 창에 흡수되어 투과하지 못하게 된다. 그러므로 실제로 수광 다이오드가 검출할 수 있는 파장은 일정한 파장폭을 갖게 된다. 아울러 반도체 내부에 입사된 빛이라 할지라도 실제 광전류를 생성하기 위해서는 p-i-n의 중성층인 i 영역에서 전자-정공을 생성하여야 하나 입사된 빛의 일부는 이 영역에 이르기 전 반도체 표면에서 반사되거나 혹은 반도체 표면 근처에서 미리 흡수되어 버린다. 이런 이유로 인해 실제 수광 다이오드의 감도(responsivity), 즉 입사된 광자의 수에 대한 발생 전자의 수는 항상 100%의 효율을 보여주지 못한다. 수광 다이오드의 수신감도는 그 구조뿐만 아니라 반도체 물질에 따라서도 달라진다. 일반적으로 수신감도 R은 다음과 같이 정의된다.

$$R = \frac{I_{ph}}{P_{in}} \tag{4.2}$$

여기서 I_{ph}와 P_{in}은 각각 수광 다이오드의 발생 광전류와 입사광의 출력을 나타내며, 수신감도의 단위는 [A/W]가 된다. 한편 수신감도 R은 수광 다이오드의 양자효율 h에 비례한다. 여기서 양자효율 h는 다음과 같이 표시된다.

$$\eta = \frac{electron-generation-rate}{photon-incident-rate} = \frac{I_{ph}/q}{P_{in}/h\nu} = R \times \frac{h\nu}{q} \tag{4.3}$$

그림 4.3은 대표적인 흡수층 영역의 물질에 대한 수신감도를 보여준다. 이 값은 각 물질의 밴드갭 에너지에 해당하는 파장보다 짧은 파장에서 수신감도가 큰 값을 보이고 있다. 이 그림으로부터 1.3 μm나 1.55 μm에서 수신감도가 가장 좋은 물질은 InGaAs임을 알 수 있다. 그리고 그 양자효율(quantum efficiency)은 약 60~70% 정도가 된다. 여기서 양자효율은 입사된 광자 하나당 생성되는 전자-정공쌍(electron-hole pair, EHP)의 개수를 나타낸다.

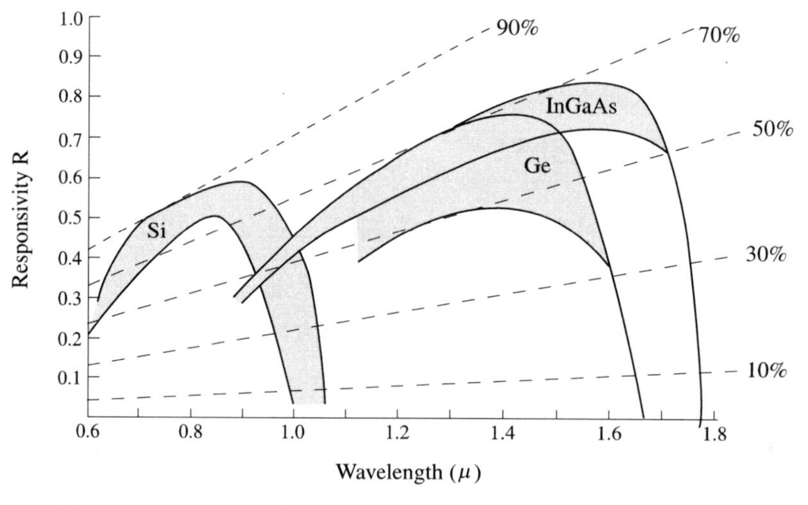

그림 4.3 주요 반도체의 파장에 따른 수신감도(실선) 및 양자효율(점선)

2 광검출기

광검출기(photodetector, PD)는 수광 다이오드 중 광센서나 광통신 등에서 입사되는 빛에 담겨 있는 신호를 효과적으로 검출하여 전기적인 신호로 변환하여 준다. 이와 같은 광검출기 중에서 일반적으로 널리 사용되는 구조는 pin PD와 APD(avalanche photodiode) 그리고 MSM(metal-semiconductor-metal) PD 등이 있다.

2.1 pin PD

먼저 pin PD는 일반적으로 이종접합(heterostructure) p-i-n 구조로 되어 있다. 이 반도체는 중성 영역의 밴드갭 에너지가 일반적으로 p나 n 영역보다 작아서 입사된 빛이 p나 n 영역은 투과하고 중성(i) 영역에서만 빛이 흡수된다.

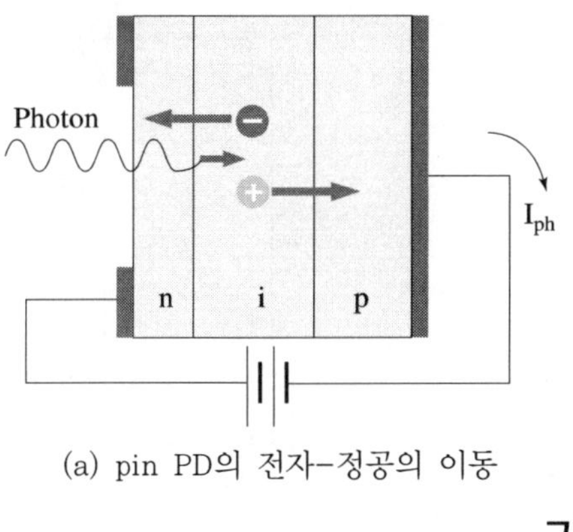

(a) pin PD의 전자-정공의 이동

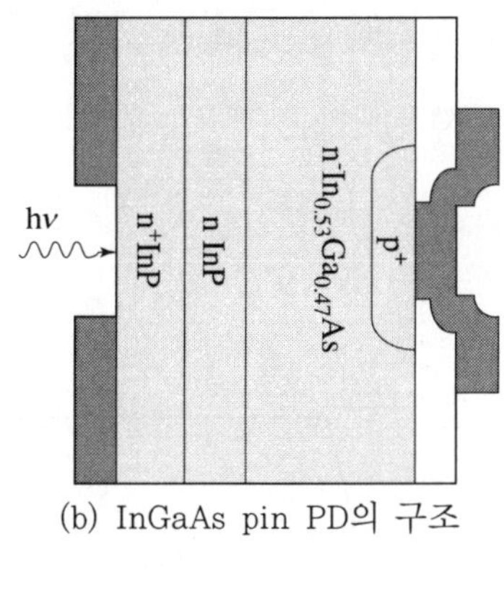

(b) InGaAs pin PD의 구조

그림 4.4

광흡수에서 발생한 전자-정공쌍은 그림 4.4(a)와 같이 역방향으로 인가된 전압에 의해 전자는 양의 전극으로 이동하고 정공은 음의 정공으로 이동한다. 그림 4.4(b)에 광통신에 사용되는 InGaAs pin PD의 구조가 나타나 있다. 빛이 n 영역으로 입사되면 밴드갭이 큰 InP 영역은 투과하였다가 밴드갭이 작은 InGaAs 중성 영역에 이르면 이곳에서 광흡수가 일어나 전자-정공쌍(EHP)이 발생한다. 이 중 전자는 양의 전극으로 이동하고 정공은 음의 정공으로 이동하여 외부로 광전류가 유출된다. 이와 같이 pin PD는 보통의 p-i-n 층으로 구성되어 있어 구조가 간단하고 가격도 상대적으로 저렴하며 잡음 특성도 좋아서 광검출기로 가장 널리 사용된다.

2.2 APD

한편 APD(avalanche photodetector)는 그림 4.5(a)와 같이 p+-i-p-n+의 네 층으로 이루어져 있어 외부에서 인가한 전압이 대부분 p-n+ 경계면에 집중되어 매우 높은 전계가 생성된다. 이때 외부에서 빛이 입사되면 중성 영역에서 흡수되어 전자-정공쌍이 생성되어 정공은 p+ 쪽으로 전자는 n+ 쪽으로 이동한다.

이 전자가 전계가 매우 높은 영역을 지나게 되면 속도가 빨라져서 반도체에 있는 원자와 충돌하여 제2의 전자-정공쌍을 발생시킨다. 이렇게 생성된 전자와 정공은 그림 4.5(c)와 같이 또다시 반도체에 있는 원자와 충돌하여 제3, 제4의 전자-정공

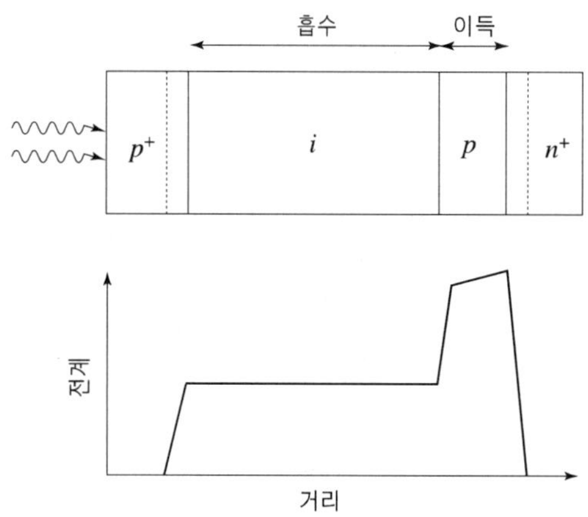

(a) APD의 전계 분포

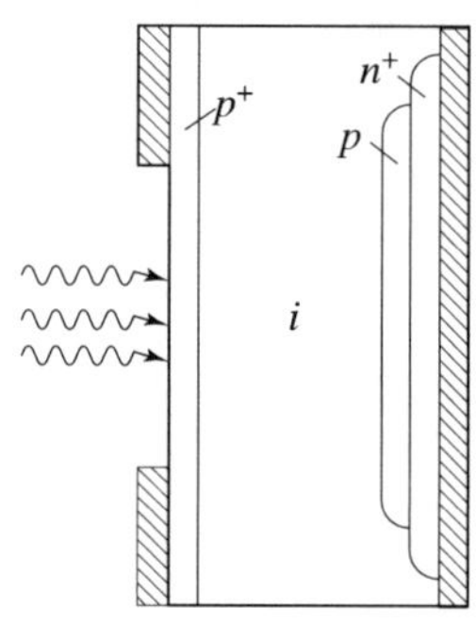

(b) APD의 구조

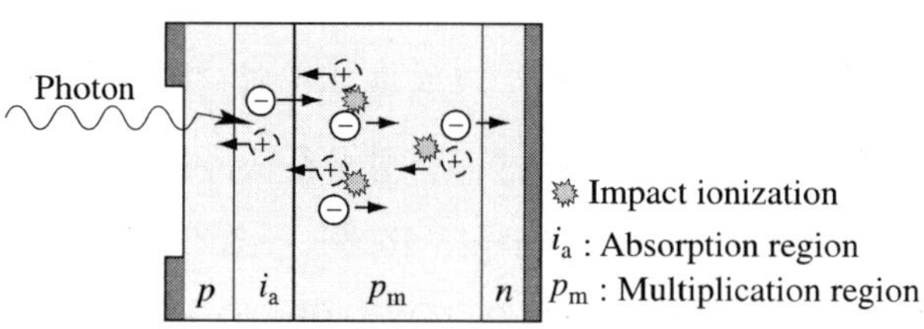

(c) Avalanche multiplication

그림 4.5

쌍을 발생시켜 입사된 광자의 수보다 훨씬 많은 수의 전자-정공을 발생한다. 이러한 원리를 눈사태 이득 혹은 avalanche multiplication 현상이라 한다.

APD는 수신감도가 이 avalanche multiplication factor만큼 향상되기 때문에 pin PD의 10배보다 훨씬 크다. 그러므로 장거리 광통신 시스템과 같이 미약한 광신호를 검출할 경우에 매우 유용한 소자이다. 그러나 이 소자의 단점은 동작 특성이 잡음치가 높고 동작전압이 크며 가격이 비싸다는 점이다.

2.3 MSM

다음으로 MSM(metal-semiconductor-metal) PD는 빛이 입사할 때 반도체 표면에 생성된 전자-정공을 반도체 표면에 형성한 두 금속전극을 이용하여 이끌어 내어 광전류를 검출해 내는 소자이다. 그림 4.6(a)에 MSM PD의 구조가 나타나 있다. 금속과 금속 사이의 간격은 좁히면서 그 길이는 늘려주기 위하여 interdigit 형태의 전극을 활용한다.

이 전극 사이로 반도체에 입사한 빛은 반도체 표면에 전자-정공쌍을 생성하며 이들은 그림 4.6(b)와 같이 각각 양극과 음극으로 이동하여 금속영역 아래로 이동한다. 이 전자의 에너지가 충분히 크면 반도체와 금속 사이의 에너지 장벽을 뛰어넘어 외부전극으로 유출된다.

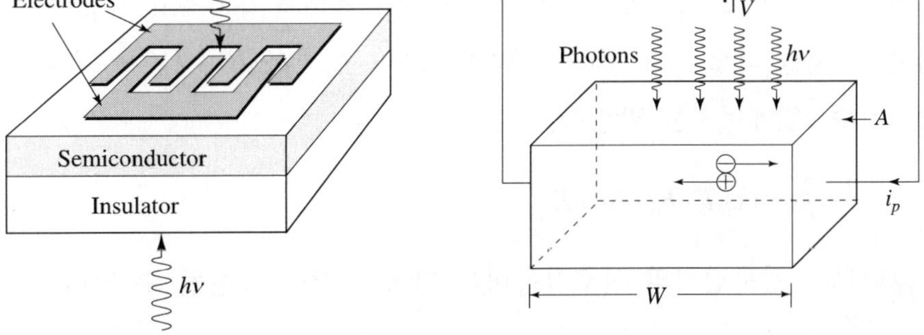

(a) MSM PD의 구조 (b) MSP PD의 광전류 검출

그림 4.6

그러므로 이 소자의 속도는 전극 사이의 간격이 작을수록 동작 속도가 증가하므로 미세구조 전극을 이용하여 초고속 광검출기를 제작할 수 있다. 현재 수백 GHz까지 높은 주파수의 신호를 검출할 수 있는 소자가 상용화되고 있다.

3 광수신기의 성능

3.1 광수신기의 잡음 특성

광수신기는 수광 다이오드를 이용하여 입력된 광신호로부터 전기적인 신호를 복원한다. 즉 입사광 세기에 비례하여 수광 다이오드의 광전류가 발생한다. 그러나 이 관계는 단지 잡음이 없을 경우에만 해당한다. 실제 광수신기에는 두 가지 근본적인 잡음이 존재한다. 하나는 shot noise이며 또 다른 하나는 열잡음(thermal noise)이다.

Shot noise는 전류가 흐를 때 이를 구성하는 전자의 발생이 임의적이기 때문에 발생한다. 평균적으로 흐르는 전류가 I_{ph}라면 전자의 발생편차, 즉 shot noise는 다음 식과 같이 주어진다. 여기서 D_f는 광수신기의 유효대역폭이다.

$$\sigma_s^2 = q \cdot I_{ph} \cdot \Delta f \tag{4.4}$$

한편, 열잡음은 반도체 혹은 도체에 들어 있는 전자의 임의 이동에 의해 발생하는데, 이 잡음의 크기는 일반적으로 온도에 비례해서 증가하고 저항의 크기에 반비례한다. 이를 식으로 표현하면 아래와 같다. 여기서 R_L, F_n, $k_B T$는 각각 저항, 잡음지수, 열에너지를 말한다.

$$\sigma_T^2 = 4k_B T \cdot F_n \cdot \Delta f / R_L \tag{4.5}$$

그러므로 광수신기의 신호잡음비는 다음과 같이 표현될 수 있다.

$$SNR = \frac{signal - power}{noise - power} = \frac{I_{ph}^2}{\sigma_s^2 + \sigma_T^2} \tag{4.6}$$

이로부터 광수신기의 신호잡음비는 수광 세기가 클수록 증가하며 대역폭이 증가할수록 감소함을 알 수 있다. 그러므로 초고속 광수신기에서 SNR을 증가하기 위하여서는 광수신기의 감도를 증가하거나 수광 세기를 키우기 위하여 충분한 광증폭기를 사용하여야 한다.

3.2 비트 에러율

일반적인 디지털 광통신에서 광수신기에 입사되는 광신호의 파형은 그림 4.7과 같다. 주기 t_D의 비트스트림에 잡음이 얹혀서 이상적인 스텝파형에서 다소 벗어난 모습을 보여주고 있다. 이때 디지털 신호 “1”과 “0”을 구분하는 경계를 I_D라 하고 “1”의 평균값을 I_1, “0”의 평균값을 I_0라 할 때 일반적인 입사광의 분포확률은 그림 4.7(b)와 같다.

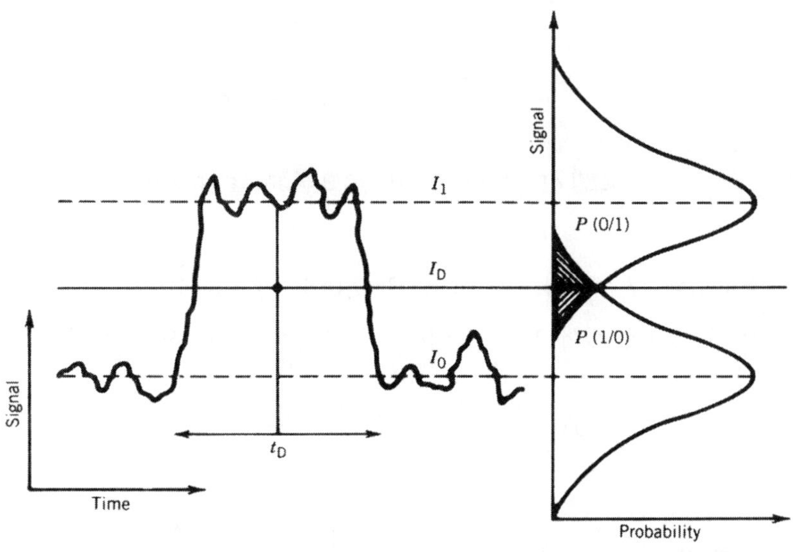

그림 4.7 (a) 입사광신호 파형 (b) 광신호파워의 분포확률

비트 에러율(bit-error rate)이란 “1”이라는 신호를 보냈을 때 “0”으로 오인하거나 “0”이라는 신호를 보냈을 때 “1”로 오인하는 확률을 말한다. 이 값은 일반적으로 다음과 같은 Q-parameter의 함수로 나타난다. 여기서 s1, s0는 “1”과 “0”에서의 신호 분산도를 나타낸다.

$$Q = \frac{I_1 - I_0}{\sigma_1 + \sigma_0} \tag{4.7}$$

일반적으로 신호 분산도는 잡음에 비례한다. 그러므로 잡음이 증가하면 Q 값이 감소하고 잡음이 감소하면 Q 값이 증가한다. 이러한 Q 값에 따른 BER의 변화는 그림 4.8과 같다.

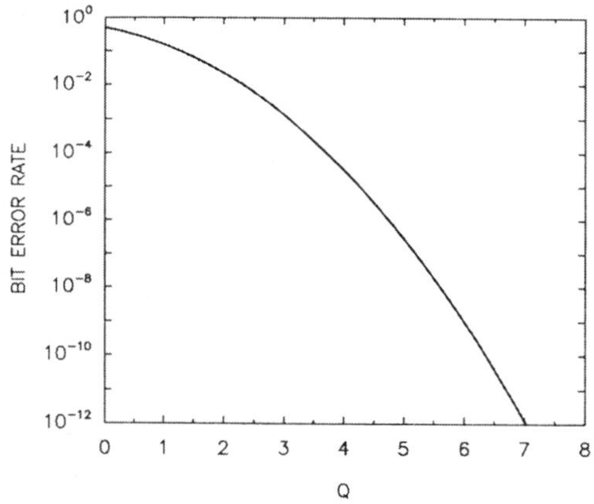

그림 4.8 Q-parameter에 따른 비트 에러율(BER)의 변화

그림 4.8로부터 $Q = 3$ 정도일 때 BER=0.001, $Q = 6$ 정도일 때 BER=10^{-9} 정도가 됨을 알 수 있다. Q에 따른 BER의 근사식은 다음 식과 같다.

$$BER(Q) = \frac{1}{2} erfc\left(\frac{Q}{\sqrt{2}}\right) \approx \frac{\exp(-Q^2/2)}{Q\sqrt{2\pi}} \tag{4.8}$$

3.3 아이패턴

광통신 네트워크에서 광수신기의 성능은 시간에 따라 변하게 된다. 예를 들어 일조량이 많은 옥외 광중계기의 경우 주변 온도에 따라 그 성능이 민감하게 변화하게 된다. 실제 동작 중인 광수신기의 BER을 직접 측정하는 것은 쉬운 일이 아니다. 통상적으로 광수신기의 성능을 실시간으로 모니터링하는 방법으로 가장 적합한 것은 아이패턴을 측정하는 것이다. 일반적으로 광수신기의 출력신호를 digital communication analyzer로 모니터하면 그림 4.9와 같은 파형을 얻게 된다. 이때

그림 4.9(a)의 경우는 신호판별 시점에 "1"과 "0"의 차이를 확연하게 구분할 수 있다. 이런 경우를 '눈이 활짝 열렸다(eye is wide open)'라고 표현한다. 반면에 그림 4.9(b)의 경우는 신호판별 시점에 "1"과 "0"의 차이를 구분하기가 매우 어렵다. 이런 경우를 '눈이 반쯤 감겼다(eye is partially closed)'라고 표현한다. 이와 같이 눈이 열리고 감기는 것을 실시간으로 모니터링할 수 있다. 실제 이 아이패턴을 정밀하게 측정하면 "1"과 "0" 레벨의 수직간격, 수평간격, 선폭 등으로 Q 값을 추출할 수 있다. 이 값을 이용하여 간접적으로 BER을 측정해 낼 수 있게 된다.

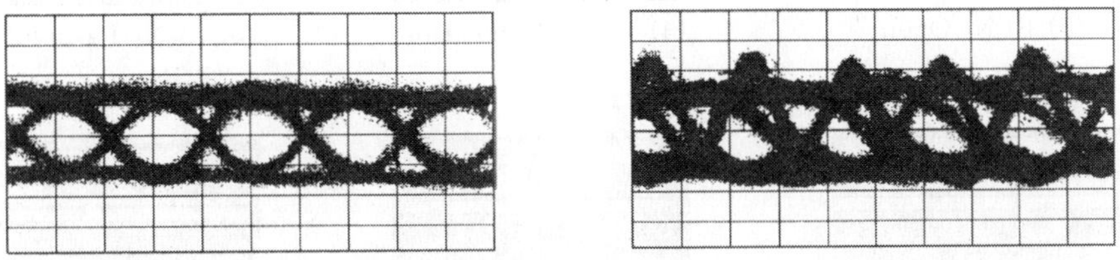

(a) 눈이 열린 아이패턴 (b) 눈이 반쯤 감긴 아이패턴

그림 4.9

4 PD의 제조 공정

4.1 PD chip 제조 공정

PD chip의 제작 공정은 LD chip의 제작 공정과 비슷하며 사용되는 장비와 시설도 거의 유사하다. 그림 4.10에 일반적인 PIN-PD의 구조를 나타내었다.

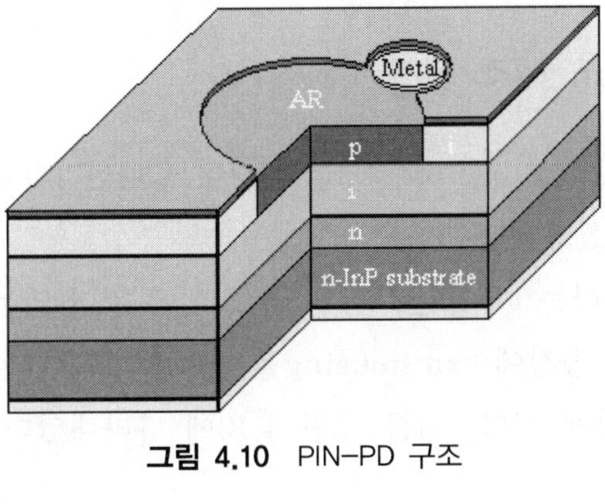

그림 4.10 PIN-PD 구조

그리고 그림 4.11에 PD chip 및 TO Can 제조 공정에 관해 나타내었다.

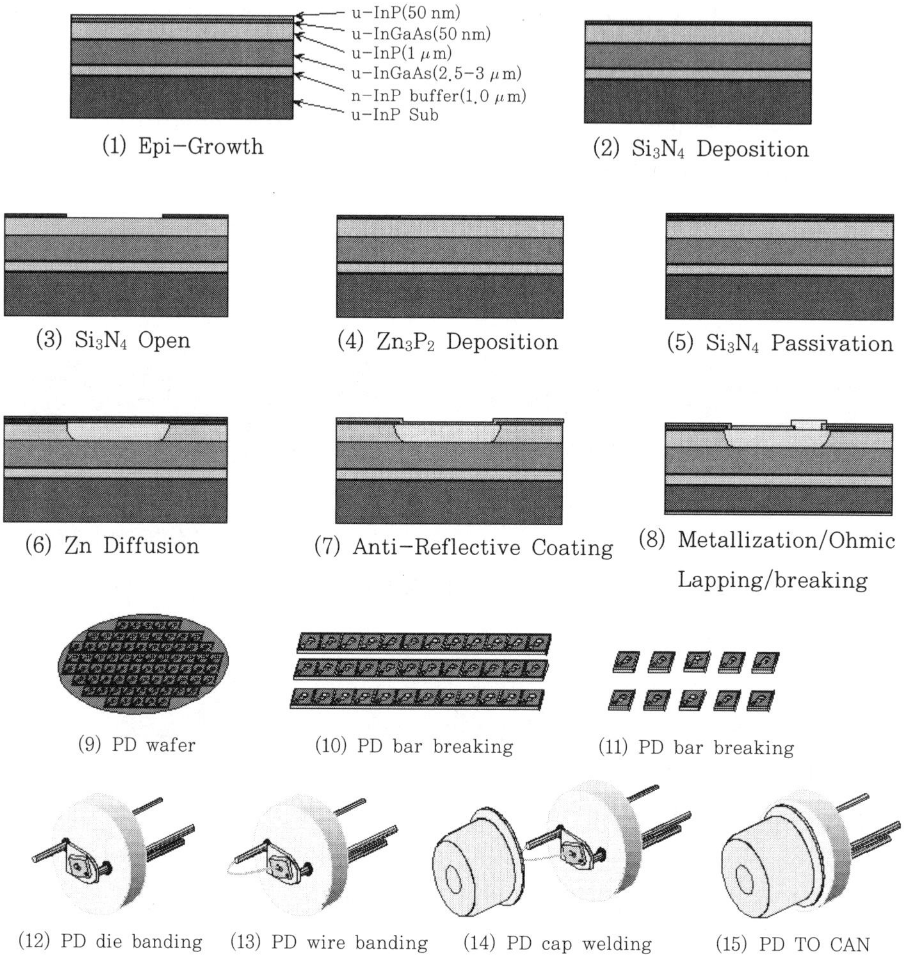

그림 4.11 PD Chip 및 TO Can 제조 공정

4.2 PD TO Can 제조 공정

그림 4.11에서 (10) PD bar breaking 공정이 끝나면 TO Can 공정이 시작된다. 이 공정을 자세히 설명한다.

우선 사용하고자 하는 PD의 용도에 따라 스템에 붙어 있는 marker부를 제거한다. 예를 들어 다음 공정에 can housing을 사용하게 되면 이 부분을 제거하여야 하우징에 잘 들어가게 된다. 이를 그림 4.12에 나타내었다.

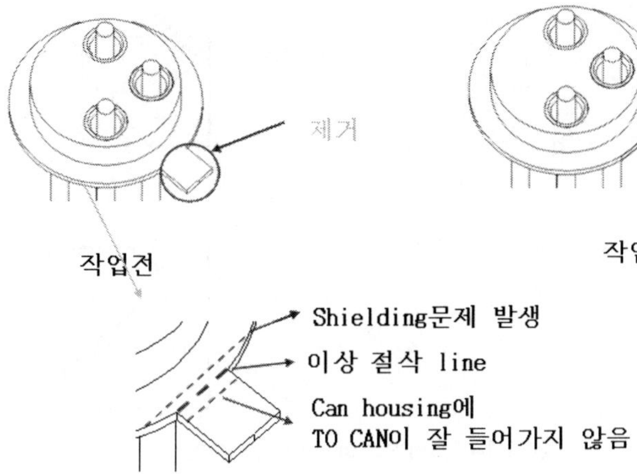

그림 4.12 PC Can Step 준비 작업

준비 작업이 끝나면 가장 먼저 pre-amp의 결합 공정을 시작한다. 그림 4.13과 같이 스템에 pre-amp의 위치에 조심스럽게 장착시킨다. 핀 및 스템 가장자리와의 간격을 그림에 나타내었다.

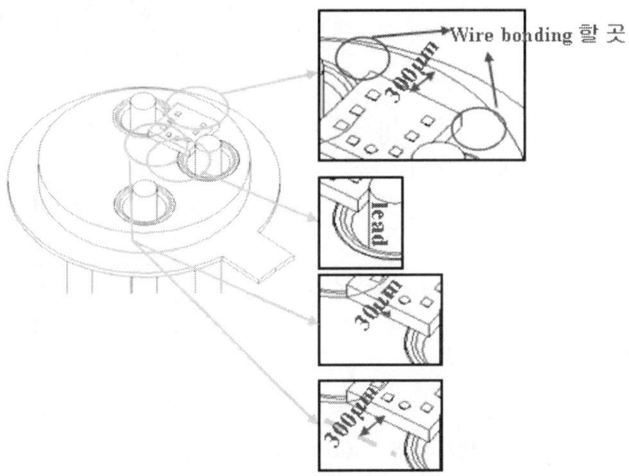

그림 4.13 Pre-amp Die bonding

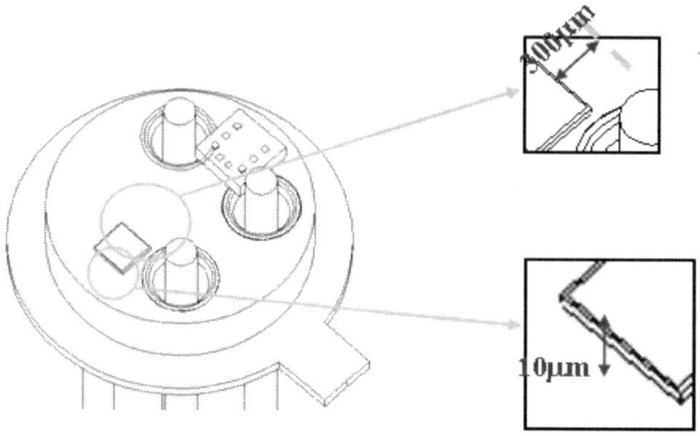

그림 4.14 Capacitor Die bonding

다음으로 그림 4.14와 같이 capacitor를 스템에 장착하는 공정이 진행되고 sub-mount 공정을 하게 된다. 이를 그림 4.15에 나타내었다.

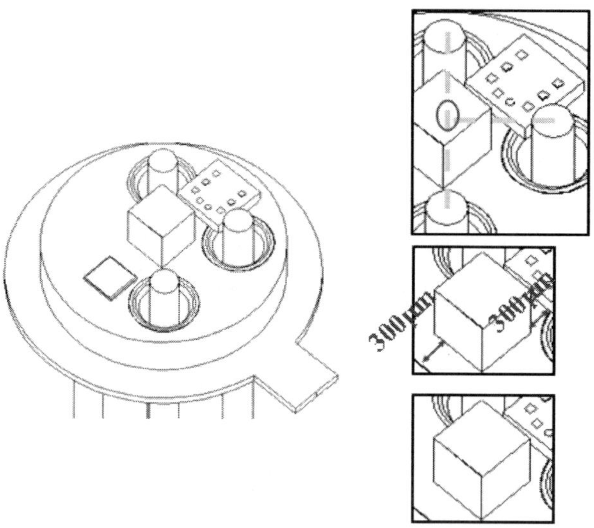

그림 4.15 Sub-mount Die bonding

sub-mount가 장착이 되면 그 위에 그림 4.16과 같이 PD chip을 적당한 위치에 붙인다. 그런 다음 그림 4.17과 같이 wire bonding 공정을 한다.

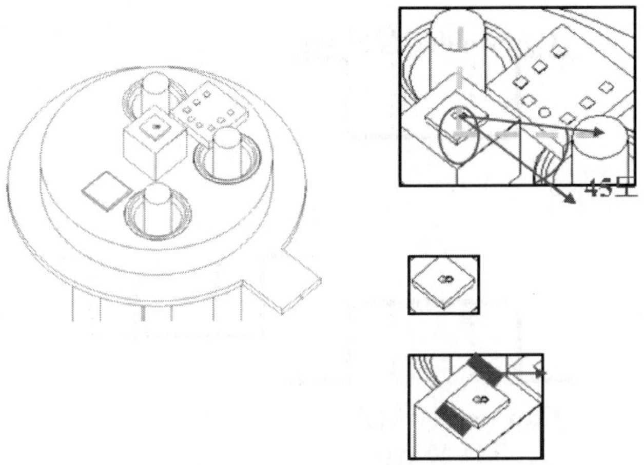

그림 4.16 PD Die bonding

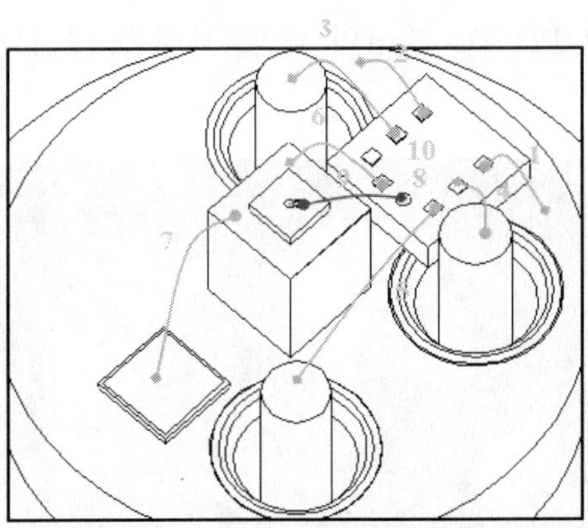

그림 4.17 Wire bonding

마지막으로 그림 4.18과 같이 cap welding 공정을 하게 되면 PD TO Can의 제작 공정이 끝나게 된다.

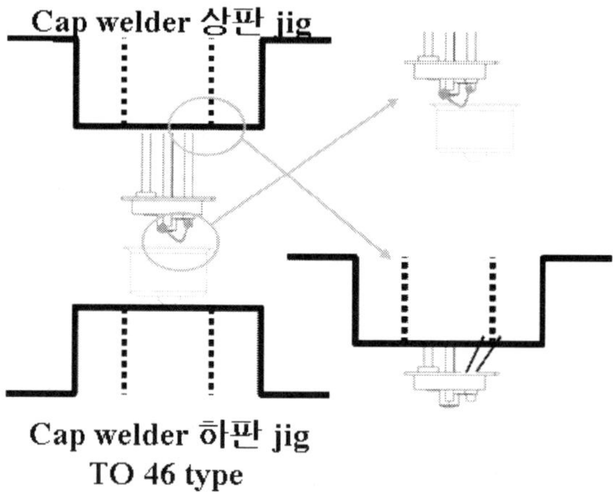

그림 4.18 Cap Welding

그림 4.19에 완성된 PD TO Can의 내부 사진을 나타내었다.

그림 4.19 PD TO Can의 내부 사진

제5장 광송수신 모듈

광트랜시버의 종류에 따라 사용되는 광모듈, 즉 osa(optical subassembly)가 달라진다. 광트랜시버는 진행 과정에 따라 크게 duplexer type, diplexer type, triplexer type으로 나눌 수 있다. 이를 그림 5.1에 나타내었다.

현재 주로 사용되고 있는 타입이 bi-directional형으로 diplexer와 최근에는 여기에다 CATV 신호를 부가한 triplexer type이 주로 이용되고 있다. 본 장에서는 이들의 제작 공정에 대해 설명하며 광모듈 제작 공정을 위해 필수 기술인 레이저 웰딩 기술의 기본 원리 및 운용에 관해 설명한다.

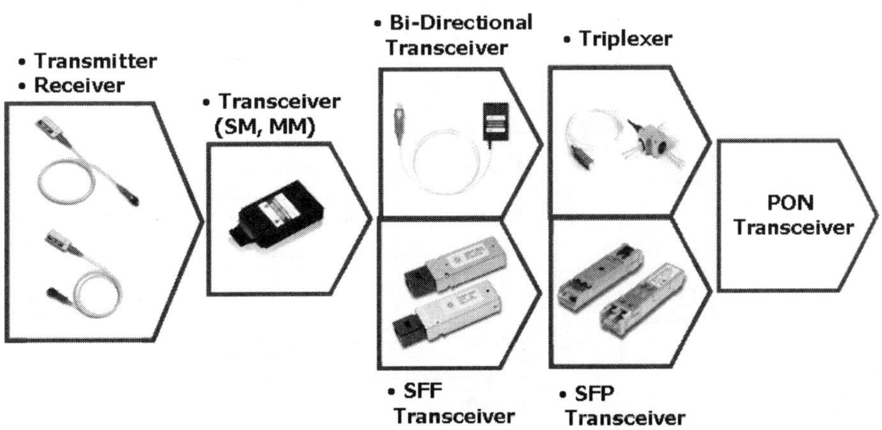

그림 5.1 광가입자망용 트랜시버 개발 동향

1 Laser Welder 기술

1.1 Pigtail 공정

Pigtail 공정이라고 하면 LD/PD 같은 광소자에 광섬유를 부착시키는 공정을 말하며 이 공정은 크게 다음과 같이 구분할 수 있다.

1. 광소자와 fiber 간의 정렬
2. 광소자와 fiber의 접착/고정

그림 5.2에 일반적인 LD pigtail 공정의 흐름도를 나타내었다. 그리고 PD pigtail 공정은 LD pigtail 공정과 매우 유사한 흐름을 가지며 다만 laser hammering 과정이 생략된다.

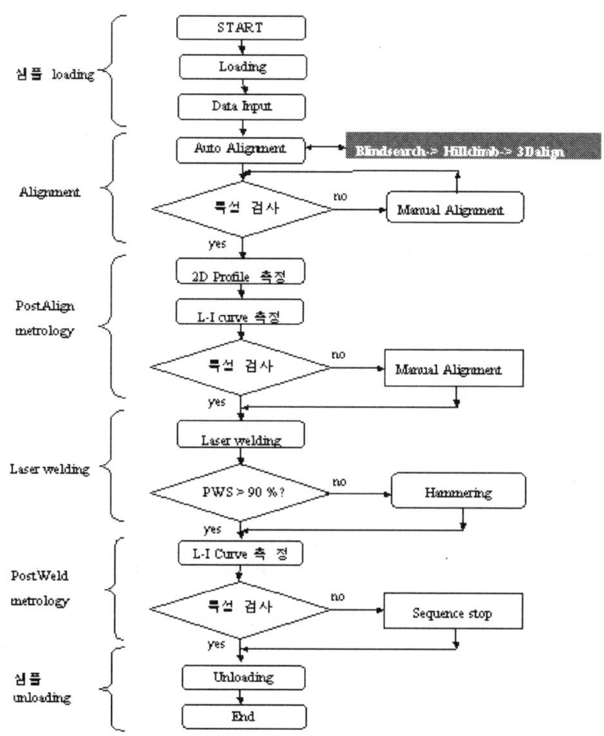

그림 5.2 일반적인 LD pigtail 공정의 흐름도

1) Alignment 공정

Alignment 공정은 다음과 같이 몇 개의 단계로 진행된다.

1. 초기의 최소한의 광파워를 찾는 단계(blind search 공정)
2. XY평면상에서 정렬을 최적화하는 단계(2D align 중에서 hill climb 공정)
3. Z축상에서 정렬을 최적화하는 단계, 이 단계는 2D align을 병행함(3D align 공정)
4. 정렬을 최종적으로 최적화하는 단계(2D profile 공정-align용)

먼저 blind search 공정을 표 5.1에 나타내었다. 이 공정에서는 intensity threshold 11 μW를 찾으면 공정을 종료한다.

표 5.1 Blind search 공정

변수명	설정값	의미
name	BlindSearch1	설정값을 저장하고 있는 파일 이름
Step size	10	10um 간격으로 scan을 하다.
Scan length (X)	500	x축의 scan하는 거리 500 μm
Scan length (Y)	500	y축의 scan하는 거리 500 μm
speed	5	축의 scan 속도는 5 cm/sec로 하라.

2) Hill climb 공정

다음의 그림은 hill climb을 수행하는 과정을 나타낸다.

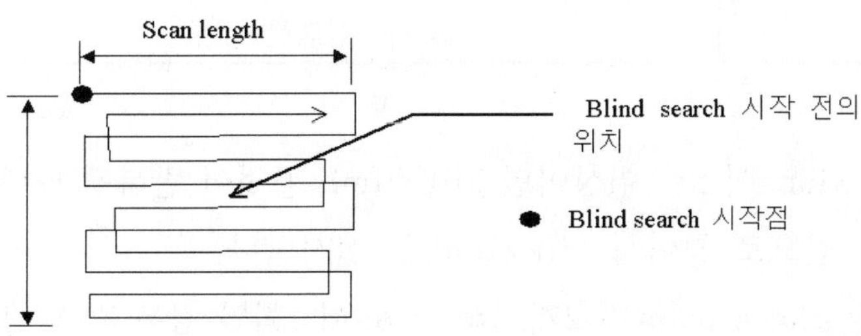

Hill climb 수행 과정

1. scanning
   이 과정에서 축의 이동 속도(scan speed)가 너무 크면 3단계에서 되돌아가는 시간이 많이 소요된다. 이 과정에서 광파워의 모니터링은 파워미터의 아날로그 output을 이용한다.
2. 예상한 광파워 값(intensity threshold)을 찾는 순간에 scanning을 멈추고
3. scan 경로를 되돌아가면서 최대 광파워가 나오는 위치까지 간다.
4. 만약 예상한 광파워를 찾지 못하면 시작 전의 위치로 축이 이동하고 “light not found” message를 출력하고 종료한다.

Blind search가 sequence상에서 실행되었다면 “light not found” message를 출력하고 sequence는 임시 중단시키고 manual operation을 실행할 것을 권한다.

표 5.2 Hill climb 공정

변수명	설정값	의미
name	HillClimbPre	설정값을 저장하고 있는 파일 이름
Step size	4	4 μm 간격으로 scan을 한다.
Check point	2	Peak를 찾은 후에도 2step 더 이동시켜 또 다른 peak가 있는지 없는지 확인한다.
Iterations	1	1회 반복함. 1회=(X축 정렬→Y축 정렬→X축 정렬)
scan method	○YXY ⊙XYX	어느 축을 먼저 정렬할 것인지를 결정해 준다. XYX이면 x축 정렬→y축 정렬→x축 정렬
Tracking(%)	4 ○On ⊙Off	option이 On일 때만 의미 있음. Peak power를 계속 모니터링하면서 광출력이 4% 이하로 떨어지면 Hill climb을 수행한다. * LD/PD pigtail 공정에서는 Tracking을 항상 Off로 선택한다.

만약 iterations이 2회 이상이면 hill climb 공정이 반복될 때마다 설정된 step size를 계속 반으로 줄여서 hill climb을 실시한다.

그림 5.3은 check point가 2개, iteration이 1회인 경우 XYX 방법의 hill climb 공정을 나타낸다.

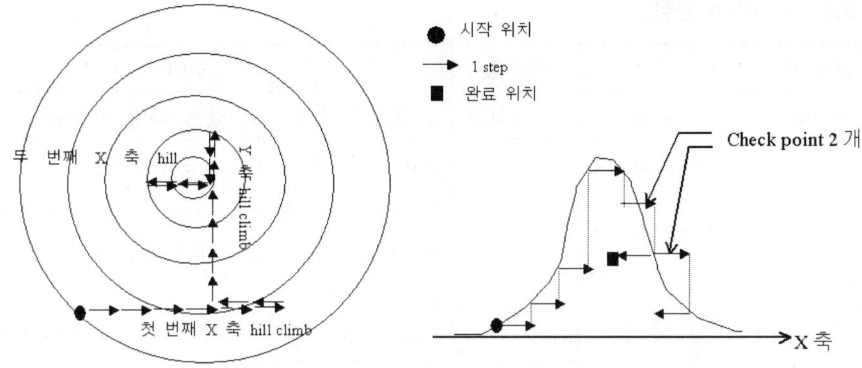

그림 5.3 Hill climb 공정의 예

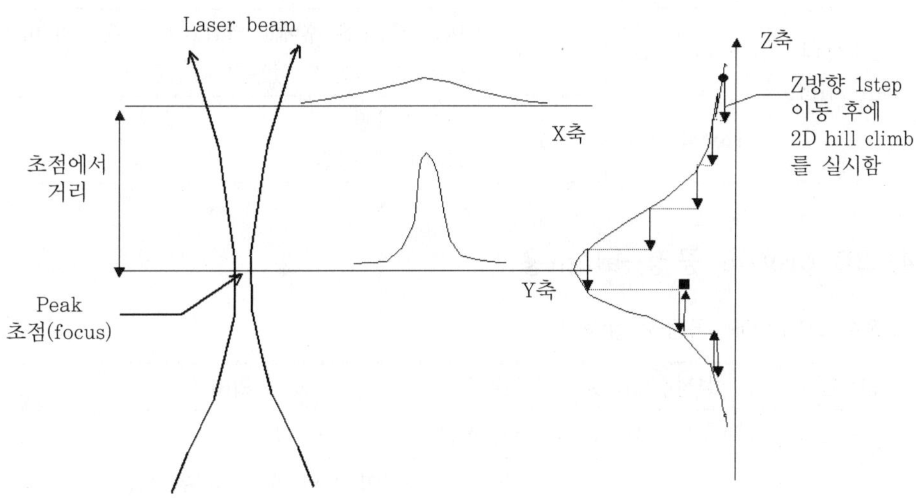

그림 5.4 Hill climb 공정

3) 3D align 공정

3D align 공정은 2D hill climb(XY) 공정에 Z축상의 hill climb 공정을 추가한 공정이다. 그러므로 3D align 공정의 공정 변수는 2D hill climb 공정 변수와 z방향의 hill climb에 필요한 공정 변수로 구성되어 있고 변수의 의미는 2D hill climb과 동일하다.

표 5.3 3D align 공정

변수명		설정값	의미
name	name	coax3D3	설정값을 저장하고 있는 파일 이름
Hill climb (X, Y)	Step size	2	2 μm 간격으로 Hill climb한다.
	Check point	2	Peak를 찾은 후에도 2step 더 이동시켜 또 다른 peak가 있는지 없는지 확인한다.
	Iterations	1	1회 반복함. 1회=(X축 정렬 → Y축 정렬 → X축 정렬)
	scan method	○YXY ⊙XYX	어느 축을 먼저 정렬할 것인지를 결정해준다. XYX이면 x축 정렬 → y축 정렬 → x축 정렬
Z축상의 Hill climb	Step size	30	30 μm 간격으로 z방향의 Hill climb을 실시
	Check point	2	Peak를 찾은 후에도 2step 더 이동시켜 또 다른 peak가 있는지 없는지 확인한다.
	Iterations	1	1회 반복함. 1회=(z축 정렬)

4) 2D profile 공정-align용

표 5.4 2D profile 공정-align용

변수명	설정값/option	의미
name	Profile2D-Align	설정값을 저장하고 있는 파일 이름
return to	- Start - peak	profile측정이 끝난 후 축의 위치를 정해 준다. - 측정 직전의 위치로 간다. - profile측정하는 동안 가장 많은 광파워의 위치로 간다(즉, align효과가 있음).
scan method	- mid point forward	scan하는 방법을 설정한다. - 측정 전의 위치에서 +-방향으로 진행
color		각각의 축에 색을 설정한다.
step	1	scan step=1 μm
scan length	10	총 scanning 하는 거리 10 μm
% maximum	90	광파워가 peak에서 90% 떨어지는 지점 간의 거리(Full width)를 계산하라.

1.2 Solder 공정

Solder 공정에는 우선 solder material로서 일반적으로 FUSION INCORPOR-ATED사의 WCE-430C-031를 사용한다. 이의 사용법은 우선, 바인더에 파우더 soldering filler metal과 flux가 녹아 있고, 접합할 부위와 solder에 filler metal의 용융점 이상의 열을 가해서 금속을 붙인다.

보관은 실온에서 하고 용융점은 220℃ 정도이며 제품의 83% 중량이 filler metal이며 Flux-binder가 제품의 17% 중량을 차지한다.

그리고 표 5.5에 이의 스펙을 나타내었다.

표 5.5 Solder material 특성의 예

요소	OSHA PEL	ACGIH TLV	other limit	명목상 % of filler metal
Tin CAS# 7440315	2 mg/m^3	2 mg/m^3		96.15
Silver CAS# 744022	0.01 mg/m^3	0.1 mg/m^3		3.5
Antimony CAS# 744036	0.5 mg/m^3	0.5 mg/m^3		0.35

다음에 lens soldering process에 대해 설명한다.

우선 lens housing 고정용 jig cleaning을 해야 하는데, soldering 시 lens와 lens housing을 고정시켜 주는 나사와 받침대를 알코올을 이용하여 깨끗이 닦는다.

그런 다음 lens를 lens housing에 삽입 후 jig에 장착하며 lens 삽입 방향은 그림과 같이 lens의 볼록한 부분이 바닥에 밀착되도록 한다.

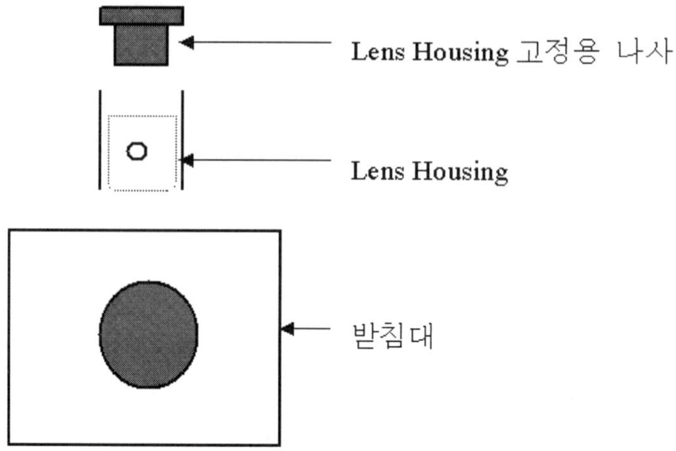

그림 5.5 Lens Housing 고정용 Jig

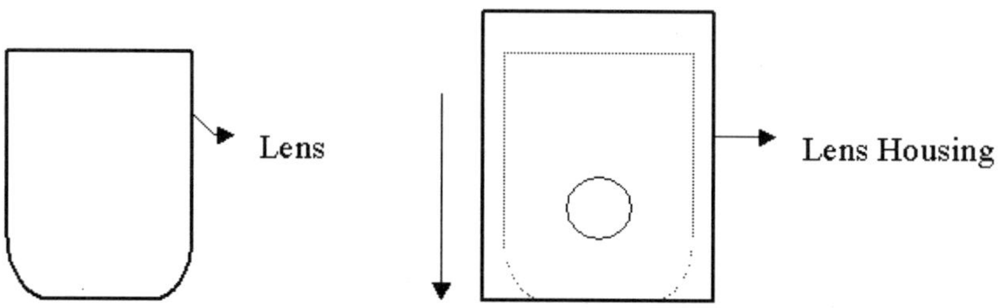

그림 5.6 Lens 삽입 방향

준비된 액체 solder의 적당량(1회 사용량)을 슬라이드 글라스 위에 올려놓은 다음 가는 막대기에 묻혀 현미경을 보면서 soldering 부위에 바른다. 주입량은 soldering용 구멍에 약 1/2 정도 주입한다. 주입 시 solder가 lens housing 표면에 묻지 않도록 주의한다.

그리고, 납땜인두를 사용하여 lens housing 표면에 접촉시켜 약 7초간 soldering한다. 이때 열전달을 돕기 위해 인두에 solder를 약간 묻히면 더욱더 soldering이 잘된다.

soldering 후 알코올을 면봉에 묻혀 lens housing에 남은 flux를 깨끗이 제거해낸다. 그리고 soldering 후 현미경으로 lens 표면을 확인 후 lens 표면에 불순물이 묻어 있을 경우 알코올로 깨끗이 cleaning한다.

2 TOSA 패키징 공정

OSA를 패키징하기 위해 필요한 부품은 LD 또는 PD TO Can, can housing, sleeve, stub 등이 있으며 필요 장비는 laser welder 등이 있다. 패키징 작업은 레이저 웰더에서 이루어지므로 우선 작업 전 레이저 웰더의 가동 준비가 정확히 이루어져야 한다.

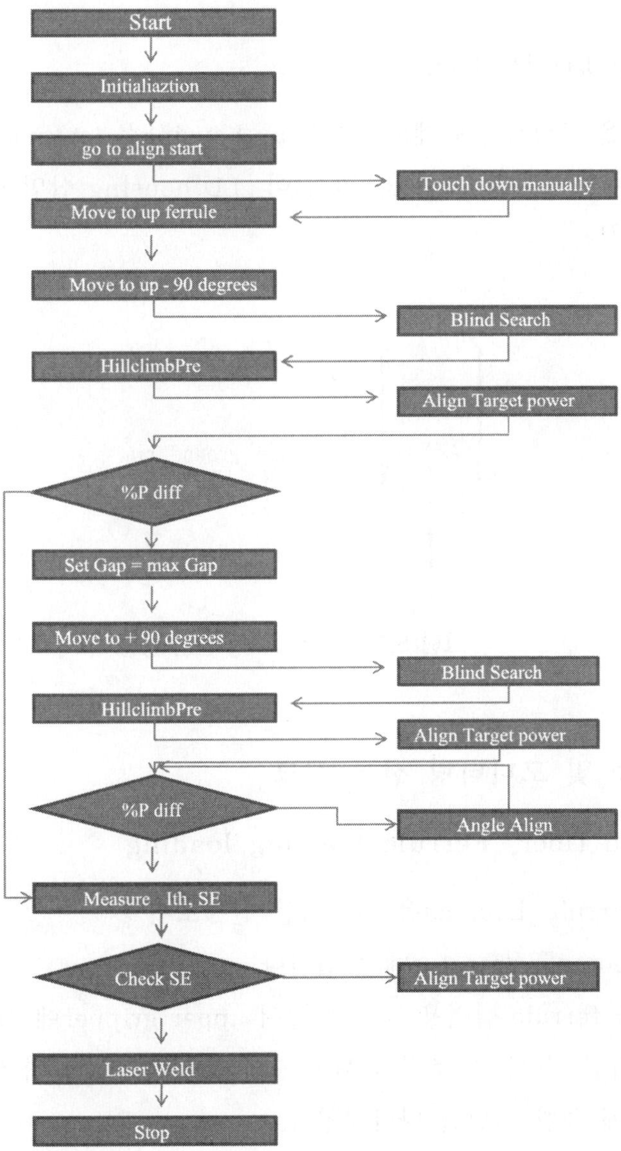

그림 5.7 1.3 μm Pigtailed LD 공정 흐름도

그리고 고출력의 레이저를 취급하고 고정밀의 정렬을 요하기 때문에 작업상 주의사항이 지켜져야 한다. 다음은 1.3 ㎛ pigtailed LD의 공정의 예를 들어 설명한다. 그림 5.7에 공정 흐름도를 나타내었다.

그리고 작업 순서별로 공정을 자세히 설명하기로 한다.

1) 시작

레이저 웰더의 가동을 한다.

2) Loading LD TO Can

LD housing을 로딩하는 단계로서 LD can housing을 lower gripper에 삽입하고 눌러주게 된다. 여기서 그림 5.8과 같이 LD housing 삽입 방향에 주의해야 하는 사항이 있다.

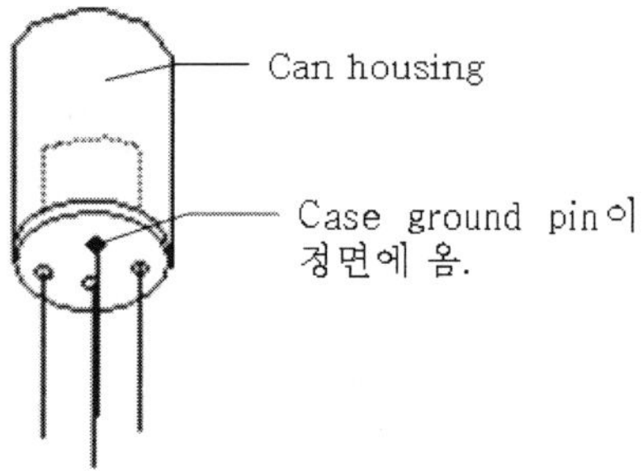

그림 5.8 LD housing 삽입 방향

3) LD 구동 및 모니터링 전류 체크

4) Ferruled fiber, Ferrule housing loading

Ferrule과 ferrule-housing을 로딩하는 단계로서

1. SC connector를 detector에 삽입한다.
2. Ferrule을 ferrule 삽입용 지그에 넣어 upper gripper에 삽입한다. 여기서 ferrule 삽입 깊이를 맞추기 위해 반드시 삽입용 지그를 사용해야 하며 그림 5.9에 이에 대한 개념을 나타내었다.

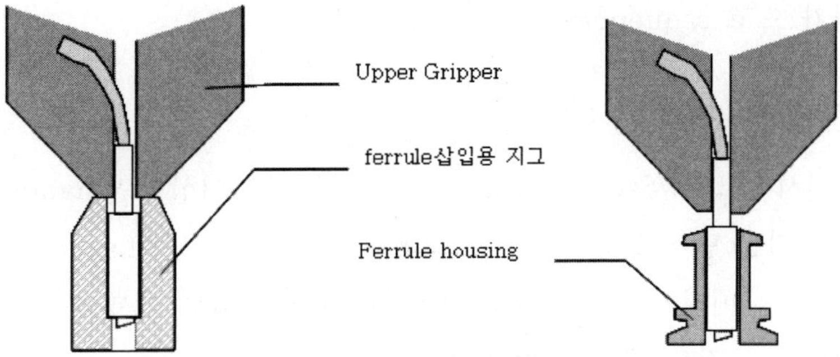

그림 5.9 Ferrule 삽입용 지그의 개념도

3. ferrule housing과 ferrule을 결합한다. 이때 ferrule과 ferrule-housing의 삽입 상태를 확인한다. 확인 방법은 ferrule housing을 상하운동 시키면서 너무 빽빽하거나 너무 헐거우면 다른 ferrule housing으로 교체한다.

5) Alignment 실시

우선, 그림 5.10과 같이 ferrule housing이 LD housing 윗면에 잘 닿아 있는지 확인하고 만약 접촉이 안 되어 있으면 sliding panel을 열고 ferrule housing을 트위저로 잡고서 상하운동을 시키면 된다.

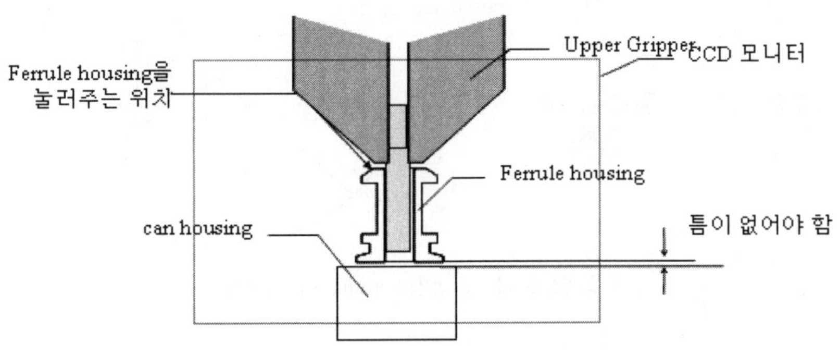

그림 5.10 Alignment 공정

6) Post alignment metrology 실시 및 I_{th}, SE, I_{op}, I_{mPD} 체크

LI Curve를 측정하여 측정값(I_{th}, SE, I_{op}, I_{mPD})이 모니터에 출력되면 이들 값이 검사규격에 합격인지 확인한다. 만약 한 가지라도 불합격되면 “Out of Spec”이라

는 메시지가 뜨고 sequence가 잠시 중단된다.

7) Laser welding 실시

웰딩을 실시하고 PWS(post welding shift)가 90% 이상이면 hammering 공정을 생략하고 다음 단계로 간다. 만약 PWS가 90% 이하이면 "Laser Hammering? Yes or No"라는 메시지가 뜨며 laser hammering 단계로 가서 PWS가 90% 이상 올라갈 때까지 공정을 계속 수행한다.

8) Flange welding 실시

Load flange와 pigtailed LD를 결합하는 공정으로 우선, flange를 flange welding 지그 위에 올려놓는다. 그런 다음 flange welding 지그를 lower tooling에 삽입하고 pigtailed LD를 flange welding 지그에 삽입한다.

이 작업이 끝난 후 flange welding이 실시된다. 이의 개념도를 그림 5.11에 나타내었다.

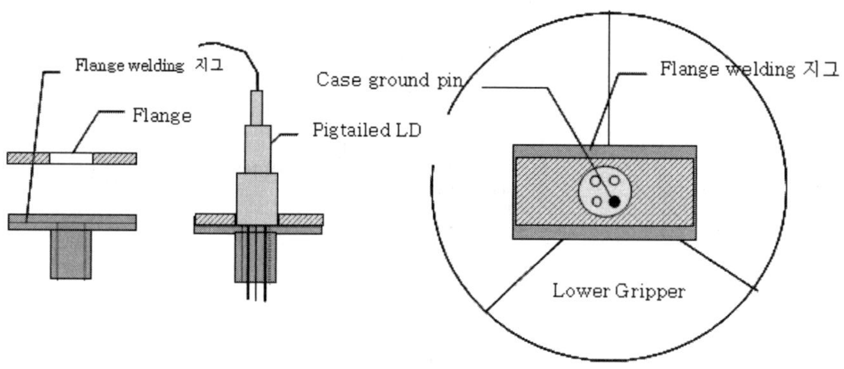

그림 5.11 Flange welding 개념도

9) Post weld metrology 실시

Welding 후의 I_{th}, SE, I_{op}, I_{mPD} 등을 체크하여 스펙을 만족하는지 확인하면 TOSA의 제작 공정이 끝나게 된다.

3 Diplexer OSA 제조 공정

송신과 수신 기능을 하나의 제품에 장착한 Duplex Transceiver는 각각의 신호 처리를 위하여 두 개의 광섬유 선로를 필요로 한다. 그러나 송신과 수신을 하나의 광선로로 처리할 수 있는 1심선, 쌍방향 통신이 가능한 Bi-directional Transceiver가 등장하며 광선로의 효율성을 두 배로 증가시킬 수 있게 되었다.

Bi-directional Transceiver는 한 가닥의 광섬유를 통하여 광신호의 송신 및 수신이 가능하도록 제작된 광모듈로서 1.3 μm 및 1.55 μm의 두 파장을 사용하며, 현재 대부분의 장비에 채용되고 있는 제품이다. 즉 Bi-directional Transceiver는 송신을 위한 LD와 수신을 위한 PD가 동시에 들어 있으며 이러한 두 개의 신호를 분리해 주는 WDM filter 등으로 구성되어 있는 핵심 복합소자이다.

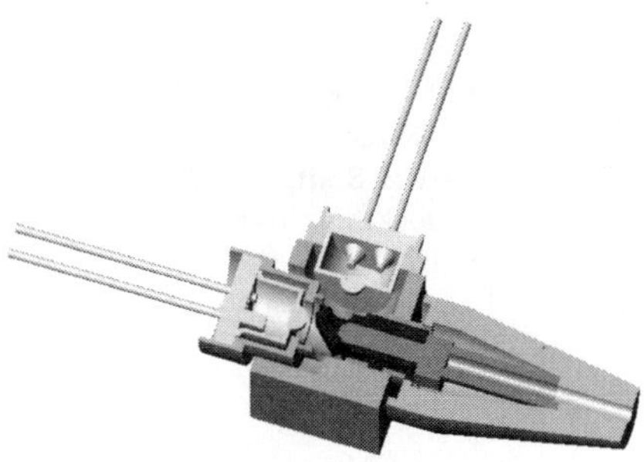

그림 5.12 Bi-directional Transceiver의 Optical Part

Bi-directional Transceiver의 제작에는 LD와 PD 간의 광정렬 및 광신호의 분리(isolation), 송신 및 수신 신호의 분리(WDM filter), 그리고 이들 부품들과 광섬유와의 정밀한 정렬을 통한 광결합 등이 중요 변수가 된다. 이미 상당수의 기업에서 Bi-directional Transceiver를 개발 상용화하여 판매하고 있으나 아직은 이러한 정밀 광정렬 부분에의 부품 수나 공정시간의 한계로 시스템 업체들이 요구하는 가격 수준을 맞추기가 쉽지 않은 형편이다.

일부 업체에서는 PLC를 이용한 planar package를 채택하여 저가격형의 제품을 개발하고 있으나 아직 안정화되지 않은 상태이며 특히 생산성 면에서 검증이 되고 있지 않아 향후 상당 시간은 현재와 같은 coaxial type package(TO can을 이용한

package)가 주도할 것으로 예측된다.

따라서 기존의 업체들이 생산하고 있는 공정에 비하여 저가격으로 생산할 수 있는 기술개발의 성공 시 현재 성장하고 있는 Bi-directional Transceiver 및 이를 이용한 응용 시스템 시장에서 주도권을 확보할 수 있으며 이를 통하여 FTTH를 앞당기는 상승효과까지도 기대할 수 있다.

3.1 Diplexer 제작 공정

Diplexer는 통상 ONU용과 OLT용이 1set로서 구성되며 ONU용의 경우 1.3 μm 송신, 1.55 μm 수신을 하게 되며 OLT의 경우는 그 반대가 된다. 표 5.6에 Diplexer 제작에 필요한 부품을 나타내었다. 그리고 그림 5.13에 전체 제조 공정도를 나타내었다.

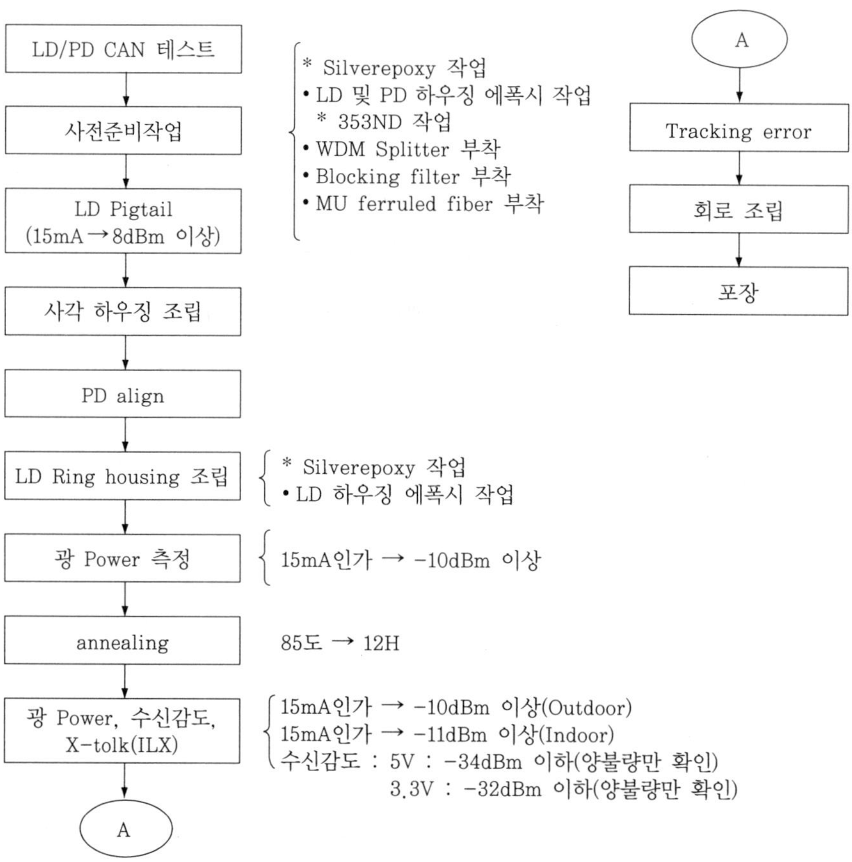

그림 5.13 Diplexer 제작 공정도

표 5.6 Diplexer용 부품

종 류			규 격	비고
ONU용	LD 1310 nm	LD Housing	LDH	
		LD Housing Ring	LDH-Ring	
		Ferrule Housing	FH	
		Ferrule Housing Guide	fhg	
		LD Can(Ball)		
	PD	사각하우징	MH	
		PD Housing	PDH	
		PD Can(Ball)		
	Beam Splitter	1310 nm-45도 입사	LD-SWP-45	
	Filter	1550 nm-90도 입사	PD-LWP-90	
OLT용	LD 155 m	LD Housing	LDH	
		LD Housing Ring	LDH-Ring	
		Ferrule Housing	FH	
		Ferrule Housing Guide	FHG	
		LD Can(Ball)		
	PD	사각하우징	MH	
		PD Housing	PDH	
		PD Can(Ball)		
	Beam Splitter	1550 nm-45도 입사	LD-LWP-45	
	Filter	1310 nm-90도 입사	PD-SWP-90	
	Fiber	MU-Ferruled Fiber	MU-Ferrule	
	Case(부트)			
합계				

우선 사용할 LD와 PD를 테스트해야 한다. LD에서는 power 및 focal length 등을 확인하며, PD도 마찬가지로 적정 사양대로 power를 제대로 수광하는지를 확인한다.

LD와 PD의 테스트가 끝나면 사전 준비 작업으로 에폭시 작업, 렌즈류 부착 등이 있다. 에폭시 작업은 LD와 PD에 에폭시를 이용해서 housing을 붙이고 WDM splitter와 blocking filter, MU ferruled fiber를 에폭시로 부착을 한다.

다음으로는 에폭시 작업이 끝난 LD를 fiber와 align을 해서 welding을 한다. 그런 다음 사각하우징을 조립하고 이 사각하우징에 PD를 align한 후 welding을 한다. PD가 welding된 사각하우징에 ring housing을 이용해 welding을 하고 출력되는 광 power를 측정한 후 chamber에서 85℃까지 온도를 올린 후 12시간 보관을 한다. 12시간이 지난 후 광 power, 수신감도, cross-talk을 측정하고 -40~85℃ 상태에서 tracking error를 측정한 후 이상이 없을 시 회로를 조립하고 포장을 해서 출하를 하게 된다.

1) 사전 준비 작업

지금까지는 전체 제조 공정도에 대해서 알아보았는데 앞의 공정도에 포함된 사전 준비 작업에 대해서 자세히 설명하기로 한다. 그림 5.14에 사전 준비 작업 공정도를 나타내었다.

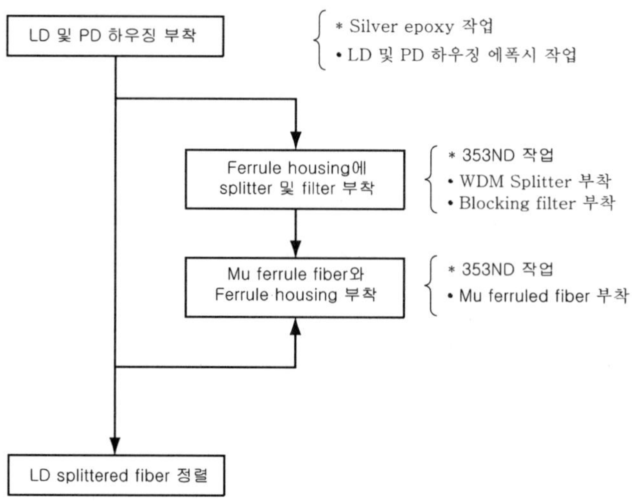

그림 5.14 사전 작업 공정도

사전 작업 내용은 크게 ferrule housing에 WDM splitter와 blocking 필터의 에폭시 작업을 하는 공정으로 먼저 WDM splitter와 blocking 필터를 에폭시 작업하기에 앞서 LD에 따라 WDM splitter와 blocking 필터를 구분하여 접착하여야 한다. 예를 들어 1310 nm의 파장대를 갖는 LD를 사용 시에는 WDM splitter는 SWP를, blocking 필터는 LWP를 사용해야 한다. 또한 1550 nm의 파장대를 갖는 LD를 사용할 경우에는 WDM splitter는 LWP를, blocking 필터는 SWP를 사용해야 한다.

이 절에서는 1310 nm의 파장대를 갖는 LD를 기준으로 설명을 하기로 한다. 그리고 1550 nm의 파장대를 갖는 LD를 사용할 때도 작업 공정도는 동일하다.

WDM splitter를 작업할 경우에도 주의할 점이 있는데 바로 코팅면을 찾는 것이다. 이는 WDM splitter의 두께 및 45° 경사로 인해 광경로가 달라지기 때문에 항상 일정한 방향으로 코팅면이 위치하여야 한다. 그리고 코팅면의 구별은 WDM splitter를 수평으로 잡고 형광등에 비춰 보았을 때 양 모서리에 빛이 진하게 나타나는 면이 코팅면이다.

코팅면을 찾은 후에는 아래 그림처럼 45°로 깎인 ferrule housing의 바깥쪽에 코팅면이 오도록 붙이게 된다.

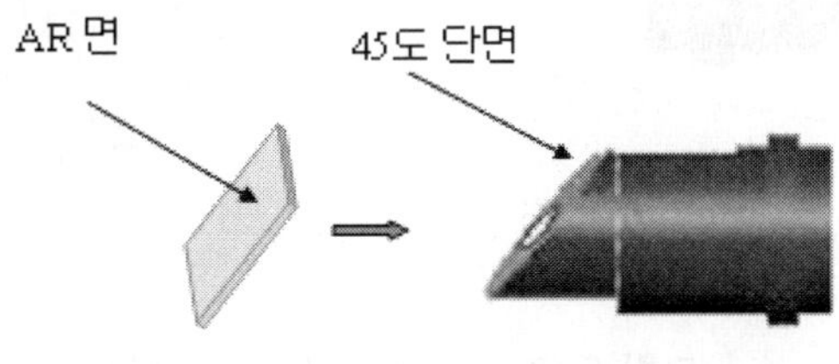

그림 5.15 WDM Splitter의 에폭시 작업

다음은 WDM splitter를 ferrule housing에 붙이는 방법에 대해서는 설명을 한다. 그림에서 보는 바와 같이 WDM splitter 부착 시 housing 단면 밖으로 나가지 않도록 주의해야 하고 에폭시는 hole 양옆으로 살짝 찍어 발라 준다. 에폭시를 너무 많이 바르면 에폭시가 hole 안쪽으로 새어 ferrule 끝단에 묻을 수 있으므로 주의하여 적정한 양을 바르고 WDM splitter 양 단면에 먼지 등 이물질이 묻지 않도록 하는 각별한 주의가 요망된다.

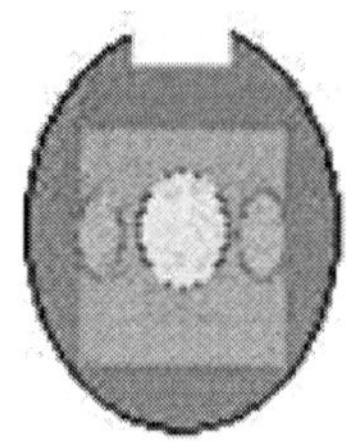

그림 5.16 WDM Splitter의 부착

WDM splitter의 에폭시 작업이 끝나면 ferrule housing에 blocking 필터를 붙이는 작업을 해야 한다. 먼저 blocking 필터 선택은 1.3 μm용인지 1.55 μm용인지를 잘 구별하여 정해야 한다.

Blocking 필터는 코팅면을 구분할 필요가 없다. 필터의 두께가 아주 얇고 또한 WDM splitter와는 달리 경사면이 없기 때문이다.

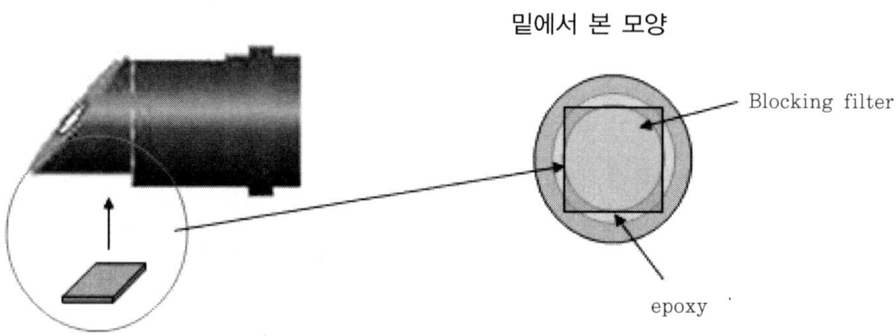

그림 5.17 Blocking FIlter의 부착

그림 5.17에서 볼 수 있듯이 ferrule housing에 에폭시를 골고루 사면에 도포한 후에 blocking 필터를 적당한 위치에 고정을 시킨다. blocking 필터 역시 주의사항은 WDM splitter의 경우와 같다.

에폭시 작업이 WDM splitter와 필터 모두 끝나면 ferrule housing을 오븐에 넣고 에폭시의 경화를 위해 통상 90℃에서 90분 정도 curing을 한다.

2) MU Ferrule Fiber와 Ferrule Housing 결합

MU ferrule fiber와 ferrule housing을 결합하기 위한 방법을 설명한다. 그림 5.18에서 보는 바와 같이 MU ferrule 파이버를 사각하우징에 삽입을 한다. 이때 주의할 사항은 ferrule 부분이 사각하우징에 닿지 않도록 해야 한다. 삽입이 끝난 후에는 사전 준비 작업 공정에서 WDM splitter를 부착한 ferrule housing에 ferrule을 붙인다. MU ferrule은 APC의 경우 ferrule 부분이 8°로 경사져 있다. 대부분의 업체들이 8°로 경사진 부분을 표시하기 위해서 플랜지 부분에 검은 점을 찍어 놓는 경우가 많으므로 여기에 맞추어 위치를 잡으면 된다.

그리고 에폭시 작업이므로 앞에서의 필터 작업과 같은 방법으로 하면 된다.

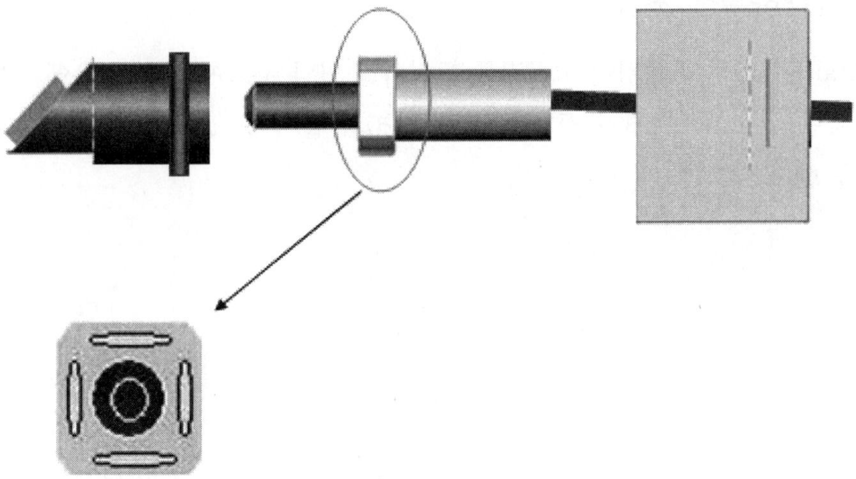

그림 5.18 MU Ferrule Fiber와 Ferrule Housing의 부착

3) LD와 Ferrule Housing 결합 공정

페룰 하우징 부분의 공정이 끝나게 되면 그림 5.19와 같이 LD TO Can을 페룰 하우징 가이드에 결합을 한다. 이때 주의해야 할 점은, 모든 작업이 끝나서 PCB에 연결할 경우를 생각해서 PCB에 적합한 LD의 핀 위치를 고려하여 LD의 위치를 결정하여야 한다.

그리고 페룰 하우징 가이드의 경우 PD align 시 ferrule housing의 빛이 나오는 부분이 PD 쪽으로 올 수 있도록 하여 결합한다.

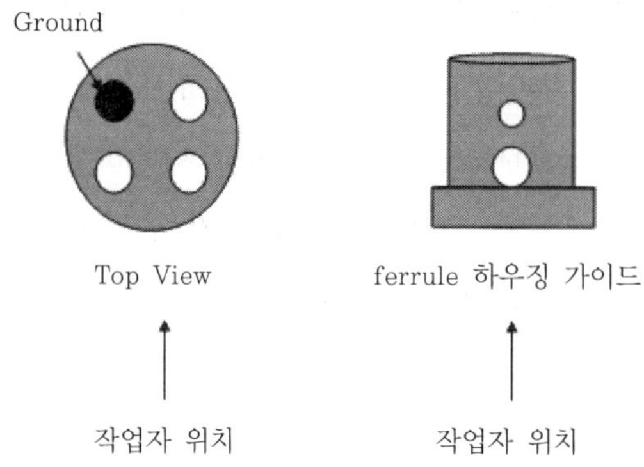

그림 5.19 LD TO Can 및 페룰 하우징 가이드 위치

4) 사각하우징 조립공정

Pigtail된 LD의 하우징이 고른지를 확인하고 만약 고르지 않을 경우에는 burr를 제거해 준다. Burr 제거가 끝나면 그림 5.20과 같이 pigtail LD를 사각하우징에 삽입을 한다.

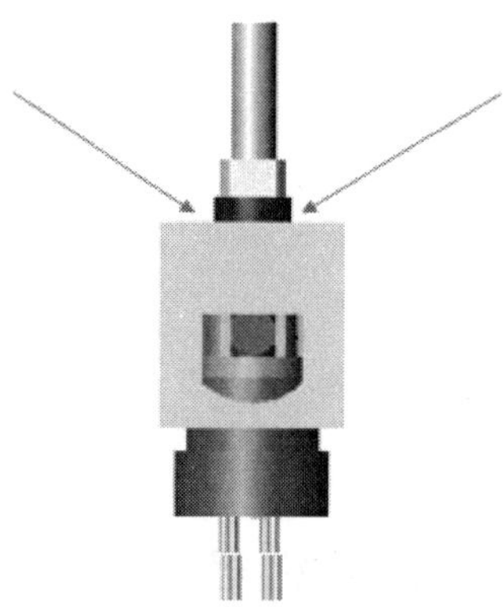

그림 5.20 LD와 사각하우징 조립 공정

이때 pigtail된 LD를 사각하우징에 삽입할 경우, 페룰 하우징의 filter 단면과 사각하우징이 수평을 유지해야 한다. 만약 filter와 사각하우징이 수평을 유지하지 않으면 PD를 align할 시 PD가 광을 제대로 수광할 수 없게 되므로 이런 점을 고려해서 삽입을 한 다음 laser welder를 이용해서 플랜지 부분에 welding을 한다.

5) PD 공정

그림 5.21과 같이 PD를 jig에 고정시키고 사각하우징을 사각하우징 지그에 로딩한다. 그런 다음 PD에 power supply를 이용해서 전원을 인가해 준 후 laser welder를 이용해서 align을 실행한다.

통산, align 조건은 XY align만 실시하고 감쇠를 −20 dB을 준 후 PD에 수광되는 power가 200 μA 이상이 나오는 위치를 찾는다. 전류가 200 μA 이상이 나오면 PD housing과 사각하우징이 만나는 부분에 welding을 해주고 이때 출력되는 전류가 200 μA 이하로 떨어지는지를 확인한다. 만약 laser welding 조건이 맞지 않아서 welding 후 power가 떨어지게 되면 hammering을 해주면 된다.

레이저 웰딩 작업 후 BERT 장비를 이용해서 error를 체크하면 된다. 이러한 PD 공정도를 그림 5.23에 나타내었다.

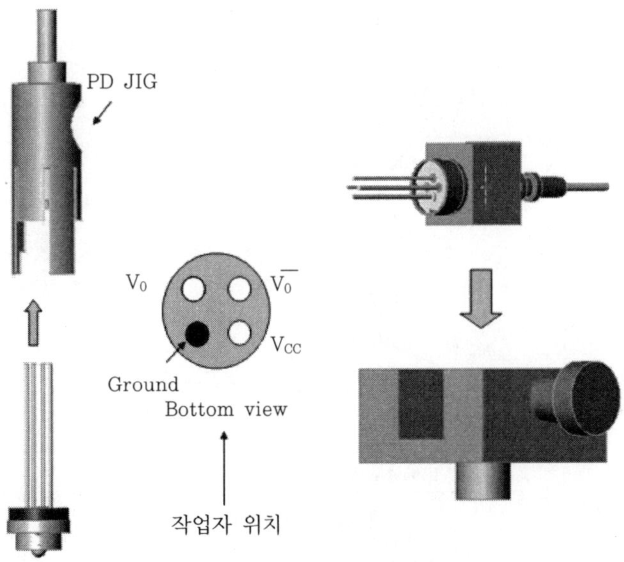

그림 5.21 PD TO Can 및 사각하우징 지그

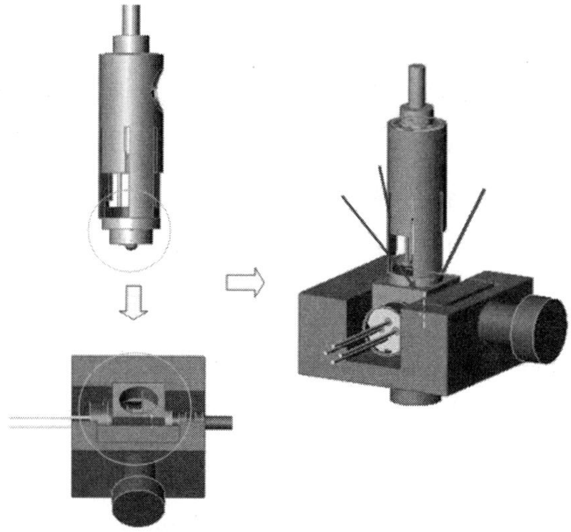

그림 5.22 PD와 사각하우징 조립 공정

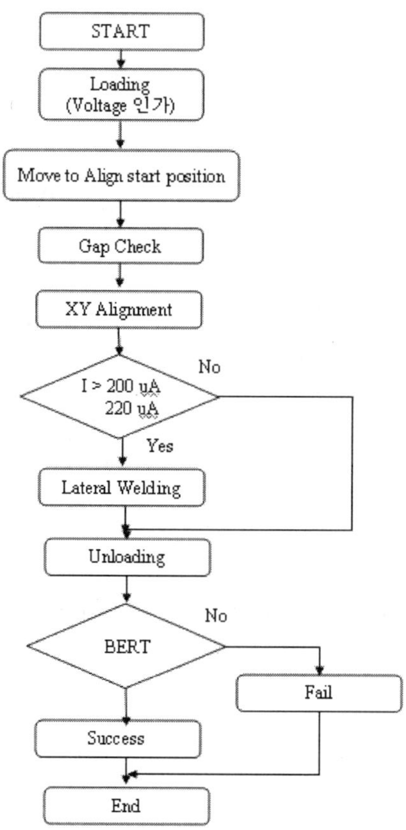

그림 5.23 PD 공정도

6) LD Ring Housing 웰딩

마지막 작업으로 LD Ring Housing의 에폭시 공정을 그림 5.24와 같이 함으로써 bi-directional OSA 제작이 끝나게 된다.

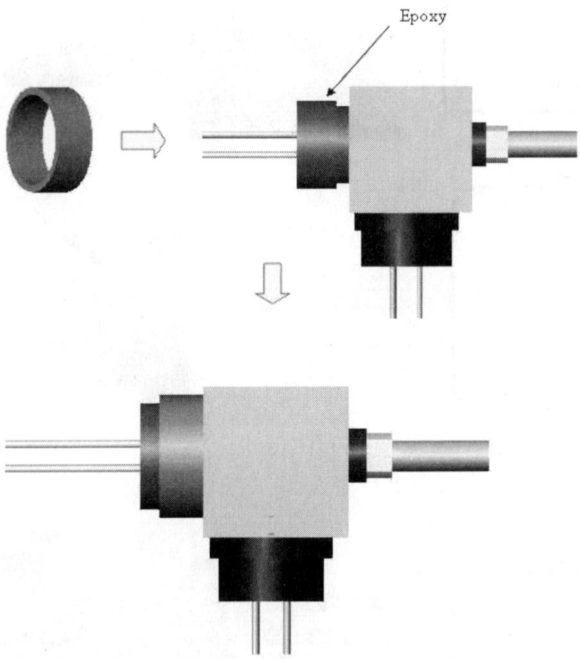

그림 5.24 LD Ring Housing의 에폭시 공정

지금까지 양 방향 모듈을 만드는 공정에 대해서 알아보았고 다시 한번 간략히 정리하면 그림 5.25와 같은 작업 공정이 된다.

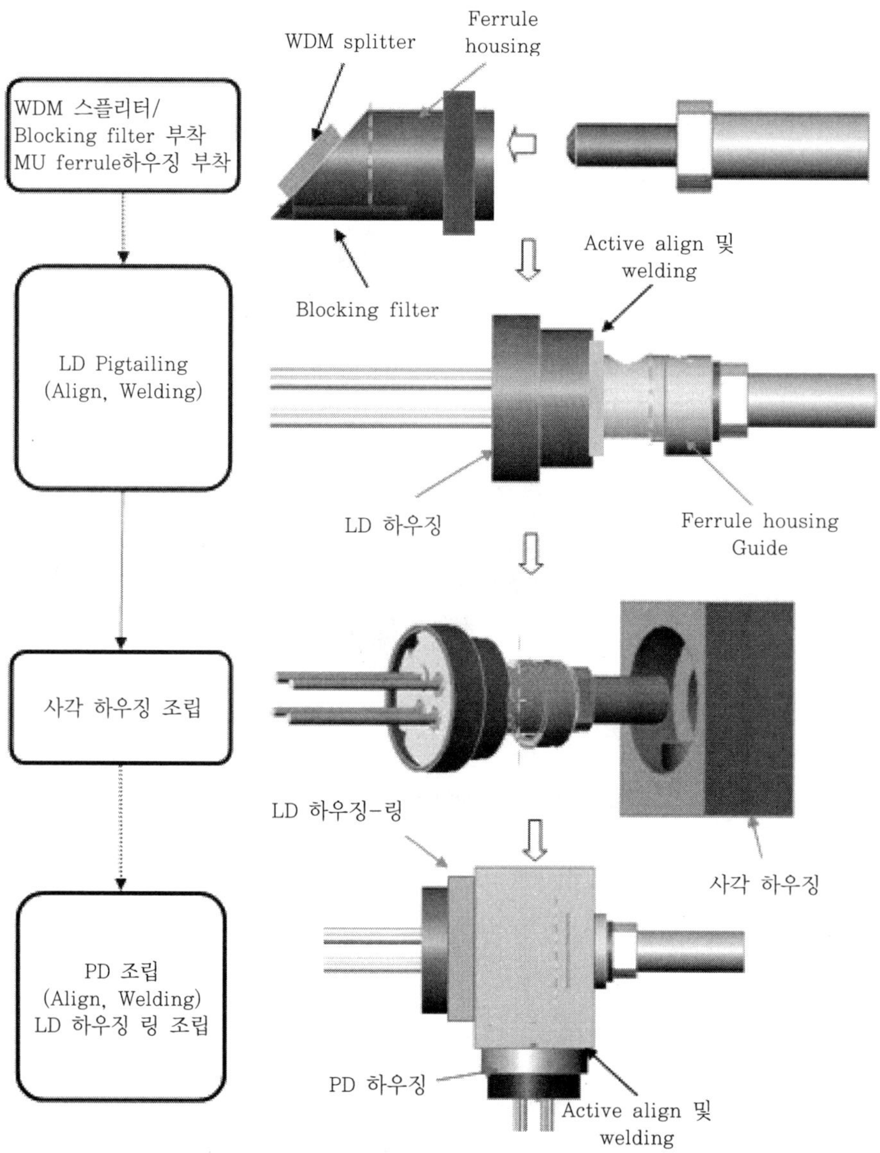

그림 5.25 Bi-directional OSA 공정 개략도

3.2 공정 중 문제점 및 개선안

1) Align 전 준비과정

WDM splitter와 blocking filter 공정 시 문제점들을 살펴보면, 만약 작업 공정에 맞지 않는 WDM splitter나 filter를 선별하였을 경우에는 제작 후 원하는 power가 출력되지 않으며 불필요한 시간이 소요되고 다른 부품들을 낭비하게 된다.

그리고 코팅면을 잘못 선별하였을 경우에도 원하는 power가 나오지 않게 되므로 항상 작업을 할 경우에 코팅면이 항상 일정한 위치에 오도록 주의해야 한다.

또한 WDM splitter 및 filter 작업 시 핸들링 문제가 발생할 수 있는데 만일 문제가 발생할 경우에는 진공 tweezer 또는 die bonder를 이용해서 작업을 수행해야 한다.

에폭시 작업을 할 경우에 불량이 나게 되면 cross-talk가 발생해서 LD align 시 제대로 power를 찾을 수가 없다. 이를 그림 5.26에 나타내었다.

그림 5.26 에폭시 작업 불량 예

마지막으로 ferrule housing의 노면 상태의 확인도 중요하다. 노면 상태가 고르지 못하면 나중에 사각하우징에 안 들어가는 경우가 발생하게 된다. 모든 과정이 다 중요하지만 처음 준비 과정부터 실수가 발생하게 되면 다음 공정에 막대한 영향을 미치게 되며 불필요한 시간 및 자금의 손실이 오게 되므로 모든 작업을 수행함에 앞서 항상 주의사항들을 꼼꼼히 살펴봐야 한다.

2) LD Align 시의 문제점

가장 먼저 로딩 문제를 들 수가 있다. LD의 pin 위치를 고려하지 않고 LD를 laser welder에 로딩했을 경우에 LD에 과부하가 걸려서 LD가 파손될 우려가 있고 출력 또한 나오지 않는다.

다음으로는 광정렬 시 위치 문제가 있다. 1310 nm와 1550 nm의 두 가지 LD를 사용하기 때문에 각각 LD의 초점거리가 달라 광정렬 시 위치가 달라진다. 따라서 3D align 시 ferrule housing과 LD housing의 접촉이 불가피할 경우는 2D align 만 실행해야 한다. 이때 부족한 광정렬 공간은 LD 하우징 수정 또는 페룰 하우징 수정으로 확보가 가능하게 되며 만일 Gap이 많이 발생하게 되는 경우 정확한 power point를 찾을 수가 없게 되는데 이때는 페룰 하우징 및 페룰 하우징 가이드를 수정해야 한다.

3) 사각하우징 조립 시의 문제점

조립되는 LD 모듈(ferrule housing, ferrule housing guide)의 가공 오차로 인해 삽입이 안 되는 경우가 발생하는 경우도 있고 삽입이 된 후에도 align 시 모듈이 틀어져서 광파워의 감소가 오는 경우가 있다. 이럴 경우 해결 방법으로는 사각하우징의 hole 외경을 늘리도록 하고 pigtail된 LD를 사각 하우징에 삽입했을 경우에 사각하우징과 LD 모듈의 PD hole 방향이 중앙에서 수평으로 오도록 해야 한다. 이때 수평을 맞춰줄 수 있는 jig가 필요하게 된다. jig를 이용하지 않고 LD모듈의 방향을 틀어지게 삽입했을 경우에는 PD align 과정으로 심각한 영향을 미치게 된다.

4) PD Align 시의 문제점

LD와 마찬가지로 로딩 시 문제가 발생할 수 있다. PD를 로딩 시에는 PCB 위치에 맞게 그리고 laser welder의 pin 위치에 맞게 삽입을 해야 하고 또한 3.3 V PD align 시 수신감도 저하 문제가 발생할 수가 있다.

4 트랜시버 회로 이론

4.1 트랜시버 회로 이론

Transceiver란 PCB에 LD 및 PD를 align한 형태의 광모듈이 포함된 것을 말한다. 그림 5.27에 트랜시버에 사용되는 PCB의 예를 사진으로 나타내었다. 그림에서 왼쪽은 OSA가 결합되기 전의 상태이며 오른쪽은 OSA가 결합된 PCB를 나타내었다.

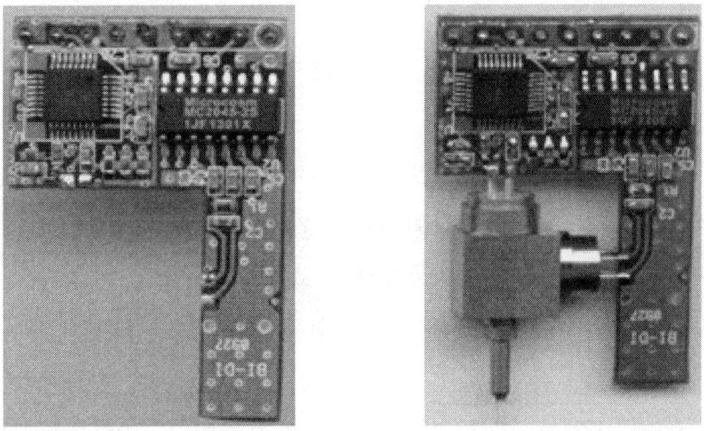

SMD PCB　　SMD PCB + Bi-Directional optical block

그림 5.27 트랜시버용 PCB

PCB를 구성하는 부품 중 가장 중요하다고 할 수 있는 LD를 구동시키는 IC가 필수적이며 그 외에 저항, 커패시터, 인덕터들이 포함되며 PCB는 보통 다층 layer로 구성된다.

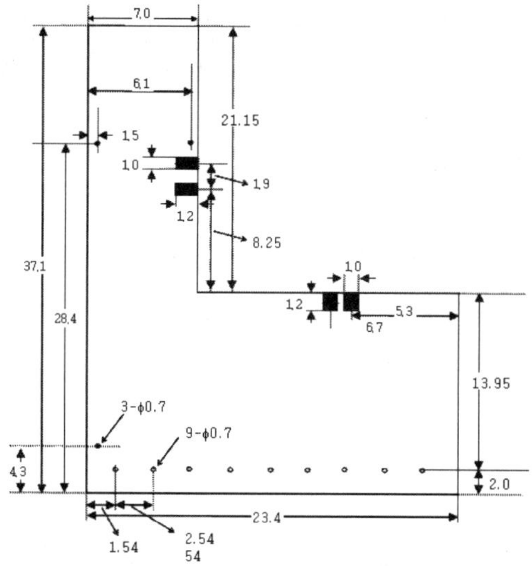

그림 5.28 규격화된 PCB 치수의 예

그리고 PCB artwork을 하기에 앞서 PCB의 size를 정하는 경우가 많은데, 대부분의 transceiver들의 크기가 규격화되어 있기 때문이다. 만약 PCB의 size를 임의대로 설정해서 제작한다면 다른 제품들과 서로 호환이 안 되는 경우가 생기며 PCB를 내장할 수 있는 case를 만드는 데도 금형을 별도로 만들어야 하는 번거로움이 발생한다.

그림 5.29는 transceiver의 회로도를 나타낸 그림이다. 회로도를 쉽게 구현하는 방법에는 여러 가지가 있는데 주로 OR-CAD라는 응용프로그램을 이용해서 만들고 있다. 이런 응용프로그램들은 회로를 쉽게 구현할 뿐만 아니라 직접 전원을 인가해서 출력이 제대로 나오는지도 확인할 수 있다. 또한 이런 응용프로그램들을 사용하여 발생할 수 있는 error들을 미연에 방지할 수 있고 설계된 회로가 제대로 작동하는지의 여부를 확인할 수가 있다.

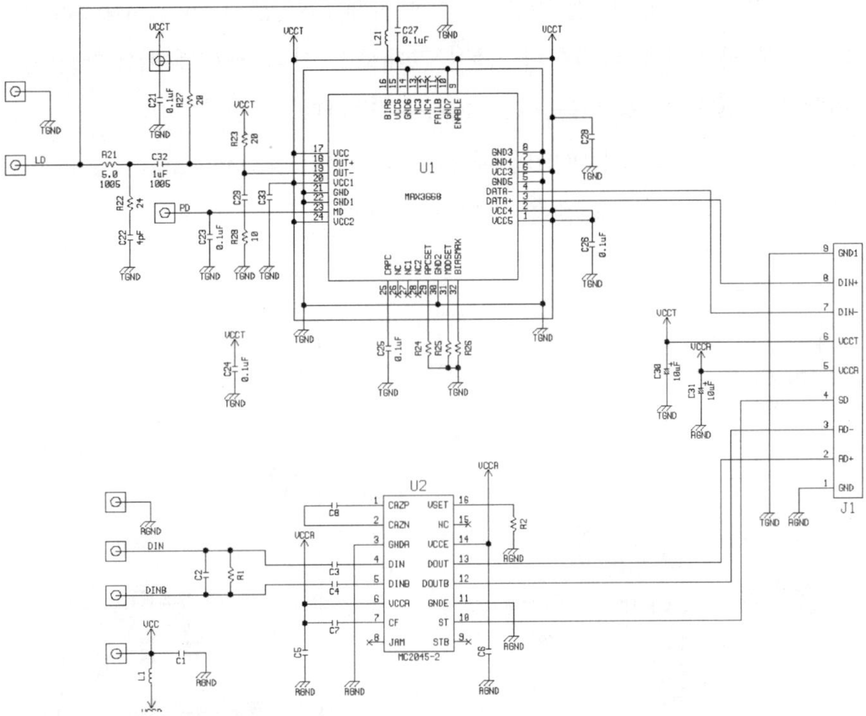

그림 5.29 트랜시버용 회로의 예

시뮬레이션을 실행했을 경우에 만약 error가 난다면 시뮬레이션상에서 여러 가지 부품들을 손쉽게 바꿔서 테스트해 볼 수도 있고 회로를 다른 방법으로 구현하는 데도 아주 유익하다.

그림 5.29에 대해서 간략하게 설명을 하면 LD를 구동하는 IC와 PD로 수신된 신호를 증폭해 주는 IC가 하나씩 있으며 나머지 부품들은 IC들이 올바르게 작동할 수 있게 도와주는 기능을 한다. 그리고 제작된 transceiver를 다른 PCB에 연결할 때 사용하는 array pin이 있다.

먼저 수신단 쪽의 IC에 대해 설명을 한다. 이 IC의 역할은 정보를 담고 있는 원래 신호가 광파이버를 통해서 먼 거리까지 전송이 되다보면 정보에 손실이 오게 되고 수신되는 신호 또한 아주 미약하게 된다. 따라서 수신단에서는 PD에서 받아들인 정보를 다시 증폭을 하고 증폭된 신호에서 원하는 신호만을 filtering해서 사용하게 된다.

이 IC는 "LNA 기능을 한다."라고 하는데 이때 LNA란 "Low Noise Amplifier"의 약자로 저잡음 증폭기를 의미한다. 글자 그대로 수신된 신호를 최대한 잡음을 억제하고 원하는 신호만을 증폭을 하는 기능을 말한다.

그림 5.30에 트랜시버의 PCB의 예를 나타내었다. (a)는 component layer층(1층)이며 (b)는 solder layer층을 각각 나타낸다.

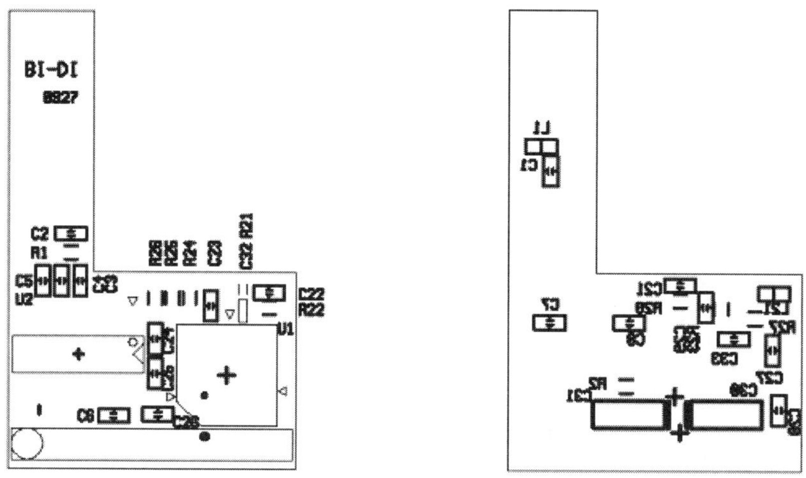

(a) Component Layer(1층)　　(b) Soldering Layer(4층)

그림 5.30 트랜시버용 다층 PCB의 예

트랜시버 PCB의 특징으로 다층 PCB를 들 수 있다. 최근 제품들은 소형화되는 추세에 있으며, 소형화를 이루기 위해서는 PCB 또한 작게 만들어야 하는데 PCB의 size는 정해져 있고 들어가는 부품들의 수는 늘어나기 때문에, 이는 아주 많은 어려움을 발생시킨다. 그래서 이를 해결하는 방법이 PCB의 층을 다단으로 늘리는 방법이다. 제품이 대형일 때는 PCB의 한 층에 부품을 내장하고 각각의 부품들을 이어주는 선들이 지나가고, 또 이런 부품들을 구동시킬 수 있는 전원들을 인가해 주면 되었는데 소형화가 되면서 이런 여러 가지 작업들을 한 층에서만 수행할 수가 없게 되었다. 그래서 요즘에는 PCB를 다단으로 많이 설계를 한다. 일반적으로 1층에는 기본적인 부품들을 내장하고 2층에는 Ground를 3층에는 Vcc를 4층에는 solder layer를 넣어 구성하고 있는 추세이다.

한편, PCB를 제작함에 있어서 가장 먼저 하는 작업은 회로도를 구현하는 것이고 다음으로는 시뮬레이션 툴을 이용해서 간단하게 테스트를 한 다음에 PCB artwork을 한다.

PCB artwork을 하는 방법은 보편적으로 layer를 나눈 후 부품을 PCB size 안에서 배치를 한다. 모든 부품들의 배치가 끝나면 각 부품들을 연결하는 wire를 배선하게 된다.

Wire를 배선하기에 앞서 주의할 점을 언급하기로 한다.

그 첫 번째로 wire가 절대 직각으로 꺾여서는 안 된다. 이유는 신호가 wire를 타고 전송이 되다가 직각으로 꺾인 부분을 만나게 되면 그 부분에서 신호의 손실이 오게 된다. 이는 PCB 내에서의 신호는 직진성이 강하기 때문에 꺾인 부분에서 신호가 wire 밖으로 튕겨나가기 때문이다.

그리고 두 번째로는 wire들의 간격을 적정하게 떨어뜨려야 한다. wire들을 너무 가깝게 붙여 놓으면 PCB를 제작할 때에도 작업이 힘들어지지만 그것보다 더 중요한 것은 wire를 따라서 흐르던 정보들이 서로 coupling을 일으키게 되고 정보가 왜곡되는 현상이 발생하기 때문이다.

그리고 전원선을 배치할 경우에는 대부분의 경우 일반 wire보다 조금 더 굵게 해야 한다. 이는 각각의 부품들이 제대로 작동할 수 있도록 적절한 전원을 인가해 주기 위해서이다.

그림 5.31에 거버 자료의 예를 나타내었다. 거버 자료란 한마디로 표현하면 wire들의 정보를 뜻한다. 회로도를 구현하고 각각의 부품들을 배치하고 다음으로 wire들을 배치하여 회로 설계가 완성되면 실제 기판을 제작하기 위해 필요한 자료가 이 거버 자료가 된다. 최근에는 PCB 제조 회사에 기판 제작을 의뢰할 경우 대부분이 거버 자료를 이용하게 된다. 따라서 PCB 제조업체에 거버 자료를 보내기 전에 한 번 더 면밀한 자료 검토 및 수정이 필요하다.

그림 5.31은 제작되는 transceiver는 총 4층 layer로 구성되어 있고 2층과 3층은 전원층으로 구성이 되어있는 것을 나타낸다. 그림 중에 hole이 검게 표시된 부분과 하얗게 표시된 부분이 있는데 검게 표시된 부분은 해당 층에 soldering되어 있는 층이고 하얗게 표시된 부분은 via hole이 해당 층을 통과한 것을 표시하는 것이다.

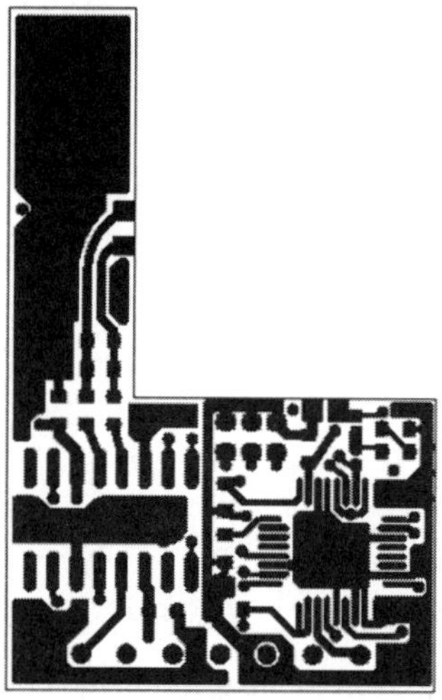

(a) Component Layer

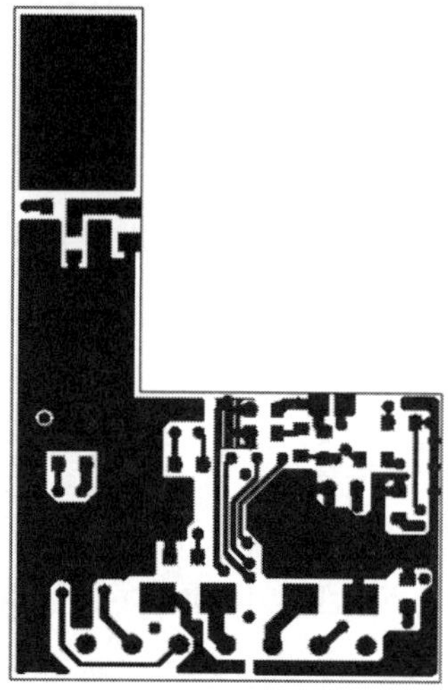

(b) Soldering Layer

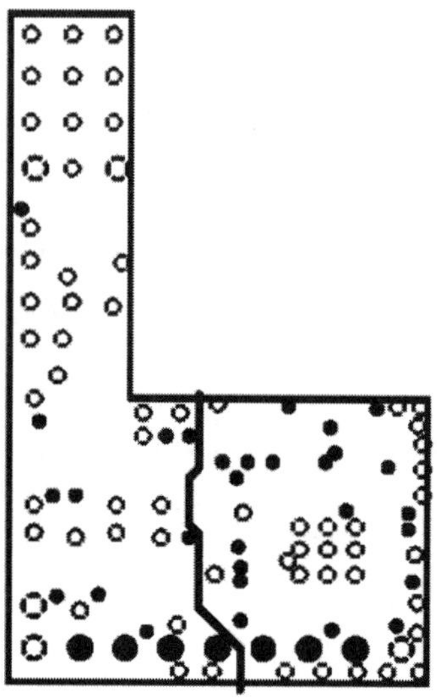

(c) Ground Layer

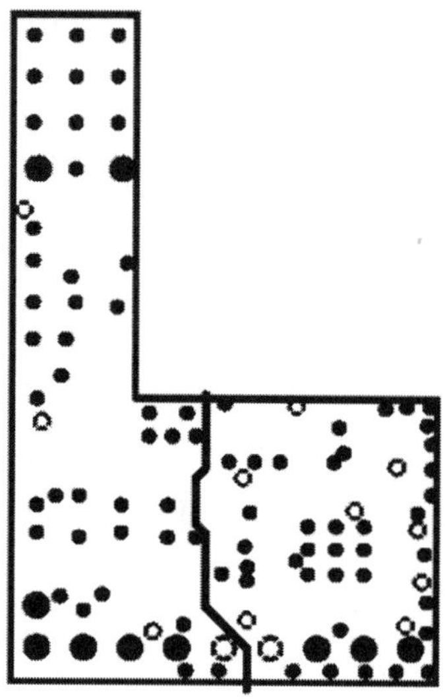

(d) Vcc Layer

그림 5.31 PCB 거버 자료의 예

4.2 제작공정 FLOW

그림 5.32는 PCB를 작업하는 데 수행되는 공정 순서를 간략하게 나타내었다.

PCB(기판)를 제작한 뒤 SMD 작업은 제작된 PCB에 부품들을 납땜하는 공정이며, module 조립 공정에서는 광모듈을 작업이 끝난 PCB에 붙이고 케이스를 결합하면 트랜시버가 완성이 된다.

Transceiver가 제작이 되면 품질 특성을 측정을 하게 되는데 먼저, Rx 측정과 Tx 측정을 수행한다. 다음으로 온도 스크린 테스트와 2차 테스트를 한다. 테스트가 정상적으로 모두 다 끝나면 데이터들을 정리하고 업체의 경우 포장하고 출하를 하면 실제 사용되는 제품으로 되게 된다.

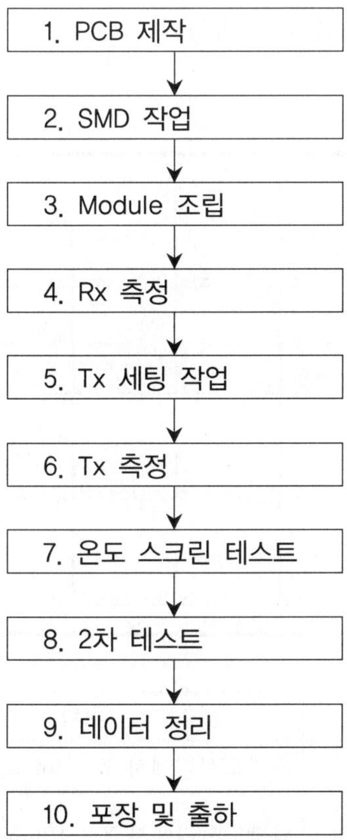

그림 5.32 트랜시버 제작 공정 순서도

이들 공정에 대해 단위 공정별로 자세히 살펴보기로 한다.

1) PCB 제작

실질적으로 PCB를 제작하는 단계나 필요한 사항들에 대해서 설명한다. 먼저 PCB 제작 시 필요한 사항으로는 PCB artwork이 다 끝나면 PCB 제작을 위해 거버 자료를 PCB(기판)를 만드는 업체에 보내게 된다. 거버 자료는 array가 되지 않은 데이터인데 artwork상에서도 array가 가능하지만 주로 PCB 제작 업체에서 하는 것이 작업하는 데 있어서 훨씬 수월하다.

한편 PCB array의 예를 그림 5.33에 나타내었다. array 시 주의할 점은 PCB의 낭비를 최소한도로 줄이면서 PCB 기판에 array할 수 있어야 한다. 그리고 그림 5.34에 PCB의 layer 구성을 나타내었다.

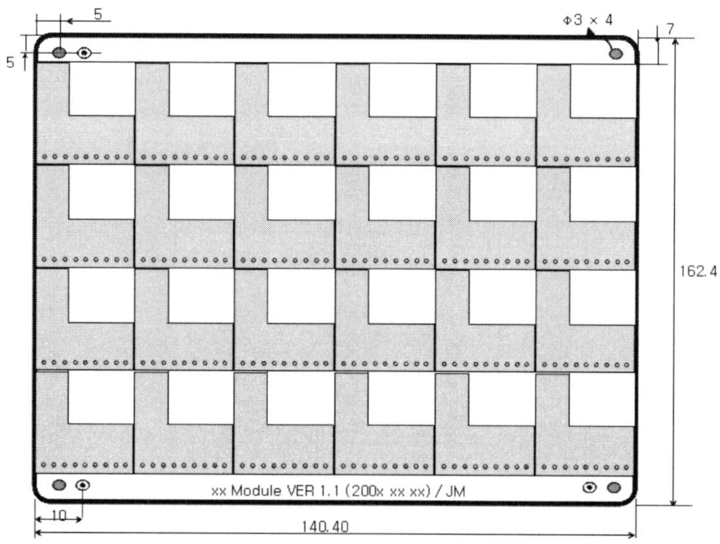

기호	항목	갯수	위치	Size
●	Guide Hole	4	외곽모서리에서 X : 5mm, Y : 5mm	ϕ3mm
⊙	Fiducial Mark	3	외곽모서리에서 X : 10mm, Y : 5mm	Pad : ϕ1mm Mask : ϕ3mm

그림 5.33 PCB Array의 예

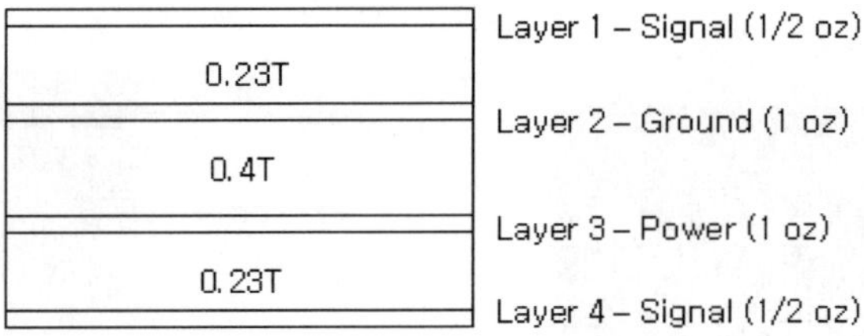

그림 5.34 PCB Layer 구성

2) SMD 작업

이 공정은 작업이 완료된 PCB에 실제적으로 부품을 납땜하는 것을 의미한다. 먼저 SMD 조립 작업 시 필요한 사항으로는 array PCB 파일, array PCB, SMD 작업을 위한 metal mask, 부품 배치도, 마지막으로 부품이 해당된다.

SMD 부품의 경우 워낙 작기 때문에 핀셋 등을 이용해서 작업을 수행하는 것이 훨씬 수월할 것이며 납땜을 하는 순서는 우선 IC부터 하고 다음으로 레지스터, 커패시터 순으로 하는 것이 실수를 줄일 수 있는 방법이라 하겠다.

3) Module 조립

이 공정은 SMD 조립 작업이 끝난 PCB에 광모듈 및 array pin을 고정하는 작업이다. 먼저 작업 순서는 SMD PCB와 array pin을 납땜한다. 여기서 주의할 점은 그림 5.35(a)에 나타낸 바와 같이 ground인 pin 1번과 pin 9번이 냉납될 가능성이 있으니 주의하면서 작업을 수행해야 한다. 만약 부주의로 냉납이 되면 나중에 테스트 또는 시스템 보드 장착 시 error가 발생하고 이때 error 이유를 찾을 시 냉납된 부분은 육안으로 구별이 잘 안되기 때문에 찾아내기가 상당히 힘들어서 불필요한 시간을 소요하는 원인이 되기도 한다.

다음 공정으로 SMD PCB와 광모듈을 납땜하는 작업이다. 이들 작업이 끝나면 케이스에 이들을 조립함으로써 트랜시버의 제작이 완성되게 된다. 그림 5.35(b)에 광모듈과 PCB와의 결합된 상태를 나타내었다.

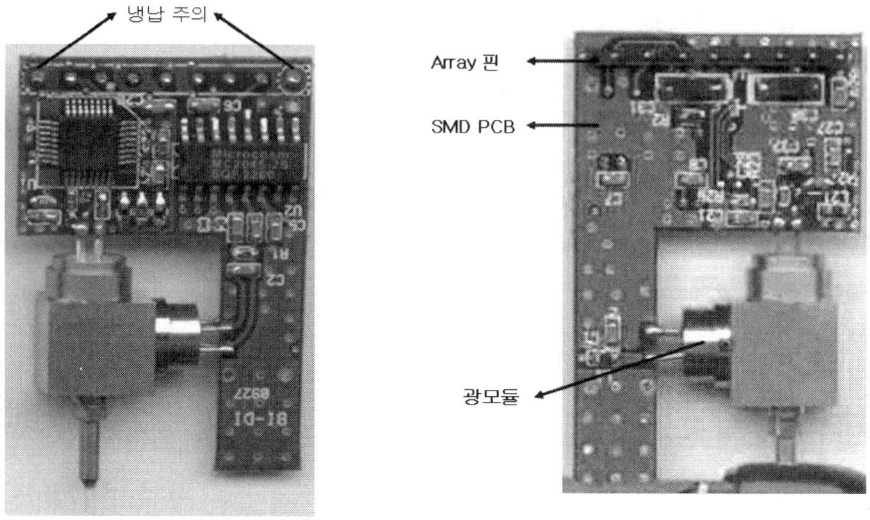

(a) 앞면　　　　　(b) 뒷면

그림 5.35 Module 조립

제6장

광증폭기(optical amplifiers)

1970년대 초 안정된 반도체 레이저의 개발을 시작으로 전 세계적인 광섬유 포설에 의한 본격적인 광통신 이용이 시작된 이래 장거리의 광신호 전송에서 손실에 의한 신호 감쇠로 광증폭기의 사용의 필요성이 제기되었다. 아울러 전송 중 다양한 분산(dispersion) 특성에 기인하는 신호의 손상을 보정하기 위한 신호파의 정형(reshaping)의 기능을 함께 수행하기 위한 중계기의 도입이 시작되었다. 1970년대부터 광-전 변환 및 전-광 변환을 이용한 전자 중계기(electronic repeater)가 사용되었지만 정보 용량의 기하급수적인 증가와 이에 따른 대역폭 수요의 급격한 증가로 파장분할 다중화(wavelength division multiplexing, WDM) 광통신의 실용화가 요구되었다. 그리고 높은 증폭 이득과, 저잡음 특성, 평탄한 이득-대역폭 특성을 가지는 광증폭기 개발 필요성이 부각되었다. 1980년대 후반 활발하게 추진된 광증폭기 개발 노력에 힘입어 2000년대 초반 우수한 특성을 보이는 erbium-doped 광섬유 증폭기(erbium-doped fiber amplifier, EDFA)가 상용화되었으며, 지금까지 EDFA는 가장 일반적인 광증폭기로 전 세계 광통신망에서 역할을 담당하고 있다.

현재 광통신 및 응용 분야에서 반도체 광증폭기(semiconductor optical amplifier, SOA)와 광섬유 증폭기(optical fiber amplifier, OFA) 두 종류의 광증폭기가 개발되어 사용되고 있으며 반도체 광증폭기와 광섬유 증폭기는 각각 동작 특성에 따라 응용 분야를 기능적으로 분담하여 사용되고 있다.[1] 반도체 광증폭기 SOA는 기본적으로 양 단면의 반사가 전혀 없거나, 반사가 억제된 구조의 반도체 레이저 다이오드(laser diode, LD)이며 따라서 LD의 동작원리를 통해 SOA의 원리도 이해할 수 있다. 광섬유 증폭기는 SOA의 동작원리와는 사뭇 다른 구성을 이룬다. 하지만 펌프 광원(pump laser)에 의해 일반 광섬유에 융착 접속된 증폭 특성을 가지는 특수 광섬유 내의 이온을 여기시켜서 밀도 반전(population inversion)을 이루고, 이 부분을 지나가는 신호광이 유도방출을 통해 증폭되는 광섬유 레이저로서의 원리는 유사하다고 볼 수 있다. 일반적인 광증폭기의 성능 지수 및 고려사항으로 증폭 이득, 평탄한 이득-대역폭 특성, 잡음 특성, 구성의 용이함, 다양한 비선형 현상 및 누화(cross-talk), 삽입 손실, 편광 의존성 등을 열거할 수 있다.

이 장에서는 먼저 1절에서 광섬유 증폭기의 원리와 특성, 기술동향을 다루고 2절에서는 이와 비교한 반도체 광증폭기 SOA의 원리와 동작 특성에 대하여 이야기한다. 3절에서는 전광(all-optical) 교환망에 필수적으로 요구되는 파장 변환(wavelength conversion)을 위한 파장 변환기 기술에 대하여 SOA를 활용하는 파장 변환기를 중심으로 설명한다.

1 광섬유 증폭기(optical fiber amplifier)

1.1 EDFA의 구성

유리 광섬유 일부 길이를 Nd, Sm, Er, Yb 같은 희토류 이온으로 도핑한 후 적당한 파장의 광원을 사용하여 pumping해 주면 광통신 파장 대역에서 증폭 이득을 가지는 광섬유 증폭기들이 큰 주목을 받게 되었다. 특히 erbium을 도핑한 광섬유 증폭기(EDFA)는 유리 광섬유의 최소 손실 파장 대역인 1.55 μm 파장 근처 약 30 nm의 대역폭에 걸쳐 광증폭 특성을 가지므로 가장 널리 실용화되었다. EDFA의 일반적인 특징은 다음과 같다.

- 넓은 이득-대역폭(gain-bandwidth) 특성
- short pulse의 증폭이 가능
- 저잡음, 고이득 특성(NF<3.5 dB)
- 삽입 손실이 거의 없고 광섬유 전송 선로와의 결합이 용이
- 편광에 거의 무관한 동작으로 TE 및 TM mode가 유지되어 증폭 가능함

EDFA의 특성은 함께 도핑되는 germania나 alumina의 포함 정도와 pumping 기법에 따라 다소 달라진다.[2, 3]

전류를 인가하여 펌핑(pumping)하는 반도체 광증폭기(SOA)와 달리 광섬유 증폭기는 신호광보다 짧은 파장을 가지는 강력한 광원으로 펌핑한다. EDFA의 간단한 구성 개념도가 그림 6.1(a)와 (b)에 소개되었다. 그림의 구성에서 일반적으로 980 nm 또는 1480 nm 파장의 레이저를 펌프 광원으로 사용한다. 신호광과 펌프광은 광결합기에 의하여 erbium이 도핑된 광섬유 부분을 함께 지나게 되며, 이때 펌프광은 흡수에 의하여 세기가 줄어들고 신호광은 증폭된다. 펌프광은 그림 6.1(a)에서처럼 신호광과 같은 방향(동방향)으로 진행할 수도 있고 그림 6.1(b)에서 보인 것처럼 반대 방향으로 교차 진행할 수도 있다. 일반적으로 '동방향 진행에 의한 펌핑(co-propagating pumping)' 구성 시 저잡음 특성을 보이는 대신 출력값도 작다. 반대로 '교차 진행에 의한 펌핑(counter- propagating pumping)'의 구성 시 큰 출력을 얻을 수 있는 대신 잡음의 크기도 커진다. 상업적인 EDFA는 통상 '동방향 진행에 의한 펌핑'과 '교차 진행에 의한 펌핑'을 함께 사용한다. 그림 6.1에서 펌프광이 erbium 도핑된 광섬유 부분을 한번 지나고 난 후 반사되지 않고 빠져나갈 수 있도록 양쪽의 결합기에서 잔류 펌프광을 제거한다. Isolator는 신호광이 반사되어 EDF를 왕복하며 증폭되면 큰 잡음신호로 작용하게 되므로, 반사된 신호광을 밖으로 배출시켜 준다. 출력단 여파기는 신호파 이외의 파장이 출력되지 못하도록 걸러준다.[1]

결합기를 통해 주입된 펌프광은 흡수되어 EDF의 erbium 이온들을 상위 에너지 준위로 여기시키고 밀도 반전이 이루어지면 여기된 이온들이 낮은 에너지 준위로 천이하며 신호광의 파장을 가진 광자들을 유도방출하여 신호광의 증폭이 이루어진다.

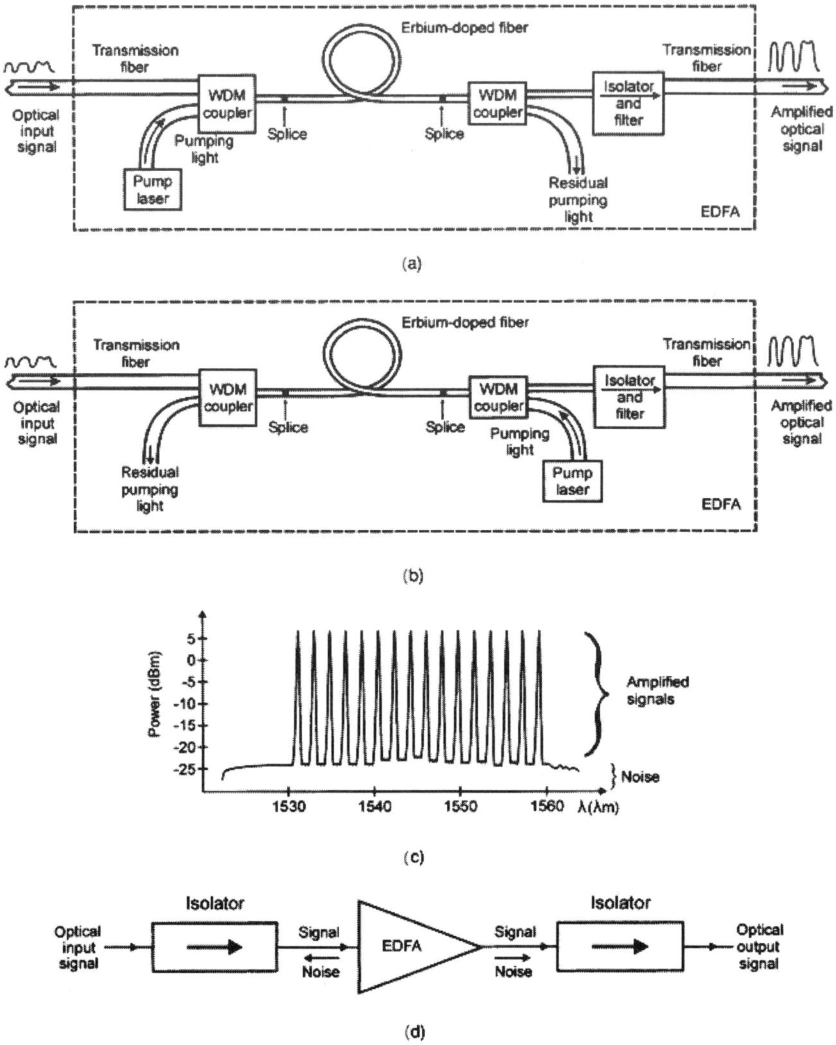

그림 6.1 EDFA의 간단한 구성도 및 반사파 제거를 위한 부품 연결도

EDFA는 상당히 큰 이득-대역폭(gain-bandwidth) 특성을 보이므로 여러 채널 파장 신호들을 동시에 증폭시킬 수 있어 WDM 광통신 응용에 중요한 의미를 가지게 되었다. 그림 6.1(c)에는 여러 채널의 신호광이 잡음과 함께 증폭된 스펙트럼을 이해하기 쉽게 보였다. EDFA 자체에서 발생하는 잡음은 양쪽 방향으로 진행하므로 이 잡음성분이 반사되어 오는 것을 막기 위해 입·출력단 각각에 모두 isolator를 사용하는 그림 6.1(d)와 같은 구성도 많이 사용되고 있다.

1.2 EDFA의 에너지 준위도(energy-level diagram)

유리 광섬유에 doping되는 erbium의 자유 이온들은 서로 인접하여 작은 에너지 차이를 가지는 여러 갈래의 에너지 준위를 형성한다. 자세한 에너지 준위 형성 과정과 이론은 매우 복잡하므로 여기서는 생략한다.[4] 이처럼 인접한 많은 에너지 준위를 가지는 특성은 오히려 erbium 이온들의 천이 과정에서 증폭 이득의 광대역 특성을 가능케 하고 펌프광 에너지를 정확하게 조절하지 않아도 되는 장점을 가진다. Erbium을 첨가한 광섬유에서 가장 중요한 천이가 설명된 간략화된 에너지 준위의 개념도가 그림 6.2에 제시되었다.[1, 2, 4]

그림 6.2에서 에너지 준위 2에서 1로의 천이 시에 유리 광섬유가 최소 손실계수를 가지는 1550 nm 근처 파장의 빛이 방출되므로 광통신 사용에 적합하다. EDFA에서 유도방출을 얻기 위한 펌핑을 위해서는 그림 6.2에 나타낸 것처럼 1480 nm 펌프광을 사용해서 직접 에너지 준위 1에서 에너지 준위 2로 여기시키거나 980 nm 펌프 광원을 사용하여 3준위 천이가 이루어지도록 하는 두 가지 방법이 사용되고 있다.

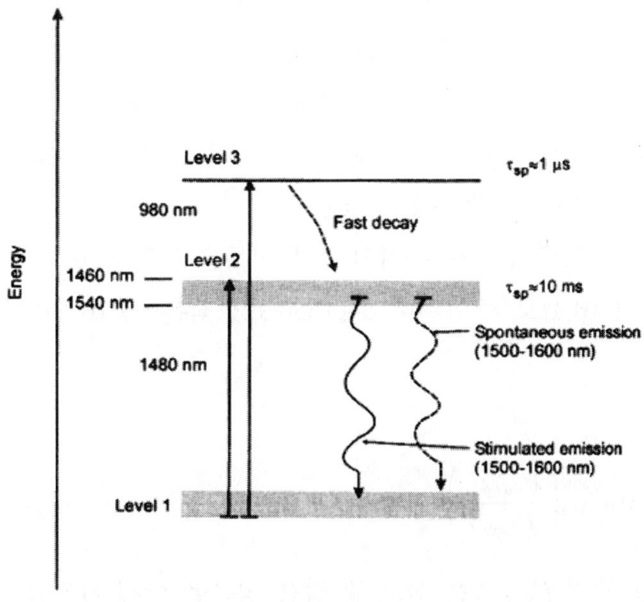

그림 6.2 EDFA의 간략화된 에너지 준위도. 에너지 준위 2에서 1로의 천이 시 1550 nm 근처 파장의 빛이 방출된다.

980 nm 파장의 펌프광을 사용하면 이온들은 에너지 준위 3의 위치로 여기되고 비발광성 천이에 의하여 에너지 준위 2로 내려온다. 에너지 준위 3에서 이온들의 평균수명은 1 μsec 정도이며 에너지 준위 2에서의 평균 수명은 10 msec 정도로 크게 차이가 난다. 이런 이유로 이온들에게 안정된 준위인 에너지 준위 2를 '준안정(meta-stable) 상태'라고 부른다. 에너지 준위 3의 위치로 980 nm 펌프광을 사용하여 여기시켜 준 erbium 이온들은 실제로 에너지 준위 2에 축적되고 밀도 반전이 이루어지면 유도방출을 통해 에너지 준위 1로 돌아온다. 한편 1480 nm 펌프광을 사용하는 경우 다른 천이 과정을 거치지 않고 준안정 상태인 에너지 준위 2에 곧바로 축적되어 밀도 반전을 이루게 된다. 이때 신호광이 입사되면 같은 파장, 방향, 위상을 가지는 광자들이 천이를 자극하여 유도방출에 의한 광증폭이 이루어진다.

1.3 EDFA의 증폭 이득과 대역

EDFA는 1500 nm에서 1600 nm에 이르는 넓은 파장 대역에서 증폭 이득을 얻을 수 있는 천이 특성을 보이지만 실제 사용 시 이득과 대역폭은 서로 상관하여 이득-대역폭 특성이 결정된다. 대부분의 실용화된 EDFA에서 이득 특성을 사용하는 파장 영역을 소위 'C-band(conventional-band)'라고 부르며 1530~1560 nm의 파장 구간을 나타낸다. 최근 'L-band(long wavelength-band)'라고 불리는 1560~1610 nm 대역에서 이득을 가지는 EDFA들이 개발되었다. L-band EDFA의 사용으로 광섬유 증폭기 사용 파장 범위가 넓어졌을 뿐 아니라 4파 혼합을 효과적으로 피할 수 있는 여유도 생겼다.[1, 5]

EDFA를 비롯한 일반적인 광증폭기의 증폭 이득은 입력 신호 전력 대 출력 신호 광세기의 비로 식 (6.1)로 주어지며 decibel 표현식은 식 (6.2)와 같다.

$$G = \frac{P_{output}}{P_{input}} \tag{6.1}$$

$$G_{\mathrm{dB}} = 10\log_{10}\left(\frac{P_{output}}{P_{input}}\right) \tag{6.2}$$

그러나 출력광 세기 P_{output}은 신호 및 잡음 성분을 함께 가지므로 잡음 영향을 고려하면 다음 식과 같이 쓸 수 있다.

$$G = \frac{P_{output} - P_{ASE}}{P_{input}} \tag{6.3}$$

$$G_{dB} = 10\log_{10}\left(\frac{P_{output} - P_{ASE}}{P_{input}}\right) \tag{6.4}$$

EDFA 입력 신호의 광 세기가 증가하면 급격한 유도방출에 의하여 공급되는 캐리어보다 소비되는 캐리어가 더 많아져서 유도방출의 양이 포화되는 이득포화(gain saturation) 현상이 발생한다. 매우 큰 입력광 신호에는 많은 광자가 들어있으며 이들의 유도방출에 따라 에너지 준위 2에 축적되어 있던 이온들의 에너지 준위 1로의 천이도 급격하게 발생하여 급기야 순간적인 공핍 상태에 이르게 되며 이에 따라 입력광 세기가 점점 커짐에 따라 증폭 현상은 이를 따라가지 못해서 증폭 이득이 감소하는 이득포화에 이른다.

그림 6.3에는 일반적인 광증폭기에서 입력 신호 세기의 변화에 따른 이득포화 특성 곡선과 출력광 세기가 1/2로 줄어드는 $P_{-3\text{dB}}$ 점을 정의하고 있다. 그림 6.3에 보인 이득포화 현상은 입력 신호의 세기를 제한하는 요소이다. 또 이득포화 곡선의 비선형적 특성에 따라서 입력광 신호 세기가 data의 파형에 따라 변조되면 비선형 증폭 이득 변조가 발생한다.

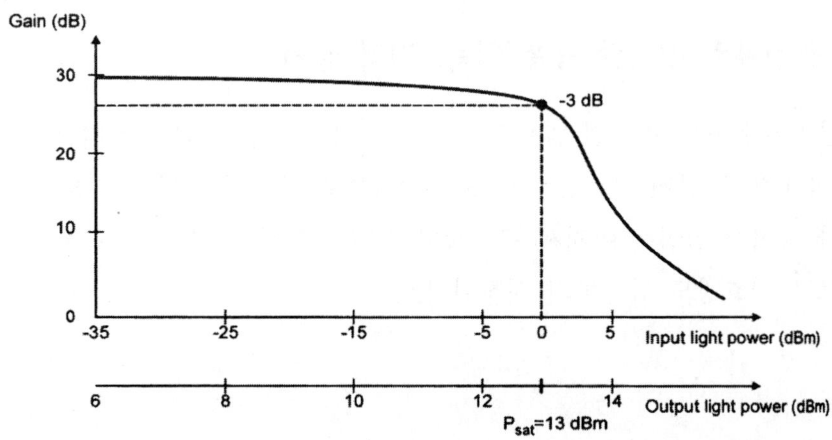

그림 6.3 광증폭기에서 신호 세기의 변화에 따른 이득포화 현상 및 $P_{-3\text{dB}}$ 점

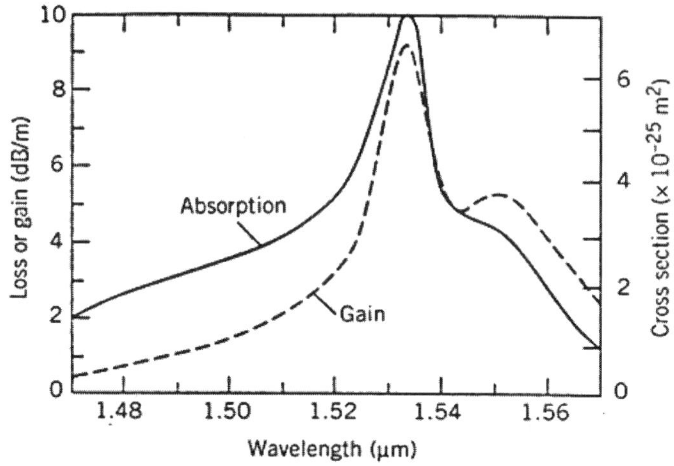

그림 6.4 EDF 자체의 흡수 및 이득 특성

통상 EDFA의 증폭 이득은 20~40 dB의 범위이다. 그러나 그림 6.4에 보인 것처럼 EDF 자체의 흡수 및 이득 특성은 전혀 평탄하지 않은 모양을 가진다. 그림 6.4와 같은 이득-파장 특성은 여러 채널 파장의 증폭을 위한 광대역 증폭기로의 사용이 불가능한 것이며 '이득 평탄화 여파기(gain-flattening filter)'의 사용 등 다양한 이득 평탄화 방법들을 사용하여 평탄 대역을 얻게 된다.

1.4 광섬유의 길이와 증폭 이득, 최적 길이

그림 6.5에 보인 것처럼 펌프광은 erbium이 첨가된 광섬유를 지날수록 세기가 점점 약해진다. 반면 신호광은 EDF를 지날수록 증폭되어 세기가 점점 강해진다. 그러나 길이가 점점 길어져서 펌프광이 소멸되고 나면 더 이상 증폭이 일어나지 않으므로 신호광도 감소하기 시작한다.

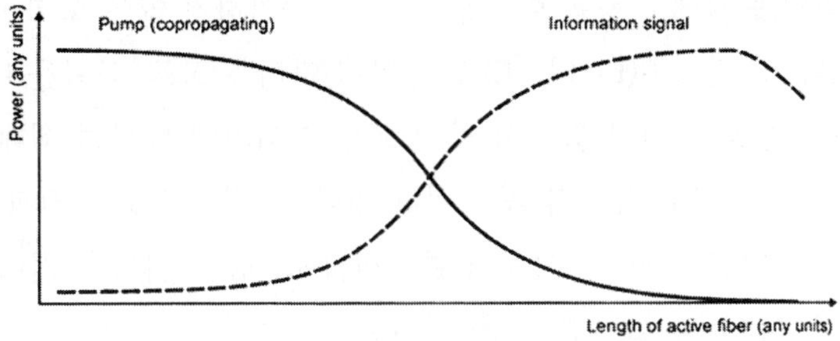

그림 6.5 펌프광은 EDF를 지날수록 세기가 점점 약해지는 반면 신호광은 EDF를 지날수록 증폭되어 세기가 점점 강해진다.

그림 6.5에 보였듯 증폭 이득이 최고값을 가지는 EDF의 최적 길이(optimal length)가 존재하고 실제의 경우 이 값은 erbium 이온의 도핑 정도, 이득-대역폭 특성 등에 좌우된다. 하지만 EDFA의 최적 길이는 출력광 세기의 측면뿐 아니라 잡음 특성과 이득포화의 관점에서 함께 고려되어야 한다. 이런 요소들을 모두 감안하여 실용화된 EDFA의 길이는 응용 목적에 따라 2~3 m에서 20~50 m에 이르기까지 다양하다.

그림 6.6(a)에는 펌프광 입력을 증가시키며 측정한 증폭 이득 특성이 EDF 길이의 변화에 따라 도시되었다. 그림에서 증폭기용 광섬유(EDF) 길이가 길면 길수록 증폭 이득이 증가하나 EDF 길이가 길어질수록 큰 펌프광 입력에서 증폭이 시작되는 것을 알 수 있다. 이것은 긴 길이의 EDF에 포함된 erbium 이온들을 여기시켜서 밀도 반전을 이루기 위해서는 더 큰 세기의 펌프광 입력이 요구됨을 의미한다.[4]

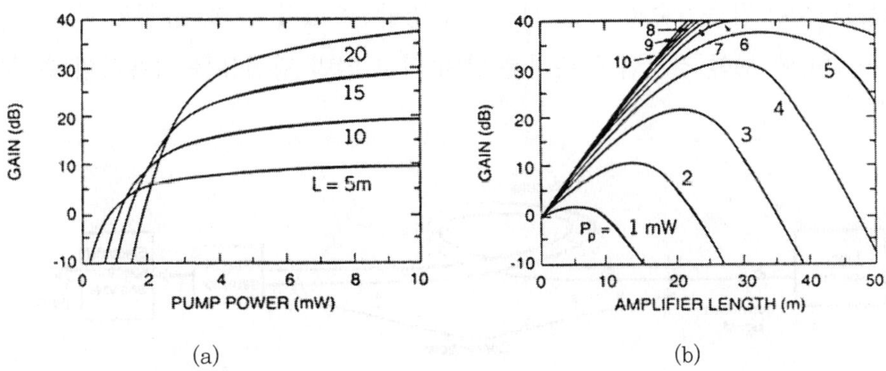

그림 6.6 펌프광 입력과 EDF 길이를 변화시키며 측정한 EDFA의 증폭 이득 곡선

펌프광 입력의 증가에도 증폭 이득은 더 이상 증가하지 않은 포화 현상도 뚜렷하게 보이고 있다. 그림 6.6(b)에는 EDF 길이에 따라 펌프광 입력을 바꿔가며 측정한 증폭 이득 특성을 보이고 있으며 각 펌프광의 세기에 대하여 최대 증폭 이득을 가지는 최적 길이가 서로 다른 값을 보이고 있다. 그림 6.6(b)의 결과는 더 긴 길이의 EDF 안에 더 많은 erbium 이온이 존재하므로, 증폭 이득을 최대로 얻기 위한 펌프광 전력도 더 많이 필요한 것을 의미한다.

주어진 펌프광 입력에서 입력 펌프광 세기(mW) 대 광증폭 이득(dB)의 비를 이득 효율(dB/mW)(gain efficiency)로 정의한다. 통상 입력 신호의 세기가 증가하면 이득포화 현상에 따라 이득이 감소하고 이에 따라 이득 효율도 감소한다. 최적 잡음조건, 최대 증폭 이득 및 증폭 효율을 만족하는 최적 길이를 찾을 수 있다.[1, 4]

1.5 EDFA의 잡음

광증폭기의 동작에서 증폭 이득 다음으로 중요한 성능지수는 잡음이다. 광증폭기는 신호파와 신호파에 섞여 있는 잡음을 동시에 증폭하는 것은 물론이며 증폭기 자체에서도 잡음이 발생하므로 입력 신호의 신호 대 잡음비(S/N)는 출력단에서 변하게 된다. 입력단 및 출력단에서의 신호 대 잡음비의 비를 증폭기의 잡음지수(noise figure)라 하고 다음과 같이 정의된다.

$$F_n = \frac{(S/N)_{input}}{(S/N)_{output}} \tag{6.5}$$

다음과 같이 잡음지수의 측정 개념을 설명할 수 있다. 신호 광원의 $(S/N)_{input}$은 그림 6.7(a)에 보인 것처럼 증폭기를 달지 않고 일반 광섬유를 사용하여 측정된다.

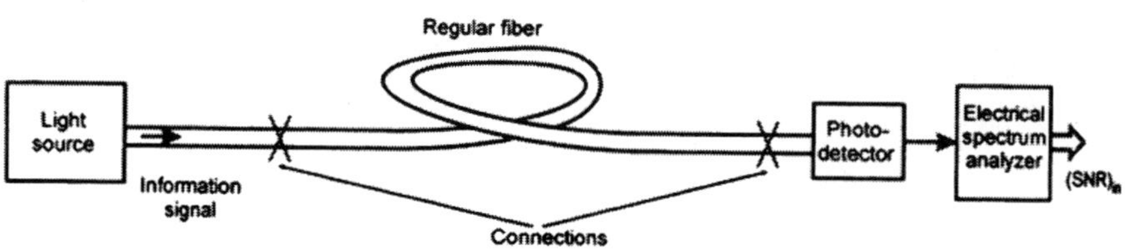

(a) $(S/N)_{input}$의 측정 개념

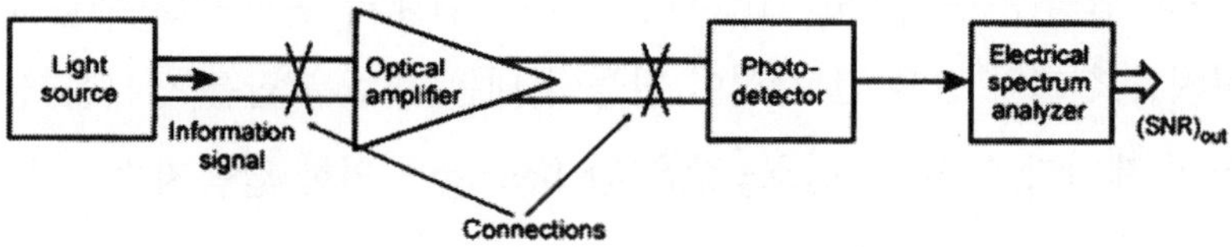

(b) 같은 구성에서 광증폭기를 연결하여 측정하면 $(S/N)_{output}$을 얻는다.

그림 6.7 EDFA의 잡음지수의 측정 개념

그림 6.7(b)에서 입력 SNR을 측정한 것과 같은 구성에서 광증폭기를 연결하여 측정하면 $(S/N)_{output}$을 얻을 수 있다.

광증폭기의 활성층에서 발생하는 잡음의 주성분을 '증폭된 자연방출 성분(amplified spontaneous emission, ASE)'이라고 부른다. 유도방출에 의하여 광증폭이 일어나는 동안 일부 자연방출에 의한 천이가 발생하며 자연방출에 의한 광신호 성분의 주파수(파장)는 유도방출의 광과 같지만 ASE의 경우 임의의 위상과 방향을 가지며 이 역시 광증폭기 내에서 증폭되므로 대역폭 내에서 잡음 성분으로 작용한다. 유도방출 인자(spontaneous emission factor 또는 population inversion factor)는 다음과 같이 정의된다.[4]

$$n_{sp} = N_2/(N_2 - N_1) \tag{6.6}$$

여기서 N_2와 N_1은 각각 여기된 높은 에너지 준위 2와 낮은 에너지 준위 1에서의 이온(또는 전자) 밀도를 나타낸다. 여기 에너지 준위 2의 밀도 N_2가 N_1에 비하여 훨씬 큰 경우 위 식은 1이 되어 최소값이 된다. 하지만 실제로 이런 상태는 이를 수 없으며 통상적인 n_{sp}의 범위는 1.4~4 정도이다. n_{sp}의 큰 값은 광증폭기의 ASE의 전력 크기가 큰 것을 의미한다. ASE의 평균 총 광세기 P_{ASE}는

$$P_{ASE} = 2n_{sp}hf\,GBW \tag{6.7}$$

이며 이 식에서 hf는 광자 1개의 에너지, G는 증폭기 이득, BW는 증폭기의 증폭 대역을 나타낸다. ASE는 광증폭기 동작에서 주된 저해 요소이므로 상용화된 광증폭기에는 ASE-억제 장치를 설치하는 것이 일반적이다.

EDFA나 SOA 같은 광증폭기에서 잡음과 잡음, 신호와 잡음 간의 beating에 의하여 새로운 주파수 성분을 만들어 문제가 발생한다. 잡음과 잡음 간 간섭이 만들

어 내는 새로운 잡음성분은 ASE filter라 불리는 협대역 여파기를 사용하여 쉽게 제거 가능하지만 신호와 잡음 간 간섭이 만들어 내는 새로운 잡음 성분은 신호 대역 내에 위치하여 제거가 어렵다. 신호-잡음 간 beatig에 의한 잡음지수는 λ_s가 신호광 파장일 때

$$F_n = \frac{P_{ASE}(\lambda_s)}{[hfGBW\lambda_s]} \tag{6.8}$$

로 쓸 수 있다. 따라서 위 식들로부터 다음의 결과를 얻는다.

$$F_n = 2n_{sp} \tag{6.9}$$

그림 6.8(a)에는 EDF 길이 변화에 대하여 이득과 잡음지수의 변화를 나타냈다. 그림에서 신호와 펌프광이 교차 진행(counter-propagating)하는 경우 이득과 잡음지수는 EDF 길이에 따라 점차 증가하는 특성을 보인다. 반면 동방향 진행(co-propagating)하는 경우 이득은 일정부분 증가하다 포화에 이르며 잡음지수는 길이와 무관하게 일정한 값을 보이는 대조적인 특성을 보이고 있다. 그림 6.8(b)

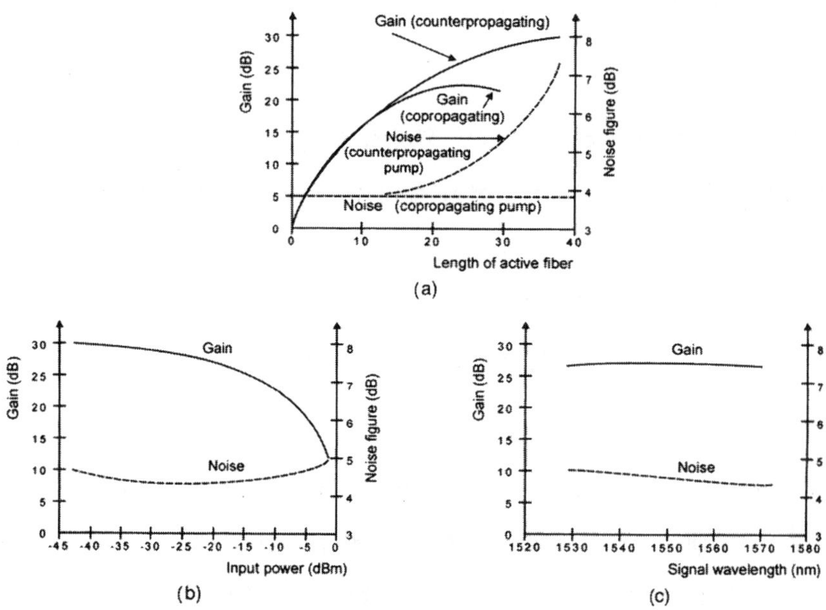

그림 6.8 (a) EDF 길이 변화에 대하여 이득과 잡음지수의 변화
(b) 입력 신호의 세기 변화에 따른 이득과 잡음의 변화
(c) 신호 파장의 변화에 따른 이득, 잡음 특성

에서 입력 신호광의 세기 변화에 대하여 신호 세기가 증가함에 따라 이득은 이득포화의 특성에 따라 감소하고 잡음은 다소 증가하는 양상을 보이지만 최저 잡음지수의 특성을 보이는 입력 신호 세기를 찾을 수 있음을 알 수 있다. 신호파의 파장 증가에 따른 변화를 나타낸 그림 6.8(c)에서 대체로 이득-대역폭 관계가 일정한 경향을 나타냄을 알 수 있다.

1.6 Pumping 광세기와 펌핑 기법

통상 EDFA는 여러 채널의 파장 신호들을 동시에 증폭하므로 펌프광 세기는 각 채널에 분배되고 이에 따라 더 많은 채널의 신호광을 증폭하는 시스템에서는 더 강한 펌핑이 요구된다. 상용화된 제품의 경우 펌프 광원은 980 nm의 경우 약 250 mW, 1480 nm의 경우 15 mW에 이르는 출력 전력을 보인다. 일반적으로 증폭 이득, 잡음 특성 등 펌핑 효율의 면과 펌프 광원 출력의 관점에서 980 nm 펌프광의 상용이 유리하지만 1480 nm 파장의 펌프광은 유리 광섬유 내에서 저손실 전송이 가능하므로 해저 케이블 사용 등 원격 펌핑용 광원으로의 사용에 유리하다.

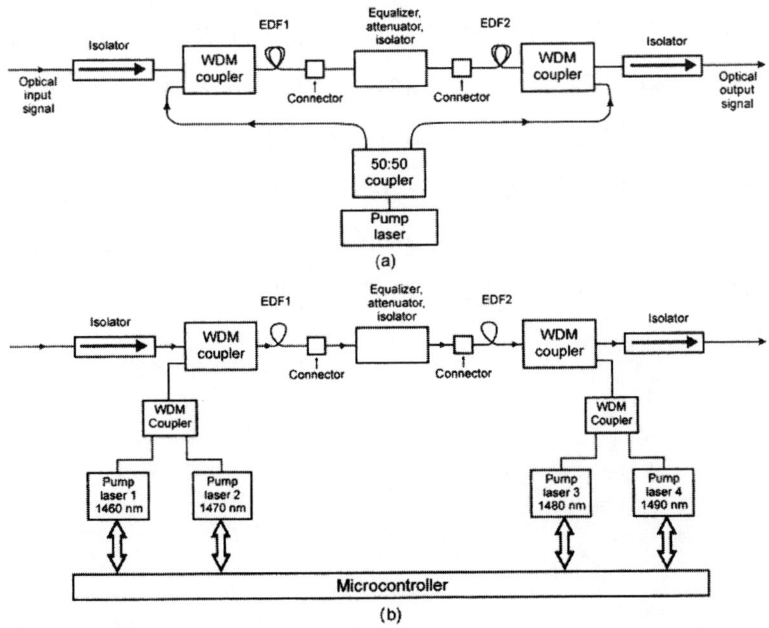

그림 6.9 (a) dual 펌핑의 개념도
(b) multiplexed 펌핑의 개념도

가장 단순한 형태의 펌핑 구성은 이미 그림 6.1(a)와 (b)에서 보였으며 그림 6.9에는 소위 'double pumping'과 'multiplexed pumping'의 개념도를 보였다. Double(혹은 dual) pumping은 그림 6.9(a)처럼 동시에 동방향 진행(co-propagating) 펌핑과 교차 진행(counter-propagating) 펌핑을 해주는 방법으로 펌프광 세기를 EDFA 전체 길이에 걸쳐서 균일하게 분배해 주어 더 큰 이득과 더 큰 포화 출력을 얻을 수 있는 장점이 있다. Double pumping 구성은 최근 EDFA의 가장 일반적인 펌핑 구성 방법으로 널리 사용된다. 그림 6.9(b)에 소개된 multiplexed pumping 구성은 4개의 서로 다른 파장 광원을 사용하고 있으며 높은 포화 출력을 얻을 수 있는 방법이다.[6]

1.7 Erbium이 도핑된 광섬유(EDF) 구조

EDF는 EDFA의 핵심 능동부품이다. EDF의 제조과정은 일반적인 광섬유와 유사하나 core부 중심에 erbium을 매우 고농도로 doping하여 제작된다. Erbium 이온의 밀도를 높이기 위해서 EDF 제조회사에서는 core의 직경을 줄이며 이에 따라 mode-field 직경(mode-field diameter, MFD)도 줄어든다. 통상 EDF의 MFD는 2~6 μm 정도로 일반 광섬유의 EDF 9~11 μm보다 작다. 이처럼 좁은 core 직경에 따라 신호파의 광자와 erbium 이온 간의 충돌 확률이 증가하고 증폭효율도 증가한다. MDF를 줄이는 이외에도 core 중심 좁은 부분 안에 erbium 이온의 밀도를 매우 높게 제작하여 증폭효율을 높이는 것이 일반적이며 100~1000 ppm(parts per million) 정도의 이온 밀도가 일반적이며 2000~5000 ppm의 높은 밀도로 제작된 EDF도 상용화 되었다. 그림 6.10에는 일반적인 EDF의 자세한 단면 구조가 제시되었다.

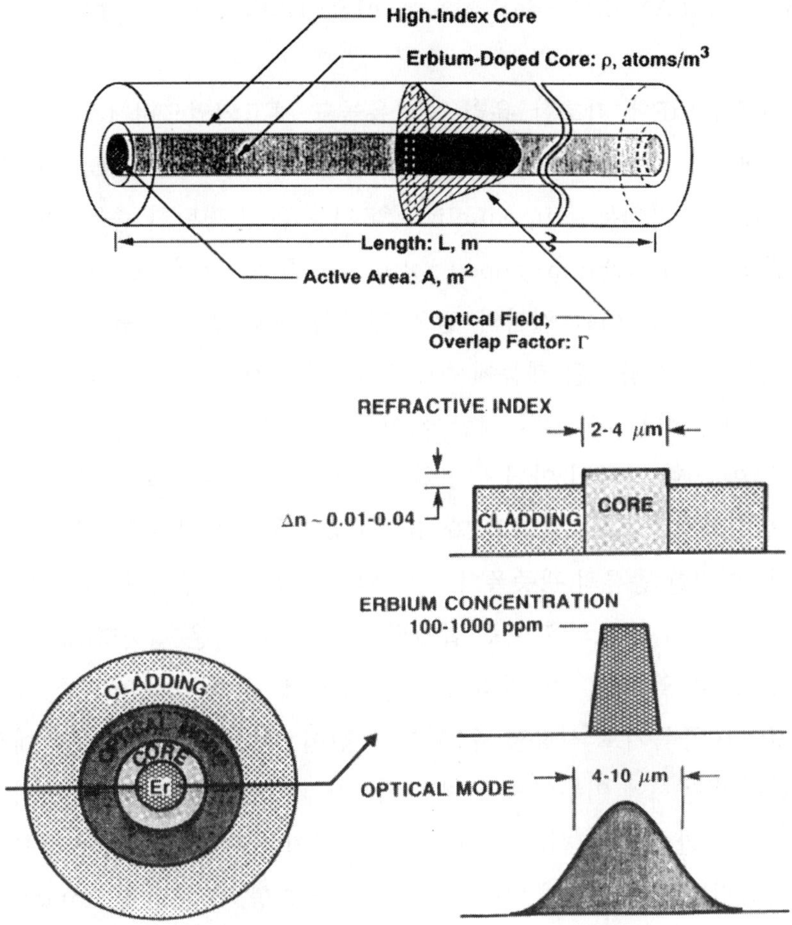

그림 6.10 일반적인 EDF의 자세한 단면 구조

1.8 다른 종류의 광섬유 증폭기들

EDFA의 우수한 성능에도 불구하고 더 큰 증폭 이득과 더 넓은 대역특성의 요구에 따라 새로운 종류의 광섬유 증폭기 개발이 진행되고 있다. EDFA가 가지는 가장 기본적인 문제점의 하나는 오랫동안 광통신에 사용되어 온 1300 nm 파장 대역에서 증폭기로 사용이 불가능한 점이다. 희토류 원소 중 praseodymium(Pr)이나 neodymium(Nd) 같은 원소들의 이온들이 1300 nm 대역에서 천이 특성을 보이지만 Pr과 Nd가 통상적인 유리 광섬유 내에서 작용하지 않으므로 전혀 새로운 형태의 광섬유가 요구되었다. Fluoride(F)나 telluride(Te)를 기초로 하는 광섬유들이

개발되었고 ZBLAN($ZrF_4-BaF_2-LaF_3-AlF_3-NaF$)과 같은 광섬유가 대표적이다.[2]

또한 ZrF와 InF에 기초한 유리 광섬유들도 보고되었으며 1300 nm 대역에서 1500 nm 대역의 EDFA와 대등한 증폭 및 잡음 특성을 보인다. Erbium을 doping한 fluoride 증폭기에서 gain equalizer의 사용 없이 평탄한 증폭 이득-대역폭의 결과가 발표되었고 erbium-doped telluride 증폭기에서 80 nm에 이르는 매우 넓은 대역의 평탄한 이득 결과와 펌프 전력의 신호 변환 효율도 높게 보고되었다.[7] 예를 들어 상용화된 제품에서 C-band의 동작 시 30 dBm의 펌프 전력으로 7.5m의 길이를 사용 35 dB의 평탄한 이득 특성을 보였다.[8]

유도방출에 의한 증폭이 아닌 비선형 효과를 이용하는 증폭기 응용도 많이 시도되고 있으며 크게 Raman 효과와 Brillouin 효과를 이용하는 두 가지 경향의 증폭기가 있다. 이러한 종류의 광증폭기들은, 일반 광섬유의 전송 구간 중간 중간 융착 접속에 의해 수~수십 m의 길이로 삽입되는 EDFA와 같은 집중형(lumped) 증폭기로도 구성할 수 있지만, 긴 거리의 전송 구간에 걸쳐 증폭이 발생하는 분산형(distributed) 증폭기로 사용할 수 있는 특징이 있다. 즉, 선로 구간에서 신호의 전송과 증폭이 동시에 이루어지며 원격 펌핑도 가능한 특성에 따라 중앙 통제국에서 펌핑을 포함한 증폭기 선로의 관리가 이루어지는 새로운 지평의 광통신 교환망 구현이 가능할 것이다. 이미 2000년대 초반 집중형 및 분산형 Raman 증폭기가 상용화되었으며 EDFA의 증폭 이득이 미약한 1570~1630 nm 구간의 증폭을 상호 보완하는 결합형 EDFA/Raman 증폭기의 구성이 사용이 일반화되었다.[9]

분산형 Raman 증폭기는 EDFA가 가지는 단점들을 해결하는 응용 목적에 적절히 활용 가능하다. EDFA는 높은 증폭 이득을 가지므로 강한 세기를 가지는 EDFA의 출력광이 일반 광섬유에 입사될 때 심각한 비선형 현상이 발생한다. EDFA 선로 증폭기 구간마다 EDFA 바로 뒷부분에 Raman 증폭기를 설치하면 전체 구간의 이득을 유지하면서도 일정량 EDFA의 출력값을 감쇠시켜 주는 역할을 담당하여 비선형 현상을 방지할 수 있다.

1.9 광섬유 증폭기의 응용 목적에 따른 분류

1) 선로 증폭기(in-line amplifier)

아주 긴 거리의 광통신 링크에 걸쳐 일정 간격마다 종단 연결되어 설치되는 증폭기로 응용 목적상 중간 크기의 증폭 이득과 잡음 특성, 포화 전력값을 보이며 전체 채널 신호의 파장 구간에서 증폭기 이득의 '평탄 대역' 특성이 가장 요구된다. 즉, 여러 개 채널 파장이 동일한 이득으로 평탄하게(multi-channel flatness) 증폭되어야 하는 WDM 광통신의 링크 내의 요구에 부합해야 한다. 증폭 이득의 평탄 대역 특성을 나타내는 지수로 'gain tilt'가 임의의 파장 λ와 기준 파장 λ_o에 대하여 다음과 같이 정의된다.

$$\text{Tilt}(\frac{dB}{dB}) = \frac{\Delta G(\lambda)}{\Delta G(\lambda_o)} \tag{6.10}$$

종단 연결된 동일한 성능의 증폭기에서 각각 발생한 ASE 잡음은 광섬유를 통해 전송되면서 다음 증폭기에 의하여 신호와 함께 증폭되므로 시스템에 악영향을 미친다. ASE 잡음이 신호와 함께 종단 연결된 증폭기들을 지나면서 증폭됨에 따라

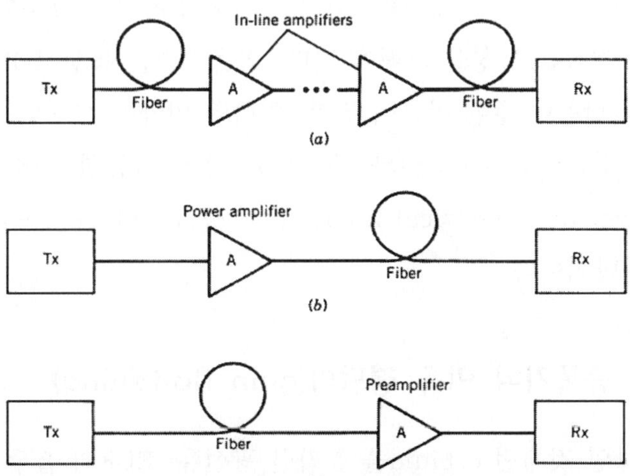

그림 6.11 응용 목적에 따른 광증폭기의 개념도
(a) 선로 증폭기
(b) booster 증폭기
(c) 전치 증폭기

광증폭기들을 포화시키며 신호 증폭률을 저하시킨다. 이에 따라 수신단에서 신호 대 잡음비가 저하된다.

증폭 이득이 G_i, 잡음지수가 F_{n_i}인 증폭기를 K개 종단 연결하여 사용할 때, 전체 유효 잡음지수는

$$F_n^{eff} = F_{n1} + \frac{F_{n2}}{G_1} + \frac{F_{n2}}{G_1 G_2} + \cdots + \frac{F_{n2}}{G_1 G_2 \cdots G_{k-1}} \tag{6.11}$$

로 표현된다.[10, 11]

2) 전력(booster) 증폭기

Booster 증폭기는 후치 증폭기(post-amplifier)라고도 부르며 송신기 바로 다음에 연결되는 출력 증폭기로 최대 출력 전력을 갖는다. 통상의 EDFA booster 증폭기는 17~19 dBm(약 40~80 mW)의 출력 전력을 가지며 booster 증폭기의 출력 전력은 커야 하지만 증폭 이득이 클 필요는 없다.

3) 전치 증폭기(pre-amplifier)

전치 증폭기는 수신기의 앞단에 위치하여 장거리 전송으로 감쇠되어 미약해진 광신호를 증폭하는 기능을 수행한다. 따라서 대출력 용량이 요구되지는 않지만 높은 증폭 이득과 저잡음 특성을 가져야 한다. 잡음지수는 통상 4 dB 정도이며 신호와 ASE 간 간섭 잡음이 주된 잡음이 된다. 얼마나 미약한 신호까지 증폭 가능한가를 의미하는 민감도(sensitivity)가 중요하고 증폭 가능한 최소 신호 입력전력(minimum power of the optical input) 값이 중요하며 통상 −40 dBm(0.1 μW) 정도의 값이 일반적이다.

1.10 광섬유 증폭기의 이득 평탄화(gain flattening)

그림 6.4에 보인 것처럼 erbium을 첨가한 광섬유, EDF의 흡수 및 증폭 특성은 여러 채널의 파장 증폭에 사용이 불가능한 매우 불균일한 특성을 가진다. WDM 광통신 시스템에서 EDFA는 모든 파장의 신호에 대하여 동일한, 평탄한 증폭 이득을 가져야 하며 이를 위하여 소위 '이득 평탄화'(equalization 또는 gain-flattening) 여파기를 사용하는 것이 일반적이다. 우수한 특성을 보이는 다양한

종류의 이득 평탄화 여파기가 이미 개발되었으며 그림 6.12에는 EDFA의 이득 평탄화의 원리적 이해와 구성 개념의 이해를 위한 개념도가 제시되었다.[1]

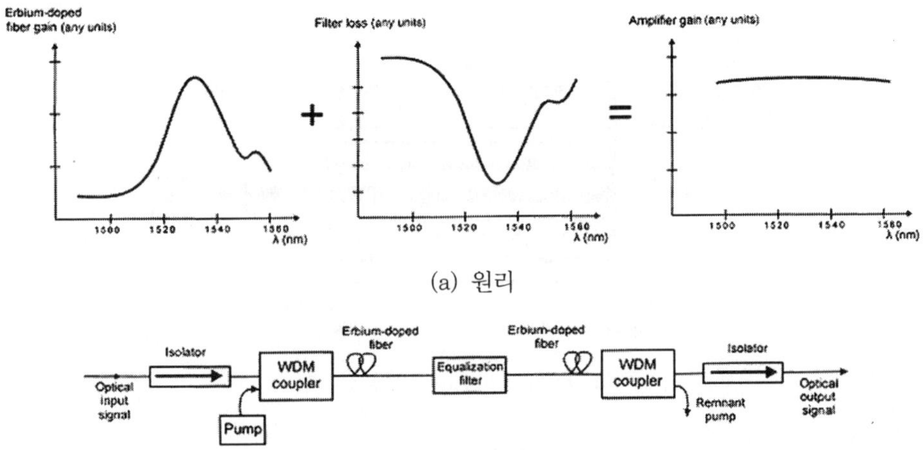

(a) 원리

(b) 시스템 구성 개념

그림 6.12 EDFA의 이득 평탄화

2 반도체 광증폭기(Semiconductor Optical Amplifier, SOA)

2.1 반도체 광증폭기(SOA)의 구조와 무반사 특성

반도체 광증폭기는 반도체 레이저 다이오드(laser diode, LD)와 유사한 구조로 제작되며 전류주입에 의한 펌핑으로 밀도 반전(population inversion)을 이루어 작은 크기의 입사광이 반도체의 이득 매질을 지나가는 동안 유도방출에 의해 증폭되는 원리를 이용한다. SOA 동작에서 양 단면의 높은 반사율에 의한 공진기 구조는 매우 좁은 광증폭 대역폭만을 갖게 하므로 반도체 LD와 달리 양면 반사를 억제해야 한다. 따라서 일반적인 SOA 소자의 양 단면이 무반사(anti-reflection, AR) 특성을 가져야 한다는 점에서 LD와는 차이가 있다. SOA에는 단면의 반사율 여부에 따라 크게 Fabry-Perot(FP) 공진기형 및 진행파(travelingwave, TW)형 SOA 두 가지가 있으며 그림 6.13(a), (b), (c)에는 단면 반사율에 따른 두 종류 SOA의 증폭 이득 대역 특성을 각각 보였다. FP 공진기형 SOA(또는 FPA)는 양 단면이 일정한 반사율을 가져서 활성층 내의 광파는 양 단면 사이를 왕복하며 이 과정에서 증폭된 신호가 출력된다.

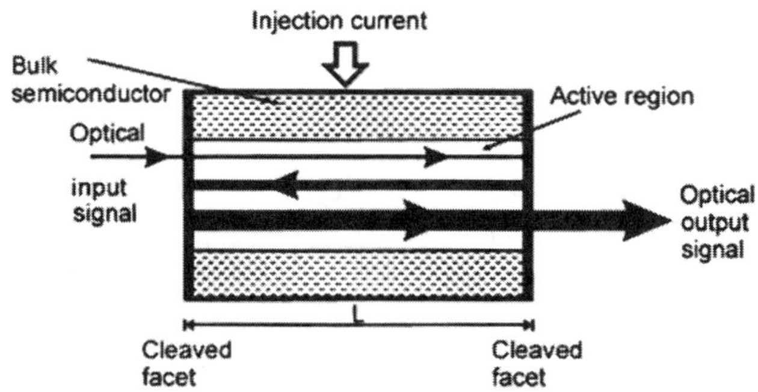

(a) Fabry-Perot(FP) 공진기형

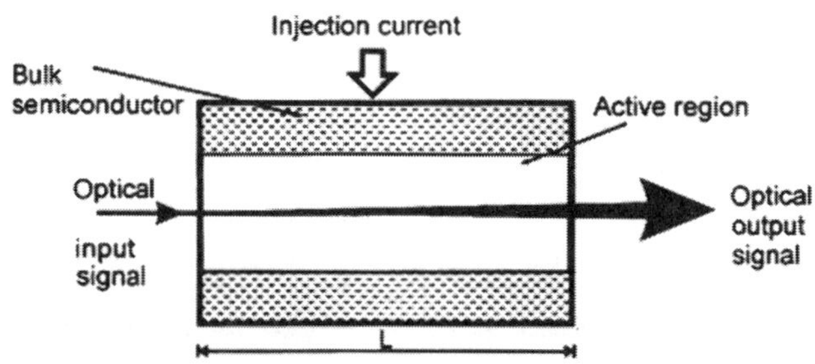

(b) 진행파(Traveling-Wave, TW)형 SOA의 구조

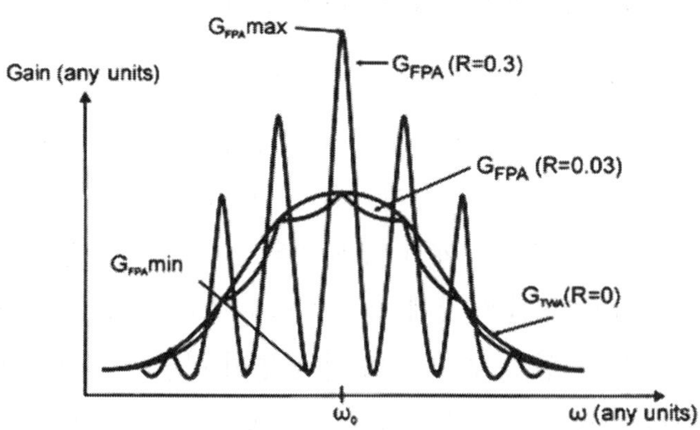

(c) 소자면 반사율에 따른 증폭 이득 대역 특성 비교

그림 6.13

즉, LD와 같이 소자 양 단면의 반사경에 의한 공진기 원리로 파장이 선택적으로 결정되어 좁은 대역에서만 광신호의 증폭이 이루어지고 삽입 손실도 크다. 이에 반해 TW형 SOA(또는 TWA)에서는 공진을 억제하기 위하여 양 단면에 무반사 코팅을 해서 신호광이 SOA의 활성층을 한 번만 통과하며 증폭되어 출력된다. 따라서 TW형 SOA에서는 반사 손실이 거의 없고 비교적 넓은 파장 대역에서 평탄한 증폭 이득을 보인다. 한 가닥 광섬유에 여러 개의 파장을 사용하는 파장분할 다중화(wavelength-division multiplexing, WDM) 광통신의 응용 시 TW형 SOA가 사용된다. 반사를 억제하기 위한 목적으로 SOA의 설계 시 그림 6.14(a)처럼 소자 양 단면의 무반사 코팅은 물론 그림 6.14(b)와 같이 활성영역이 소자 양 끝면에 대하여 경사를 가진 광도파로(angled 또는 tilted waveguide) 구조를 채택하여 반사를 0.001% 이하로 얻을 수 있다. 반사를 억제하기 위해 활성층과 소자 양 단면 사이에 출력광이 느끼기에 transparent한 'window facet 영역'이라 불리는 거리를 두어 반사 없이 진행하도록 하는 방법이 그림 6.14(c)에 소개되었다.

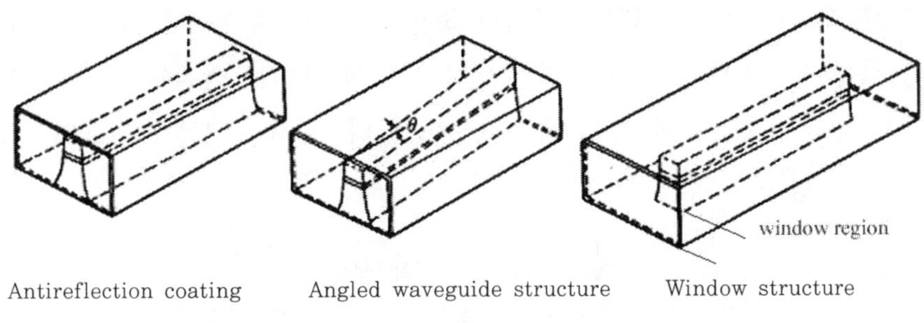

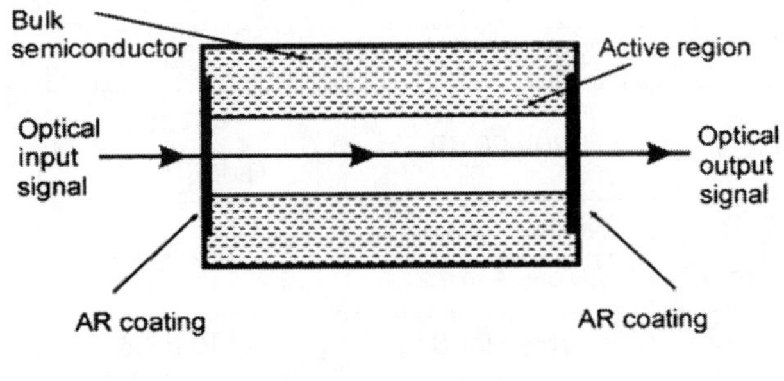

(a) 무반사 코팅

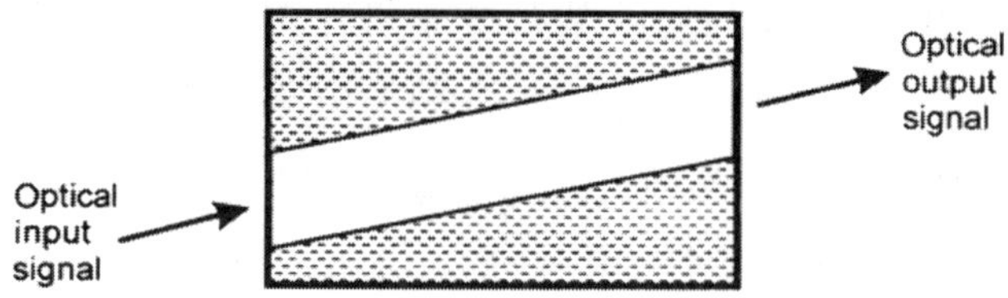

(b) 경사진 광도파로 구조

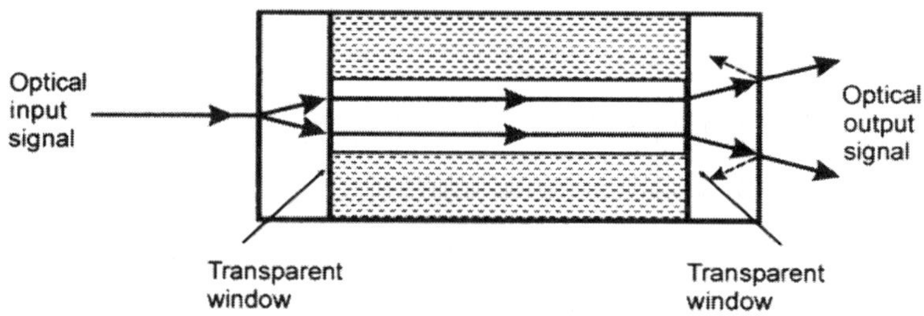

(c) window facet 구조

그림 6.14 반도체 광증폭기의 양 단면 반사를 억제하기 위한 구조들

반도체 광증폭기는 크기가 작고 전기적으로 펌핑되며 대표적인 광섬유 증폭기인 EDFA보다 다소 가격이 저렴하다. 그러나 SOA는 EDFA와 비교하여 증폭 이득이 작고 잡음 특성이 나쁘며 일정량의 편광 의존 특성을 보이는 단점들이 있고 결합과 구성의 용이성에서 EDFA에 떨어지는 단점이 있다. 표 6.1에는 EDFA와 비교한 SOA의 일반적 성능을 정리하였다.

표 6.1 EDFA와 비교한 FP형 및 TW형 SOA의 일반적 성능

	SOA		EDFA
	FPA	TWA	
증폭 이득	20~30 dB	~30 dB (R=0.01%)	30~45 dB
대역폭 (@증폭 이득 20 dB)	1~10 GHz	~1000 GHz	500 GHz
출력 포화 전력	-10~-5 dBm	~+10 dBm	+5~+10 dBm
편광 의존성	의존	의존(없음)	없음
펌핑방법	전류(~20 mA)	전류(100~200 mA)	980, 1540 nm LD (50~100 mA)
소자길이	mm 미만		1~100 m

반도체 광증폭기는 통상 GaAs/AlGaAs, InP/InGaAs, InP/InGaAsP나 InP/InAlGaAs 같은 III-V족 화합물 반도체 재료로 제작되어 빠른 캐리어 천이 시간의 비선형 특성을 가지며 이는 nanosecond 또는 그 이하의 짧은 상위 준위 평균수명(upper state lifetime)에 기인한다. 따라서 증폭 이득은 펌프 신호 또는 신호광의 변화에 빠르게 반응하고 위상변화도 발생하여 신호 왜곡(distortion)을 일으킨다. 이러한 비선형 현상은 광통신 응용에서 매우 심각한 문제를 야기하기도 하지만 반면 비선형 특성의 결과로 다른 파장 영역에서의 광증폭 이득 효과를 얻을 수 있는데 이는 전광 교환(all-optical switching)이나 파장 변환(wavelength conversion)과 같은 응용에 유용하게 사용될 수 있다. 반도체 광증폭기를 광신호 처리, 파장 변환, clock recovery, 신호의 역다중화(demultiplexing) 또는 패턴인식(pattern recognition)과 같은 응용에 이용하려는 많은 연구 결과들이 발표되고 있다.

증폭기로서 SOA의 광대역 증폭 이득은 매우 중요하며 이는 활성층 구조와 무반사 박막 코팅의 성능에 의존한다. 초기의 SOA는 bulk 구조의 활성층 및 single-layer 무반사 코팅 구조가 사용되었으며 이에 따라 30 nm에 불과한 좁은 동작대역 특성을 보였다. 아울러 반사율 억제를 위해 사용되는 경사진 광도파로 구조(그림 6.14(b)) 역시 입사파장에 대한 대역폭을 감소시키는 원인이다. 증폭 이득과 대역폭의 개선을 위해 양자우물(quantum well, QW) 구조의 활성층 사용이 일반화되었으며 다층 유전체 박막을 사용하는 무반사 코팅 기술의 발전으로 80 nm에 이르는 박막 기술이 보고되었다. 반면 양자우물 구조의 활성층 사용으로 대역폭은 개선되나 이득의 평탄성을 얻기는 어렵다. 또 QW 활성층을 사용하는 SOA가 가지는 높은 편광 의존도를 낮추기 위한 방법으로 strain을 가지거나 strain이 상호 보상된(strain-compensated) QW 활성층 구조를 가지는 SOA 소자들이 보고되었다. 그림 6.15에는 SOA의 편광에 무관한 특성과 광대역 동작을 위한 활성층 구조 개선 및 변화를 제시하였다.[12]

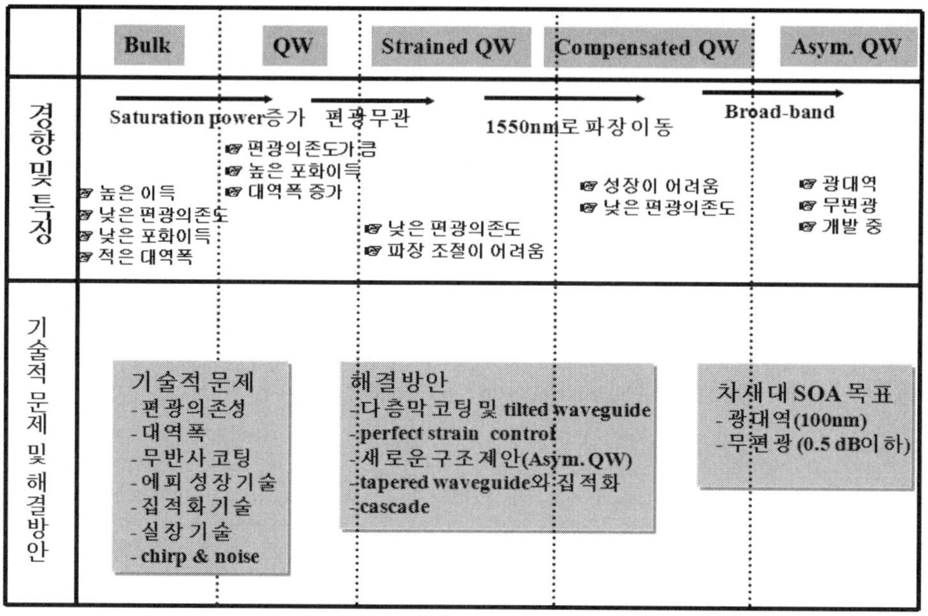

그림 6.15 SOA의 편광에 무관한 특성과 광대역 동작을 위한 활성층 구조 개선 및 기술 변화

2.2 반도체 광증폭기(SOA)의 동작원리

반도체 레이저 다이오드는 활성층에 전류를 공급하여 캐리어를 펌핑하고 밀도 반전(population inversion)을 이루어 천이를 통해 발생하는 빛이 소자 양쪽 끝 절개된 면의 거울로 구성되는 공진기 내부 광증폭 매질을 왕복 운동하며 증폭되어 외부로 발진하는 소자이다. 진행파형 SOA에서는 신호광의 궤환(feedback) 행정이 일어나지 않고 단 한 번만 반도체 증폭기 내부를 지나도록 주의 깊게 설계한다.

그림 6.16과 같이 순방향 전압을 인가해 준 레이저의 활성층 내부의 양자우물(quantum well) 영역에서 전자는 전도대역 내에 정공은 가전자 대역 내에 축적되어 밀도 반전이 이루어져서 활성층을 지나는 신호파의 광자는 발광성 재결합을 유도하고 같은 파장, 위상 및 반향을 가지는 광자들이 대거 방출되어 빛의 증폭이 발생한다. 반면 캐리어들은 비발광성 천이를 통해 재결합하거나 자연방출 성분이 증폭되는 ASE가 발생할 수 있다.[4]

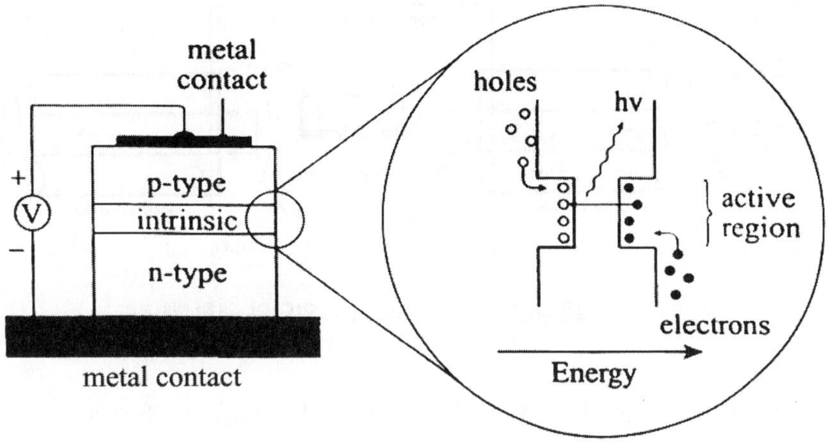

그림 6.16 QW-SOA의 활성층 영역에서 밀도 반전의 개념도

바람직한 반도체 광증폭기의 동작을 위한 설계 조건들은 다음과 같다.

1. 전자와 정공들이 활성층으로 공급된다.
2. 활성층에 공급된 캐리어들은 밀도 반전이 이루어지기 위하여 활성층 내에서 구속되어야 하고 이는 캐리어의 재결합 평균수명이 충분히 길 것을 의미한다.
3. 증폭되는 광신호는 밀도 반전된 활성층 내에서 충분한 크기의 광증폭 이득을 제공 받는다.
4. 활성층의 길이 방향으로 광신호는 잘 구속되어(optically confined) 진행 시 누설 손실이 없다.
5. 원하지 않는 광신호의 반사가 제거되어야 한다.
6. 광신호는 반도체 소자의 chip의 입구와 출구 부분에서 효율적으로 광결합을 이룬다.
7. 광증폭 특성은 가능한 입사광의 편광 특성과 무관해야 한다.

그림 6.17에는 광섬유와 SOA 양단의 결합 개념도가 제시되었다. SOA의 동작 시 안정된 온도 특성을 얻기 위하여 Peltier 냉각 소자가 달린 compact한 크기의 butterfly형 패키지를 사용하며 전류 구동된다. 입력광 및 출력광의 결합효율을 높이기 위해서 광섬유 끝에서 비구면 렌즈 등으로 초점을 맞추어 집속시키고 내부 광 isolator가 결합되어 잡음 파장 성분을 제거하는 구조를 가지고 있다.[1, 4]

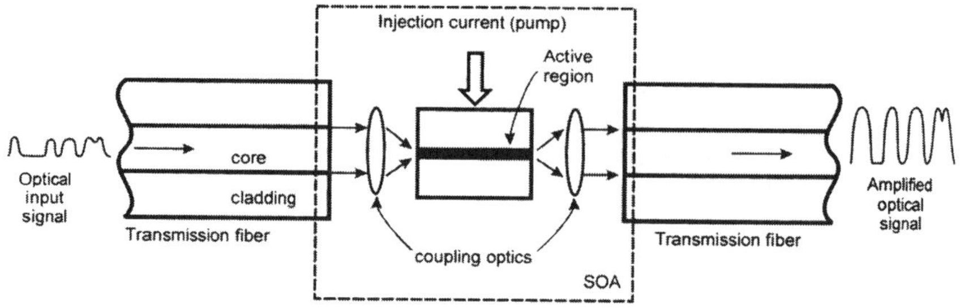

그림 6.17 광섬유와 SOA 양단의 결합 개념도

일반적인 SOA의 구조가 그림 6.18에 도시되었다.[13] 이 소자에서 기판은 InP이며 활성층은 얇은 InGaAsP 양자우물(quantum well)과 InP barrier층의 교번 구조 층들로 이루어져 있다. 그림에 보인 소자는 그림 6.14에서 소개한 것처럼 양단면에서의 반사를 억제하기 위하여 무반사 코팅과 경사진 광도파로 구조는 물론 신호광에 transparent한 물질로 간격을 두는 window facet 구조를 모두 채택하고 있다.[14] Window facet 구조에서 window 영역을 지나며 빛이 퍼지는 현상을 막아서 출력단 광학 소자 및 광섬유와 우수한 결합효율(coupling efficiency)을 얻기 위하여 광도파로를 taper 형태로 설계했다.

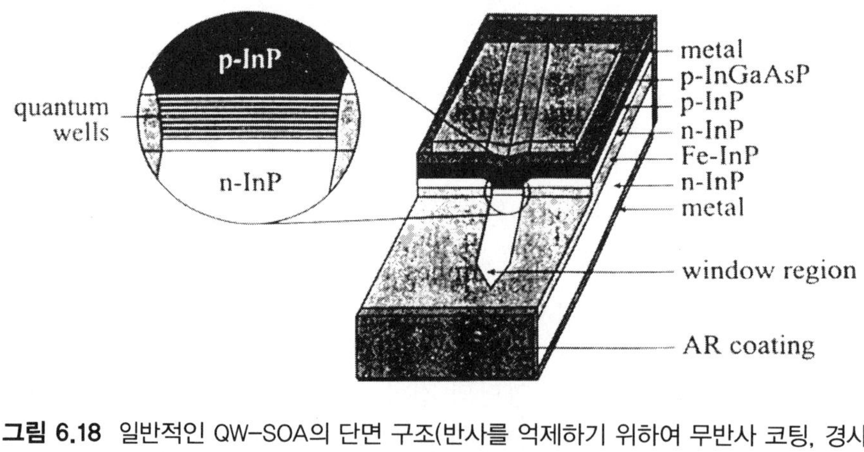

그림 6.18 일반적인 QW-SOA의 단면 구조(반사를 억제하기 위하여 무반사 코팅, 경사진 광도파로 구조, window facet 구조를 모두 채택하고 있다.)

2.3 SOA 광증폭 이득 및 이득포화(gain saturation)

SOA 동작의 해석에서 가장 중요한 것은 활성층 내의 캐리어 양을 계산하는 것이며 캐리어 밀도의 시간적 변화량은 다음의 rate equation으로 표시된다.

$$\frac{dn}{dt} = -\frac{n}{\tau_s} - A_g(n - n_o)\frac{I}{h\nu} + \frac{J}{ed} \tag{6.12}$$

식 (6.12)에서 우변의 첫 항은 비발광성 재결합에 의하여 캐리어가 감소하는 relaxation process를, 둘째 항은 유도방출에 의한 캐리어 감소를, 세 번째 항은 주입되는 전류 공급에 의해 증가하는 캐리어 밀도를 나타낸다. 여기서 n은 활성층에 주입된 캐리어 밀도, n_o는 이득 임계 캐리어 밀도, d는 활성층의 두께, J는 활성층 내의 전류 밀도, τ_s는 캐리어 수명 시간, A_g는 미분 이득 계수(differential gain coefficient), I는 방출광의 세기를 각각 의미한다. SOA에 전류주입이 시작되면 캐리어 밀도는 증가하다가 밀도 반전이 이루어진 후 유도방출이 일어나서 캐리어 밀도가 감소하여 정상 상태(steady-state)에 도달한다. SOA에 주입되는 전류가 증가하면 SOA의 증폭 이득도 증가한다. 식 (6.12)의 rate equation에서 알 수 있듯 전류 밀도가 증가하면 자연방출, 비발광성 재결합 및 ASE 성분이 증가하여 유도방출로 소비되는 캐리어의 비율을 감소시킨다. 이에 따라 전류 밀도의 증가에 대해 이득 증가율이 미치지 못하는 이득포화(gain saturation) 현상이 발생한다.

SOA의 이득변화는 캐리어 밀도 변화에 의존하므로 캐리어 수명 시간에 의해 제한 받는다. 일반적으로 캐리어 수명 시간은 캐리어 밀도와 광자 밀도가 증가함에 따라 감소하므로 SOA의 동작 특성은 주입전류와 주입 광신호의 전력이 증가함에 따라 향상된다.

정보를 담고 있는 광신호는 시간에 따라 변조된 신호이며 세기 변조된 신호가 일반적이다. I의 세기를 가지는 광신호가 SOA를 지날 때 propagation 관계식은 다음과 같이 주어진다.

$$\frac{dI}{dz} = \Gamma A_g(n - n_0)I - \alpha I \tag{6.13}$$

이 식에서 Γ는 광 구속성 계수(confinement factor)이고 α는 흡수계수이다.

이 때 이득 계수 g가

$$g = \Gamma A_g (n - n_o) \tag{6.14}$$

n개의 캐리어 밀도에 대하여 식 (6.14)로 정의되고 A_g는 $A_g = \dfrac{dg}{dN}$로 정의되는 미분 이득 계수(differential gain coefficient)이다. 정상 상태(steady-state)에서 식 (6.12)의 rate equation은 0이 되고 식 (6.13)은 아래와 같이 쓸 수 있다.

$$\frac{dI}{dz} = \Gamma A_g \frac{\tau_s J/ed - n_0}{1 + I/I_s} I - \alpha I = \left(\frac{\Gamma \gamma_o}{1 + I/I_s} - \alpha \right) \cdot I \tag{6.15}$$

여기서 $I_s = \dfrac{h\nu}{\tau_s A_g}$는 포화 신호광의 세기(saturation intensity)이고 $\Gamma_o = A_o \left(\dfrac{\tau_s J}{ed} - n_o \right)$는 비포화 상태의 증폭 이득 계수이다. 이득이 소신호 이득의 절반으로 떨어지는 출력 전력을 나타내는 3-dB 포화전력 P_{3dB}는 다음의 식으로 표현된다.

$$P_{3dB} = \ln(2) P_{sat} = \ln(2) \frac{h\nu A_{act}}{\Gamma A_g \tau_s} \tag{6.16}$$

이 식에서 SOA의 이득포화는 A_g와 τ_s 같은 물질 특성에 따름을 알 수 있다. 그림 6.19에 일반적인 광증폭기의 이득포화 특성 곡선상에 P_{3dB} 점을 보였다.

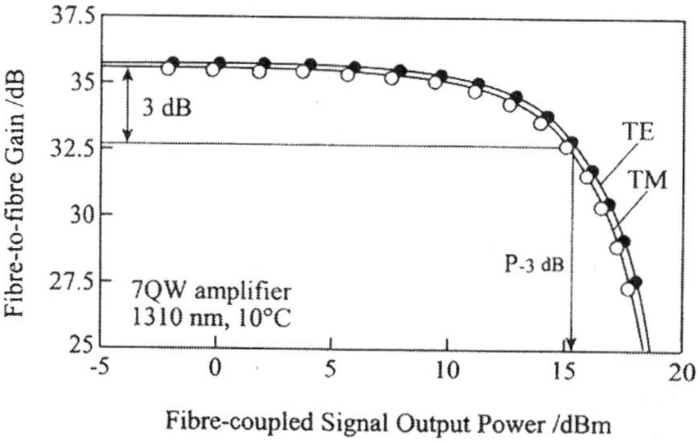

그림 6.19 QW층을 사용하는 1310 nm QW-SOA의 TE, TM 모드에 대한 이득포화 특성 곡선과 3-dB 포화전력 P_{3dB}의 의미

SOA에 들어오는 입력광 세기가 증가하면 급격한 유도방출에 의하여 공급되는 캐리어보다 소비되는 캐리어가 더 많아져서 SOA의 증폭 이득이 포화되는 이득포화 현상이 발생한다. 그림 6.19에 보인 SOA 출력광 세기 변화에 따른 이득포화 현상은 입력광 세기를 제한하는 요소이다. 또 이득포화 곡선의 비선형적 특성에 따라서 입력광 신호가 세기가 data의 파형에 따라 변조되면 비선형 증폭 이득 변조가 발생한다.

동일한 주입전류에 대하여 SOA 길이가 증가할수록 SOA 이득은 감소한다. SOA 길이가 증가함에 따라 일정한 이득을 얻기 위해서는 보다 큰 전류를 공급해 주어야 한다. SOA 길이가 짧으면 이득포화가 빨리 일어나고 SOA 길이가 증가함에 따라 보다 큰 주입전류에서 이득포화 현상이 발생한다. 이득포화 이상의 전류가 주입되어도 SOA의 이득은 거의 일정해진다. 일정한 주입전류에 대하여 SOA의 폭이 넓어지면 캐리어 밀도가 감소하여 이득은 감소한다.

그림 6.20에는 SOA에서 신호파 파장에 따라 출력광 세기의 변화에 따른 이득포화 현상을 보이고 있다.

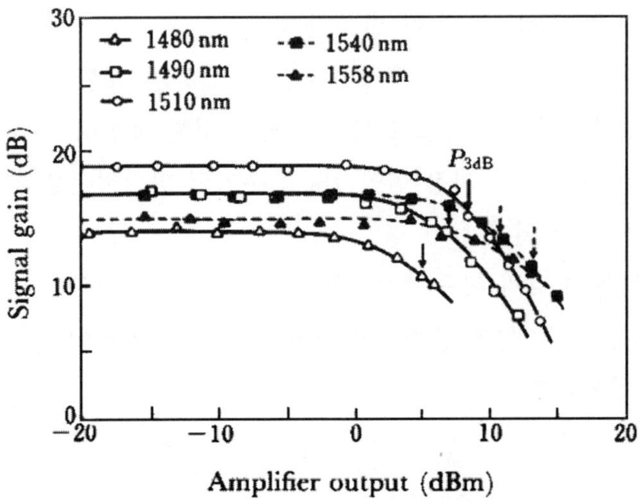

그림 6.20 입력전류에 대하여 신호광 파장이 길어질수록 출력 포화전력은 증가

2.4 동적 응답 특성(Dynamic Behavior) 및 이득 스펙트럼 특성

캐리어 농도의 변화가 신호의 세기 변화를 따라갈 수 있는 범위에서만 증폭 이득도 따라 변화한다. 캐리어 농도나 증폭 이득 회복 시간(gain recovery time)을 지배하는 시정수가 그 여부를 결정한다. SOA에서 캐리어 평균수명은 0.1 ns의 범위이며 증폭 이득 회복 시간은 통상적인 데이터 전송률 10^9/sec에 비교하여 짧다. 따라서 '0' 또는 '1'을 나타내는 신호의 세기 레벨은 서로 다른 이득으로 증폭되어 신호 왜곡이 발생한다. 이러한 현상은 다만 증폭기가 포화영역 근처에서 동작할 때 심각해진다. EDFA에서 증폭 이득 회복 시간은 1 ms 정도이며 시변-입력 신호는 평균 신호 전력에 의존하는 일정한 증폭 이득을 느끼게 될 것이다. 반면 SOA의 증폭 이득 회복 시간이 상대적으로 빨라 오히려 문제가 야기될 수 있음은 대조적인 결과이다. SOA의 동적 동작 특성은 몇 가지 응용상의 장점과 제약을 동시에 수반한다. 가장 중요한 점은 증폭 이득 회복 시간보다 낮은 데이터 전송률의 주파수 범위에서 SOA가 포화영역에서 동작하게 되면 신호 왜곡이 발생하므로 이를 유의해야 한다. 이에 따라 증폭기 최대 출력의 한계가 결정된다. 또한 증폭 이득의 변조 현상은 자기 위상 변조(self-phase modulation, SPM)라 불리는 출력 신호의 주파수 변조를 의미하는 chirping이 발생한다.

상기한 증폭 이득 변조 현상을 해결하는 방법으로 광 궤환을 도입하는 SOA의 gain-clamping 방법이 효과적으로 사용된다. 이러한 물성적 제한점에도 SOA는 많은 응용 분야에 사용된다. 파장 변환기나 증폭기의 비선형성을 활용하는 신호발생 등의 응용에도 사용된다.

그림 6.21에 보인 SOA의 이득 스펙트럼은 중심 파장에 대하여 비대칭적인 포물선 모양을 보인다. 주입전류가 증가함에 따라서 SOA의 최대 이득을 보이는 파장은 단파장 쪽으로 이동한다.

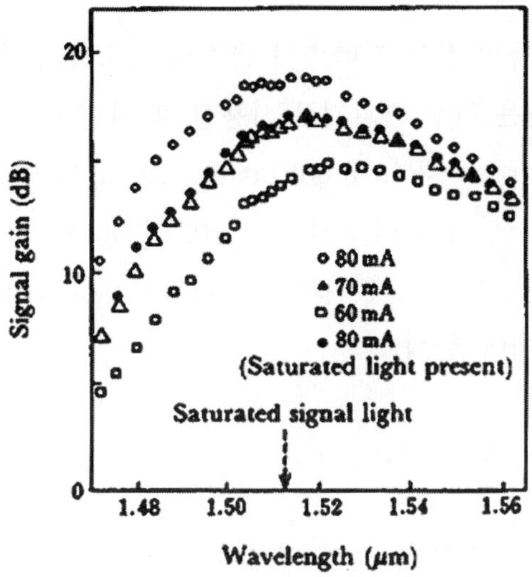

그림 6.21 주입전류의 변화에 의한 SOA의 이득 스펙트럼의 특성

이는 주입전류가 증가하면 밀도 반전이 일어나는 공핍층 내의 캐리어 밀도가 증가하고 이에 따라 전자는 공핍층 내 전도 대역의 더 높은 위치에 쌓이고 정공은 공핍층 내 가전자 대역의 더 낮은 에너지 위치까지 차게 되어 발광성 천이로 방출되는 광자 에너지가 더 커지는 band-filling 효과 때문이다. 그림 6.22에는 이러한 band-filling 효과를 설명하는 개념도를 보였다.

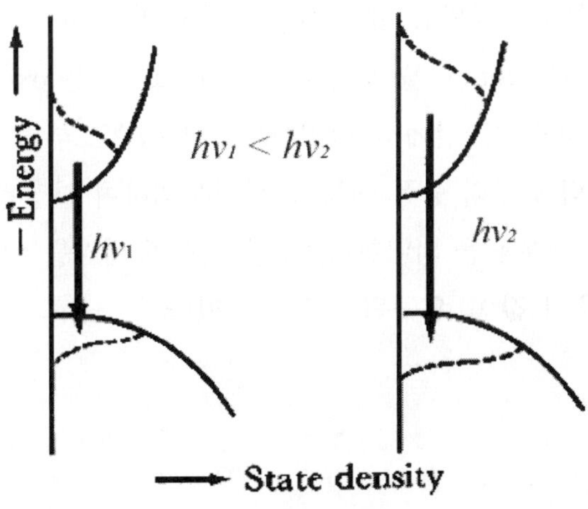

그림 6.22 주입전류 증가에 의한 band-filling 효과

그림 6.21에서 증폭 이득은 단파장 영역에서 급격히 감소하며 이는 캐리어 밀도가 가장 높은 최고 이득 파장을 지나면서 급격히 감소하기 때문이다. 이러한 SOA의 이득 스펙트럼 특성은 파장 변환기로 사용할 때 파장 대역폭 범위를 제한시키며 특히 상호 이득 변조(cross-gain modulation, XGM)를 이용한 파장 변환에서는 장파장으로 변환 시 소광비를 감소시키는 원인이 된다.

SOA의 이득포화 현상을 줄이기 위해서는 캐리어 relaxation time을 빠르게 해서 캐리어 밀도를 높여야 한다.

2.5 SOA의 잡음

바이어스 전류의 공급에 의한 전기 캐리어들의 펌핑이 이루어지는 활성층에서 자연방출(spontaneous emission)에 의한 발광성 재결합 잡음이 발생하며 증폭 매질에서 증폭되어 ASE(amplified spontaneous emission)를 발생시킨다. 신호 광자들과 자연방출 광자들의 beating은 증폭기 beat 잡음으로 나타난다. SOA의 신호-자연방출 광자들의 beat 잡음에서 잡음지수 F_{sig-sp}는 입력단의 신호 대 잡음비를 출력단의 신호 대 잡음비로 나눈 값으로 정의된다.[13]

$$F_{sig-sp} = \frac{S/N_{input}}{S/N_{output}} = \frac{2\rho_{ase|paralle}}{gh\nu} = \frac{2n_{sp}K_x}{\eta_{input}} \tag{6.17}$$

이 식에서 g는 광증폭 이득이며, $2\rho_{ase|paralle}$는 증폭되는 신호와 같은 편광 특성을 가지는 ASE 광출력 스펙트럼 밀도, n_{sp}는 밀도 반전 파라미터, η_{input}은 입력단 결합효율(coupling efficiency)을 각각 나타낸다. 또 K_x는 excess noise factor로 정의되는 값으로 6장의 2.7절에서 설명한다. 위 식으로부터 SOA의 잡음지수가 ASE 광출력 스펙트럼 밀도와 증폭 이득의 비율에 의하여 결정됨을 알 수 있고 이는 밀도 반전의 정도에 좌우됨을 의미한다. 또한 신호의 세기를 훼손시키지 않기 위해 큰 입력단 결합효율의 값이 요구됨을 알 수 있다.

2.6 SOA의 편광 의존성(Polarization Dependence)

광증폭기의 증폭 이득은 입력 신호의 편광 특성에 무관해야 한다. 그러나 통상 반도체 활성층에 존재하는 intrinsic한 결정 strain에 의하여 결정 대칭성이 깨지고 이에 따라 TE와 TM 편광에 대하여 서로 다른 증폭 이득을 갖게 된다. 아울러 증폭기 활성층의 가로 및 세로의 기하학적 길이가 다른 것이 일반적이므로 TE 및 TM 편광이 활성층에 중첩되는 비율도 달라진다.[15] 이러한 두 가지 이유로 광증폭기에서 신호파의 편광 특성에 따라 증폭 이득이 달라진다.

그림 6.23에는 활성층 가로-세로 길이가 비대칭성을 가지는 일반적인 LD에서 TE 및 TM 편광 신호에 대하여 9 dB까지 차이 나는 이득 특성을 비교하여 보였다. 증폭 이득은 광 구속 계수 값에 좌우되며 이 LD의 활성층 높이는 d= 0.11 μm, 활성층 폭은 w=1 μm이며 TE 및 TM 편광 신호에 대한 광 구속 계수 Γ_{TE} = 0.191, Γ_{TM} = 0.145를 보이고 있다.

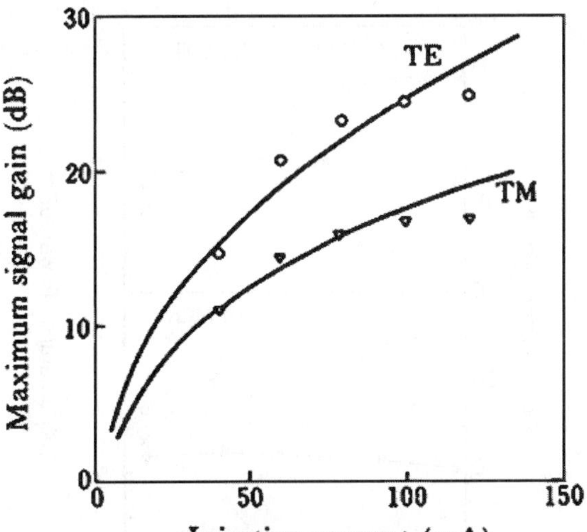

그림 6.23 비대칭 활성층을 가지는 LD의 TE 및 TM 편광 신호에 대한 이득 특성 비교

SOA의 편광에 무관한 증폭 이득을 얻기 위해서 몇 가지 기술들이 사용되고 있다. Bulk 활성층을 사용하는 SOA에서는 정사각형의 단면을 가지는 활성층을 채택하여 활성층과 TE 및 TM 편광의 중첩 정도를 동일하게 얻을 수 있다.[16] 같은 개념으로 strain을 가지는 비대칭 구조의 bulk 활성층을 채택하여 보상 효과로 정사각형 대칭구조의 활성층과 같은 결과를 얻었다. QW을 활성층으로 사용하는 SOA에서 QW층에 strain을 사용하여 TE 또는 TM편광 한쪽만의 이득을 각각 가지도록 하여 두 종류의 QW층을 함께 활성층으로 성장하여 입력 신호의 편광에 무관한 증폭 이득의 결과를 얻었다.[17] 그림 6.24(a)에는 인장(tensile) strain을 가지는 bulk 활성층 구조의 SOA의 파장에 따른 이득과 포화 출력 곡선 특성이 소개되었다. 그림 6.24(b)에는 각각 TE 및 TM 편광에 대한 이득만을 가지는 QW들을 함께 성장하여 편광에 무관한 증폭 이득 특성을 보이도록 제작한 QW구조의 활성층을 가지는 SOA의 파장에 따른 이득과 포화 출력 곡선 특성이 비교되어 소개되었다.

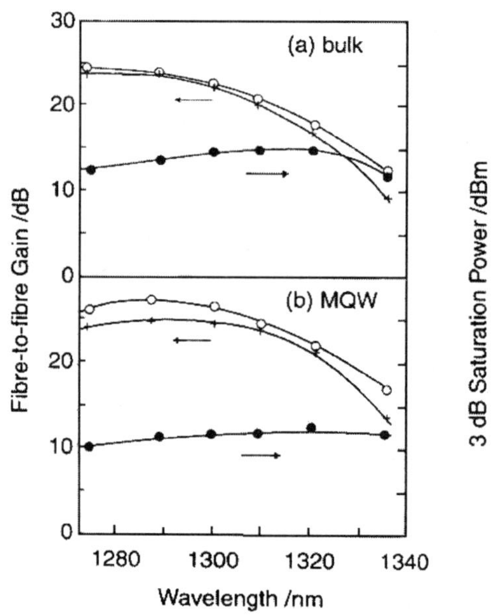

그림 6.24 SOA의 편광에 무관한 증폭 이득 특성을 얻기 위한 (a) bulk 활성층 구조 SOA의 파장에 따른 이득과 포화 출력 곡선 특성 (b) QW구조의 활성층을 가지는 SOA 특성

그림 6.25에는 10층의 인장(tensile) strain을 가지는 $In_{0.28}Ga_{0.72}As$(50 Å) barrier와 InP 기판에 격자 정합된 $In_{0.53}Ga_{0.47}As$ well을 가는 구조의 QW 활성층을 가지는 SOA의 동작에서 주입전류 변화에 따른 TE 및 TM 편광 입력 신호에 대하여 편광에 무관한 증폭 이득 곡선을 보이고 있다.

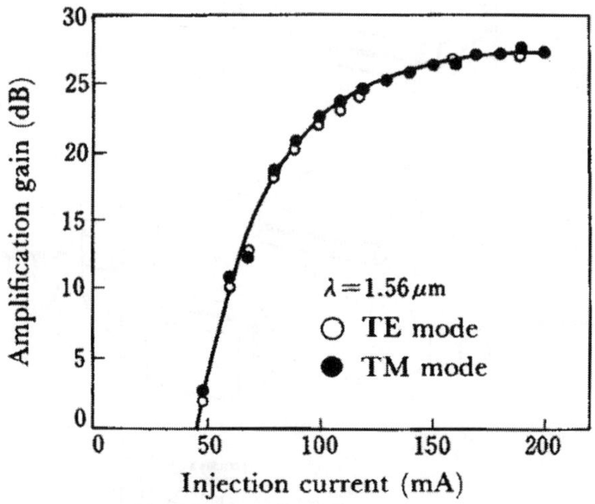

그림 6.25 Barrier층이 인장 strain을 가지는 QW-SOA의 편광에 무관한 이득 특성

그림 6.26(a)에는 일반적인 SOA의 편광에 의존하는 증폭 이득 특성이 설명되었으며 편광에 무관한 증폭 이득 특성을 위한 SOA 구성의 예를 그림 6.26(b), (c), (d)에 각각 보이고 있다. 그림 6.26(b)에는 TE 및 TM 편광 입력에 일정한 증폭 이득을 가지기 위해 두 개의 SOA를 종, 횡으로 엇갈리게 배열한 구성을 보이고 있으며 그림 6.26(c)에는 한 개의 SOA는 종으로 다른 한 개의 SOA는 횡으로 배치하고 편광 분파기(splitter)로 TE 및 TM 편광을 분리하여 각각 증폭한 후 편광 합파기(coupler)를 사용하여 출력하는 구성을 보이고 있다. 그림 6.26(d)에는 한 번 증폭된 신호광을 Faraday rotator를 사용하여 90° 회선하여 다시 증폭하여 편광에 무관한 증폭 이득 특성을 얻는 구성도를 보이고 있다.[1, 10, 11]

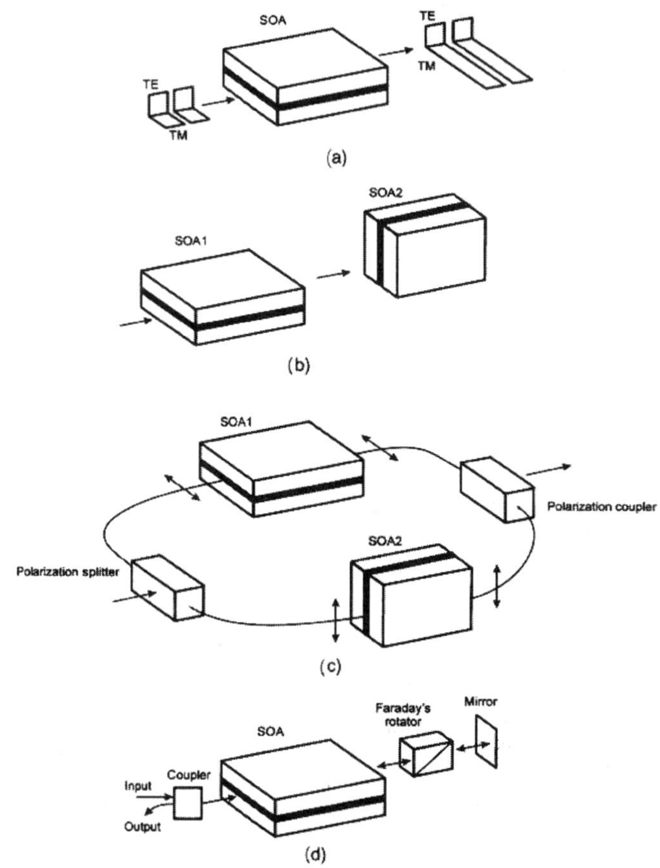

그림 6.26 (a) 일반적인 SOA의 편광 의존 증폭 이득 특성
(b), (c), (d) 편광에 무관한 증폭 이득 특성을 위한 SOA 구성의 예

2.7 광 반사의 문제점(Gain ripple)

SOA의 동작 시 증폭기 단면에서의 광 반사는 다시 활성층 쪽으로 궤환 작용이 발생하여 성능에 심각한 영향을 줄 수 있으며 특히 1회 진행 이득(single-pass gain)이 큰 소자의 경우 더 심각해진다. 1회 진행 이득이 반사 계수보다 큰 SOA 소자에서 증폭기 내부는 공진기처럼 작용하여 공진에 의한 광증폭이 발생하고 이는 광증폭기 동작에서 좁은 대역 특성으로 결정적인 단점이 된다. 광증폭이 일어나지 않는 이득 조건에서도 F-P형 공진기(Fabry-Perot etalon) 파장에 따른 발진

특성을 보이는 결과를 야기하며 이러한 현상을 소위 'gain ripple'이라 부른다.

SOA의 1회 진행 이득을 G_s라 하면

$$G_s = \exp[(\Gamma\gamma_o - \alpha)L] \tag{6.18}$$

이며 γ_o는 물질의 이득 계수이며 α는 손실 계수이다. 반사파가 파장 의존 특성을 가지지 않는다고 가정하고 입사광 세기 I_i에 대한 투과광 세기 I_t의 비는 모든 투과의 세기를 더하여 구할 수 있다. 이것이 바로 유명한 '증폭 이득을 가지는 Fabry-Perot 공진기의 방정식'이다.[18]

$$\frac{I_t}{I_i} = G_s = \frac{(1-R_1)(1-R_2)G_s}{(1-\sqrt{R_1R_2}\,G_s)^2 + 4\sqrt{R_1R_2}\,G_s\sin^2[2\pi(\nu-\nu_o)L/c]} \tag{6.19}$$

이식에서 양 단면의 반사율 R_1과 R_2가 같은 경우 식 (6.19)는 다음으로 간략화된다.

$$\begin{aligned}\frac{I_t}{I_i} = G_s &= \frac{(1-R)^2G_s}{(1-RG_s)^2 + 4RG_s\sin^2[2\pi(\nu-\nu_o)L/c]} \\ &= \frac{(1-R)^2G_s}{(1-RG_s)^2 + 4RG_s\sin^2(\delta/2)}\end{aligned} \tag{6.20}$$

여기서 ν는 신호광의 주파수이며 ν_o는 증폭기의 공진주파수이고 L은 공진기 길이 c는 광속이며 활성층의 실효 굴절률이 n_{eff}일 때 δ는 길이 L의 공진기를 두 번 지났을 때의 위상차이다.

$$\delta = \frac{4\pi L n_{eff}}{\lambda} \tag{6.21}$$

리플 깊이(ripple depth) m은 다음의 단면 반사율과 이득에 관한 함수로 다음 식으로 정의된다.

$$m = \frac{1+RG_s}{1-RG_s} \tag{6.22}$$

그림 6.27에는 파장에 따른 광증폭 이득의 측정그래프를 나타냈으며 gain ripple 효과를 보이고 있다. 데이터는 식 (6.20)을 사용하여 보정되었다.

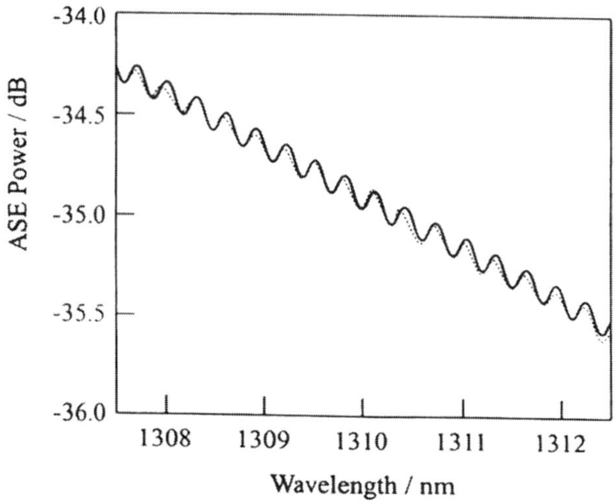

그림 6.27 파장에 따른 광증폭 이득의 측정그래프(Gain ripple 효과)

광증폭기 양 단면에서의 반사는 잡음 특성에도 영향을 준다. 광증폭기 특성에 중요한 영향을 주는 ASE 성분 역시 양 단면에서 반사되어 다시 증폭기로 궤환되며 재증폭되어 자연방출 잡음의 양을 증가시킨다. 식 (6.19)와 유사한 식이 자연방출 성분에 대하여 유도될 수 있으며 자연방출의 강도인 잡음지수는 과잉 잡음인자 (excess noise factor) K_x에 따라 증가한다.

$$K_x = \frac{(1+R_1 G_s)(G_s - 1)(g+\alpha_i)}{(1-R_1)G_s g} \tag{6.23}$$

2.8 이득 클램핑(Gain-Clamping)

SOA의 가장 중요한 단점은 이득포화 현상으로, 이 문제를 해결하기 위해서 gain-clamped SOA(GCSOA) 구조가 널리 사용되고 있다. GCSOA 구조를 사용하면 넓은 출력 범위에서 평탄한 증폭 이득 특성을 얻을 수 있다. GCSOA에서 gain clamping은 증폭 매질에 설계 반사 파장이 SOA의 입사 신호파 대역 밖의 값으로 선택된 DBR(distributed Bragg reflector) 반사경을 사용하여 파장 선택적 제한을 두어 이루어진다. 이 구조에서 물질 이득과 반사경 손실(mirror loss)의 합인 1회 왕복 이득(round trip gain)이 1이 되는 순간부터 발진이 일어나며 이 파장

값에 캐리어가 고정되어 전체 광증폭 이득은 일정한 값으로 고정되는 방법이다.[19]

그림 6.28에 GCSOA 구조를 보였으며 일반적인 출력 스펙트럼이 그림 6.29에 제시되었다. 그림 6.30의 이득포화 특성은 앞의 그림 6.19에서 보인 이득 특성과는 확연히 차이가 있으며 어떤 광출력까지는 매우 평탄한 이득 특성을 보이다가 출력값이 증가하는 순간 급격한 감소를 보이고 있다.

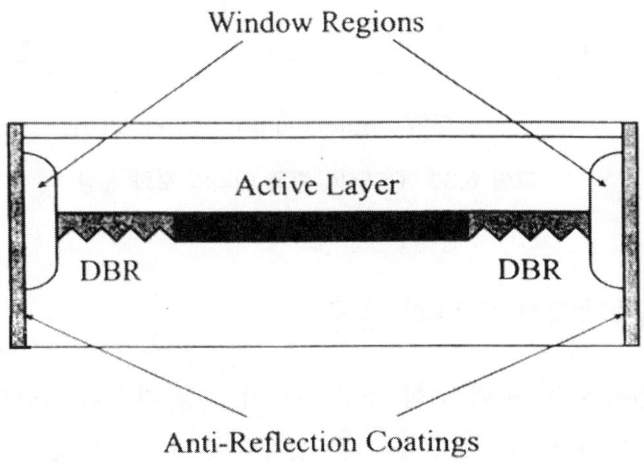

그림 6.28 Gain-clamped SOA(GCSOA) 구조

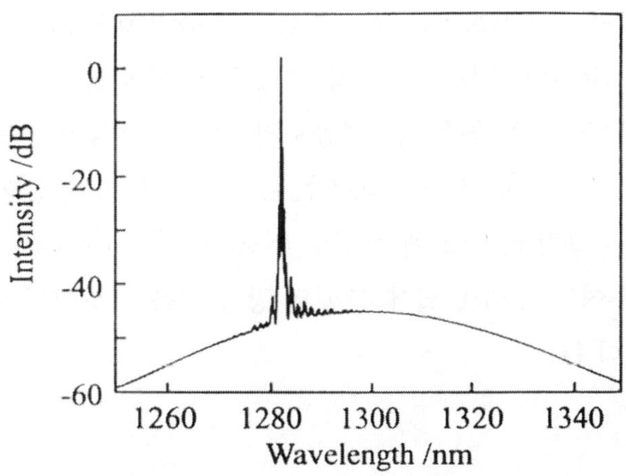

그림 6.29 GCSOA의 일반적인 출력 스펙트럼

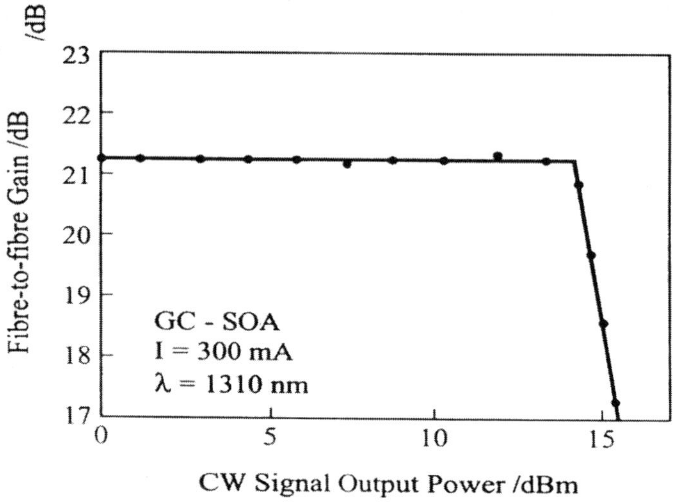

그림 6.30 GCSOA 증폭 이득의 포화 현상

2.9 통신 시스템에서 SOA의 응용

증폭 이득, 잡음지수, 출력 포화 등의 기술적 성능 지수와 더불어 시스템 크기, 가격, 신뢰성의 고려에 따라 응용 분야를 생각할 수 있다. SOA는 광섬유 증폭기와 비교하여 고신뢰성, 저가의 잘 발달된 반도체 레이저 기술에 기초하고 있다.

그림 6.31에는 SOA를 사용한 digital 광전송 시스템을 보였다. 다른 광증폭기처럼 SOA도 전력 증폭기(power booster), 선로 증폭기(in-line amplifier), 전치증폭기(pre-amplifier)의 종류로 분류될 수 있으며 전력 증폭기는 송신기 출력을 위한 증폭에 사용되고 선로 증폭기는 전송로의 광섬유 감쇠 손실을 보상하기 위하여 일정 간격마다 설치된다. 전치 증폭기는 수신기로 입력된 신호의 증폭을 위한 저잡음 증폭기이다. 그림 6.31(d)에는 성형 local area network(LAN)이나 케이블 TV(CATV) 망에서 여러 개의 단말에 분배된 광 전력을 보상하기 위한 증폭기로의 응용을 보이고 있다.[1]

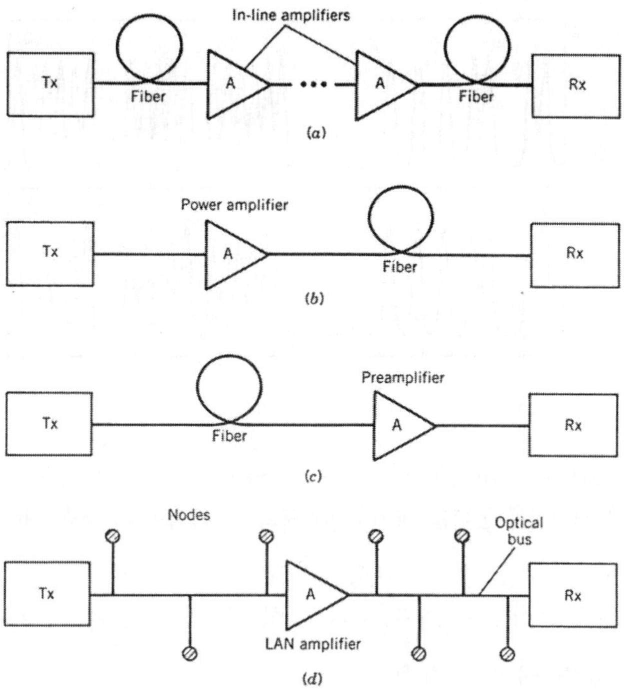

그림 6.31 SOA의 응용 목적에 따른 SOA의 증폭기 분류
(a) 선로 증폭기
(b) 출력 증폭기
(c) 전치 증폭기
(d) 성형(star) Local Area Network(LAN)용 증폭기

SOA의 이득 회복 시간이 digital 데이터의 bit 길이에 비해 짧거나 비슷한 경우 출력 bit의 파형은 인접한 데이터들의 bit 파형에 영향 받는다. 그림 6.32에는 10 Gbit/sec RZ(return-to-zero) 신호열에 대해 각각 SOA가 (a) 이득포화되지 않은 영역에서 동작할 때와 (b) 이득포화 시 동작할 때 출력 파형을 비교했다.

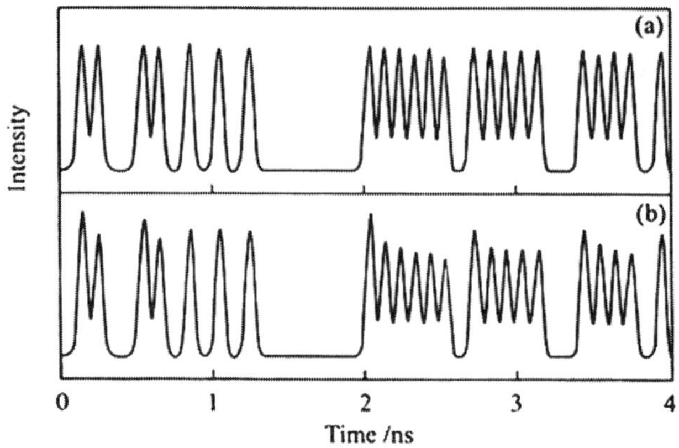

그림 6.32 10 Gbit/sec RZ(return-to-zero) 신호열에 대하여 각각 (a) SOA의 이득이 포화되지 않은 영역에서 동작할 때 (b) 이득포화 시 동작할 때 출력 데이터 파형 비교

이득포화에 의한 광신호의 왜곡은 신호 대 잡음비(S/N)를 심각하게 열화시키며 전체 시스템 성능의 저하를 가져온다.

2.10 4파 혼합(four-wave mixing, FWM)과 analog 광전송 시스템

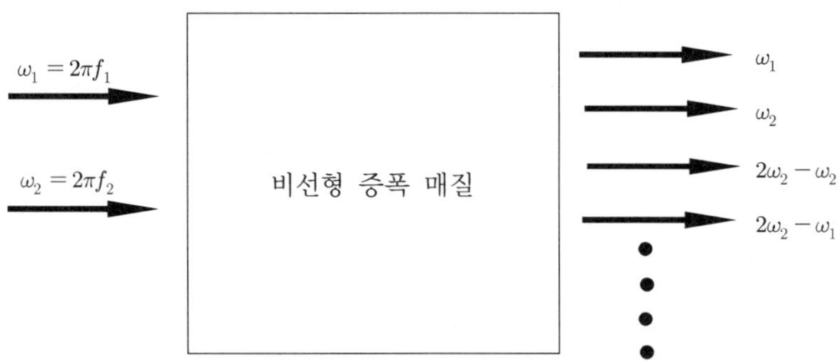

그림 6.33 비선형 증폭 매질에서 4파 혼합에 의한 고조파 발생 개념도

증폭기의 입력 신호로 $\omega_1 = 2\pi f_1$, $\omega_2 = 2\pi f_2$ 두 개의 서로 다른 주파수 성분이 입사되는 경우, 선형 증폭 소자가 ω_1과 ω_2의 주파수만을 가지는 출력 신호를 출력하는 것과 비교하여, 비선형 증폭기는 많은 고조파 신호들을 발생시켜서 소위 상호 변조 효과(inter-modulation product)에 의한 출력 신호의 왜곡(distortion) 현

상이 발생한다. 비선형 증폭기의 입력 신호를 $x=(A\cos\omega_1 t+B\cos\omega_2 t)$ 라고 가정하면 비선형 특성에 따라 증폭되는 출력 신호는

$$\begin{aligned} y= & a+b(A\cos\omega_1 t+B\cos\omega_2 t)+c(A\cos\omega_1 t+B\cos\omega_2 t)^2 \\ & +d(A\cos\omega_1 t+B\cos\omega_2 t)^3+e(A\cos\omega_1 t+B\cos\omega_2 t)^4+\cdots \end{aligned} \tag{6.24}$$

의 많은 새로운 주파수가 발생하는 신호가 된다.

2차 항을 풀어보면, $\cos^2\omega_1 t=\frac{1}{2}(1+\cos 2\omega_1)$이므로

$$\begin{aligned} & c(A\cos\omega_1 t+B\cos\omega_2 t)^2 \\ & =c\{(A\cos\omega_1 t)^2+2AB\cos\omega_1 t\ \cdot\cos\omega_2 t+(A\cos\omega_2 t)^2\} \\ & =c\left\{\frac{A^2}{2}(1+\cos 2\omega_1 t)+\frac{B^2}{2}(1+\cos 2\omega_2 t)+2AB\cos\omega_1 t\ \cdot\ \cos\omega_2 t\right\} \end{aligned} \tag{6.25}$$

$\cos\omega_1\ \cdot\ \cos\omega_2=\frac{1}{2}\{\cos(\omega_1+\omega_2)+\cos(\omega_1-\omega_2)\}$이므로 식을 정리하면,

$$\begin{aligned} & c(A\cos\omega_1 t+B\cos\omega_2 t)^2 \\ & =c\left\{\frac{A^2}{2}(1+\cos 2\omega_1 t)+\frac{B^2}{2}(1+\cos 2\omega_2 t)+AB\cos(\omega_1+\omega_2)t+AB\cos(\omega_1-\omega_2)t\right\} \\ & =\frac{c}{2}(A^2+B^2)+\frac{cA^2}{2}cos2\omega_1 t+\frac{cB^2}{2}cos2\omega_2 t \\ & +cAB\cos(\omega_1+\omega_2)t+cAB\cos(\omega_1-\omega_2)t \end{aligned} \tag{6.26}$$

3차 항을 풀어보면,

$$\begin{aligned} & d(A\cos\omega_1 t+B\cos\omega_2 t)^3 \\ & =d\left[(A\cos\omega_1 t)^3+3\{(A\cos\omega_1 t)^2\ \cdot\ B\cos\omega_2 t\}+3\{A\cos\omega_1 t\ \cdot\ (B\cos\omega_2 t)^2\}+(B\cos\omega_2 t)^3\right] \end{aligned}$$

① $(A\cos\omega_1 t)^3$에서

$$\begin{aligned} (A\cos\omega_1 t)^3 & =A^3\cos\omega_1 t\cos^2\omega_1 t \\ & =A^3\cos\omega_1 t\left\{\frac{1}{2}(1+\cos 2\omega_1 t)\right\} \\ & =\frac{A^3}{2}cos\omega_1 t+\frac{A^3}{2}cos\omega_1 t\cos 2\omega_1 t \end{aligned}$$

$$= \frac{A^3}{2} cos\omega_1 t + \frac{A^3}{4} cos3\omega_1 t + \frac{A^3}{4} cos(-\omega_1)t$$

$$= \frac{3A^3}{4} cos\omega_1 t + \frac{A^3}{4} cos3\omega_1 t$$

② $3(A^2\cos^2\omega_1 t \cdot B\cos\omega_2 t)$에서

$$3(A^2\cos^2\omega_1 t \cdot B\cos\omega_2 t) = 3A^2B\cos\omega_1 t(\cos\omega_1 t \cdot \cos\omega_2 t)$$

$$= 3A^2B\cos\omega_1 t \left[\frac{1}{2}\{\cos(\omega_1+\omega_2)t + \cos(\omega_1-\omega_2)t\}\right]$$

$$= \frac{3A^2B}{2} cos\omega_1 t \cdot \cos(\omega_1+\omega_2)t + \frac{3A^2B}{2} cos\omega_1 t \cdot \cos(\omega_1-\omega_2)t$$

$$= \frac{3A^2B}{4}\{\cos(2\omega_1+\omega_2)t + \cos(-\omega_2)t\} + \frac{3A^2B}{4}\{\cos(2\omega_1-\omega_2)t + \cos\omega_2 t\}$$

$$= \frac{3A^2B}{4} cos(2\omega_1+\omega_2)t + \frac{3A^2B}{2} cos\omega_2 t + \frac{3A^2B}{4} cos(2\omega_1-\omega_2)t$$

③ $3(A\cos\omega_1 t \cdot B^2\cos^2\omega_2 t)$에서

$$3(A\cos\omega_1 t \cdot B^2\cos^2\omega_2 t) = 3AB^2\cos\omega_2 t(\cos\omega_1 t \cdot \cos\omega_2 t)$$

$$= 3AB^2\cos\omega_2 t\left[\frac{1}{2}\{\cos(\omega_1+\omega_2)t + \cos(\omega_1-\omega_2)t\}\right]$$

$$= \frac{3AB^2}{2} cos\omega_2 t \cdot \cos(\omega_1+\omega_2)t + \frac{3AB^2}{2} cos\omega_2 t \cdot \cos(\omega_1-\omega_2)t$$

$$= \frac{3AB^2}{4}\{\cos(\omega_1+2\omega_2)t + \cos(-\omega_1)t\} + \frac{3AB^2}{4}\{\cos\omega_1 t + \cos(2\omega_2-\omega_1)t\}$$

$$= \frac{3AB^2}{4} cos(\omega_1+2\omega_2)t + \frac{3AB^2}{2} cos\omega_1 t + \frac{3AB^2}{4} cos(2\omega_2-\omega_1)t$$

④ $(B\cos\omega_2 t)^3$에서 ①과 유사한 방법으로 구해 보면,

$$(B\cos\omega_2 t)^3 = \frac{3B^3}{4} cos\omega_2 t + \frac{B^3}{4} cos3\omega_2 t$$

따라서 이상 3차 항의 결과를 정리하면

$$d\left(\frac{3AB^2}{2}+\frac{3A^2}{4}\right)\cos\omega_1 t+d\left(\frac{3A^2B}{2}+\frac{3B^2}{4}\right)\cos\omega_2 t+\frac{dA^3}{4}cos3\omega_1 t$$
$$+\frac{dB^3}{4}cos3\omega_2 t+\frac{d3A^2B}{4}cos(2\omega_1+\omega_2)t+\frac{d3A^2B}{4}cos(2\omega_1-\omega_2)t$$
$$+\frac{d3AB^2}{4}cos(\omega_1+2\omega_2)t+\frac{d3AB^2}{4}cos(2\omega_2-\omega_1)t \qquad (6.27)$$

이 된다.

신호의 주파수 ω_1과 ω_2에서 멀리 떨어진 주파수의 고조파 harmonics 성분들은 대역 통과 여파기(band-pass filter)를 통해 제거가 가능하지만 상호 변조 효과(intermodulation product) 성분 중에서도 신호의 주파수 ω_1 및 ω_2와 인접한 3차 상호 변조 효과 항들인 $2\omega_1-\omega_2$ 및 $2\omega_2-\omega_1$ 주파수 성분의 제거는 매우 어렵다. 이처럼 비선형 증폭기의 intermodulation 성분들에 의해 생기는 왜곡을 상호 변조 왜곡(inter-modulation distortion, IMD)이라 부르며 특히 광증폭기에서의 비선형 현상을 4파 혼합(FWM)이라 부른다. 이러한 4파 혼합의 결과를 피하기 위해서 analog 광통신 전송 시 SOA의 선형 증폭 특성이 반드시 요구되며 GCSOA의 경우 매우 선형적인 증폭 이득 특성을 가지므로 analog 전송 응용에 적합하다. 대표적인 실생활의 analog 광전송 응용 예로는 케이블 TV(CATV) 서비스를 들 수 있다.

2.11 파장분할 다중화(WDM) 시스템에서 SOA 사용

파장분할 다중화(WDM) 광통신 방식에서 광증폭기를 사용해야 하는 경우 단일 광신호만이 아니라 전체 파장 영역의 광신호들의 증폭이 같이 이루어지므로 여러 파장 채널 간의 신호 간 누화(cross-talk)가 발생하지 않아야 한다. 하지만 입력 신호 크기에 따른 SOA의 증폭 이득 변조 특성에 기인하여 신호에 따른 위상 변조가 발생한다. 파장이 다른 여러 광신호가 SOA를 지날 때 각각의 광신호는 서로 다른 신호들의 증폭 이득 변조에 따라 영향 받는다. 이를 SOA의 상호 이득 변조(cross -gain modulation, XGM)라고 부르며 WDM 시스템 성능 저하의 원인이 된다. 앞 절에서 설명한 gain-clamping 구조의 SOA를 사용하면 입력 신호 크기에 거의 무관한 증폭 이득을 보여 XGM을 해소할 수 있다.

SOA의 장점 중 하나는 데이터 전송속도에 이르는 고속 스위칭이 가능한 것이다. 이 점을 활용하면 서로 다른 광선로들 간의 스위칭이 요구되는 시스템이나 데이터 교환이 요구되는 시스템에서 스위치로 사용할 수 있다. 특히 전광(all-optical) 교환망에서는 N개의 입력채널과 N개의 출력채널을 가지는 시스템의 모든 회선 간의 교환을 위해 N^2개의 스위칭 소자가 필요하며 이 경우 대용량 집적 구성이 가능한 SOA 사용이 유리하다.[1, 10, 20]

3 파장 변환기(Wavelength Converters)

3.1 서론

세계적으로 링크 간 전송을 위하여 파장분할 다중화(WDM) 광통신 장비들이 설치되고 있다. WDM 노드(node) 사이를 연결하며 전 세계적인 WDM 교환망을 구축해 가는 과정에서 모든 광 회선분배기(optical cross-connect, OXC)에 파장 교환기를 설치하거나 또는 전략적으로 선정된 일부의 OXC에 교환망에서 사용되는 모든 파장으로의 변환이 가능한 파장 변환기나 한정된 파장 범위로 성능이 제한된 파장 변환기를 설치하여 활용하는 것은 필수적이다. 다음과 같은 이유로 WDM 광 교환망에서 파장 변환기의 사용은 기술적 중요성을 가진다.[21]

- 파장 변환기를 채용한 교환망의 경우 자체적으로 파장의 할당을 결정할 수 있는 권한을 확보하게 되므로 교환망의 관리가 용이하다.
- 파장의 가변성에 따라 광 노드에서 특정 파장의 진출, 진입을 막을(blocking) 필요성과 빈도가 급감할 것이다.
- 이에 따라 교환망의 유연성이 증대되고 구성 또한 용이할 것이다.
- 나아가 서로 다른 표준파장 계열을 채택하고 있는 교환망 간의 연결이 가능하다.

교환망의 구조에 따라서 파장 변환기에 요구되는 특성이 달라질 수 있으나 일반적으로 광파장 변환기 성능에 요구되는 중요 사항들을 열거하면

- 비트 전송률의 투명성(transparency), 이는 신호 간 전송률이 다른 것에 영향 받지 않음을 의미
- 소자의 삽입(설치) 손실과 성능 제한이 발생하지 않을 것
- 출력 파장의 가변 범위가 넓을 것
- 입력 신호 파장, 편광, 소광비, 신호 대 잡음비(SNR)에 무관한 동작 특성
- 적당한 광출력 레벨
- 저전력 소비
- 동일한 파장으로의 변환이 가능할 것
- 낮은 chirp(시간에 따른 신호의 위상 및 주파수 변화) 특성
- 단순하며 저가의 구성이 가능할 것
- 데이터 format 간 투명성, 이는 여러 데이터 간 format이 달라도 소자 동작에 영향 없음을 의미
- 높은 입력 신호 세기의 동적 동작범위
- 넓은 광대역폭

이러한 요구사항들을 만족시키기 위한 여러 가지 기술들이 제안되었다. 파장 변환을 위한 가장 직접적인 방법은 입력 신호의 광-전(optical-to-electrical, OE) 변환에 의한 전기신호를 사용하여 변환하고자 원하는 파장을 출력하는 레이저를 직접 변조 또는 외부변조의 방법으로 구동하는 것이다. 이 방법을 사용하여 2.5 Gbit/sec의 변환속도에서 43 dB의 높은 출력 소광비를 보인 실험 결과가 발표되었다.[22] 하지만 이 방법은 높은 전송률의 변환 시 전력 소모가 크고 변조된 신호 속도가 전자 소자의 속도에 의존하며 시스템 비용이 많이 소요되고 아울러 전광(all-optical) 통신 교환망으로의 발전 방향에 적합하지 않다.[12, 21]

이에 따라 전광 교환 기술에 기초하여 수신된 광신호를 전기신호로 변환시키지 않고 직접 다른 파장의 광신호로 변환시키는 방법들이 연구되었으며 차등 주파수 발생(difference frequency generation, DFG)이나 4파 혼합(FWM) 원리를 사용해서 format의 투명성을 유지하는 파장 변환 방법이 일반적이다. 이 방법들은 각각 2차 및 3차 비선형 현상을 이용하고 있으며 매우 빠른 변환속도의 실현이 가능한 장점을 가진다. 이 방법들은 알려진 여러 방법들 중 파장 변환 대역폭은 중간 정도이지만 분산 관리가 효율적이며 수 개의 파장을 동시에 변환할 수도 있다.

SOA는 비선형 매질로 사용되면 4파 혼합(FWM)을 위한 신호광과 펌프광 간 위상 정합이 필요 없으나 DFG 응용 시 위상 정합이 필요하고 이를 위해 정교한 소자가 제작되어야 한다. FWM을 사용하는 파장 변환의 단점은 편광 의존 특성이 존재하는 것이며 이를 피하기 위해서는 다소 복잡한 구성이 요구된다. 신호 대 잡음비는 변환 효율에 반비례하므로 파장 변환기 몇 개를 종단 연결(cascading)하는 것은 특히 높은 데이터 전송률하에서 높은 S/N비가 요구되는 경우 바람직하지 않다.

1980년대 말부터 광대역 다중채널 광시스템이 개발되면서 지금까지 제안된 몇 가지 파장 변환 방식을 분류하면 다음과 같다.

1. 광전 파장 변환 기술(opto-electric conversion)
2. 전광(all-optical) 파장 변환 기술
   ① 4파 혼합(four-wave mixing, FWM) 이용
   ② 차등 주파수 발생(difference frequency generation, DFG)
   ③ 상호 이득 변조(cross-gain modulation, XGM) 이용
   ④ 상호 위상 변조(cross-phase modulation, XPM) 이용
   ⑤ 측면 주입형 쌍안정 LD(side injection bistable laser diode)
3. 비선형 crystal/fiber를 이용한 파장 변환 기술

표 6.2 다양한 파장 변환 방식의 특성 비교

종 류 / 특 성	OE–EO 변환기	상호 이득 변조 (XGM)	상호 위상 변조 (XPM)	4파 혼합 (FWM)
파장 변환 대역폭	매우 넓음	±3THz	±2THz	±1THz
변환속도	10 Gbit/sec	10 Gbit/sec	10 Gbit/sec	>10 Gbit/sec
출력 소광비	~10 dB(직접변조) ~20 dB(외부변조)	~10 dB	~20 dB	입력 신호와 동일
BER penalty (@ 10 Gbit/sec)		<5 dB	<1 dB	2.5 dB
S/N 비	7~9 dB	7~9 dB	~3 dB	<20 dB
입력 신호 레벨	−17~0 dBm	−22~−11 dBm	<−10 dBm	−29~−2 dBm
CW 입력 power	0 dBm	0 dBm	−20 dBm	−5~−3.8 dBm
입력파장 범위	–	(50 nm)	(50 nm)	(50 nm)
출력파장 범위	–	40 nm	30 nm	20 nm(50 nm)

Format tansparency	없음	ASK	ASK	임의의 format
편광 민감도	둔감	민감	민감	민감 둔감: 다중펌핑
입/출력 동일레벨 가능성	가능	가능/불가능	가능	가능/불가능
누화방지용 여파기 필요성		필요 없음	필요	필요 없음
효율/전력소모	나쁨	중간	중간	나쁨
능동 구성소자	AMP+LD+MZ or EA 변조기	SOA + LD	SOA + LD	SOA + LD
장 점	- 쉬운 장착 - S/N비 향상	- 간단한 장치 구성 - 고속 동작	- chirp과 왜곡이 적음	- chirp 반전 - 전송속도와 format에 무관
단 점	- 복잡한 구성 - 전송속도 소자 개수에 따라 비용증가 - 전광변환 불가	- 높은 잡음지수 - 전송속도 및 data format에 제한성	- 입력 허용범위 작음 - 전송속도 및 data format에 제한성	- 높은 ASE - 낮은 파장변환 대역폭

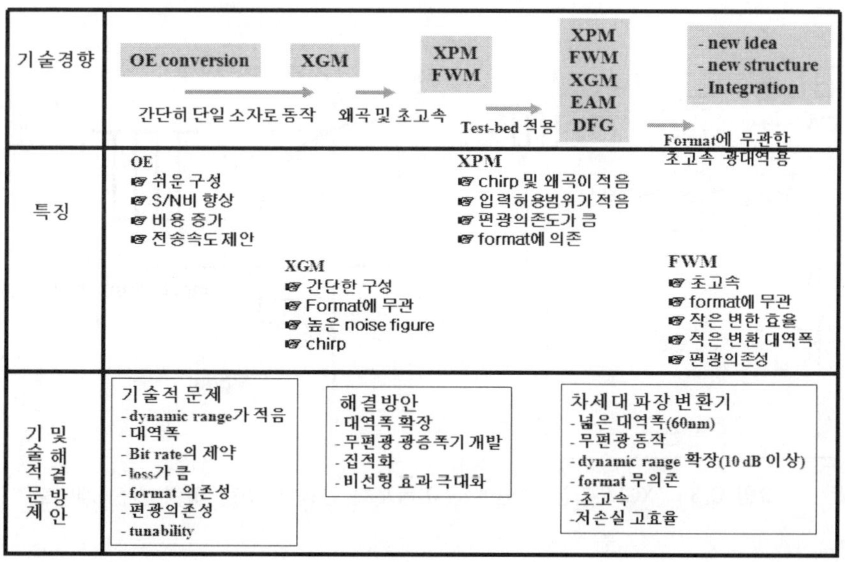

그림 6.34 다양한 파장 변환 방식의 발전에 따르는 기술적 장단점과 발전 방향

표 6.2에서 알 수 있듯이 파장 변환기에서 반도체 광증폭기(SOA)의 사용은 필수적이다. 파장 변환기에 사용되는 SOA의 광대역 증폭 이득은 매우 중요하며 SOA의 광학적 비선형성이 적절히 활용되어야 한다. 그림 6.34에는 다양한 파장 변환 방식의 발전에 따르는 기술적 장단점과 발전 방향을 도시하였다.[12]

3.2 상호 이득 변조(cross-gain modulation, XGM)에 의한 파장 변환

SOA를 이용하여 가장 간단하게 파장 변환기를 구현할 수 있는 방법으로 SOA의 증폭 이득포화(gain saturation) 특성을 광파장 변환에 이용할 수 있으며[18] 이를 상호 이득 변조(XGM)라 부른다. 그림 6.35에 보인 것처럼 λ_{CW}의 파장을 가지는 프로브(probe) 신호인 연속광(continuous wave, CW)과 진폭변조(amplitude shift keying, ASK)된 펌프(pump) 신호 λ_{sig}의 파장을 가지는 신호 입력이 동시에 SOA로 진행해 들어올 때 이득포화에 의한 상호 이득 변조에 의해서 λ_{CW}의 파장은 반전된 모양을 보이며 출력된다. 이때 inset에 보인 이득포화 현상은 파형 반전의 전달 함수 역할을 하고 있다.

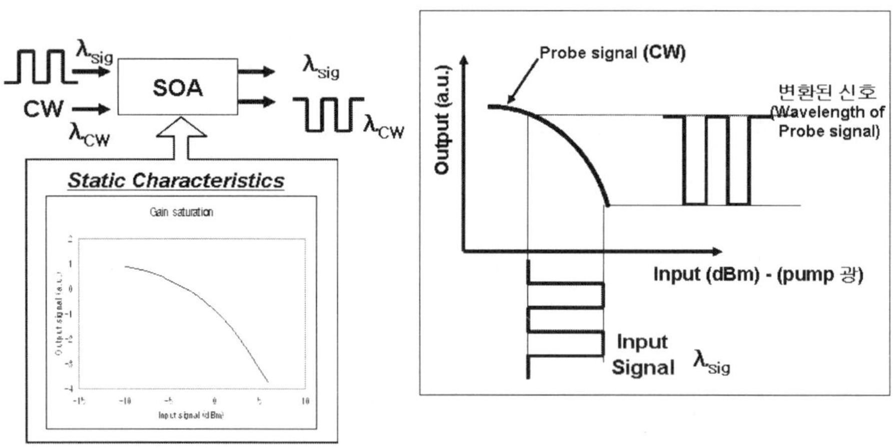

그림 6.35 XGM 파장 변환에서 이득포화 현상에 의한 파형 반전 개념도

그림 6.36에는 XGM에 의한 파장 변환의 개념을 설명하고 있다. 그림 6.36(a)에서 SOA 출력단으로는 신호파와 CW광 파장을 가지는 파형 반전된 신호가 동시에 출력된다. 이때 출력단에서 λ_{sig}의 파장을 제거하기 위하여 SOA의 출력부에 여파

기(filter)를 사용한다.[12, 21] 그림 6.36(b)에는 신호광의 입사에 따라 SOA의 캐리어 밀도 감소에 기인하는 이득포화 현상과 상호 이득 변조를 파형의 모습으로 설명하고 있다. 그림 6.36(c)에서와 같이 연속광(프로브광)과 신호광이 서로 반대쪽에서 교차 진행하는 구성을 채택하면 λ_{sig}의 파장을 제거하기 위한 여파기를 사용할 필요가 없어진다.

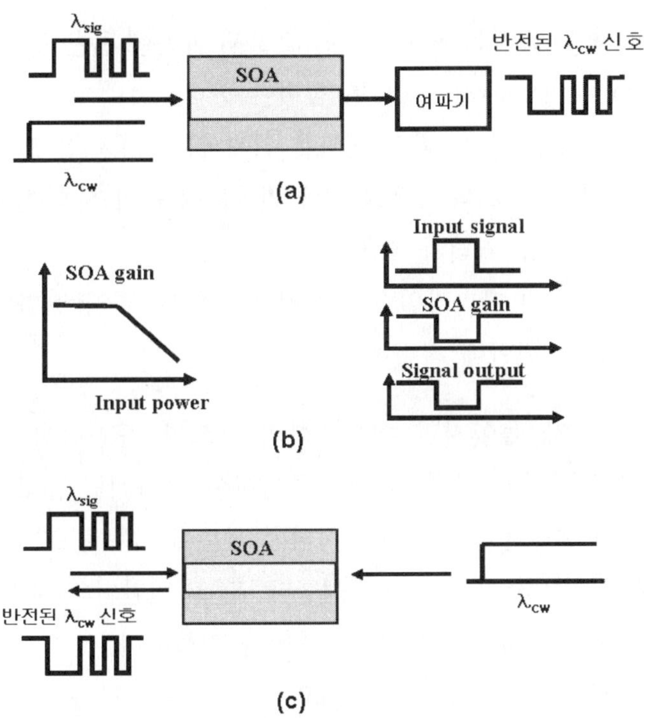

그림 6.36 XGM에 의한 파장 변환의 원리
(a) 신호광과 CW광의 동방향 진행 시의 파장 변환
(b) SOA 이득포화에 따른 파장 변환의 원리를 보이는 파형
(c) 신호광과 CW광의 교차 진행 시의 파장 변환

XGM 개념은 그림 6.36(b)로부터 이해할 수 있다. 그림 6.36(a)의 λ_{sig}의 입력광이 SOA에 입사하면 입력광의 강한 세기(디지털 data의 '1'에 해당하는 mark신호)에서 높은 광출력을 위해 SOA의 캐리어 고갈에 따른 증폭 이득포화가 발생하고 입력광과 동시에 입사된 연속광(CW) λ_{CW}는 SOA의 증폭 이득 변화에 따라 반전된 파형으로 출력된다(즉 mark는 space로, space는 mark로 반전). XGM을 이

용하는 주된 장점은 간단한 동작원리로 40 Gbit/sec에 이르는 높은 속도로 파장 변환이 가능한 점이다.[19] 이러한 높은 변조 대역폭을 얻기 위해서는 활성 영역에서 광자의 밀도가 매우 높아야 한다. 이를 위해서 SOA 설계 시 다음과 같은 고려가 필요하다.

1. 광 구속, 바이어스 전류, 광출력 레벨이 높아야 하고 높은 차등 이득과 길이가 긴 소자가 바람직하다.[23]
2. 하지만 길이가 긴 소자는 self-filtering 효과 때문에 좁은 광대역폭을 가지게 되므로 SOA 길이의 trade-off를 찾아야 한다.[24]
3. 편광 민감성이 없는 XGM 파장 변환을 위해서는 사용하는 SOA의 편광 민감성이 없어야 한다. SOA의 증폭 특성에 기인하여 출력 신호가 chirp을 가지고 있으면 신호의 전송 거리가 제한 받는다.[21]
4. SOA의 차등 이득이 단파장일수록 커지므로 XGM 파장 변환은 긴 파장에서 짧은 파장으로의 변환에 적합하다.[23]

입력 신호의 세기가 높아지면 이득포화의 정도가 증가하여 변환된 신호의 turn-on 시간이 길어지고 잡음 영향이 증가하여 부가적인 penalty가 생긴다. XGM에서는 이득과 굴절률이 동시에 변화하기 때문에 이득 변조가 굴절률 변조를 발생시켜 부가적인 첩(chirp) 효과가 발생한다. XGM 변환기의 대역폭이 늘어나면 차등 이득이 감소하여 변환된 신호의 소광비가 저하된다.

XGM에 의한 파장 변환의 장단점을 요약하면 다음과 같다.

- 구성이 단순하고 동작상 신뢰성이 높다.
- 신호의 편광에 변환기 민감도가 낮다.
- 상대적으로 큰 출력 신호의 첩(chirp)이 발생한다.
- 변환속도와 소광비 중 타협점을 찾아야 한다.
- 장파장으로의 파장 변환에 적합하지 않다.
- XGM 변환되는 펄스의 앞쪽 부분은 단파장으로의 천이(blue-shift)가, 뒷부분은 장파장으로의 천이(red-shift)가 발생하여 WDM 광통신에 쓰이는 NZDS(non-zero dispersion shifted) 광섬유 상에서 빠른 펄스 퍼짐에 의한 분산 현상이 발생한다.

그림 6.36(a)와 6.36(c)에 보인 것처럼 XGM 파장 변환 시 신호광과 CW광은 같은 방향으로도 또 서로 반대 방향으로도 진행할 수 있으며 변조 대역폭은 동방향 진행 시 더 높은 값을 보인다. 반면 교차 진행 시 동방향 진행에 비교하여 높은 잡음지수를 보인다.[20] 교차 진행에 의한 파장 변환은 SOA의 출력부에 λ_{sig}를 제거하기 위한 여파기를 사용하지 않아도 되므로 구성이 단순하고 저렴한 장점이 있다. 또 여파기가 없으므로 출력광 파장을 가변(tuning)할 수도 있으며 같은 파장으로의 변환을 통해 반전 파장만을 얻는 결과도 출력 가능하다. 교차 진행에 의한 파장 변환은 동방향 진행에 비교하여 높은 실효 잡음 지수를 가지므로 고속 동작 시 비트 에러율(BER)의 측면에서 penalty를 보인다.

교차 진행에 의한 파장 변환 시 그림 6.37에 보인 타이밍 지터(timing jitter)가 발생할 수 있는데 지터는 출력에 따른 SOA의 캐리어 분포에 좌우되므로 입사 신호광의 데이터 열 비트 모양에 영향 받는다. 그림에서와 같이 파장 변환되는 신호의 변동에 따라 eye-pattern이 닫히는 결과를 초래한다. 그림 6.38에서와 같이 CW파의 세기를 낮게 유지하고 신호광 세기를 비슷한 수준(실선)과 높은 수준(점선)으로 사용할 때 XGM-SOA 내의 캐리어 밀도 분포의 차이를 SOA 위치에 따라 나타내 비교하였다. 이처럼 높은 신호세기에 대하여 SOA 내의 캐리어 밀도가 크게 다르므로 이에 기인한 jitter 발생을 설명할 수 있다. 세기가 강한 신호파가 입사되면 신호파의 증폭에 따라 캐리어 감소로 인한 이득포화로 변조가 발생한다.

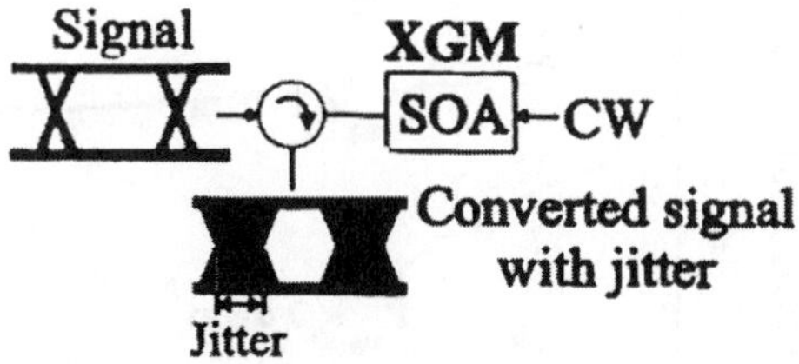

그림 6.37 XGM을 이용 파장 변환 시 신호의 교차 진행에서 발생하는 타이밍 지터(timing jitter)

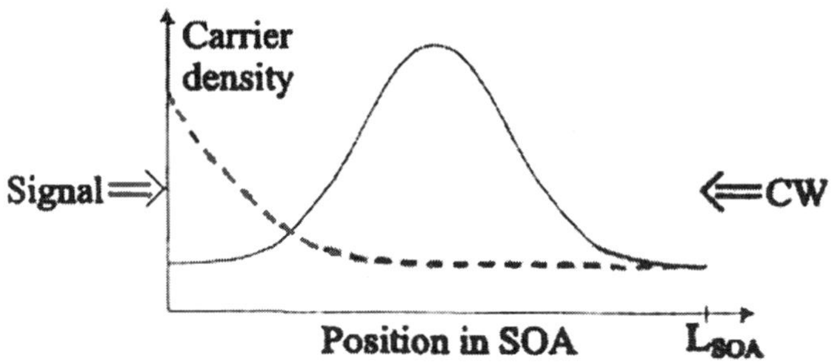

그림 6.38 CW파의 세기를 낮게 유지하고 신호광 세기를 비슷한 수준(실선)과 강한 수준(점선)으로 사용할 때 XGM-SOA 내의 위치에 따른 캐리어 밀도 분포의 차이 비교

특히, XGM 변환기를 높은 전송률(bit rate)에서 종단연결(cascaded)하였을 때 지터가 누적되므로 지터의 영향은 심각해진다. 그림 6.39는 XGM 변환기로 임의 데이터 파형 시퀀스를 사용하여 1555 nm 파장으로의 10 Gbit/sec의 속도로 동일 파장 변환을 수행하며 입력신호 세기(전력) 변화에 기인하는 종단연결 변환기 개수에 따른 소광비 변화를 관찰한 실험 결과이다.[23] 실험에서 1500 μm 길이의 SOA가 사용되었으며 최초 소광비는 13 dB에서 시작하였다.

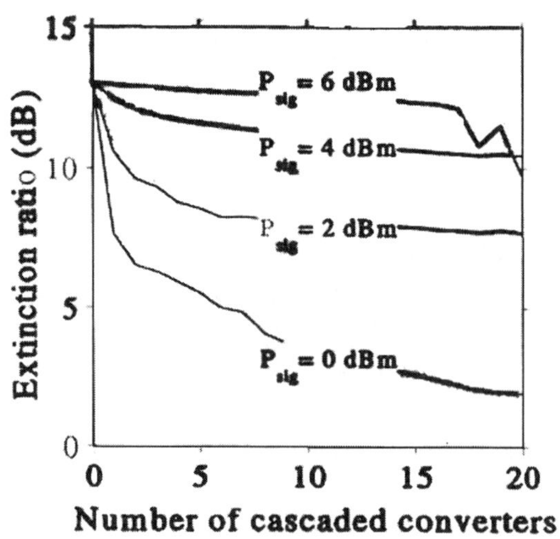

그림 6.39 XGM 변환기에서 입력신호 전력 변화에 기인하는 종단연결 변환기 개수에 따른 소광비 변화 관찰

그림에서 입력신호 세기가 낮아질수록 변환기 개수 증가에 따른 소광비의 감소가 더 심하고 6dBm의 높은 입력신호 전력에는 소광비 감소가 미미한 수준이다. 하지만 지터 관점에서는 높은 입력신호 세기와 높은 소광비에서의 파장 변환은 SOA 길이 방향의 이득 변조를 초래하여 지터 누적이 매우 심각해지고 소광비를 측정할 수 없을 정도로 eye-pattern이 닫히게 된다.

그림 6.40에는 지터 누적의 변화량을 입력신호 전력 대 CW신호 전력비 변화로 관찰한 실험 결과가 각각 10개 및 20개의 파장 변환기 종단연결 구성에 대하여 비교되었다.

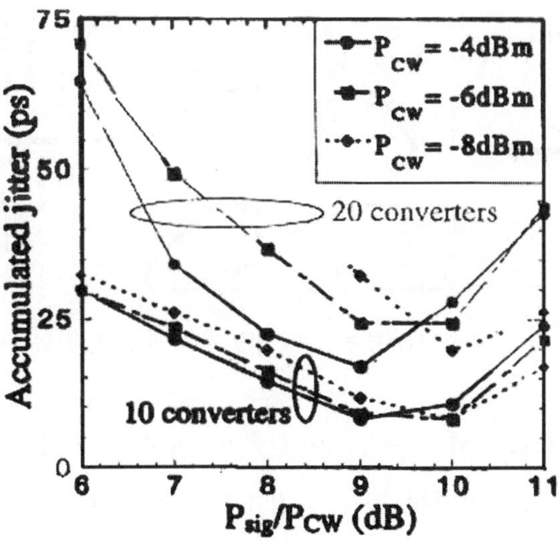

그림 6.40 지터 누적량을 입력신호 전력 대 CW신호 전력비 관찰한 결과

그림에서 예상대로 종단연결된 파장 변환기 개수가 작을 때 누적 지터량이 작았으며 두 신호 전력비 변화에 따르는 누적 지터 변화도 완만하다. 이러한 실험을 통해 종단연결되는 XGM 파장 변환기 개수에 대하여 낮은 누적 지터량을 유지하면서도 최적의 소광비를 얻을 수 있는 신호 전력비를 찾아낼 수 있음을 알 수 있다.

3.3 상호 위상 변조(cross-phase modulation, XPM)에 의한 파장 변환

XGM에 의한 파장 변환의 단점들을 없앨 수 있는 방법으로 상호 위상 변조(XPM)에 의한 파장 변환 방법이 있다. 이 방법에서는 이득 변조에 기인한 위상의 변화를 간섭계(interferometer)의 간섭을 조절하는 데 사용하는 원리로 SOA를 Mach-Zehnder 간섭계(MZI)나 Michelson 간섭계(MI)와 함께 구성하는 것이 가장 일반적이다. 아래 그림 6.41에는 MZI를 사용하는 가장 일반적인 XPM 파장 변환의 구성과 동작을 보였다.

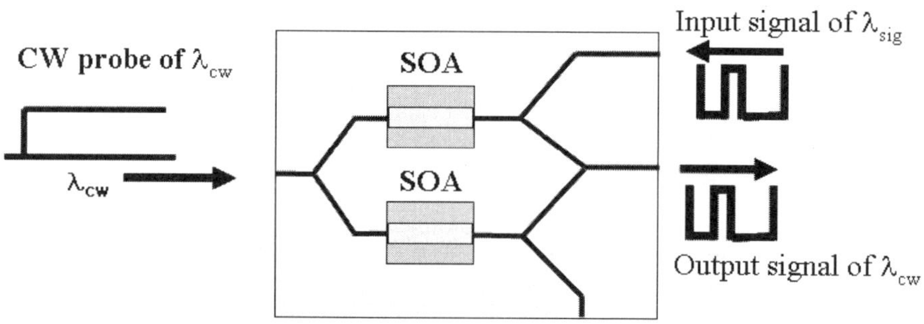

그림 6.41 MZI를 사용하는 일반적인 XPM 파장 변환의 구성과 동작

그림 6.41의 구성에서 신호광 λ_{sig}은 MZI의 위쪽 SOA에 입력되고 유도방출에 의해 SOA 활성층 내의 캐리어 밀도가 감소하여 활성층의 굴절률이 변하게 되어 신호광의 반대쪽에서 입사되는 CW probe광이 둘로 나뉘어 각각의 SOA를 지날 때 신호광 영향에 의한 위상차를 경험한다. 이를 상호 위상 변조(XPM) 현상이라 부른다. 입력과 세기에 따라 보강 간섭 또는 상쇄 간섭이 발생하여 반전된 파형의 λ_{CW}가 출력된다. 위상 천이의 양은 SOA의 주입전류나 입력 신호의 세기를 조절하여 제어할 수 있다. 일반적으로 위쪽 SOA에서 일어나는 XPM 현상이 아래 SOA에서 일어나는 SPM 현상보다 크다. 따라서 위쪽 SOA에서 나온 출력 신호파와 아래 SOA에서 나오는 CW파가 간섭계 출력단에서 합쳐질 때 두 신호의 위상차가 π(180°)가 되면 상쇄 간섭을 일으켜 신호가 출력되지 않고 2π의 정수배가 되면 보강 간섭을 일으키며 신호가 출력된다. 이때 신호광 λ_{sig}은 파장이 변환되어 λ_{CW}가 출력된다. 위 그림의 구성에서 높은 소광비를 보이는 파장 변환기의 동작을 위해서

는 동일한 길이와 off 상태에 증폭 이득이 같은 SOA를 사용하고 간섭계 구조에서 두 경로의 차이를 반파장만큼 만들어서 π만큼 위상차가 나도록 구성한다. 이에 따라 on 상태일 때는 보강 간섭이 일어나며 off 상태일 때는 상쇄 간섭이 일어난다. 만일 신호광과 CW광이 MZI를 동방향 진행하는 구성을 사용하면 XGM 변환기 동작과 마찬가지로 변조 대역폭은 증가하는 반면 출력단에 λ_{sig}를 제거하기 위한 여파기를 사용해야만 한다.

XPM 파장 변환은 반전 및 비반전 모드 모두 동작이 가능하며 XGM 변환 시의 소광비 저하 문제를 해결할 수 있다. XPM 변환은 XGM 변환에 비해 1/2 정도의 이득 변화로 파장 변환이 이루어지므로 효율적인 변환이 가능하다. 스펙트럼의 선폭이 좁아서 장거리 전송에도 유리하고 누화도 줄일 수 있다. 또한 이득 변조가 아닌 굴절률 변화에 기인한 위상 변조를 이용하는 방법이므로 XGM 변환에 비교하여 잡음도 대폭 감소한다. XPM 파장 변환기는 간섭계의 각 arm들의 위상 차이에 따라 파장 변환이 이루어지는 원리이므로 입력 신호의 세기에 따라 위상 차이가 민감하게 달라져서 결국 좁은 범위의 입력신호 전력만을 수용할 수 있다는 큰 단점을 지닌다.

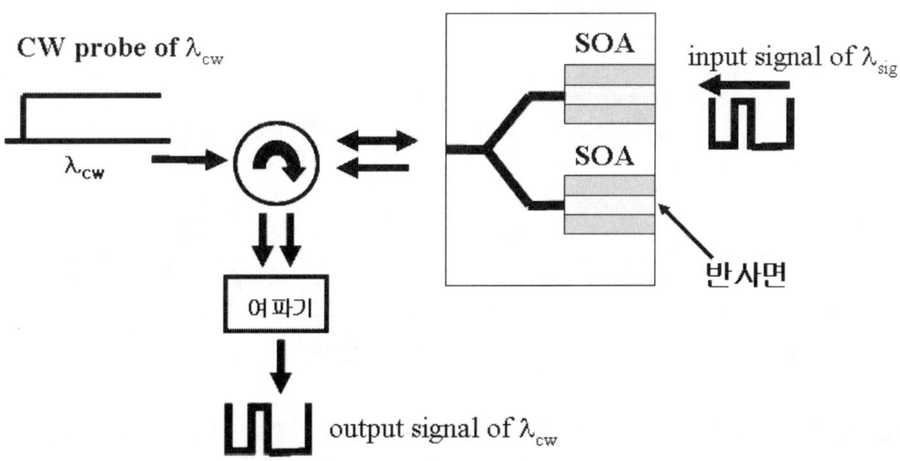

그림 6.42 Michelson 간섭계(MI)를 사용하는 XPM 파장 변환 구성 및 동작원리

그림 6.42의 MI를 사용하는 구성의 동작원리는 MZI를 사용하는 XPM 파장 변환과 매우 유사하며 SOA 끝의 반사면에 CW광이 반사되어 circulator에 결합되기

전에 간섭이 발생한다. 그림에서 신호광은 MI를 지나 반전된 파형과 함께 결합되어 출력되므로 MI를 사용하는 파장 변환 시 반드시 λ_{sig}를 제거하기 위한 여파기 사용이 필요하다. 일반적으로 MI로 신호광이 직접 주입되며 CW광은 SOA를 2번 가로지르기 때문에 최대 변조 대역폭을 가진다. 따라서 강한 입력광 세기와 충분히 긴 SOA 길이가 필요하다.

간섭계의 전달 함수는 다음 식으로 쓸 수 있다.

$$P_{out} = \frac{P_{CWin}}{8}(G_1 + G_2 + 2\sqrt{G_1 G_2}\,cos(\phi))$$

$$\approx \frac{P_{cwin}}{4} G_1 (1 + \cos(\phi)) \tag{6.28}$$

이 식에서 G_1과 G_2는 두 SOA의 증폭 이득이며 P_{out}과 P_{CWin}는 각각 반전된 신호 출력과 CW 입력광 전력이다. 위상차를 나타내는 ϕ는 입력신호 세기에 직접 비례한다. 두 개의 SOA의 증폭 이득이 비슷한 값이면 아래 식으로 근사된다. sinusoidal 곡선인 위의 전달 함수 식에서 광학적으로 유도되는 위상차가 π가 되면 그림 6.43에서와 같이 동위상 및 반위상의 여부에 따라서 최소와 최대 출력이 만들어진다.

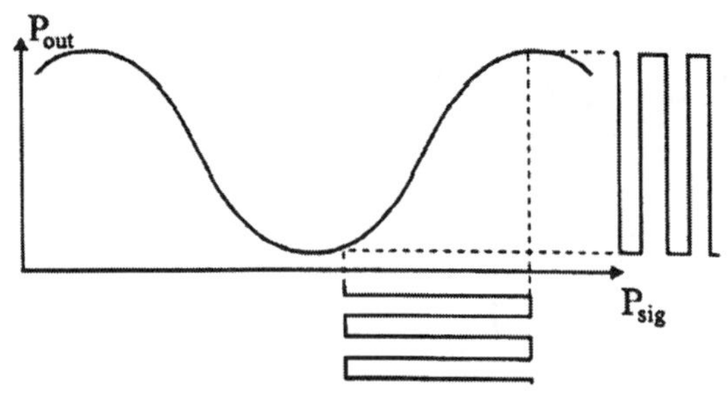

그림 6.43 Sinusoidal 곡선의 간섭계 전달 함수 특성을 가지는 XPM 변환기에서는 out-of phase와 in-phase 동작을 모두 구현할 수 있다.

간섭계 파장 변환기(interferometric wavelength converter, IWC)는 각각 양과 부(positive and negative)의 기울기를 가지고 동작할 수 있다. 부의 기울기를 가지는 경우 두 개 중 하나의 SOA에서 발생하는 상호 이득 변조(XGM) 효과까지 더해져서 더 우수한 출력 소광비를 얻을 수 있다. 반면 양의 기울기를 가지는 경우 극성이 반대로 뒤집히지 않으며 일반 단일모드 광섬유(SMF)에서 부(negative)의 chirp 크기가 줄어들어 전송 특성이 개선되는 장점이 있다.[23]

XPM 파장 변환기의 고속 동작을 위한 요구 사항은 XGM 변환기와 같다. 변환기가 종단연결(cascaded)되는 경우 큰 변조 대역폭이 요구된다. 두 개의 MI가 back-to-back으로 concatenate 연결된 전광, 양자우물(quantum well) 구조의 MI를 사용하여 20 Gbit/sec의 변환 대역폭을 보이는 실험 구성을 그림 6.44에 도시하였다.

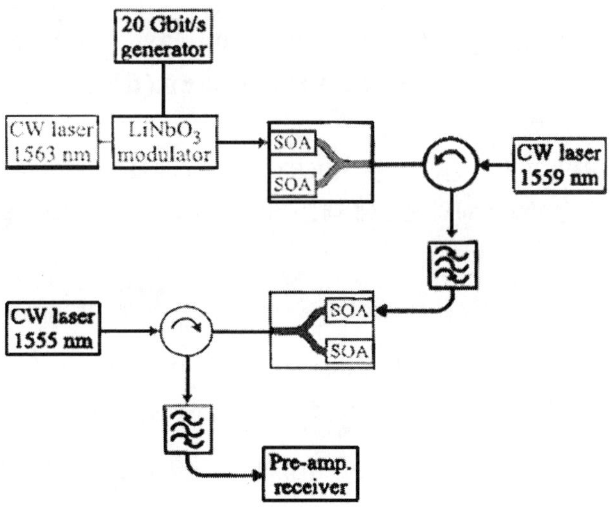

그림 6.44 두 개의 MI가 back-to-back으로 concatenate 연결된 전광, QW구조의 MI를 사용한 파장 변환기

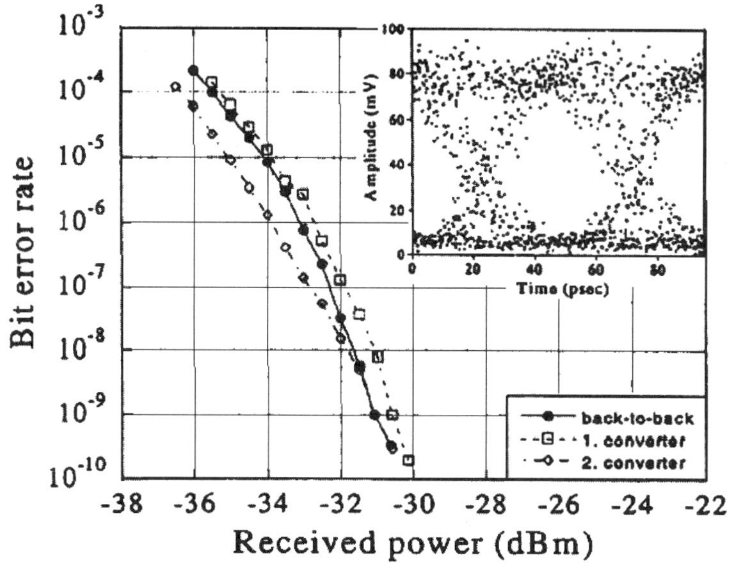

그림 6.45 한 개의 파장 변환기 사용 시(1563 → 1559 nm)와 두 개의 변환기 사용 시(1563 → 1559 → 1555 nm)의 변환에 대한 비트 오율(bit-error-rate, BER) 비교

그림 6.45에는 이 구성에 대하여 한 개의 파장 변환기 사용 시(1563 → 1559 nm)와 두 개의 변환기 사용 시(1563 → 1559 → 1555 nm)의 변환에 대한 비트 오율(bit-error-rate, BER)을 보였다. 오율 곡선에서 20 Gbit/sec의 속도로 첫 번째 MI에서 파장 변환 시 약간(~0.5 dB)의 power penalty가 발생하지만 두 번째 파장 변환이 지난 후 penalty가 무시 가능한 정도로 작아짐을 보이고 있다. 이것은 실험에서 간섭계 내의 SOA 길이를 800 μm와 1150 μm로 각각 다르게 해서 두 번째 파장 변환기에서 소광비를 높였기 때문이다.

상호 위상 변조에 의한 파장 변환의 장단점을 요약하면 다음과 같다.

- 상대적으로 복잡한 구성과 제어의 어려움
- 반전 출력신호와 반전되지 않은 출력을 동시에 얻을 수 있다.
- 손상된 파형의 재생이 이루어진다.
- 반전된 펄스의 앞부분에서 장파장 쪽으로의 천이(red-shift)가 뒤쪽에서 단파장으로의 천이(blue-shift)가 발생하므로 장거리 광선로 전송 시 전송로의 분산에 의한 펄스 퍼짐을 보상하므로 장점이 된다.

3.4 파형 재생(Regeneration)

XPM은 파장 변환기뿐 아니라 XPM이 가지는 전달 함수의 비선형 특성을 이용해서 광통신 교환망에서 파형 재생기로 사용할 수 있다.[25] 그림 6.46에는 손상된 신호분포를 가지는 입력 신호의 파형이 비선형적인 전달 함수 특성에 의하여 최적화 되어 잡음과 소광비가 개선된 파형으로 재생되는 과정을 보이고 있다. 그림 6.47에서 MI에 입력되는 손상된 eye pattern(a) 및 전력분포함수 파형(b)이 MI를 지나서 정형, 개선된 모습(c, d)으로 재생됨을 보이고 있으며 이에 따라 소광비는 크게 개선되고 신호 간(mark 사이) 간격이 뚜렷이 분리됨을 볼 수 있다. 이처럼 XPM 변환기는 파형변환 기능과 파형재생 기능으로 크게 주목 받아 유럽연합(EU)의 광통신 project인 OPEN(Optical Pan-European Network)[26]에서 광 회선 분배기(OXC) 내의 XPM 변환기 설치가 이루어졌다.

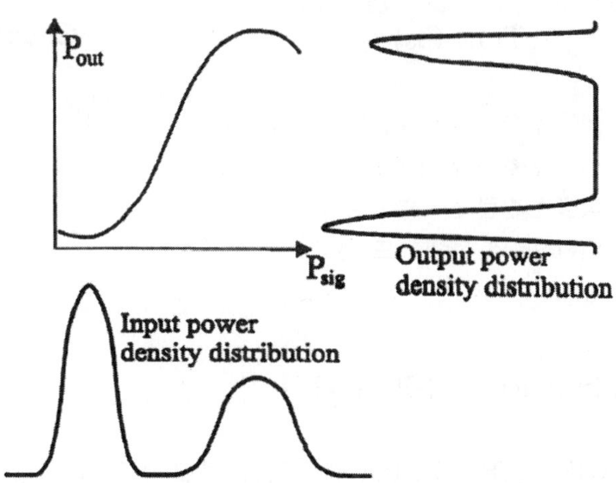

그림 6.46 XPM 파장 변환기의 비선형 전달 함수에 의한 잡음 파형의 개선

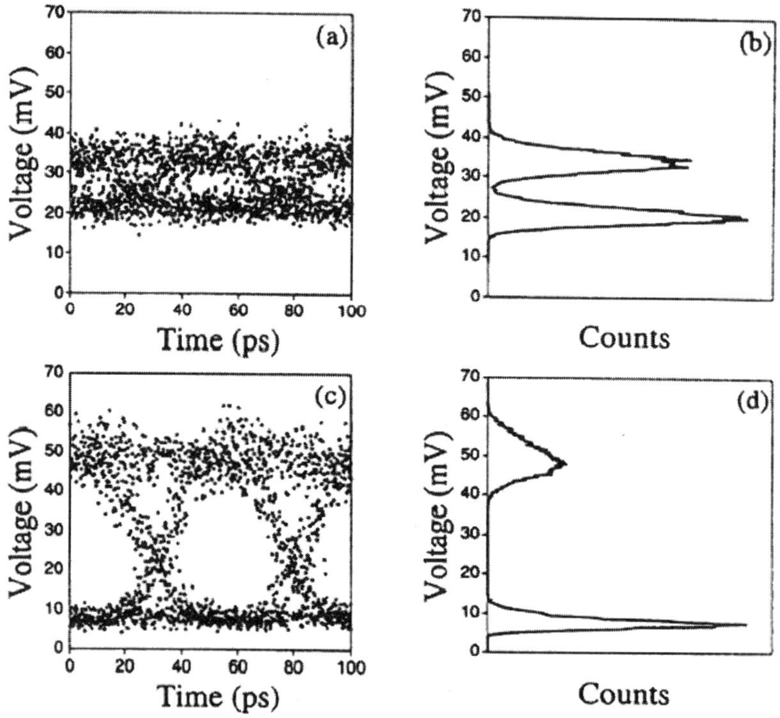

그림 6.47 (a) 잡음 입력 신호의 eye-pattern
(b) 잡음 신호의 전력 밀도 분포
(c) 파장 변환된 신호의 eye-pattern
(d) 변환신호의 전력 밀도 분포

3.5 2단(dual-stage) 파장 변환기

그림 6.48은 XGM 변환기와 XPM 변환기를 직렬 연결하여 구성한 2단 파장 변환기의 개념도이다.[27] 첫 단의 변환기는 XGM으로 구성되어 신호 파장 λ_{in}을 변환기 내부 파장인 $\lambda_{internal}$로 변환시킨다. 두 신호의 동방향 입사에 의해 CW광 파장인 λ_{in}을 제거하기 위해 여파기가 사용됐다. 변환기의 두 번째 단에서는 MI 간섭계를 사용하여 $\lambda_{internal}$로부터 λ_{out}로 변환된다.

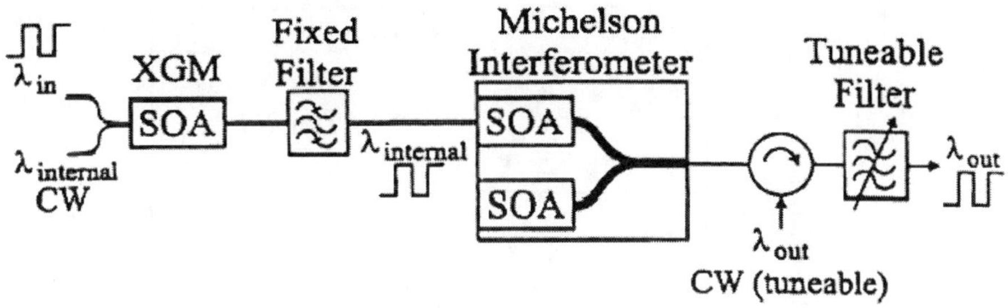

그림 6.48 XGM 변환기와 XPM 변환기를 직렬 연결하여 구성한 2단 파장 변환기

이 2단 파장 변환기는 XGM과 XPM 변환기의 장점을 함께 이용하고 있다. XGM 변환기의 단순한 구조와 편광에 무관한 동작 특성 및 높은 입력광 전력의 동적 영역(input power dynamic range, IPDR)의 장점을 활용할 수 있다. 아울러 XGM 출력 신호의 첩(chirp)과 단파장에서 장파장으로의 변환 시 발생하는 신호 저하를 뒷단의 XPM 변환기 사용으로 보상할 수 있다 XPM 변환기는 거의 첩(chirp) 발생이 없는 동작과 장파장으로의 파장 변환 시 신호 저하가 발생하지 않는 장점이 있다.

이 구성에서 내부 파장 $\lambda_{internal}$은 언제나 신호파장 λ_{in}보다 짧은 것을 선택하여 XGM 변환을 언제나 단파장 쪽으로 수행한다면 앞 절에서 설명한 것처럼 XPM 변환기에서 간섭계의 비선형 특성에 의한 손상된 신호의 재생과 소광비 개선 등 파형 개선이 얻어진다. 2단 변환기의 성능을 평가하고 동일 파장으로의 변환을 위해 20 Gbit/sec 변환속도에서의 시스템 실험이 실행되었다. 20 Gbit/sec의 변조속도로 입력되는 1560 nm파장의 빛은 XGM 변조기에서 1555 nm로 변환되고 XPM 변환기에서 다시 1560 nm으로 변환된다.

그림 6.49에서 보인 10 Gbit/sec에서의 비트 오율(BER)을 측정하기 위해서 전치 증폭된 수신단에서 20 Gbit/sec의 신호가 분파되어 2×10 Gbit/sec의 신호로 역다중화 되었다. XGM 변환기 삽입에 따른 penalty는 10^{-9}의 BER에서 약 3.5 dB이다. 뒷단의 고속 XPM 재생형 변환기는 신호의 품질을 개선하여 총 전력 penalty를 2 dB 이하로 감소시켰다.

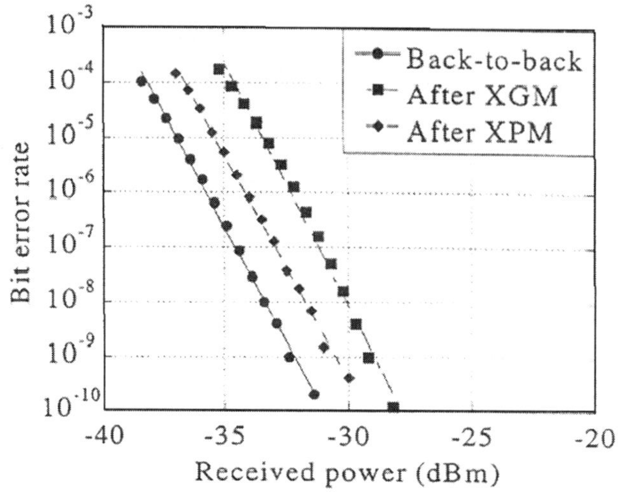

그림 6.49 XGM 변환기와 XPM 변환기를 직렬연결 구성한 2단 파장 변환기의 10 Gbit/sec에서의 비트 오율(BER)

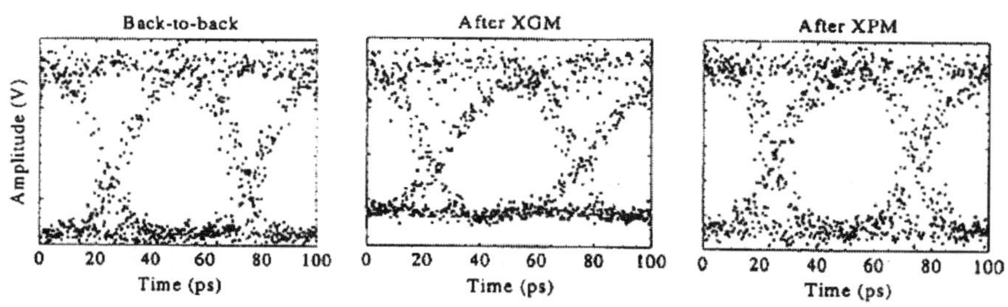

그림 6.50 그림 6.49에 보인 오율에 각각 해당하는 20 Gbit/sec eye-pattern

이는 그림 6.50에 보인 eye-pattern의 개선된 모양에서도 발견할 수 있다. 3.5 dB 정도 훼손되었던 power penalty도 XPM을 지나고 난 후 원상에 가깝게 복원되어 소광비가 거의 복원된다. 따라서 2단 변환기 삽입에 의한 손실은 2 dB 이하이다. 2단 구조의 변환기를 이용하여 두 신호의 동방향 진행으로 동일 파장으로의 변환기 사용도 가능하다.[28]

3.6 4파 혼합(four-wave mixing, FWM)을 이용한 파장 변환기

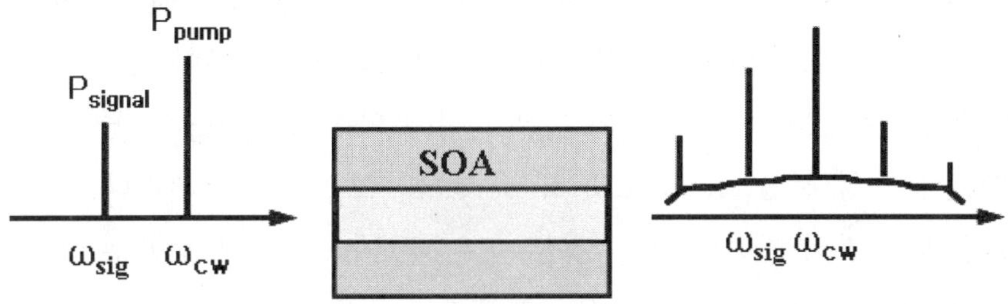

그림 6.51 SOA 비선형 특성에 의한 4파 혼합의 개념도

XGM 및 XPM 파장 변환기의 경우 ASK 파형 이외의 데이터 포맷(format)에 제약 조건이 있다. FWM을 이용한 파장 변환은 입력 신호의 데이터 포맷에 영향 받지 않는다. 전자기파 주파수의 관점에서 바라본 4파 혼합의 원리와 수식적 전개는 이미 6장의 2.10절에서 논의하였으며 광학적으로 4파 혼합은 두 광파가 비선형 매질을 지날 때 만들어지는 간섭 격자 패턴의 원리로 이해될 수 있다. 비선형 매질 내에서 서로 다른 두 개의 광파는 광세기 패턴에 의해 간섭 격자가 만들어지고, 두 개의 광파의 주파수가 동일하며 위상 지터가 없다면 정재파 회절격자가 형성된다. 비선형 매질에서는 이러한 회절격자가 굴절률 격자(Kerr grating) 혹은 광세기에 의해 매질의 에너지 상태가 변화되는 밀도격자(population grating) 형태로 나타나게 된다. 그런데 광파의 주파수가 서로 다르게 되면, 주파수 차에 따라 공간적으로 격자가 움직이게 된다. 이때 매질의 반응속도가 충분히 빠르면 격자 효율은 변화하지 않지만, 반응속도가 느릴 경우에는 격자 효율은 감소하게 된다. 그림 6.51에서 SOA와 같은 비선형 매질에 다른 파장을 가진 세 번째 광파가 입사하는 경우에는 이미 형성된 회절격자에 의한 산란(scattering)에 의해 새로운 파가 생성되는데, 이러한 현상을 4파 혼합이라고 한다.

CW 펌프광의 각주파수를 ω_{CW}, 신호광의 각주파수를 ω_{sig}라 하면 신호광과 펌프광에 의해 형성된 격자에 의해 펌프광이 산란되어 각주파수 $\omega_{CS} = 2\omega_{CW} - \omega_{sig}$를 가진 변환신호가 생성되며, 격자에 의해 신호광이 산란되어 각주파수 $\omega_{SC} = 2\omega_{sig} - \omega_{CW}$의 satellite파가 생겨난다. 4파 혼합 시 발생하는 주파수 스펙트럼을 그림 6.52에 설명하였다. 이때 변환 신호와 satellite파와의 광 세기의 비는 펌프광과 신호광의 세기의 비와 동일하며 약 20 dB 이상의 값을 갖는 것으로 알려져 있다. $2\omega_{CW}-\omega_{sig}$에 생성된 광파는 신호광과 같은 주파수로 변조되어 파장 변환이 가능해진다. 또한 신호광의 스펙트럼의 앞부분이 단파장이고, 뒷부분이 장파장이라면 $2\omega_{sig}-\omega_{CW}$의 주파수를 가진 광파는 스펙트럼의 앞부분이 장파장이고, 뒷부분이 단파장으로 된다. 따라서 이와 같은 현상에 의해 chirping이 반전되는 효과를 주기 때문에 색상 분산(chromatic dispersion) 보상이 가능해진다. 그러나 4파 혼합에서 파장 간의 간격이 좁은 경우 $\omega_{CS}=2\omega_{CW}-\omega_{sig}$ 신호만을 여파해 내는 것이 어려우며 ω_{CS}파의 광 전력 P_{CS}가 매우 작으므로 불완전한 여파 후에 강한 펌프파 P_{CW}가 여전히 존재할 수 있다.

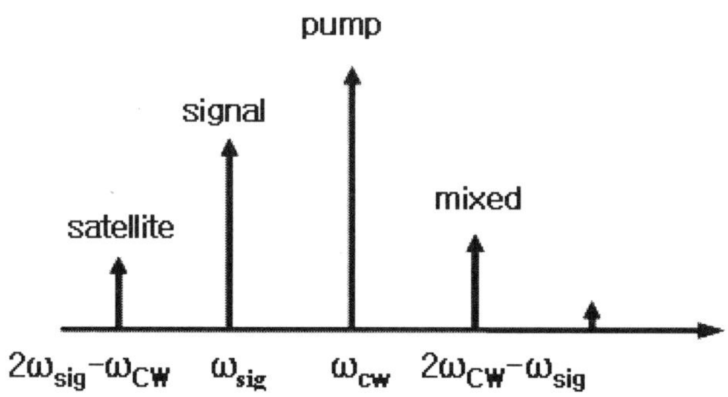

그림 6.52 4파 혼합 시 발생하는 4파 주파수 스펙트럼

SOA에서의 4파 혼합은 광세기를 크게 할 수 있고 비선형성이 크기 때문에 변환 효율이 좋게 된다. 이러한 이득 향상이 된 4파 혼합의 경우 특별한 소자 구조를 구현하지 않더라도 밀도격자가 형성되며, 일반적으로 밀도격자는 위상격자에 비해 훨씬 강하게 나타나고, 그 산란 효율은 펌프 파장에 대한 신호 파장의 detuning에 의해 급격히 감소하게 된다. SOA에서는 캐리어 밀도 변조, 캐리어 heating, spectral hole burning 등에 의해 밀도격자가 생성되고, 4파 혼합 파장 변환에 있어서는 이와 같은 현상에 의해 결정된 수명시간과 산란 거리에 의해 효율이 결정된다. 4파 혼합 파장 변환기는 수 THz의 detuning이 가능하고, 파장 변환이 변조 신호의 데이터 형식이나 속도에 무관하고 신호 세기에 민감하지 않은 장점과 더불어 변환 효율이 낮고 높은 ASE, 편광에 민감한 단점을 지닌다.

3.7 XPM 장치의 다른 응용 예

간섭계의 비선형 전달특성을 활용하는 XPM 변환기의 경우 파장 변환 없이 파형 재생(regeneration) 기능만을 사용할 수도 있다. 이때 레이저나 여파기 등 부품이 필요하지 않은 단순한 저비용 구성의 장점을 가진다. 그림 6.53에는 광섬유 증폭기(EDFA)와 SOA 및 MI를 사용한 전광(all-optical) 2R(amplification, reshaping) 재생 장치의 구성을 보이고 있으며 2.5 Gbit/sec의 동작이 보고되었다.[29]

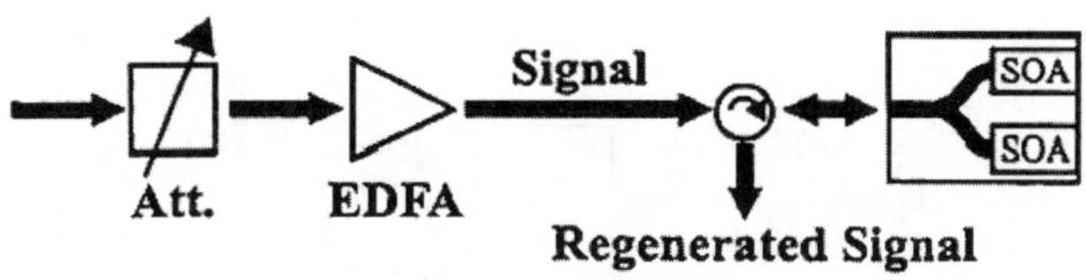

그림 6.53 파장 변환 없이 SOA 및 MI를 사용한 전광 재생 장치의 구성

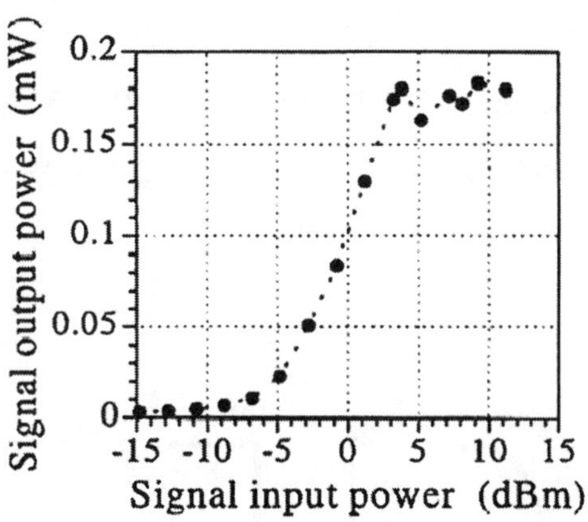

그림 6.54 SOA 기반 Michelson 간섭계의 static 전달 함수 특성(EDFA 입력전력 0 dBm)

이 구성은 파장 변환이 없으며 MI 출력부에 여파기도 달지 않아서 부가적인 ASE 필터링도 없다. 그림 6.54에는 Michelson 간섭계 재생기의 static 전달 함수 특성이 제시되었다. 이 전달 함수 특성은 앞에서 보였던 sinusoidal한 간섭계 전달 함수 특성과 달리 오히려 디지털 회로의 decision gate와 유사한 전달 특성을 보이고

있으며 ~8.5 dB의 매우 큰 입력 신호의 전력 동적 범위(IPDR)를 보였다. 파장 변환이 요구되지 않는 경우 이 구성에 의한 전광 2R 재생은 가격과 성능의 측면에서 유리한 응용 예이다.

3.8 전광(all-optical) 파장 변환을 하기 위한 새로운 소자들

높은 IPDR을 얻을 수 있는 Y-splitter 기반의 파장 변환기가 그림 6.55에 소개되었다.

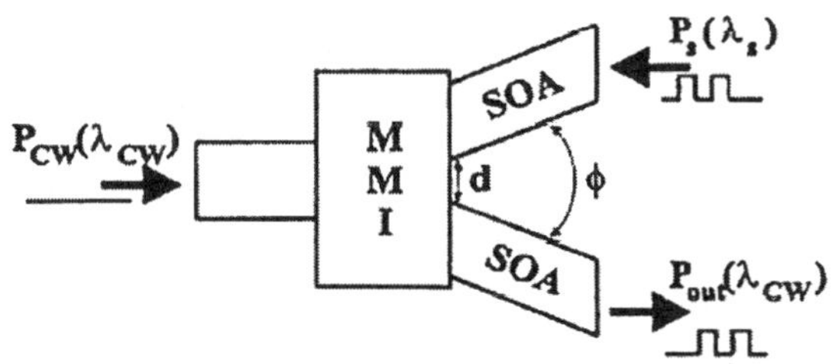

그림 6.55 Y-splitter에 기반한 파장 변환의 원리

그림에서 Y-splitter의 arm에는 SOA를 위치시켰으며 arm들이 만나는 위치에 다중모드 간섭(multi mode interference, MMI) 결합기를 삽입하였다. 따라서 분파비는 MMI를 적절히 설계하여 조절할 수 있다.

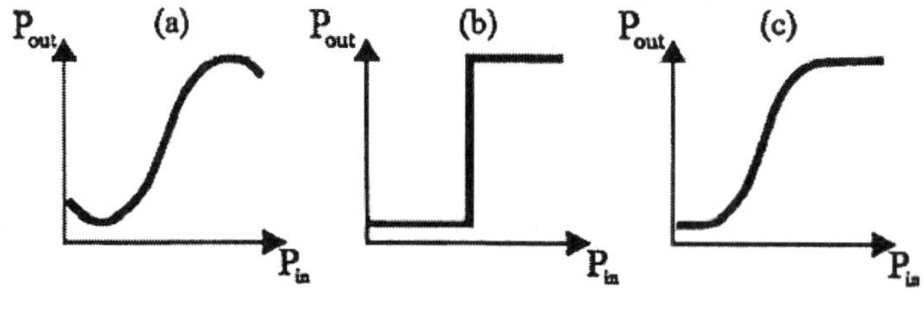

그림 6.56 (a) 간섭계형 파장 변환기(IWC)의 전달 함수
(b) 이상적인 디지털 전달 함수
(c) Y-splitter 기반 파장 변환기의 전달 함수

그림 6.56에는 세 가지 전달 함수의 예가 제시되었다. 간섭계를 사용하는 파장 변환기(IWC)가 제한된 크기의 IPDR 값을 가지는 이유는 그림 6.56(a)에 보인 sinusoidal 모양의 전달 함수를 가지기 때문이다. 신호 입력 전력이 변화할 때 sinusoidal 곡선의 전달 함수는 아랫부분부터 꼭대기까지 전달 함수 특성을 최대로 활용할 수 없다. 그림 6.56(b)에 보인 이상적인 디지털 전달 함수는 최대 IPDR은 얻을 수 있고 따라서 최적화된 파형 재생을 수행할 수 있다. 두 도파관의 커플링을 기반으로 한 Y-splitter와 같은 장치는 일반적으로 디지털 전달 함수와 유사한 그림 6.56(c)에 보인 전달 함수를 나타낸다. 따라서 Y-splitter를 기반으로 하는 파장 변환기로 간섭계형 파장 변환기(IWC)보다 큰 IPDR을 얻을 수 있다.

참고문헌

[1] D. K. Mynbaev and L. L. Scheiner, *Fiber-Optic Communications Technology*, Prentice Hall, 2001.

[2] G. P. Agrawal, *Fiber-Optic Communication Systems*, 2nd Ed., Wiley–Interscience, 1997.

[3] G. P. Agrawal, *Nonlinear Fiber Optics*, 2nd Ed., Academic Press, Inc., 1995.

[4] M. N. Zervas and G. van den Hoven, "Chapter 5 – Optical Amplifiers" from *Fiber Optic Communication Devices*, N. Grote and H. Venghaus ed., Springer Verlag, 2000.

[5] A. Buxens, et al, "Gain flattened L–band EDFA based on upgraded C–band EDFA using forward ASE pumping in an EDF section," *Electronics Lett*. Vol. 36, pp.821–823, 2000.

[6] JDS Fitel OA915 *series Otical Gain Module* and *ErFA-1200Series EDFA* (data sheets), 1997.

[7] "Fluoride & Telluride–Based Optical Amplifier Module and Fiber Module," *NEL Photonic Devices*, pp. 13–20, NTT Electronics, Japan, 1988.

[8] *Er-Doped Fluoride Fiber Amplifier* (data sheets), KDD R&D Lab. Inc., Japan, 1998.

[9] H. Masuda, "Review of wideband hybrid amplifiers," TuA1, *Technical Digest of the Optical Fiber Communication Conference*, Baltimore, March 5–10, 2000.

[10] Gerd Keiser, *Optical Fiber Communications*, 3rd Ed., McGraw–Hill Int'l, 2000.

[11] 신 상영 외 *초고속 광통신기술* 한국통신학회, 홍릉과학 출판사, 1996.

[12] 이 석 외, "반도체 광 증폭기를 기반으로 하는 전광 파장 변환기 개발", 한국과학기술연구원 국제공동연구과제 보고서, UCU0236–6767–4, 2000.

[13] L. F. Tiemeijer, et al., "Polarization resolved, complete characterization of 1310nm fibre pig–tailed MQW optical amplifiers," *J. Lightwave Technol*. 14, p. 1524, 1996.

[14] A. E. Kelly, et al., "Polarization insensitive, 25dB gain semiconductor optical amplifiers without antireflection coatings," *Electron. Lett.*, 32, p. 1835, 1996.

[15] T. D. Visser, et al., "Confinement and modal gain in dielectric waveguides," *J. Lightwave Technol., 14, p. 885, 1996.*

[16] S. Kitamura, et al., "Very low power consumption semiconductor optical amplifier array," *IEEE Photon. Technol. Lett.* 7, p. 147, 1995.

[17] L. F. Tiemeijer, et al., "Polarization insensitive MQW laser amplifiers for 1300nm window," *Appl. Phys. Lett.*, 62, p. 826, 1993.

[18] A. Yariv, *Optical Electronics* 3rd ed., Holt-saunders, New York, 1985.

[19] L. F. Tiemeijer, et al., "1310nm DBR-type MQW gain-clamped semiconductor optical amplifierswith AM-CATV-grade linearity," *IEEE Photon. Technol. Lett.* 8, p. 1453, 1996.

[20] H. J. R. Dutton, *Understanding Optical Communications*, Prentice Hall, 1998.

[21] D. K. Allan Kloch et al., "Wavelength Converters," *IEICE Trans. Electron.*, Vol. E82-C, No. 8, pp. 1475-1486, August 1999.

[22] T. Kawai, et al., "Optoelectronic wavelength conversion scheme using DFB-lDs and optical switch for VWP photonic transport system," *Tech. Digest of OECC*, pp.22-23, Japan, July 1998.

[23] T. Durhuus, et al., "All-optical wavelength conversion by semiconductor optical amplifiers," *J. Lightwave Technol.* vol. 14, pp. 942-954, 1996.

[24] C. Joergensen, et al., "All-optical wavelength conversion at bit rates above 10Gbit/s using semiconductor optical amplifiers," *J. Sel. Topics in Quan. Elec.* vol. 3, pp. 1168-1180, 1997.

[25] D. Wolfson, et al., "Bit error rate assessment of 20Gbit/s all-optical wavelength conversion for co- and counter-drectional coupling scheme," *Electron. Lett.*, vol. 52, p. 2259-2261, 1998.

[26] M. W. Chbat, et al., "Towards wide-scale all-optical transparent networking: The ACTS Optical Pan-European (OPEN) project," *J. Sel. Topics in Commun.* vol. 16, pp. 1226-1244, 1998.

[27] D. K. Allan Kloch et al., "Assessment of dual-stage wavelength converter in OXC at 20Gbit/s," Proc. ECOC'98., pp. 659-660, Madrid, Spain, Sept. 1998.

[28] C. Janz et al., "All-active dual-order mode Mach-Zehnder wavelength converter for power-efficient, co-propagative operation," Proc. ECOC'98., pp. 661-662, Madrid, Spain, Sept. 1998.

제7장 광섬유 센서

1 광섬유 센서의 개념과 원리

1.1 광섬유 센서의 개념

광섬유 센서는 종래의 전기적 센서와는 달리 단순히 sensing 소자로서의 기능만이 아니라 계측신호 정보전송으로서의 기능, 더불어 광전 변환의 기능을 가지고 있어서 오히려 광섬유 응용 계측 장치라고 하는 것이 적절하다.

이러한 광섬유 센서는 광 및 광섬유가 가지고 있는 무유도성, 절연성, 방사능에 대한 안정성 등의 특징을 가진 계측기를 구성할 수 있고, 마이컴, 미니컴으로 대표되는 전자 기술과의 적합성에도 우수하다.

그림 7.1에 이상적인 전광 계측제어 시스템의 개념도를 표시한다. 광 A/D 변환, 광 공간 병렬처리 등의 기능을 가진 광정보 처리 기술을 시초로, 광정보 축적(광 memory), 광에너지 전송, 광 actuator 기술이 개발되어, 이미 광화가 진행되는 광계측, 광전송 기술과 함께 전광 계측제어 시스템이 실현될 것으로 기대된다.

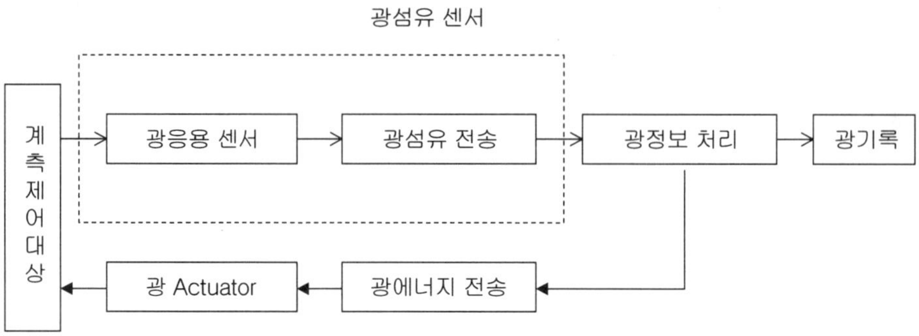

그림 7.1 광응용 계측제어 시스템의 개념

1.2 광섬유 센서의 원리와 분류

광섬유 센서를 그 구성, 특히 광섬유의 이용법에 의해 분류하면 대략 표 7.1과 같다.

표 7.1 광섬유 계측 기술의 원리와 분류

	광섬유 전송로형 센서(광학식 센서)	광섬유 Pick Up Probe형 센서	광섬유 기능형 센서
계측원리	• 광탄성 효과 • 전기광학 효과 • 자기광학 효과 • 광흡수, 방사체 • 광로 차단	• 레이저 도플러 효과 • 발열체의 방사 • Image 광섬유	• 간섭 현상 • 마이크로 벤딩 손실
광변조	광강도	광주파수, 광강도	광위상(광강도)
센서 재료	개별 광부품	광섬유	광섬유
특징	구조 간단 고신뢰성	비접촉 고감도	초고감도

1) 광섬유형 전송로형 센서(광학식 센서)

광섬유형 전송로형(광학식) 센서는 개별 용도의 송수신용 광섬유단 또는 송수광 겸용 광섬유단에 여러 종류의 광기능 재료와 기계적 변화에 의한 광학식 센서를 장착한 구성이다. 광섬유는 단순히 강도 변조된 광신호의 전송로로서 이용되며 주로 다중모드와 bundle 광섬유가 이용된다.

송수신의 광원, 수광 소자로서는 각각 LED 및 PIN PD가 이용된다. LED의 광출력을 일정하게 유지하는 것이 중요하다. 이 방식의 센서는 구성이 간단하고 신뢰성이 높은 등 우수한 특징을 가지고 있어 이미 많은 종류의 센서가 실용화되고 있다.

2) 광섬유 Pick Up Probe형 센서

광섬유 pick up probe형 센서는 계측 대상에서 방사된 광정보, 또는 광원에서 beam splitter를 통하여 probe에서 조사하여 계측 대상에서 반사 산란된 광정보를 이 광섬유 probe로 pick up하여 광수신기로 전달하는 방식으로 단일모드형, 다중모드형 또는 bundle형 등의 각종 광섬유가 광섬유 probe로서 이용된다. 이 방식의 대표적인 센서에는 광섬유 laser 도플러 속도계(fiber optic laser doppler velocimeter, LDN) 등 광섬유 방사 온도계가 있고, 비접촉, 고정밀도라고 하는 광응용 계측의 특징이 실용화되고 있다.

3) 광섬유 기능형 센서

광섬유 기능형 센서는 광섬유 자체의 전반 특성, 즉 광섬유 중의 도파광의 속성이 계측 대상에 의해 변화를 받고, 도파광의 위상, 편광, 강도가 변조되는 것을 이용한다. 광의 위상, 편광의 변화를 이용한 경우에는 단일모드 광섬유, 편파면 유지 광섬유가 이용되고, 한편 광의 강도 변화를 이용하는 경우에는 주로 다중모드 광섬유가 이용된다. 광원으로는 주로 He-Ne laser 또는 반도체 laser가 이용되고 수광 소자로서 APD가 이용된다.

특히 광의 위상변화를 이용하는 센서에는 많은 종류의 광섬유 간섭계를 구성하여 광 호모다인법 또는 광 헤테로다인법에 의해 검출하기 때문에 초고감도의 계측이 기대되며 최근 왕성한 연구개발이 진행되고 있다. 이를 위해 기능형 광섬유의 개발을 포함하여 현재 많은 광섬유 기능형 센서가 개발 단계에 있으나 가장 실용화에 가까운 것은 광 fiber laser gyroscope이다. 향후에는 코히어런스가 양호한 반도체 laser의 개발이 필요하다.

표 7.2에 많은 종류의 계측 대상에 대한 대표적인 광섬유 센서의 방식, 원리를 열거하였다.

표 7.2 광섬유 계측 기술의 원리

계측 물리량	광변조	광학 현상
전류, 자계	편 광	패러데이 효과
	위 상	간섭 현상
전압, 전계	편 광	Pockels 효과
	위 상	간섭 현상
온 도	광강도	차폐판에 의한 광로 차단 반도체의 투과율 변화 형광 반사
	광강도/스펙트럼	발열체의 방사
	편 광	복굴절 변화
각속도	위 상	Sagnac 효과
속도, 유속	주파수	도플러 효과
진동, 가속도, 압력	광강도	마이크로 벤딩 손실 차폐판에 의한 광로 차단 다이어그램에 의한 반사강도 변화
	편 광	광탄성 효과
	위 상	간섭 현상
	주파수	도플러 효과

1.3 광섬유 센서의 측정 원리

정현파로 진동하면서 도파하는 광파의 전계 vector E는 다음 식으로 표현된다.

$$\mathrm{E} = E_0 \sin(\omega t + \phi) \tag{7.1}$$

광섬유 센서에는 식 (7.1)에 있어서

(a) 광강도($|E_0|^2$)

(b) 편광(vector E_0의 방향 등)

(c) 주파수(ω)

(d) 위상(ϕ)

의 어느 것이 계측 대상의 외력에 의해 변조되는 것을 이용하고 있다.

여기에서는 광섬유 센서에서 본 광강도와 편광 등의 광파의 속성을 변조하는 물리 광학 효과, 화학 광학 효과에 대하여 간단히 소개한다.

1) 광강도 변조 방식

① 광흡수

물질 고유의 광흡수 특성이 계측하고 싶은 물리량과 화학량에 의해 변화를 받는 것을 이용한다. 예를 들면 반도체의 광흡수 단파장의 온도 의존성(온도 센서), 전계의존성(전계센서), 압전 흡수효과(압력센서), 분자흡수 스펙트럼(가스센서) 등이 있다.

② 반사

Diaplum(압력, 진동 센서) 등 액정(압력, 온도 센서)에서의 반사강도 변화의 이용 또는 광섬유 프로브 사출광의 피측정 물체 표면에서 받는 반사광량의 변화(변위, 진동센서, 표면조사계)를 이용하는 것 등이 있다.

③ 마이크로 벤딩 손실

광섬유의 축방향에 작은 구부러짐(마이크로 벤딩)을 주어 도파광에 섭동을 가하면 광섬유 중의 도파 모드와 방사 모드 간에 에너지 변환을 일으키어 광의 전반 손실이 증대한다.

그림 7.2에 마이크로 벤딩의 크기(p)에 대한 광섬유 규격화 전송 손실의 변화를 나타내었다. 규격화 전송 손실은 $P=0$일 때 전송 손실을 1로 정한 경우의 상대적 전송 손실이다. 이 마이크로 벤딩에 의해 압력, 진동, 변위 등의 센서가 실현 가능하다.

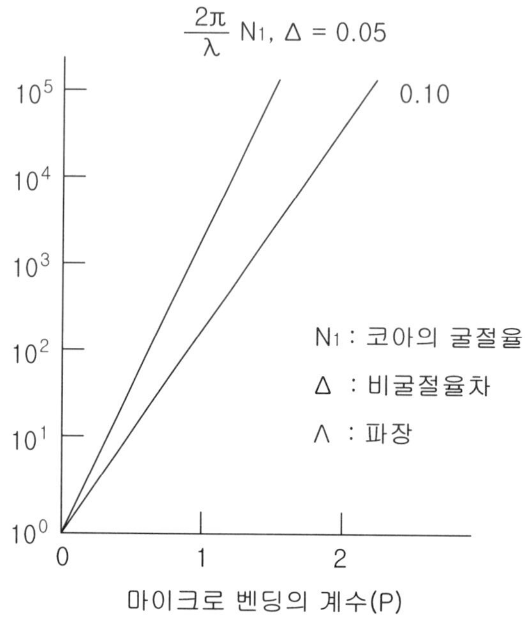

그림 7.2 마이크로 벤딩에 의한 전송 손실

④ Luminescence

형광체에 광을 조사할 때의 발광 즉 photo-luminescence의 스펙트럼이 온도에 의해 변화하는 현상을 이용한 온도센서가 개발되고 있다. 기타 Electro-luminescence(전압센서) 방사선 유기 luminescence(방사선 센서)등의 발광 현상을 이용한다.

2) 편광 변조 방식

① 페러데이(자기광학) 효과 : 전류, 자계 센서

자성체 가운데를 직선 편광파가 도파할 때 그 광파의 진행 방향에 따라서 자계 H가 존재하면 광의 편광면이 회전한다. 이 현상을 페러데이(자기광학) 효과라 하고, 자계에 의한 좌회전, 우회전의·원편광파에 대한 자성체의 굴절률에 이방성이 생기는 것에 기인하고 있다.

이때 편파면의 회전각 θF는 다음 식으로 표현된다.

$$\theta F = V\gamma HL\cos\theta \qquad (7.2)$$

여기에서 $V\gamma$는 페러데이 효과의 크기를 표시하는 물질 고유의 정수이다. 또 L은 자성체의 광로 길이이다. 페러데이 효과에 의한 편파면의 회전각 θF는 자계의 방향에만 의존하고 광의 진행 방향은 자계의 방향과는 무관하다. 그림 7.3에 페러데이 효과를 이용한 자계 센서의 원리를 나타내었다. 광섬유 자체도 페러데이 효과가 생긴다.

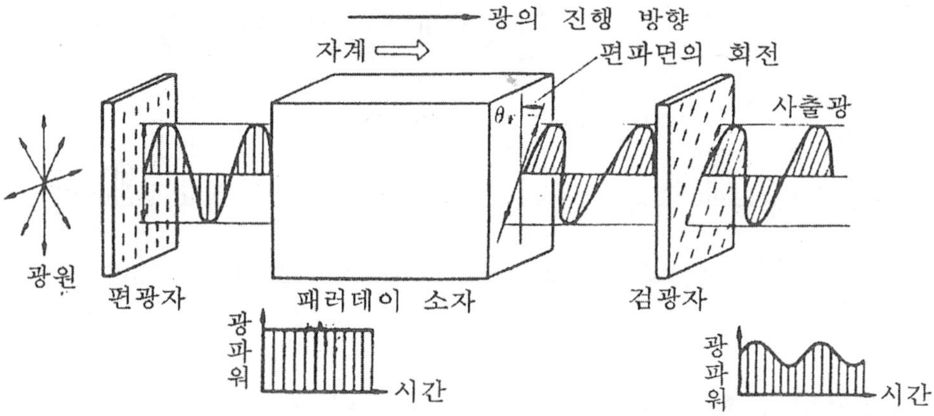

그림 7.3 페러데이 효과를 이용한 광전류 자계 센서의 기본 구성도

② 포켈스(전기광학) 효과 : 전압, 전계 센서

어떤 종류의 결정(강유전체 결정)에 전계를 인가하면 전계강도에 비례한 굴절률 변화가 생긴다. 일반적으로 이방성을 가지는 광학 결정의 굴절률은 주굴절률 n_1, n_2, n_3을 이용하여 다음의 굴절률 타원체로 기술된다.

$$\frac{X^2}{n_1^2} + \frac{Y^2}{n_2^2} + \frac{Z^2}{n_3^2} = 1 \tag{7.3}$$

이 굴절률 타원체를 가진 광학 결정을 도파하는 광에 대한 굴절률은 그 광파의 파면 법선에 수직으로 굴절률 타원체의 중심을 통과하는 절단면상에 생기는 타원의 주축 n1, n2 이다. 즉, 광은 이 타원의 장축 및 단축 방향에 진동하는 2개의 성분으로 분해할 수 있고 그들의 위상속도는 장주축 및 단주축 반경에 반비례한다.

전계에 의한 결정의 굴절률 변화를 급수 전개할 때, 전개의 1차 항을 포켈스 효과라 한다. 포켈스 효과를 가지는 결정에서 절단한 포켈스 소자에 전계를 인가하면 주굴절률이 변화하고(복굴절 효과), 굴절률 타원체가 변형하는 결과 입사 직선 편

광파가 타원 편광파로 변환된다. 이 포켈스 효과를 이용한 광전계 센서의 원리도를 그림 7.4에 나타내었다.

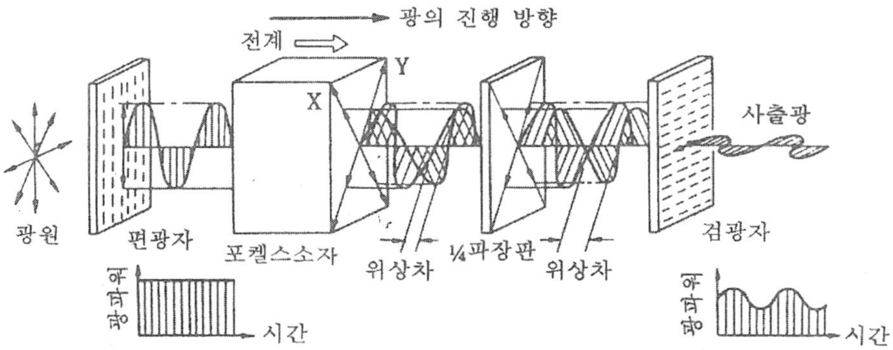

그림 7.4 포켈스 효과를 이용한 광전압·전계 센서의 기본 구성도

3) 주파수 변조 방식

① 도플러 효과 : 속도, 진동, 유량 센서

운동하고 있는 피측정 물체에 레이저 광을 조사하면 그 산란광의 주파수는 도플러 효과에 의해 조사광이 원래의 주파수에서 이동한다. 이 도플러 효과에 있어서는 그림 7.5와 같이 속도 V로 이동하는 물체의 파수 벡터 K_0($K_0 = 2\pi/\lambda$)의 레이저 광을 조사하고 파수 벡터 V_s의 산란광을 관측할 때 도플러 주파수 f_0은 식 (7.4)와 같이 주어진다.

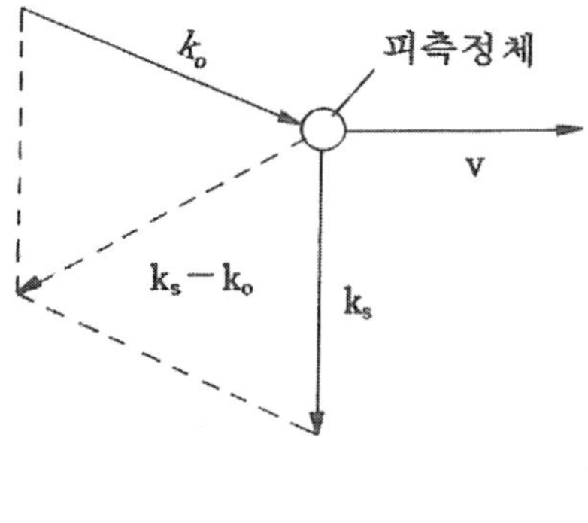

그림 7.5 도플러 효과의 설명도

$$f_D = \frac{(K_s - K_0) \cdot V}{2\pi} \tag{7.4}$$

따라서 f_D를 측정하면 물체의 속도 V를 알 수가 있다. 피측정 물체의 조사광과 반사 산란광이 동일 광선로를 통하는 경우에는 도플러 주파수 f_D는

$$f_D = \frac{2V}{\lambda}\cos\theta \tag{7.5}$$

로 주어진다. 여기에서 θ는 조사광, 검출 산란광과 피측정체의 속도 방향과 이루는 각도이다. 도플러 효과를 이용하여 속도, 진동, 유량의 계측이 가능하다.

② Raman 산란 : 가스센서

물질에 강한 광을 조사하면 원래의 주파수보다도 높은 주파수와 낮은 주파수의 광이 발생한다. 이 현상은 물질을 구성하는 분자의 진동에 의해 생기는 Raman 산란이라고 부르고 가스 농도의 측정 등 대기 오염 검출에 이용된다.

4) 위상 변조 방식

단일모드 광섬유를 도파하는 광파는 많은 종류의 물리현상에 의해 위상변화가 유기된다. 이것을 검출하면 매우 고감도의 광섬유 기능형 센서가 실현 가능하다.

코히어런트한 광파를 분기하고 그들의 파면을 종합하면 그 광파의 위상 분포와 밀접하게 관계된 간접 패턴을 얻게 된다. 거기에서 많은 종류의 간섭계를 이용하여 이 간섭 패턴의 변화를 검출하는 것에 의해 두 광파 간의 상대적 위상변화량을 측정할 수 있다.

그림 7.6에 대표적인 간섭계 즉 Mach-Zender 간섭계, Michelson 간섭계, Ring 간섭계, Fabry-Perot 간섭계의 기본 구성도를 나타내었다. 각 경로에 광섬유를 채용함으로써 광섬유 간섭계가 구성된다. 이것에 의해 한쪽의 광로에 있어서 도파광에 생긴 위상변화를 다른 광로의 도파광과 종합시켜 얻은 간섭호의 강도변화를 검출함으로써 측정할 수 있다. 검출법에는 광 homodyne법과 광 heterodyne법이 있다.

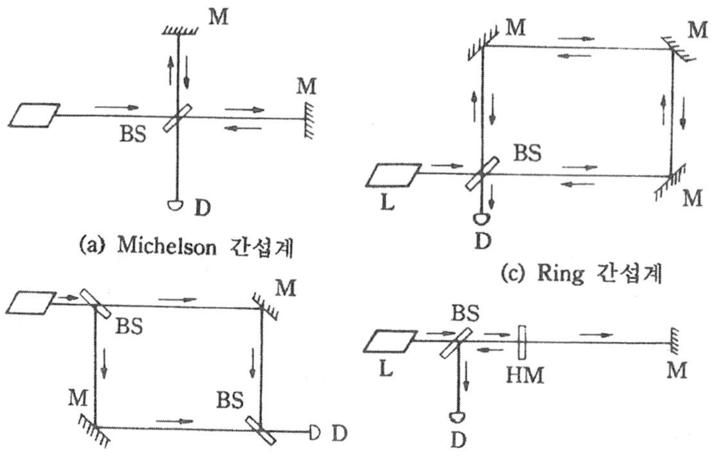

(a) Michelson 간섭계 (b) Mach Tsend 간섭계 (c) Ring 간섭계 (d) Fabri · Pero 간섭계

그림 7.6 여러 가지 간섭계의 기본 구성도

2 광 PT, CT의 원리와 구조

PT, CT는 계기용 변압기(potential transformer), 변류기(current transformer)의 약칭으로서 발변전소의 모선과 송전선 등의 전압, 전류 계측 설비의 주요부이다. 이들은 전력의 수급조정, 전력계통의 제어, 보호를 위해 가장 기본적이고 중요한 계측 정보이기 때문에 PT, CT에서는 높은 신뢰성, 측정의 정밀도가 요구된다.

현재 사용하는 방식은 절연을 위해 외관과 변압기로 구성되어 높은 신뢰성을 가지고 있으나 최근에는 송전 전압의 초고압화에 따라서 외관이 거대화하고 내진동성과 가격 등이 문제가 되고 있다. 또 전력 계통의 복잡화에 따라 사고 시의 전류에 직류분이나 고조파 성분을 포함하게 되어 현재 사용하는 방식은 측정오차가 증가하여 그 대책이 요구된다.

광 PT, CT는 전계나 자계와 광의 상호작용을 이용하여 센서에 전기광학 결정이나 특수 유리를 이용하기 때문에 광의 특성상 절연성이 높고 컴팩트하게 구성 가능하며 또 측정 주파수 대역폭이 매우 넓기 때문에 복잡한 전압, 전류 파형을 정확하게 측정할 수 있는 특징이 있다.

2.1 광 PT, CT의 원리

광 PT, CT의 원리는 물질을 투과하는 광이 전계 또는 자계의 작용을 받는 경우에 생기는 특별한 성질을 이용한다. 이것을 전기광학 효과 또는 자기광학 효과라고 한다. 또 광 CT에는 고전압부에 센서로서 coil과 발광다이오드를 이용하는 방식이다.

1) 광 PT

1894년 물리학자 포켈스는 광학 결정에 전계를 가해 광을 통과시키면 편광 방향에 따라 굴절률이 변화하는 이른바 복굴절 현상이 발생하고, 굴절률의 변화량은 인가한 전계에 비례하는 것을 발견했다. 이 현상을 포켈스 효과라 하고, 이는 광 PT 센서의 기본 원리가 된다.

포켈스 효과에 있어서 굴절률의 불균일한 변화는 결정의 투과하는 광에 어떠한 영향을 주는 것인가를 그림 7.7에 나타내었다. 광이 결정 내를 진행하는 속도는 굴절률에 역비례한다.

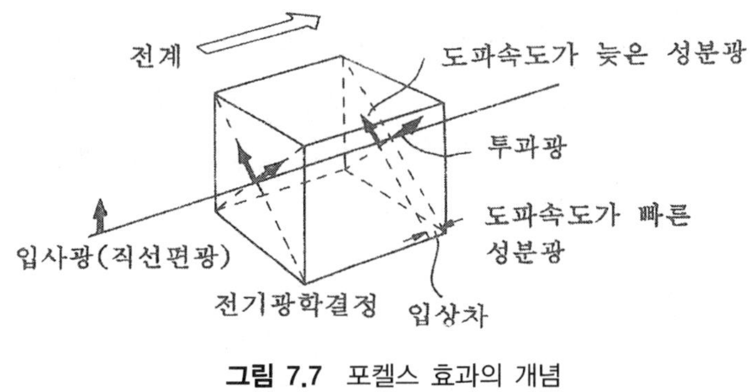

그림 7.7 포켈스 효과의 개념

따라서 굴절률이 증가하면 진행속도가 지연되고 광의 위상이 늦어진다. 편광 방향에 의해 광의 위싱이 다르게 되면 전계와 평행한 평면대의 편광과 직각인 면 내의 편광과의 사이에 위상차가 생긴다. 이 위상차는 전계의 크기에 비례한다. 편광 방향에 의해 위상에 차이가 있으면 결정을 나온 광은 타원광이 되기 때문에 결정에 원편광 또는 직선 편광을 입사시켜 출력의 타원 편광에서 전계에 의한 위상차를 검출하여 여기에서 전계 또는 전압을 측정한다.

이것이 광 PT의 전계, 전압 측정의 원리이다. 광 PT의 측정 감도는 전기광학 결정의 포켈스 정수가 큰 것이 좋고 과거에는 ADP, KDP, 수정 등이 사용되었으나 KDP는 조해성이 있고 수정은 감도가 낮은 결점이 있어 최근에는 여기에 개선된 $LiNbO_3$와 $LiTaO_3$가 사용된다.

포켈스 정수는 주위 온도에 의해 변화하기 때문에 여러 가지 보상방법이 시행되고 있으나 최근 단축성 결정을 위해 본질적으로 온도 특성이 없는 BSO가 개발되어 광 PT로 실용화되고 있다.

포켈스 정수는 결정의 종류, 광축과 전계방향과의 관계, 광의 파장에 의해 다르나 대략 10^{-10}~10^{-13} m/W의 크기로 위상차가 반파장이 되는 전압은 대개 1~10^{2} kV이다.

2) 광 CT

광과 자계의 상호작용은 이미 기술했듯이 자기광학 효과라고 부르고 있으나 그 중에도 19세기의 영국의 대과학자 페러데이가 발견한 페러데이 효과가 더욱 실용적이다.

그림 7.8과 같이 유리 등의 불투명한 물질에 자계를 가하여 광을 보내면 광의 편광 방향이 자계에 비례하여 회전하는 현상이다. 전선과 코일을 흐르는 전류에 의해 생기는 자계는 전류에 비례하기 때문에 편광 회전각을 측정하면 전류 또는 자계를 측정할 수가 있다. 이 자기광학 효과를 응용한 것이 광 CT의 원리이다.

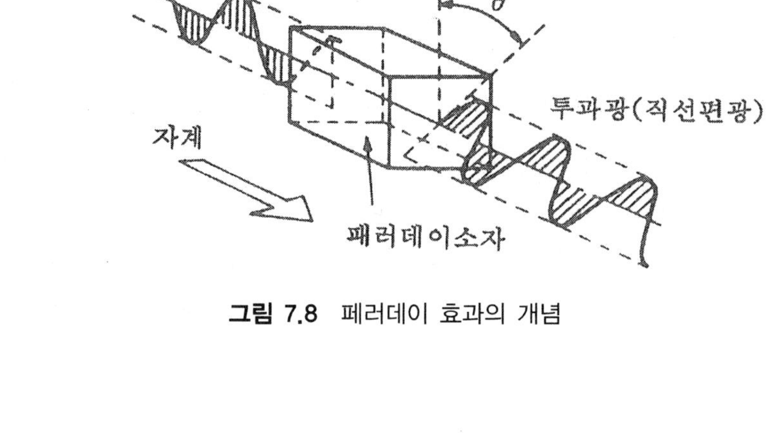

그림 7.8 페러데이 효과의 개념

자계에 의해 편광 방향이 회전하는 것은 자계가 스트레스되어 굴절률에 국부적인 변화가 생기기 때문이나 그 회전각은 자계의 크기와 광의 길이와의 곱에 비례한다. 자계를 만드는 전류의 크기와 페러데이 소자와 전류와의 등가 쇄교수와 곱에 비례한다. 이 비례정수는 베르데 정수라 하고 광 CT의 전류 측정 감도 등을 정하는 중요한 계수이다.

페러데이 효과는 물, 유리, 에틸알코올 등으로 넓게 관측되고 있으나 베르데 정수가 비교적 크고 광 CT의 센서로서 취급이 용이한 것은 유리이다. 유리 중에서도 Ce 등을 미량 함유한 상자성 유리는 베르데 정수가 크나 온도에 반비례하는 등의 문제점을 가진다. 이것에 대해 산화납을 포함한 반자성 유리는 베르데 정수가 다소 작으나 온도 변화에 대하여 매우 안정하여 광 CT의 연구에는 지금까지 납유리가 이용되었다.

납유리의 베르데 정수는 파장 0.63 μm로 3.5×10^{-5}(Rad/AT)이고 권수 10의 코일에 1000 A의 전류를 통할 때 편광면은 약 20° 회전한다. 베르데 정수는 파장에 의해 변화하고 파장이 길어지면 작게 된다. 최근 광 CT의 센서는 컴팩트화, 전류 측정 감도의 향상을 도모하기 위해 광섬유를 코일 형상으로 한 페러데이 소자의 연구가 행해지고 있으나 광섬유 중에서 편광이 자계 이외의 원인에서 변화하지 않도록 하는 것은 코어를 타원형으로 하는 등 특별한 착안이 필요하다.

광 CT에는 이외에도 코일과 트랜스로 검지한 전류로 LED 발광의 각도, 간격 등을 변화시켜 광섬유를 통과하여 대지 측에 전달하는 광원 변조 방식의 광 CT가 있다.

2.2 광 PT, CT의 구조

1) 광 PT

① 기본 구성

광 PT는 전에 기술한 바와 같이 결정의 포켈스 효과에 의해 전압 또는 전계를 측정하는 것으로 그 기본적인 구성은 그림 7.9와 같다. 광원에서 나온 빛은 편광자를 통하여 직선 편광하고 다음에 1/4 파장판에 의해 원편광으로 변화, 피측정 전압이 가해져 있는 결정을 투과시킨다. 이때 원편광은 포켈스 효과에 의해 타원 편광이 된다. 이것을 복합 편광 프리즘으로 직교 2성분으로 분해하여 각각을 광전 변화하고 차동 증폭하면 증폭기 출력부에는 결정에 가한 전압에 비례한 출력 전압을 얻을 수 있다. 차동 증폭하는 것은 측정계에서 발생한 우수차의 왜곡을 해소하기 위해서이다.

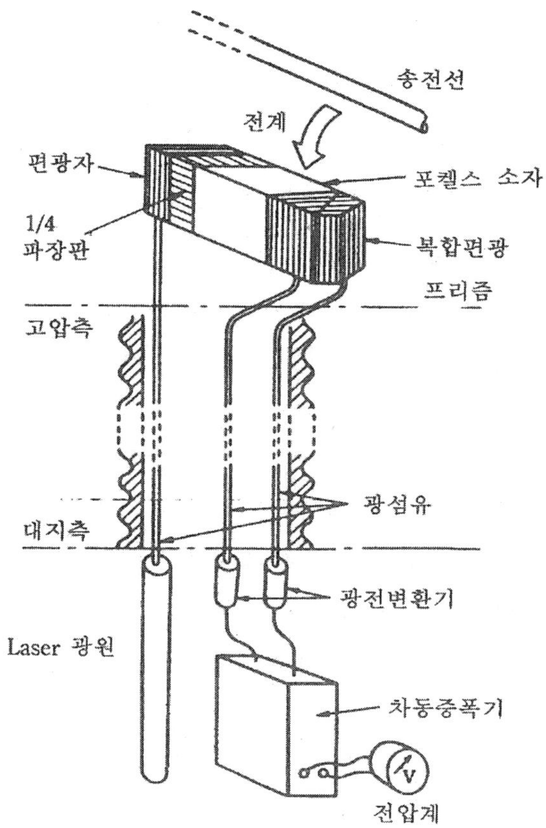

그림 7.9 광 PT의 기본 구성

② 구조

광 PT의 구조의 예를 그림 7.10에 나타내었다. 이 광 PT는 500 kV용이다. 포켈스 소자에는 한 변의 길이 1.5 cm를 가진 입방체의 ADP를 사용하여 동작전압은 소자의 절연 내력으로부터 수백 V 이하이기 때문에 500 kV를 분압할 필요가 있다. 2개의 전극이 분압 전극이고 그 출력은 ADP에 가해진다. 광원은 He-Ne 레이저로 대지 측에 있고 출력은 외관 내의 다중모드 광섬유를 통하여 500 kV 측의 편광자를 경유하여 ADP에 도달한다.

분극 전압에서의 피측정 전압은 ADP 중에서 레이저 광의 편광을 타원 편광하지만 이것은 복합 편광 프리즘에 바로 직교 2성분으로 분해되어 각각 외관 내의 광섬유를 통하여 대지 측의 광전 변환기(이 경우에는 광전자 증배관 사용), 차동 증폭기에 도달, 피측정 전압에 비례한 출력이 얻어진다. 역시 최근 개발된 정편파 광섬유를 이용하여 편광자, 복합 편광 프리즘을 대지 측에 가지고 올 수가 있고 외관 내의 광섬유 가닥수를 3가닥에서 2가닥으로 줄일 수 있다.

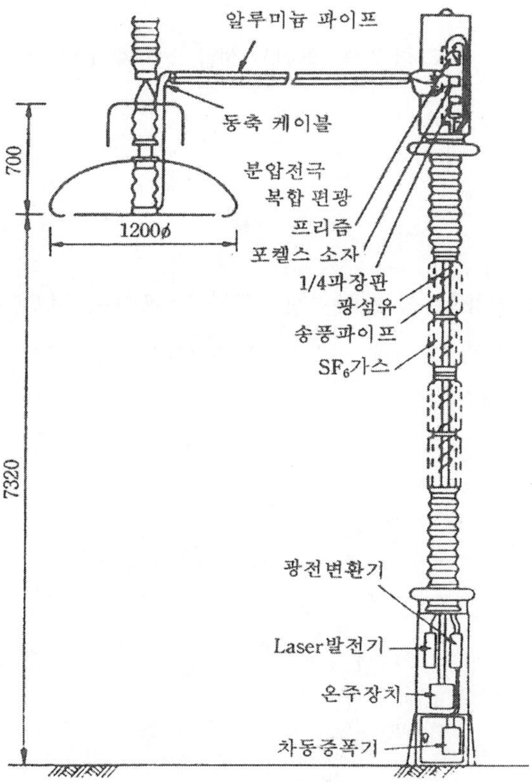

그림 7.10 500 kV용 광 PT의 구조

온도 변화에 의한 센서감도 변동과 외관 내의 오손을 방지하기 위한 대기압보다 다소 높은 온도의 일정한 SF_6 가스를 순환하도록 되어 있다. 성능은 정격 500 kV

전압에서 측정오차 3% 이내이다. Response는 본질적으로 상당히 넓고 최종적으로는 차동 증폭기의 대역폭으로 결정되어 쉽게 수 MHz 이상으로도 할 수 있다.

또한 애자의 전압분포와 송전선하의 유도 전계의 측정을 위해 그림 7.11과 같이 포켈스 효과 응용의 광전계가 실용화되고 있다.

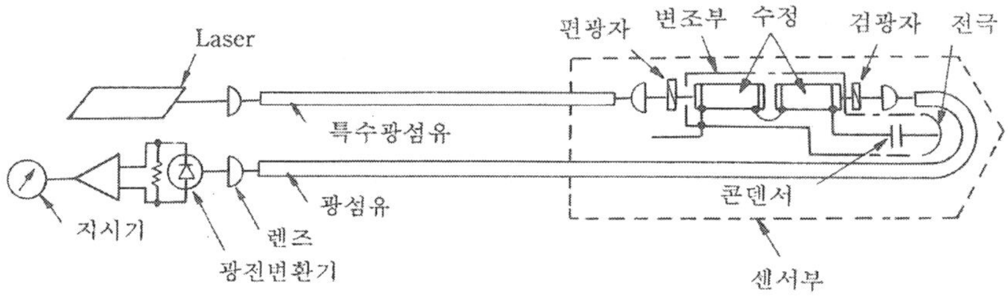

그림 7.11 레이저 전압, 전계계의 예

2) 광 CT

① 기본 구성

전기광학 효과를 응용한 광 CT는 광 PT와 비교하여 보면 포켈스 소자 대신에 페러데이 소자를, 원편광 대신에 직선 편광을 사용한다. 이를 제외하고는 광 PT와 전부 동일하다.

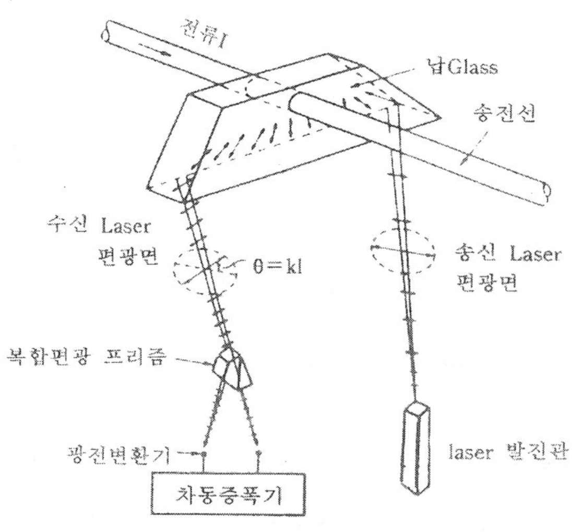

그림 7.12 광 CT의 기본 구성

그림 7.12는 페러데이 소자로써 납유리를 사용한 광 CT의 기본 구성을 표시한 것이지만 레이저 광이 납유리를 지나면서 자계의 영향에 의해 편광 방향이 θ만큼 회전하는 모양을 쉽게 알 수 있는 설명도이다.

② 구조

실용화 시험을 목적으로 시험 제작한 제품은 이미 여러 번 발표되고 있으나 그들의 기본적인 공통점은 많다. 그림 7.13에 광전송식 CT의 기본 구성을 나타내었다. 코일로 검지한 전류를 A/D 변환하고 LED를 디지털 변조하여 얻은 광을 광섬유에 의해 대지 측에 전송한다. 대지 측에서는 광전 변환 후 그대로 디지털 출력으로써 또는 D/A 변환을 하고 아날로그 출력으로써 외부에 공급한다.

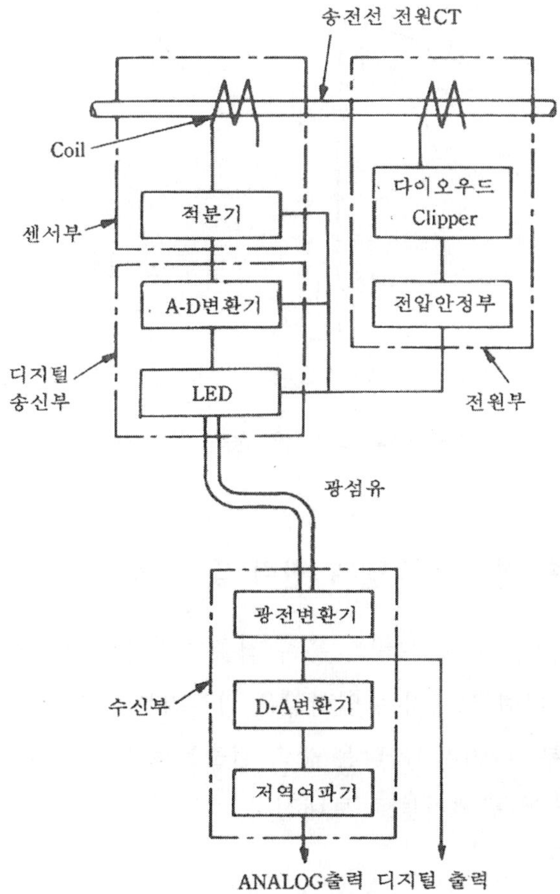

그림 7.13 광전송식 CT의 기본 구성

3 광풍향, 풍속 센서 시스템의 구성과 성능

일반적으로 사용되는 풍향, 풍속 센서에는 그림 7.14와 같이 풍향의 검출에는 싱크로 모터, 풍속의 검출에는 교류 발전기가 내장되어 있어, 모두 전압으로 변환하여 출력하고 있다. 그런데 전송로에 메탈 케이블을 사용하기 때문에 유도에 의한 노이즈 발생 등 센서의 오손에 의한 데이터의 에러가 문제가 되어 있다. 여기에 기술한 광풍향, 풍속 센서는 광섬유의 특징인 무유도성을 생각하여 센서의 전송로를 광회로로 구성하여 상기의 문제를 해결할 수 있다.

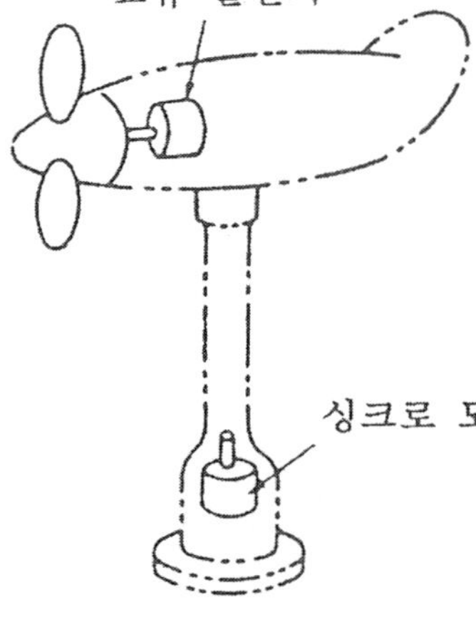

그림 7.14 일반적인 풍속, 풍향 센서

3.1 광풍향, 풍속 센서 시스템의 원리 및 구조

본 센서는 광분기부, 풍향 검출부, 풍속 검출부로 구성하고 있다. 그림 7.15와 같이 광케이블을 통하여 보내지는 입력광은 광분기부에서 5분기된다. 이 가운데 4가닥은 풍향 검출부, 나머지 1가닥은 풍속 검출부로 통하여 풍향, 풍속에 대응한 광의 신호에 변환되어 광케이블로 보내진다.

1) 광분기부

그림 7.15와 같이 광섬유를 간격을 가지고 대응시켜 한쪽의 광섬유에서 나온 광

이 넓어지는 것을 이용한 것이다. 이 간격은 넓어진 spot 지름과 분기하는 5가닥의 광섬유가 외접하는 원의 경이 일치하도록 설정하고 있기 때문에 1가닥의 광섬유에서 나온 광은 5가닥의 광섬유에 들어가 분기된다.

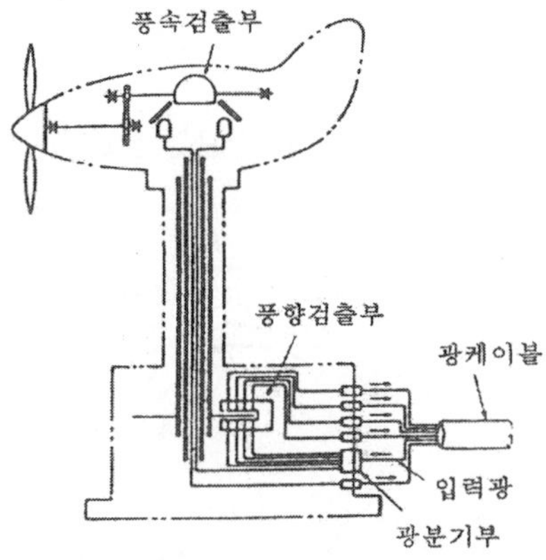

그림 7.15 광풍향, 풍속 센서의 구조

2) 풍향 검출부

4가닥의 광섬유가 방위에 대응한 교번 2진 부호의 구멍이 있는 디스크를 대향하고 있다. 디스크는 풍향과 함께 회전하기 때문에 분기부에서 나온 광은 디스크의 구멍을 통과하는 것에 의해 4bit 16방위의 광신호로 변환된다.

그림 7.16에 풍향 검출부의 구조, 그림 7.17에 디스크의 상태 그리고 표 7.3에 교번 2진 부호를 bit와 방위 대응을 표시한다.

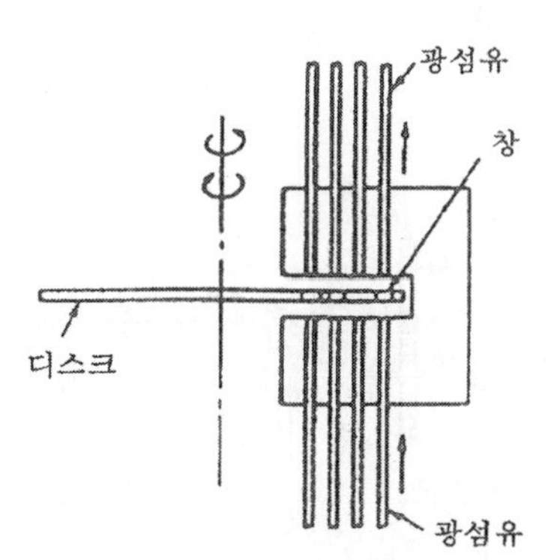

그림 7.16 풍향 검출부 구조

표 7.3 (○인은 광의 통과)

출력＼방위	N	NNE	NE	ENE	E	ESE	SE	SSE	S	SSW	SW	WSW	W	WNW	NW	NNW
1		○	○			○	○			○	○			○	○	
2			○	○	○	○					○	○	○	○		
3					○	○	○	○	○	○	○	○				
4									○	○	○	○	○	○	○	○

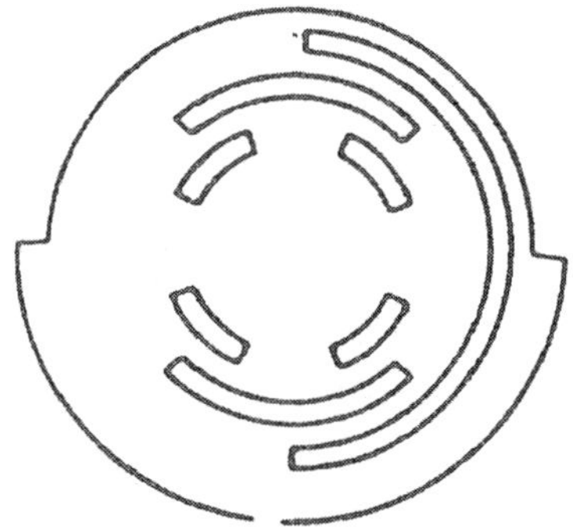

그림 7.17 디스크창의 모습

3) 풍속 검출부

외부에서 오는 1가닥의 광은 렌즈에서 평행광으로 되어 미러 사이를 통과하고 집광되어 전송로에 보내어진다. 미러 사이는 풍속에 대응하여 회전하는 셔터가 부착되어 있고 미러 간을 통과하는 광을 단속하여 광펄스로 변환한다. 그림 7.18에 풍속 검출부의 구조를 표시한다.

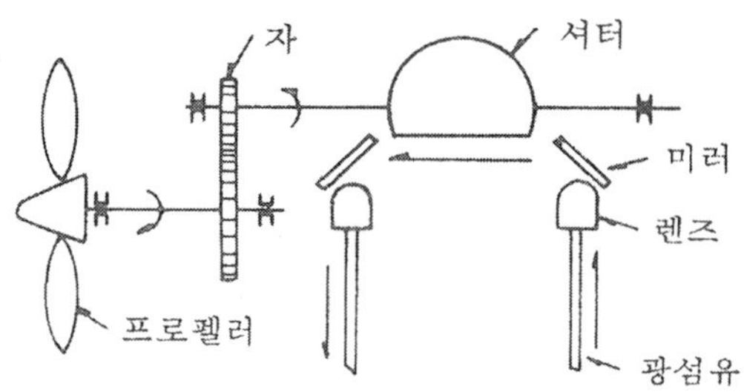

그림 7.18 풍속 검출부의 구조

3.2 광풍향, 풍속 센서 시스템의 특징

1. 풍향, 풍속을 비접촉으로 검출하기 때문에 부하 토오크가 작고 응답성이 좋다.
2. 센서와 전송로 전부를 광회로로 구성하기 때문에 전자 유도의 영향을 받지 않는다.
3. 구조가 간단하고 유지보수가 불필요하다.

3.3 광풍향, 풍속 센서 시스템의 사양

표 7.4에 본 센서의 사양 예를 표시하였다.

표 7.4 풍향, 풍속계 사양 예

항목		사양
풍향	출력 부호	교번 2진 부호
	측정 범위	16방위(360°)
	측정 정도	±5° 이내
	광손실	35 dB 이하
풍속	출력 형식	광펄스
	측정 범위	0.6~60 m/s
	측정 정도	10 m/s 이하 : ±0.5%
		10 m/s 이상 : ±5%
	광손실	35 dB
기동 풍속		0.9 m/s
내풍속		90 m/s
전송 거리		1.5 km 이하

3.4 광풍향, 풍속 센서 시스템의 구성

본 센서를 사용한 기상 관측 시스템을 그림 7.19에 나타내었다.

본 시스템은 광풍향, 풍속 센서, 6심 광케이블, E/O, O/E 변환기, 기록계, 지시계로 구성되어 있다. 변환기 내의 반도체 레이저에서 나온 한 가닥의 광은 광케이블을 통하여 본 센서 내에서 광신호로 변환하고 또 광케이블을 통하여 변환기 내의

PD에 의해 전기신호로 변환된다. 이 신호는 신호처리부에서 풍향, 풍속에 대응한 전압으로 변환되어 기록계와 지시계를 동작시킨다.

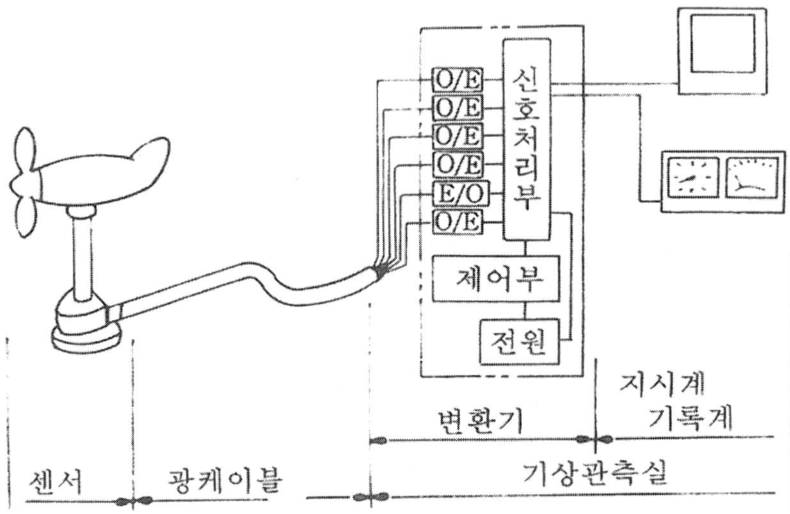

그림 7.19 시스템의 구성

4 광섬유 레이저 속도계의 원리와 응용

최근 광섬유 통신 분야에서 개발된 저손실 광섬유, 반도체 광소자, 마이크로 광학 부품 등을 이용한 실용적인 레이저 도플러 속도계(laser doppler velocimeter, LDV)를 소개한다.

일반적인 LDV는

① 속도, 진동, 유량, 계측 등 광범위한 응용이 가능
② 비접촉으로 측정이 가능
③ 고정밀도
④ 직선성이 우수
⑤ 10^{-4}~10^{-3} m/s의 폭넓은 속도 범위에서의 측정이 가능

등의 우수한 특징을 가지고 있다. 더불어 레이저 광원에서 광수신기에 이르는 광로와 신호 픽업 프로브에 광섬유를 사용한 광섬유 LDV는 광섬유가 가지고 있는 절연성, 무유도성, 안전 방폭성, 경량, 세경, 가소성 등의 특징을 생각한 광섬유 응용 계측 기술의 대표 예로서

① 고전압, 전자 유도 잡음하에서의 계측
② 인화 폭발 등의 위험 분위기, 화학 분위기하에서의 계측
③ 전기 기계 내부 등의 좁은 간격에서의 계측
④ 장거리 원격 계측

등이 있다.

이들의 특징을 가지는 LDV는 전자 유도 잡음과 지락, 인화 폭발의 위험성이 있는 전력 계통과 각종 공업 플랜트에 있어서는 높은 안전성과 신뢰성을 겸비한 계측 제어 시스템을 실현하기 위해 매우 유용하다.

4.1 광섬유 LDV의 원리와 구성

운동하고 있는 물체에 레이저 광을 조사하면 그 산란광의 주파수는 도플러 효과에 의해 조사광이 원래의 주파수에서 이동한다. 그림 7.20에서 이동하는 물체의 속도를 V, 입사광, 산란광의 파장 벡터를 $\mathrm{K_0}$, $\mathrm{K_s}$라고 하면 도플러 주파수 f_0은

$$f_D = \frac{(\mathrm{K_s} - \mathrm{K_0}) \cdot \mathrm{V}}{2\pi} \tag{7.6}$$

로 주어진다. 따라서 f_D를 측정하는 것으로 속도 V를 알 수가 있다.

광섬유 LDV는 광학계의 구성법에 의해 참조광형, 차동형의 2방식으로 분류할 수 있으나 여기서는 그림 7.21에 표시한 참조광형에 대하여 소개한다.

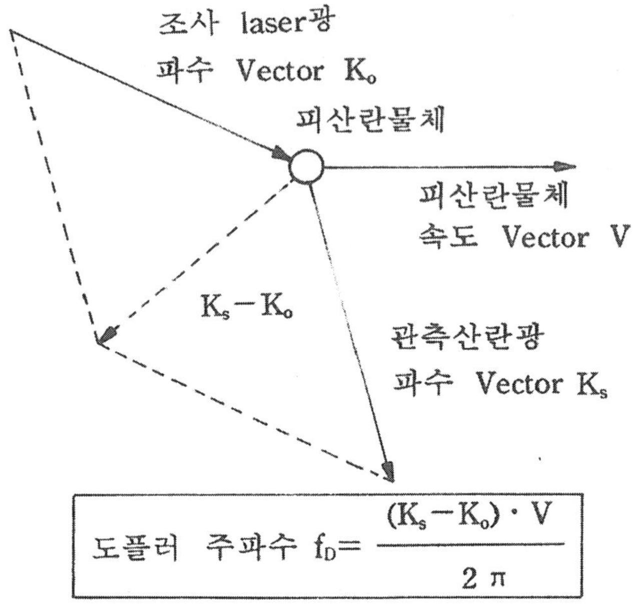

그림 7.20 도플러 효과의 개념

그림 7.20에서 레이저 광원(He-Ne laser, λ=632.8 nm)으로부터의 출사광은 BS(beam splitter)를 통하여 광 프로브에 도착한다. 광 프로브는 전단에 굴절률 분포형 마이크로 렌즈(직경 1.5 mm, 길이 5.5 mm)를 장치한 광섬유를 이용한다. 광 프로브에 도달한 레이저 광은 대부분 평행 광선으로서 또는 광 프로브의 전방에 초점을 결합하도록 출사시켜 피측정체에 조사한다.

동시에 그 광 프로브는 피측정체에서 도플러 효과를 받는 후방 산란광(주파수 $f_0 + f_D$)을 픽업한다. 한편, 광 프로브의 전단에서 프레넬 반사된 광은 주파수 변화가 없는 참조광(f_0)으로서 이용된다. 이들의 참조광과 산란광은 함께 BS, 광섬유를 통해 APD에 도달하고 광학적으로 헤테로다인 검파된다. APD에서 헤테로다인 검파된 출력 신호의 주파수는 참조광과 신호광의 bit 주파수, 즉 도플러 주파수 f_D와 같다.

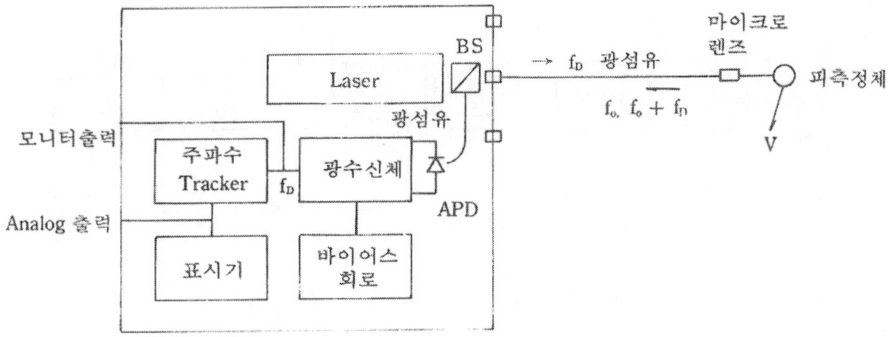

그림 7.21 참조광형 광섬유 LDV의 구성도

이는, 식 (7.6)에 의해 다음 식으로 주어진다.

$$f_D = \frac{2V}{\lambda}\cos\theta \tag{7.7}$$

식 (7.7)에서 V는 피측정체의 속도, λ는 레이저 광의 파장, θ는 광 프로브에서의 출사광과 피측정체의 이동방향과 이루는 각도로 식 (7.7)에 의해 f_D를 측정하면 속도 V를 알 수 있다. 광수신기에서의 출력 신호는 일반 시간과 함께 진폭이 변화하는 burst 신호로써 얻어져 스펙트럼 분석기, 주파수 tracker, 주파수 counter 등의 신호 처리를 이용하여 주파수가 분석된다.

여기에서는 실시간 처리가 가능하여 비교적 저가격인 주파수 tracker가 이용된다. 그림 7.22에 표시한 주파수 tracker에 있어서 광학적인 헤테로다인 검파된 주파수 f_D의 도플러 burst 신호는 BPF limiter 증폭기를 통과한 후 믹서에서 주파수 f_{os}의 V_{CO} 출력 신호와 혼합된다.

주파수($f_{os}-f_D$)의 믹서로부터의 출력 신호는 IF-BPF(중간 주파수 대역 통과 필터)에서 S/N비가 개선된 후 PLL(위상 동기 loop)에 입력된다. PLL 출력 전압은 PLL의 자주 주파수 f_c와 입력 신호의 주파수($f_{os}-f_D$)와의 차주파수($f_C+f_D-f_{os}$)에 비례하고 이 신호로 V_{CO}(전압 제어 발전기) 출력 신호의 주파수를 제어한다.

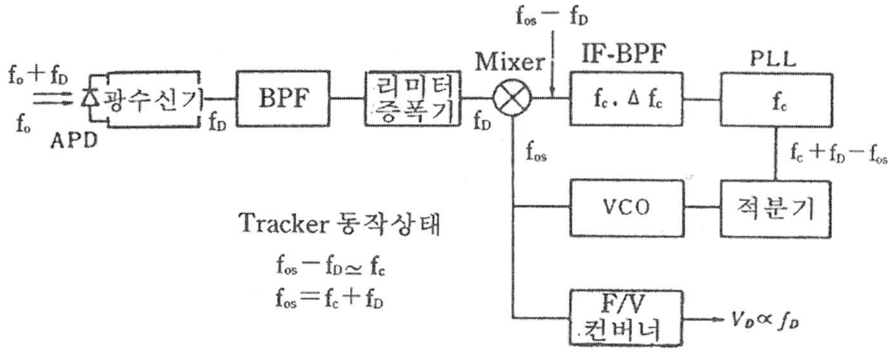

그림 7.22 광수신기 및 주파수 도플러의 구성도와 신호의 흐름 설명

PLL이 lock되어 있는 상태에서는

$$f_{os} \simeq f_C + f_D \tag{7.8}$$

로 되기 때문에 V_{CO} 출력 전압을 F/V converter 등을 이용하여 직류 신호로 변환하면 피측정체의 속도 V를 실시간으로 측정할 수 있다.

4.2 광섬유 LDV의 성능

시험 제작된 광섬유 LDV의 특성 예를 표 7.5에 나타내었다. 그림 7.23은 피측정체의 속도 V와 실측한 도플러 주파수 f_D와의 관계를, 광 프로브에서의 출사 평행 광선과 속도 벡터 V의 각 θ를 파워 미터로 표시한 것이다. 광섬유 LDV의 속도 측정 범위의 상한은 신호처리계의 주파수 대역의 상한으로 결정한다. 대역이 10 MHz 정도의 주파수 tracker를 이용한 경우 최고 20~30 m/s, 스펙트럼 분석기와 같은 고대역인 신호처리기를 이용하면 100 m/s 이상의 고속도 측정이 가능하다.

광섬유 LDV의 측정 정밀도는 본질적으로 도플러 주파수 f_D와 스펙트럼의 반치폭 Δf_D와의 비 $\Delta f_D/f_D$로 결정한다.

표 7.5 광섬유 LDV의 기본 성능

항 목	내용	비고
광 원	He-Ne laser	출사 출력 : 2 mW
수광 소자	Si-APD	
광섬유	석영 GI 광섬유	코어 지름 : 50 μm 클래드 지름 : 125 μm
신호처리기	주파수 tracker 또는 스펙트럼 아날라이저	
광 프로브 출사 출력	0.7 mW	
속도 측정 범위	<20 m/s <100 m/s	주파수 tracker 방식 스펙트럼 아날라이저
측정 오차	<1%	
광 프로브와 피측정체와의 허용거리	<10 cm <40 cm	알루미늄 연마면 황색, 백색지
신호처리기 주파수 응답	<20 kHz	주파수 tracker 방식

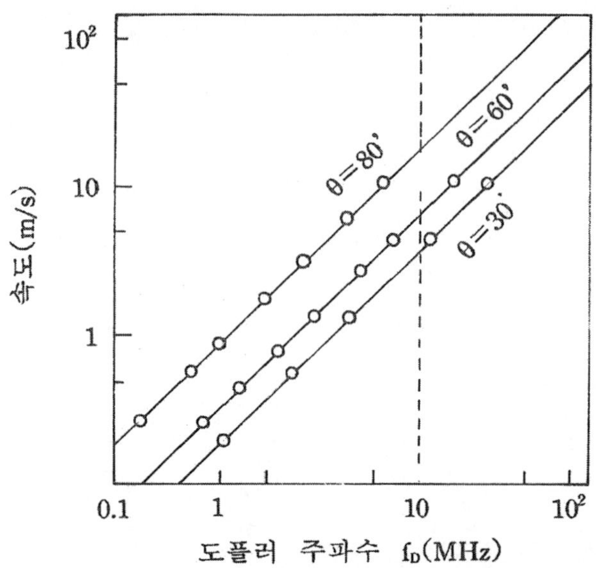

그림 7.23 도플러 주파수와 속도와의 관계

4.3 광섬유 LDV의 응용

광섬유 LDV는 전술한 것처럼 폭넓은 속도 범위에 걸쳐 고정밀도 측정, 비접촉 계측, 좁은 간격에서의 측정이 가능한 것 등 많은 특징을 가지고 있다. 예를 들면 철강, 비철금속, 종이 등의 공업제품의 흐름속도, 회전기기의 속도 계측, 차량과 선박의 절대 이동 속도 등 공업계측에 적용할 수가 있다. 또 LDV는 물체의 속도 계측뿐만 아니라 액체의 유속 분포, 유량 계측에도 유력한 수단이다. 예를 들면 유압 서보 기기의 유체 기계, 내연기관 등의 유속 분포 계측 등 파이프를 흐르는 냉각수와 오일의 유량 계측 등에의 응용과 더불어 광섬유 LDV의 강체의 미소 진동 계측에서의 응용도 시험 제작되어 금후의 발전이 기대된다.

제8장 광통신 측정

1 Introduction

1.1 광통신 부품 종류에 따른 측정 항목

1) 디지털통신 링크

- bit error ratio
- waveform
- jitter

2) 광섬유, 광부품 측정

- insertion loss
- gain, noise figure
- dispersion(chromatic)
- polarization
- reflection

3) 송신기(레이저 다이오드), 수신기(포토다이오드) 측정

- optical power meter
- polarization
- optical spectrum analyser
- linewidth, chirp
- modulation : time domain
- modulation : frequency domain
- optical reflection

1.2 광통신 링크

1) 디지털 광통신 링크

① 전기 입력신호 : non-return to zero(NRZ) 0,1,0,0,1,1

② 광신호로 변환 : electrical-to-optical(E/O) converter
광송신기(Tx)
current-to-power converter
반도체 레이저, LED가 주요 광원임.

- 반도체 레이저는 장거리, 고속 디지털 시스템에 사용(10 Gbps 이하)
- LED는 단거리, 저속 디지털 시스템에 사용(100 Mbps 이하)
파형 변화, 신호대 잡음 특성, overshoot, ringing

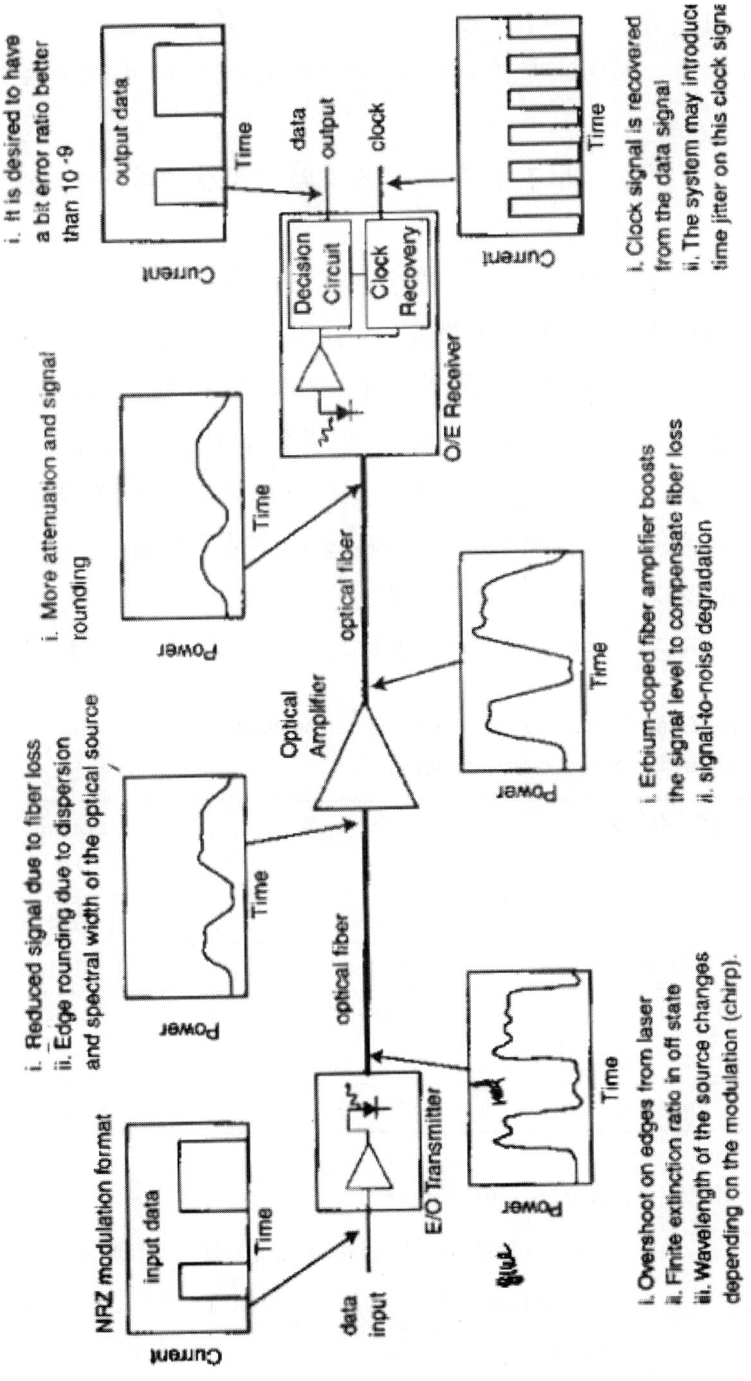

Figure 1.1 A digital fiber-optic communication link.

그림 8.1 디지털 광통신 링크

③ 광섬유 전송 : 신호 퍼짐 → 광원의 스펙트럼 폭과 관련

신호의 서로 다른 파장은 색분산에 의하여 다른 속도로 진행한다.

장거리 전송 후 인접 신호와 겹치기 시작하며 error 신호가 된다.

- Fabry-Parot 레이저나 LED 광원은 넓은 스펙트럼을 가지며 이 스펙트럼의 폭이 광통신 시스템에서 사용 가능한 거리를 결정한다.
- DFB 레이저는 좁은 스펙트럼을 가지며 장거리 광통신에 사용되는 고성능 광원이다. 단, 신호 1과 0 사이의 변조 시 파장이 변화함(chirp).

  일반적인 경우 30 GHz(2.4 Å) 이상 변화하며 2.5 Gbps 전송을 위해서는 chirp이 적은 레이저(<10 GHz, 0.8 Å)를 사용하여야 함.

  * 파장폭($\Delta\lambda$)과 대역폭(Δf)의 관계

④ 통신 국제표준 : 디지털 전송에 사용되는 데이터 전송속도와 형태를 규정

표 8.1 telecom : SONET(synchronous optical network) /sdh(synchronous digital hierachy)

전송속도(Mbps)	SONET 규격	SDH 규격
51.84	OC-1	-
155.52	OC-3	STM-1
622.08	OC-12	STM-4
1244.16	OC-24	-
2488.32	OC-48	STM-16
9953.28	OC-192	STM-64

- 데이터 통신 : Gigabit ethernet

  fiber channel : 컴퓨터 응용 분야 1.063Gbps

  FDDI(fiber distributed data interface) : local area network

2) 아날로그 링크

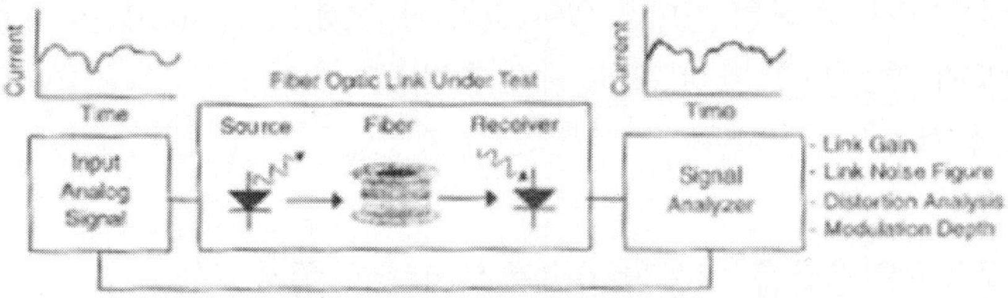

그림 8.2 아날로그 링크

① 목적 : 입력 신호를 정확히 출력 신호로 재현하는 것
광부품에 의하여 약간의 잡음과 신호 왜곡 발생

② 광링크 응용

- 케이블 TV 분배 : 과거의 전자 증폭 시스템에 비하여 시스템 head end와 subscriber 사이의 중계기 숫자를 줄일 수 있다.
  매우 낮은 intermodulation과 harmonic distortion이 요구된다.
- 초고주파 신호의 분배 : 이동통신, phased array radar

2 광출력 측정

2.1 측정값

- 절대값 측정 : 광원, 수광 소자, 수신기
- 상대값 측정 : 감쇠, 이득, 반사 손실

2.2 power meter 분류

1) thermal detector : 빛의 방사에 의한 온도 증가로 측정

- 파장의 영향이 적다.

2) 포토다이오드 : 광자가 전자와 홀을 생성(전류 측정)

- 파장에 따라 감도의 차이가 있다(좁은 파장 영역, calibration 필요).
- 감도가 좋음(1 pW, −90 dBm 이하 측정)
- 고속 주파수 응답 특성

2.3 포토다이오드를 이용한 power meter 종류

1) small-area power meter

광섬유 출력 측정

2) large-area power meter

방사광, 광섬유 출력 측정(그림 8.3)

Sensor

Model	MA9411A/A1	MA9412A	MA9611A
Wavelength range	0.38 to 1.15 μm		0.75 to 1.7 μm
Element	Si photodiode		InGaAs photodiode
Active area diameter	9.5 mm	–	–
Input type	Direct to photodiode	Connector[*2]	Connector[*2]
Dimensions and mass	40 (W) x 32 (H) x 62/73 (D) mm, ≤400 g	61 (W) x 42 (H) x 110 (D) mm, ≤800 g	40 (W) x 32 (H) x 65 (D) mm, ≤400 g

Model	MA9612A	MA9711A/A1	MA9712A	MA9714B
Wavelength range	0.75 to 1.7 μm	0.75 to 1.8 μm		
Element	InGaAs photodiode	Ge photodiode	Cooled-Ge photodiode	
Active area diameter	–	5 mm		–
Input type	Connector[*2]	Direct to photodiode		Connector[*3]
Dimensions and mass	61 (W) x 42 (H) x 110 (D) mm, ≤800 g	40 (W) x 32 (H) x 62/73 (D) mm, ≤400 g	42 (W) x 47 (H) x 110 (D) mm, ≤500 g	47 (W) x 61 (H) x 128 (D) mm, ≤800 g

Overall

Model		MA9411A/A1	MA9412A	MA9611A
Optical power measurement range	Continuous light	−70 to +10 dBm[*4] (0.1 nW to 10 mW)	−90 to 0 dBm[*4] (1 pW to 1 mW)	−70 to +3 dBm[*5] (0.1 nW to 2 mW)
	Modulated light	−70 to +7 dBm[*6] (0.1 nW to 5 mW)	−90 to −3 dBm[*6] (1 pW to 0.5 mW)	−80 to 0 dBm[*7] (10 pW to 1 mW)
Measurement accuracy	Absolute accuracy (−23 dBm)	±5%[*8] (0.5 to 0.95 μm)		±5%[*9] (1.0 to 1.6 μm)
	Linearity continuous light: 23°C, −23 dBm as reference	±0.15 dB[*10] (±0.45 dB for −70 to −60 dBm)	±0.15 dB[*10] (±0.45 dB for −90 to −80 dBm)	±0.15 dB[*10] (±0.45 dB for −70 to −60 dBm)
Resolution		W, W (REL) display: 0.1 to 1%, dBm display: 0.01 dB, dB (REL) display: 0.001 dB		
Power		100/115/120/200/220 Vac $^{+10}_{-15}$ %, 240 Vac $^{+4}_{-15}$ %, 50/60/400 Hz, ≤40 VA		
Operating temperature		0° to 50°C		
EMC[*11]		EN61326: 1997/A1: 1998 (Class A), EN61000-3-2: 1995/A2: 1998 (Class D), EN61326: 1997/A1: 1998 (Annex A)		
LVD		EN610101-1: 1993/A2, 1995 (Installation Category Ⅱ, Pollution degree 2)		

Model		MA9612A	MA9711A/A1	MA9712A	MA9714B
Optical power measurement range	Continuous light	−100 to +3 dBm[*5] (0.1 pW to 2 mW)	−40 to +10 dBm[*5] (0.1 μW to 10 mW)	−60 to +10 dBm[*5] (1 nW to 10 mW)	−47 to +23 dBm[*12] (20 nW to 200 mW)
	Modulated light	−90 to 0 dBm[*7] (1 pW to 1 mW)	−60 to +7 dBm[*7] (1 nW to 5 mW)	−70 to +7 dBm[*7] (0.1 nW to 5 mW)	−57 to +20 dBm[*13] (2 nW to 100 mW)
Measurement accuracy	Absolute accuracy (−23 dBm)	±5%[*9] (1.0 to 1.6 μm)	±5%[*9] (0.95 to 1.5 μm)	±4.5% (1.3 μm) ±5%(0.95 to 1.6 μm)	±4.5% (1.55 μm)[*14] ±5%(0.95 to 1.6 μm)[*15]
	Linearity continuous light: 23°C, −23 dBm as reference	±0.15 dB[*10] (±0.45 dB for −90 to −80 dBm)	±0.15 dB[*10] (±0.45 dB for −40 to −30 dBm)	±0.15 dB[*10] (±0.45 dB for −60 to −50 dBm)	±0.15 dB[*16](−37 to +20 dBm, ±0.45 dBm for −47 to −37 dBm)
Resolution		W, W (REL) display: 0.1 to 1%, dBm display: 0.01 dB, dB (REL) display: 0.001 dB			
Power		100/115/120/200/220 Vac $^{+10}_{-15}$ %, 240 Vac $^{+4}_{-15}$ %, 50/60/400 Hz, ≤40 VA			
Operating temperature		0° to 50°C			
EMC[*11]		EN61326: 1997/A1: 1998 (Class A), EN61000-3-2: 1995/A2: 1998 (Class D), EN61326: 1997/A1: 1998 (Annex A)			
LVD		EN610101-1: 1993/A2, 1995 (Installation Category Ⅱ, Pollution degree 2)			

*1: Twelve modulation frequencies including 270 Hz and 1 kHz
*2: FC-type connector standard
*3: Only for PC type SM fiber (10/125 μm, NA 0.1)
*4: At 0.85 μm
*5: At 1.3 μm
*6: At 0.85 μm, 270 Hz
*7: At 1.3 μm, 270 Hz
*8: For wavelengths other than 0.85 μm, specified at 23° ±5°C
*9: For wavelengths other than 1.3 μm, specified at 23° ±5°C
*10: At 23° ±5°C
*11: Electromagnetic compatibility
*12: At 1.55 μm
*13: At 1.55 μm, 270 Hz
*14: At 1.55 μm, 0 dBm
*15: At 0 dBm
*16: Reference = 0 dBm

Note: When an optical fiber is used, performance is guaranteed for a fiber core diameter of up to 62.5 m and an NA of up to 0.29.
When any other fiber is used, a measurement error may occur.

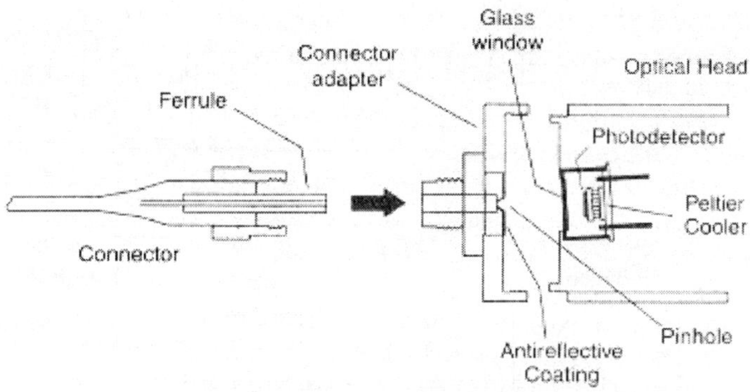

그림 8.3 large area power meter

- 무반사 코팅, 핀홀, 경사면에 부착된 포토다이오드(반사에 의한 영향을 줄이기 위함)
- TEC를 이용한 온도 조절
- 0V 동작(offset 전류를 제거하기 위하여)

2.4 정밀한 광출력 측정을 위한 조건

- 파장 의존성 보정
- 온도 안정화
- 광출력에 대한 선형 특성
- 포토다이오드의 공간 균일성
- 편광에 무관
- 낮은 반사 구조
- 여러 종류의 광섬유와 호환성

1) 파장 응답 특성

- 실리콘 : 500~1000 nm의 단파장 영역에 적당
- 게르마늄 : 장파장 영역에 적당, 저가격,
  측정하려는 광원의 파장 분포가 작고 파장을 잘 아는 경우 사용
  1550 nm 영역에서 설정을 1 nm 잘못하였을 경우 1% error

- InGaAs : 1550 nm 영역에서 균일함.(0.1%/nm 이하)
  EDFA 이득 곡선 영역(1525~1570 nm)에 잘 맞음.
  높은 가격

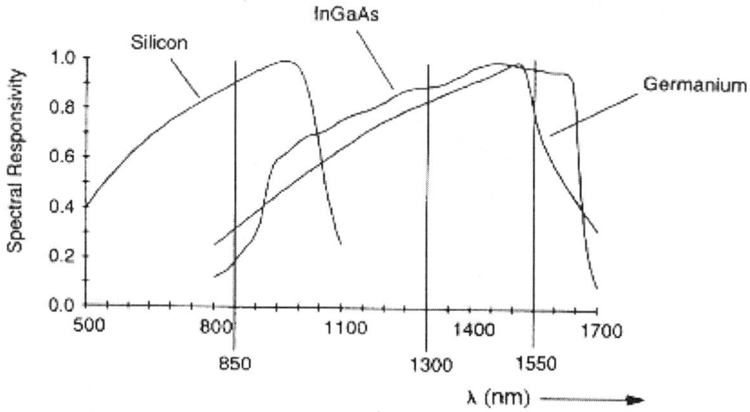

그림 8.4 3가지 검출기의 파장 응답 특성

2) 온도 안정성

온도를 안정화시킨 광검출기는 재현성 있는 측정 결과를 얻을 수 있다.
게르마늄의 온도에 따른 응답 특성(그림 8.5)

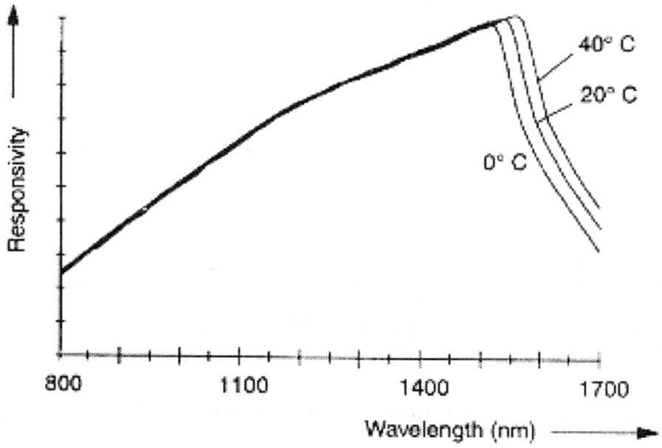

그림 8.5 온도 변화에 따른 Ge 검출기의 파장 응답 특성

- 대부분의 파장 영역에서 온도에 따른 변화가 적다.
- 단, cut off 파장(Ge : 1550 nm, In GaAs : 1650 nm 부근)은 1 nm/K 정도 변화가 있다.

3) 공간 균일성

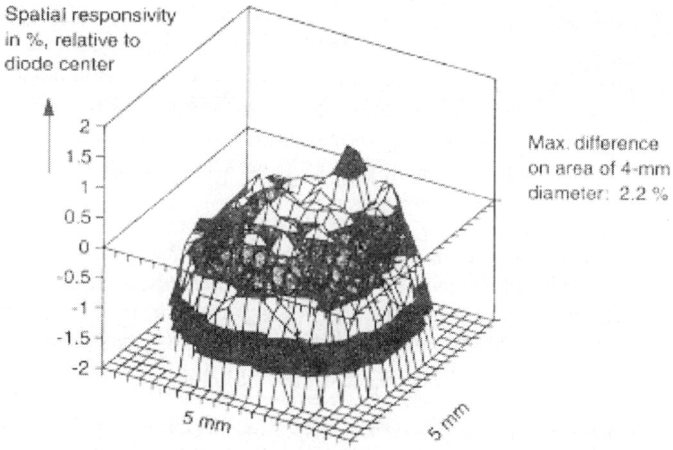

그림 8.6 1550 nm에서 측정한 InGaAs 검출기의 공간 균일성

- 포토다이오드의 응답 특성의 표면의 위치에 따라 다를 수 있다.
- 포토다이오드 표면의 불균일성은 입사광의 위치와 크기에 따라 측정값이 부정확한 원인이 된다.
- 특히 multi mode 광섬유의 경우 입사면에 대한 광의 세기가 균일하지 않아 광출력이 약간씩 변화한다.

4) 광출력의 비선형성

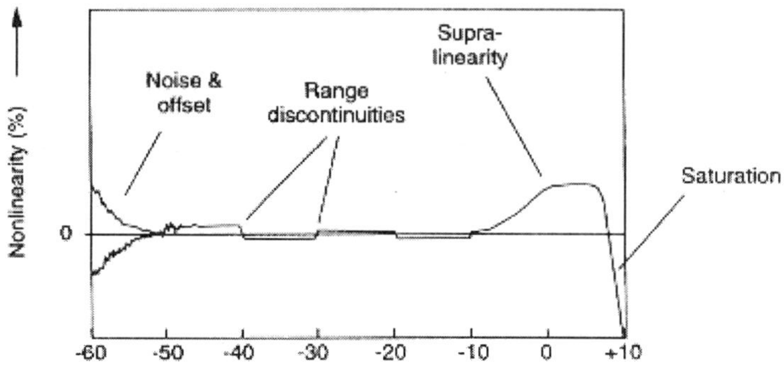

그림 8.7 광 power meter의 비선형 효과

- 포토다이오드의 비선형성 : 낮은 광출력 구간에서의 잡음
  중간 광출력 구간에서 과선형성
  높은 광출력 구간에서 이득 안정화
- 전자 부품의 비선형성
  - 포토다이오드 다음의 아날로그 증폭기의 비선형성 : offset, 이득 안정화
  - 구간 불연속성 : 출력이 한 범위가 다른 범위로 전환되었을 때 증폭기들의 이득이 일치하지 않음

2.5 요약

일반적으로 ±3~5% 정도의 불확실성이 있다.

3 광스펙트럼 측정

3.1 광스펙트럼측정 : 광출력을 파장의 함수로 측정하는 것

OSA(optical spectrum analyser)로 측정

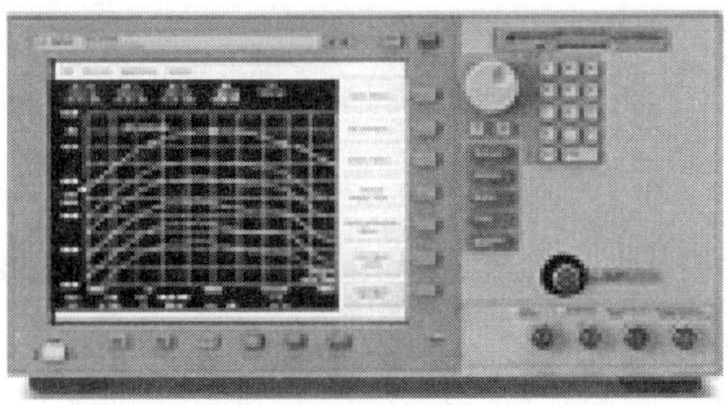

3.2 측정 예

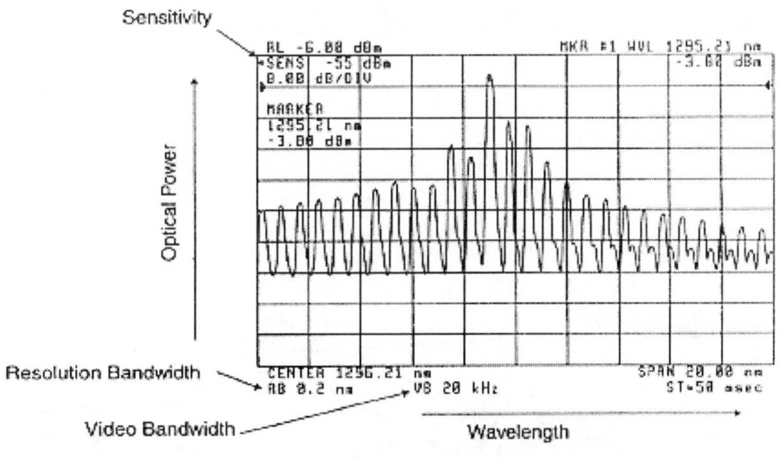

그림 8.8 Fabry-Perot 레이저의 Optical spectrum analyser 측정

- 측정 filter 대역폭(resolution bandwidth) : 0.2 nm로 설정
- 측정 감도(sensitivity) : −55 dBm로 설정
- marker, span

3.3 광스펙트럼 분석기(Optical Spectrum Analyser) 구성도

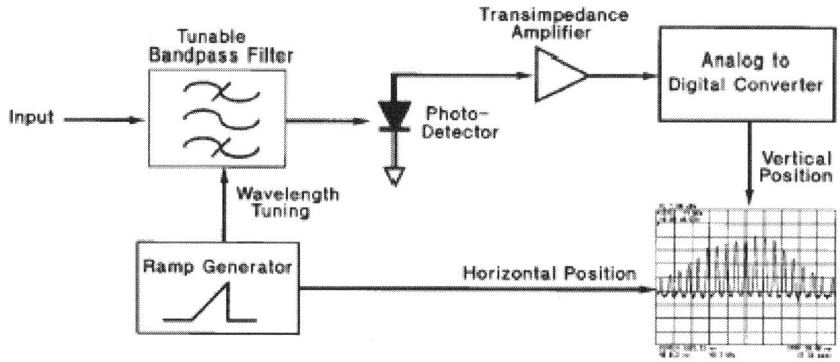

그림 8.9 optical spectrum analyzer 블록 다이어그램

- 파장 가변 필터 : 각 파장으로 분할
- 포토다이오드 : 광신호를 전류신호로 변환
- TIA 증폭기 : 전류신호를 전압신호로 변환
- AD 변환기 : 디지털 신호로 변환
- ramp generator : 파장을 sweep함(파장 가변 필터를 tuning).

3.4 회절격자형 OSA

1) 구성도

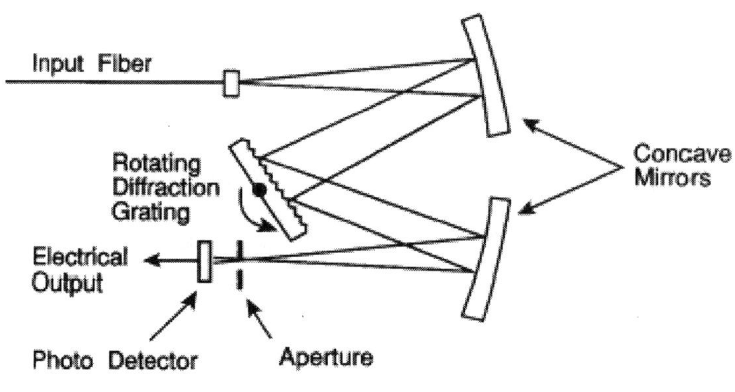

그림 8.10 single-monochromator-based optical spectrum analyser

2) 회절격자

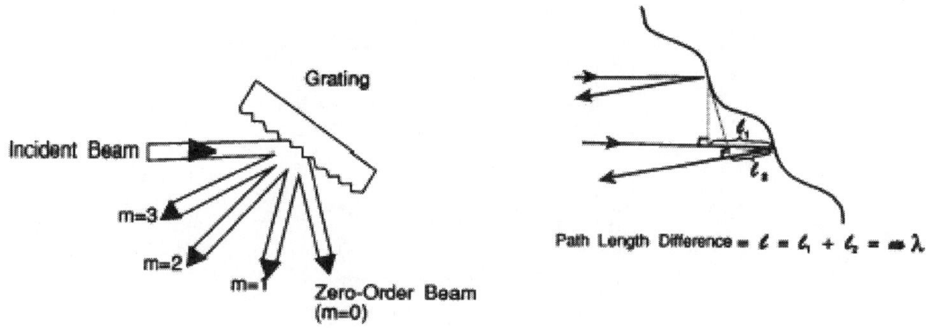

그림 8.11 입력 신호를 여러 개의 출력 신호로 분리하는 회절 grating. 0차 출력을 제외한 각 출력에 다른 파장들이 분리된다.

① 회절격자는 파장에 비례하는 각도로 빛을 반사시킨다.(보강 간섭)

$$n\lambda = d(\sin\beta - \sin\alpha)$$

이때 λ는 빛의 파장, d는 회절격자의 주기, α는 입사각, β는 회절각을 의미한다.

② 다른 파장의 빛은 약간 낮거나 높은 각도로 회절되어 진행한다.

③ 회절된 빛의 위상차가 파장의 길이와 같을 때 1차 회절 빔이라고 부른다. 파장의 2배 크기의 위상차를 갖는 다른 각도로 회절되는 빛을 2차 스펙트럼이라고 부른다.

④ 더 높은 차수의 회절 빔도 각각 존재한다.

⑤ $n = 0$인 경우는 0차 빔으로 반사 빛이며 입사각과 반사각이 같으며 빛이 파장별로 분류되지 않기 때문에 OSA에서는 0차 빔을 사용하지 않는다.

3.5 파장 분해능과 동작 영역

1) 파장 분해능 : 근접한 두 개의 파장 신호를 분리하는 능력

① 광학 필터의 대역폭에 의하여 결정됨.

② 광학 필터의 대역폭은 입력 및 출력 port의 크기, 광학 부품의 품질과 함께 회절격자의 분해능에 의하여 결정된다.

③ OSA는 대부분 10 nm에서 0.1 nm까지 전환 가능한 필터를 내장하고 있다.

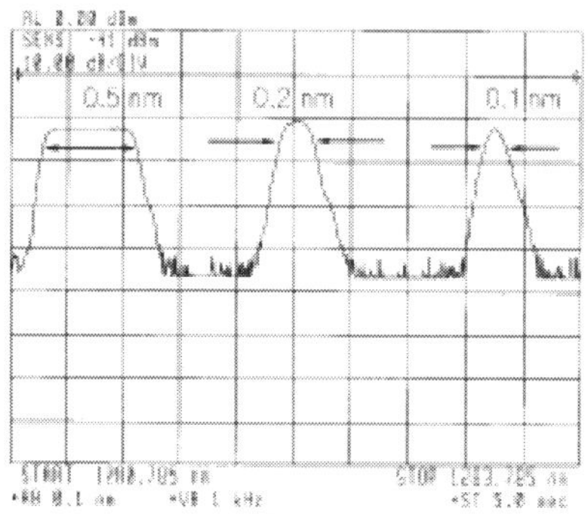

그림 8.12 서로 다른 해상도 폭으로 측정한 3가지 Fabry–Perot 레이저 스펙트럼

3.6 OSA 측정 예

1) LED : **넓은 파장 대역폭**(FWHM : 20~80 nm)

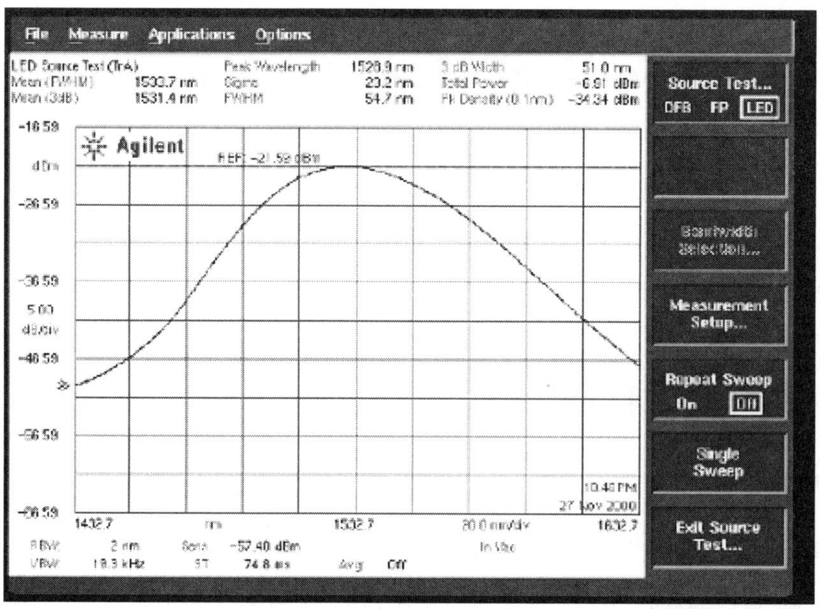

그림 8.13 LED OSA 측정 예

① total power : 각 trace 점의 출력을 합산한 것

$$\text{Total power, } P_o = \sum_{i=1}^{n} p_i \left(\frac{\text{trace point spacing}}{\text{RBW}}\right)$$

where:
n is the number of trace points
p_i is the power of a single trace point

② sigma : Gaussian 분포에 기초한 LED의 스펙트럼 폭의 rms 계산

$$\text{Sigma} = \sigma = \sqrt{\sum_{i=1}^{n} \frac{p_i}{P_o} \left(\frac{\text{trace point spacing}}{\text{RBW}}\right) (\lambda_i - \bar{\lambda})^2}$$

where:
$\bar{\lambda}$ is mean wavelength (FWHM) as defined below.
λ_i is the wavelength of a single trace point.
p_i is the power of a single trace point.
P_o is total power as defined.

③ mean(FWHM) : trace 점들의 가중 평균 파장을 의미한다.

$$\bar{\lambda} = \sum_{i=1}^{n} \frac{p_i}{P_o} \left(\frac{\text{trace point spacing}}{\text{RBW}}\right) \lambda_i$$

④ FWHM(Full-Width at Half-Maximum) : 연속적인 Gaussian 분포를 가정하였을 때 LED 최고 출력의 절반이 되는 점들 사이의 스펙트럼 폭

FWHM= $2.355*\sigma$

⑤ 3 dB width : 최고 출력의 절반이 되는 두 점의 파장 간격

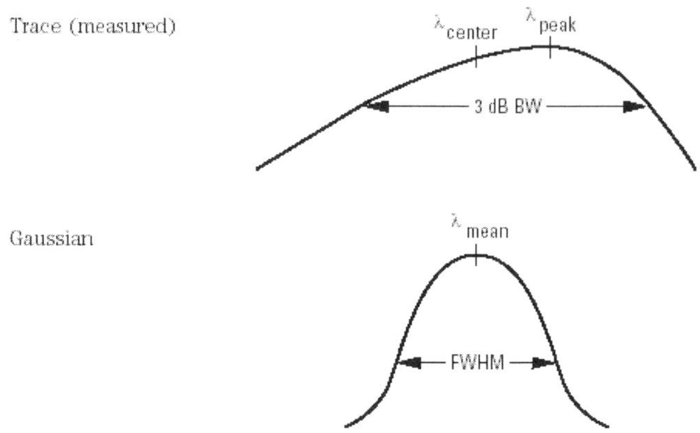

그림 8.14 3 dB width

⑥ mean(3 dB) : 3 dB width 측정에 사용한 두 파장의 평균

⑦ peak wavelength : LED 스펙트럼의 최고 출력을 갖는 파장

⑧ density(1 nm) : 최고 출력 파장에서 LED의 1 nm 대역폭의 출력 밀도

$$\text{Peak Density} = \frac{P_{\text{peak}}}{RBW_{(\lambda \text{peak})}}$$

2) Fabry-Perot LD : 자동측정 루틴 기능이 있음

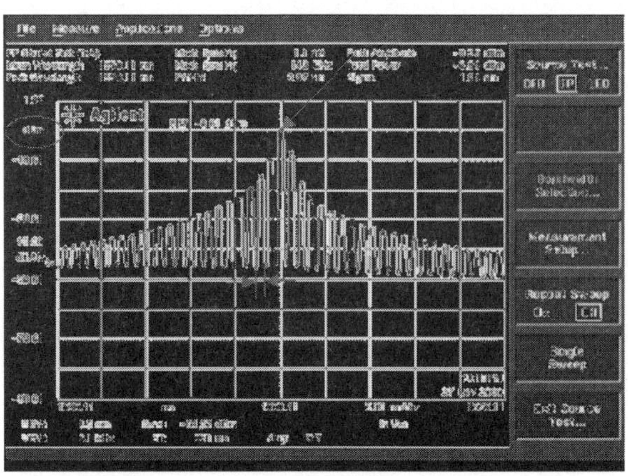

그림 8.15 FP-LD OSA 측정 예

① total power : 각 trace 점의 출력을 합산한 것

$$P_{tot} = \sum_{i=1}^{N} P_i$$

② 평균 파장(mean wavelength) : 화면상의 스펙트럼 성분의 중심

$$\lambda_{mean} = \sum_{i=1}^{N} P_i \lambda_i$$

③ 시그마(sigma) : Gaussian 분포를 가정한 FP-LD의 스펙트럼 폭의 rms(root mean square) 값

$$\sigma = \sqrt{\frac{1}{P_{tot}} \sum_{i=1}^{N} P_i (\lambda_i - \lambda_{mean})^2}$$

④ FWHM(Full-Width at Half-Maximum) : Gaussian 분포를 가정한 최고 광출력의 절반에 해당하는 광출력의 스펙트럼 폭

$$\text{FWHM} = 2.355\sigma$$

⑤ 모드 간격(mode spacing) : FP-LD 스펙트럼의 평균 파장 간격

⑥ peak amplitude : 최고 광출력을 갖는 스펙트럼 성분의 크기

⑦ peak wavelength : 스펙트럼 성분이 최고가 되는 파장

3) Distributed Feedback(DFB) Lasers : 자동측정 루틴 기능이 있음

① 한 개의 스펙트럼 성분만을 제외하고 다른 성분들은 작게 나타난다. 그 이외는 FP-LD와 유사.

② peak wavelength : 주 스펙트럼 성분이 나타나는 파장

③ SMSR(side mode suppression ratio) : 주 스펙트럼 성분과 최고 side 모드 성분의 광출력 차이

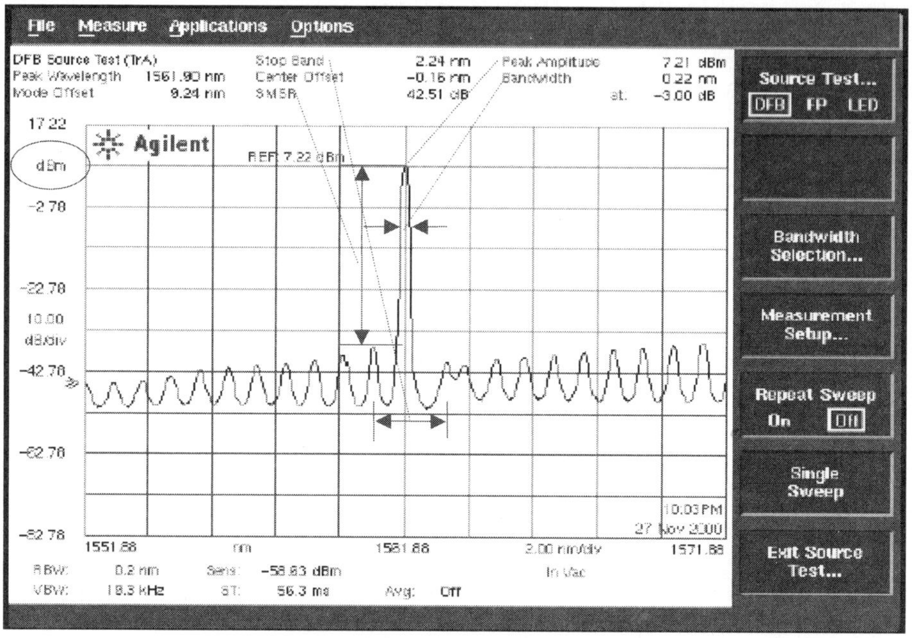

그림 8.16 DFB-LD OSA 측정 예

④ 모드 offset : 주 스펙트럼 성분과 side 모드 사이의 파장 간격

⑤ peak amplitude : 주 스펙트럼 성분의 광출력 크기

⑥ stopband : 주 스펙트럼 양쪽에 위치한 side 모드 사이의 파장 간격

⑦ center offset : 주 스펙트럼이 stopband 중간에 잘 위치하고 있는지를 나타냄.

$$\Delta\lambda_{center\ offset} = \lambda_{peak} - \left(\frac{\lambda_{side\,1} + \lambda_{side\,2}}{2}\right)$$

⑧ 대역폭(bandwidth) : 사용자가 설정한 광출력 크기에서의 주 스펙트럼의 대역폭

3.7 요약

회절격자형 OSA가 가장 많이 사용된다. 분해능과 동작영역은 필터, 회절격자, 입구, 출구, 광학 부품 등에 영향을 받는다.

DWDM 시스템이 발달하면서 더욱 정밀한 파장 측정이 요구된다.

4 변조 특성(intensity modulation)과 잡음(noise)

① lightwave component analyser

② lightwave signal analyser

4.1 modulation(frequency) domain 분석

① 광 캐리어 신호 측정과 변조 특성 측정을 구분하는 것이 중요하다.

② 주요 측정 항목

- 변조 전달 함수(modulation transfer function) : lightwave component analyser(vector network analyser, O/E, E/O converter)로 측정
- optical modulation index, 왜곡(distortion) : lightwave signal analyser(spectrum analyser, O/E converter)로 측정
- intensity noise : lightwave signal analyser로 측정

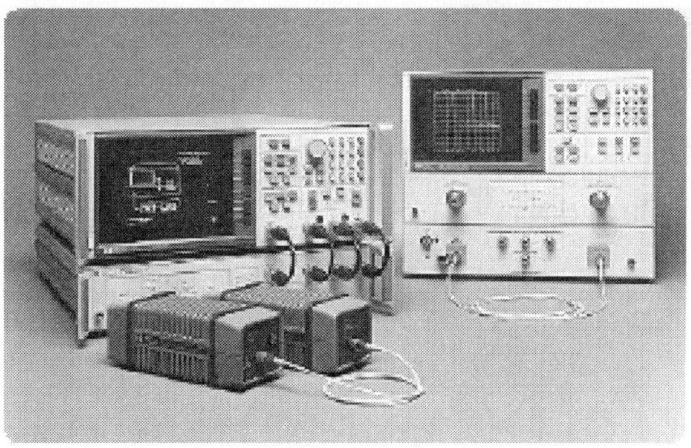

lightwave component analyser

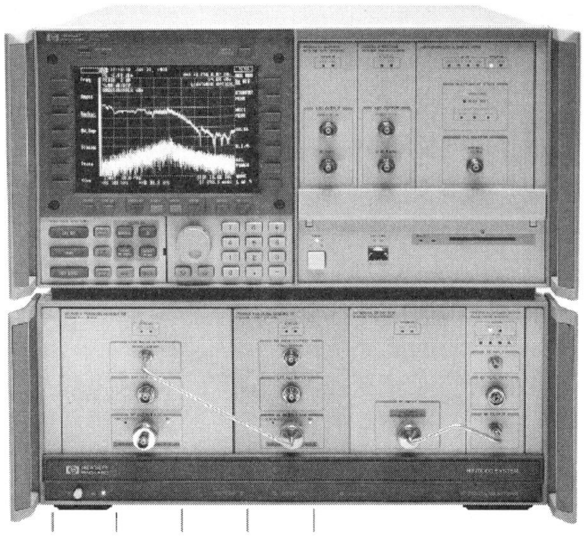

lightwave signal analyser

1) 광세기(intensity) 변조 전송 시스템의 기본 구조

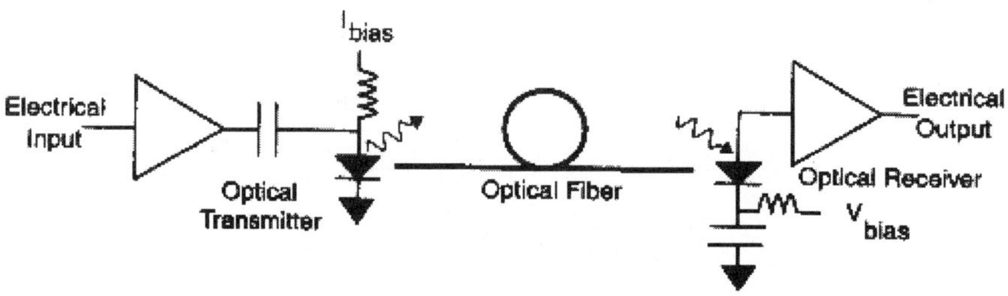

그림 8.17 광세기 변조 전송 시스템 구조

- 아날로그 광링크 : 가볍고 손실이 적다.
  전자파 영향을 받지 않는다.

2) 파형 및 스펙트럼

- 만약 충분한 해상도를 갖는 측정시스템으로 광스펙트럼을 측정한다면 캐리어 주파수 좌우에 sideband가 나타남. 그림 8.18(a)

- 캐리어 주파수 193 THz(1554.4 nm), 변조 주파수 1 GHz인 신호 분석
  캐리어 주파수 ω_c
  sideband 주파수 $\omega_c \pm \omega_m$
- 일반적인 상용 OSA의 정밀도는 0.1 nm(12 GHz at 1550 nm)로 sideband를 보기 어려움
- 시간 영역에서 캐리어의 파형을 관찰한다는 것은 계측기가 존재하지 않기 때문에 불가능하다.
  100% modulation depth를 갖는 가상의 파형은 그림 8.18(b)와 같을 것이다.
- envelop를 측정, RF spectrum analyser로 분석한 결과 그림 8.18(c)

3) 주파수 영역 측정

① 변조 전달 함수(modulation transfer function)

② 변조 신호 분석(modulation signal analysis)

- 변조 스펙트럼 측정
- 선형성과 왜곡을 분석

③ 잡음(intensity noise) 특성

Note : decibel(dB)

$$dB = 10\log\left(\frac{P_{ower}1}{P_{ower}2}\right)$$

1) optical power 1 mW → 0.5 mW　　　　−3 dB optical
   photodetector 감도 (1A/W) 고려
   1 mA → 0.5 mA

2) electrical power $P=I^2R$
   1 mW → 0.25 mW　　　　−6 dB electrical

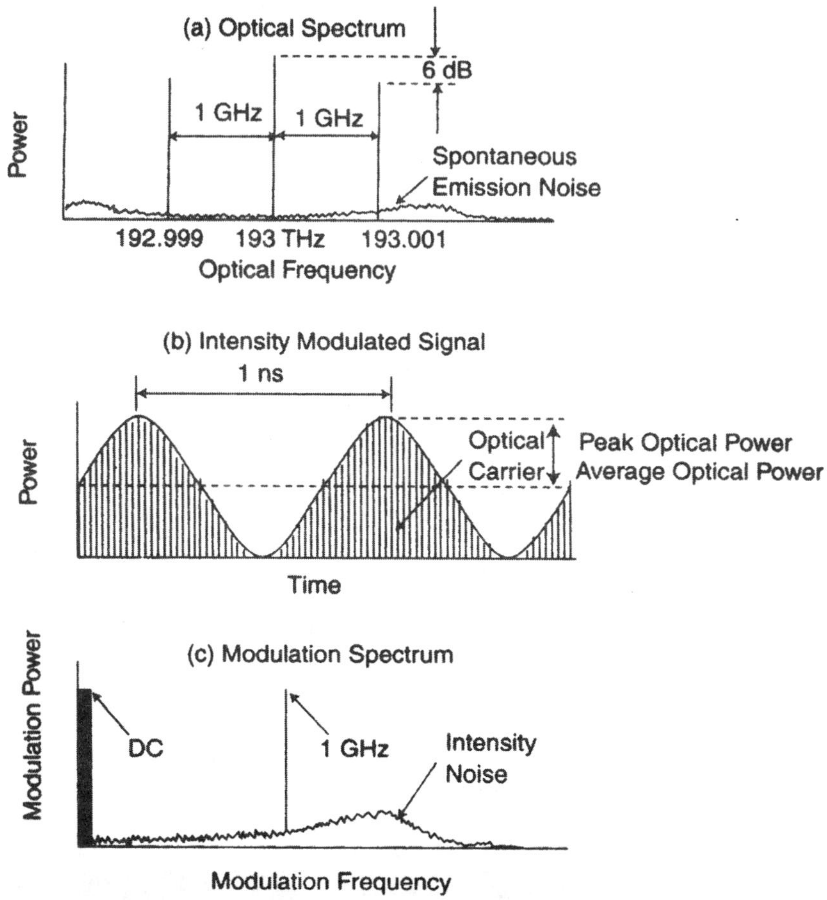

그림 8.18 변조 특성 측정 결과

4.2 변조 전달 함수(modulation transfer function)

① 변조 전달 함수(modulation transfer function)는 다음과 같이 표시할 수 있다.

$$H(j\omega) = \frac{O(j\omega)}{I(j\omega)}$$

$I(j\omega)$는 입력 펄스, $O(j\omega)$는 출력 응답 특성을 나타냄.

② lightwave component analyser로 측정

③ 측정된 전달 함수의 크기와 위상을 주파수($j\omega$) 함수로 나타냄.

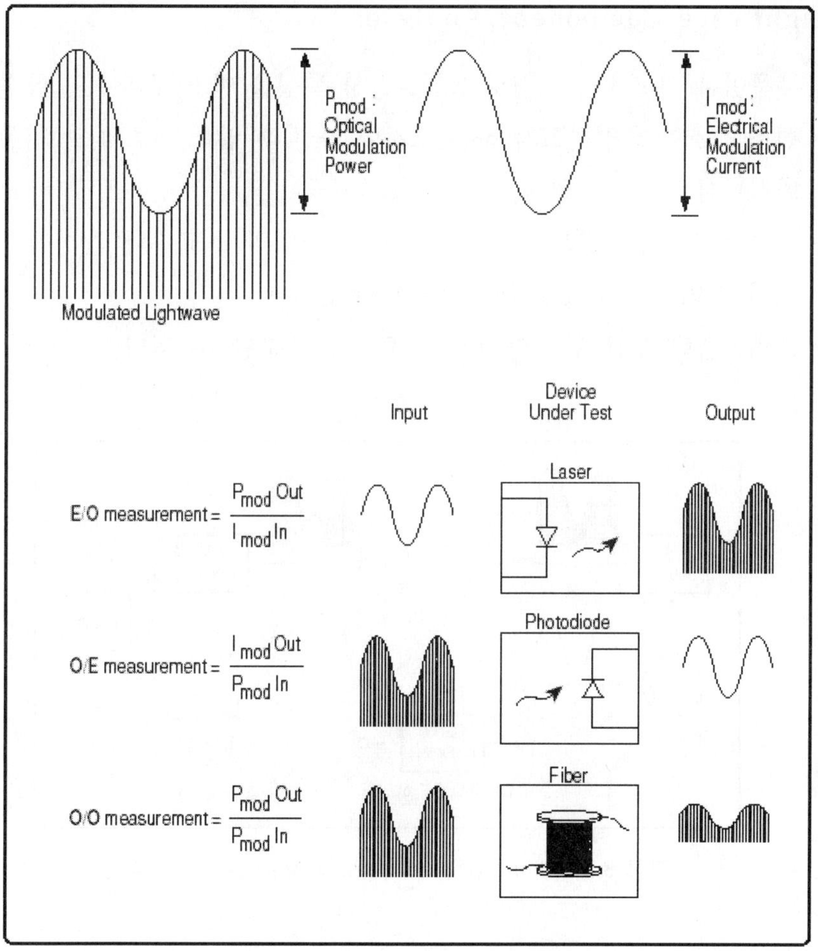

그림 8.19 변조 전달 함수 측정

- E/O 측정 : small signal 전류를 레이저 다이오드와 같은 광원에 인가한 후 변조된 광출력을 측정
- O/E 측정 : 광변조 신호를 포토다이오드와 같은 수신기에 인가한 후 출력되는 전기신호를 측정
- O/O 측정 : 광변조 신호를 광섬유와 같은 광부품에 인가한 후 출력되는 광신호를 측정
- E/E 측정 : 입력 전기신호에서 출력 전기신호까지 전체 링크의 변조 응답특성을 측정

1) Lightwave Component Analyser

① 광부품이나 시스템의 소신호 통과, 반사 특성을 변조 주파수의 함수로 측정

- 변조 신호를 측정하고자 하는 소자에 가한 후 입력 신호와 출력(통과 또는 반사) 신호를 비교한다.
- 이 개념은 전통적으로 전자 소자나 시스템의 초고주파 측정에 사용되어 오던 것임(vector network analyser).
- 입력, 출력 부분에 따라 4가지 종류로 구분할 수 있다.

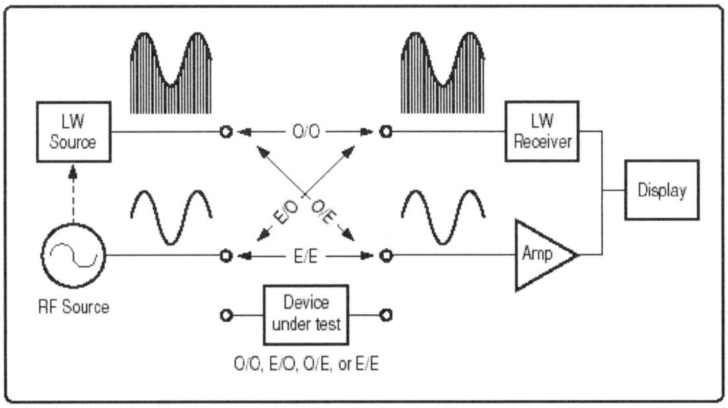

그림 8.20 lightwave component analyser 측정 방법

2) E/O 전달 함수 측정

① 반도체 레이저의 특성 측정에 사용

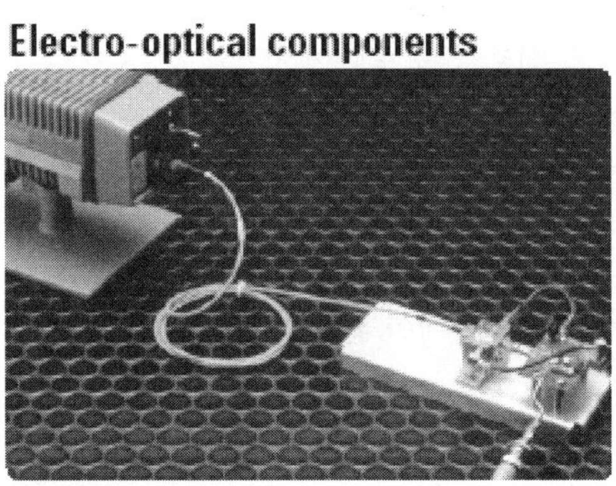

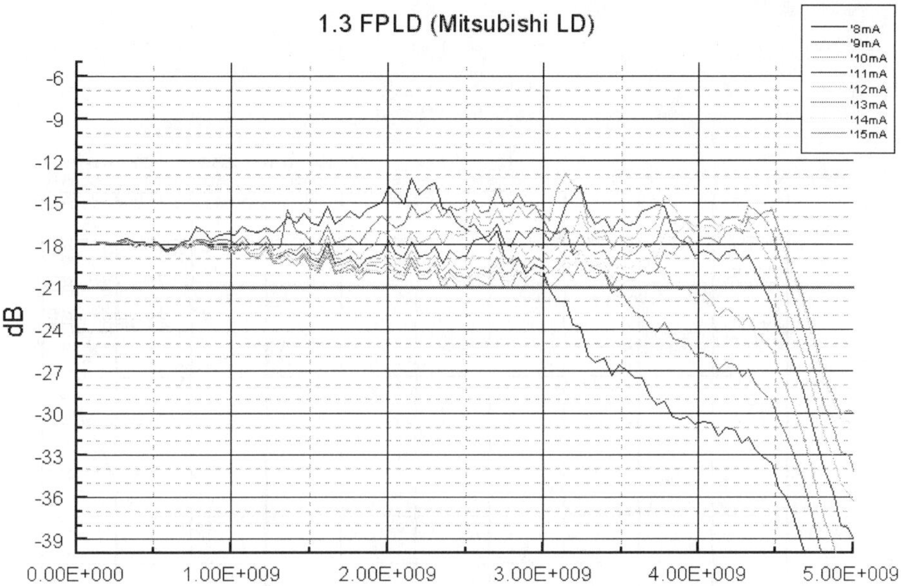

그림 8.21 구동 전류에 따른 FP-LD의 변조 특성 측정

② 측정 예 : LD의 광세기 변조 특성(Intensity Modulation Response)

- 레이저의 주파수 특성은 bias 조건에 의존한다.(일반적으로 bias를 증가시키면 대역폭이 증가한다.)
- 측정 과정

a) 설정 : start와 stop 주파수, sweep 타입 등

b) calibration

c) 광소자 측정

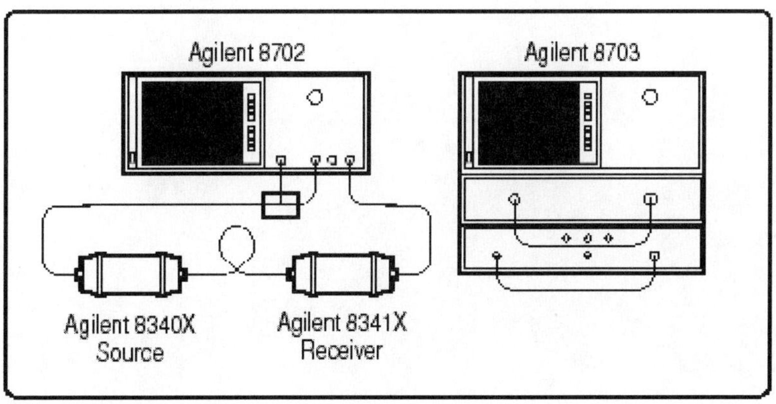

③ 측정 결과

a) DFB-LD

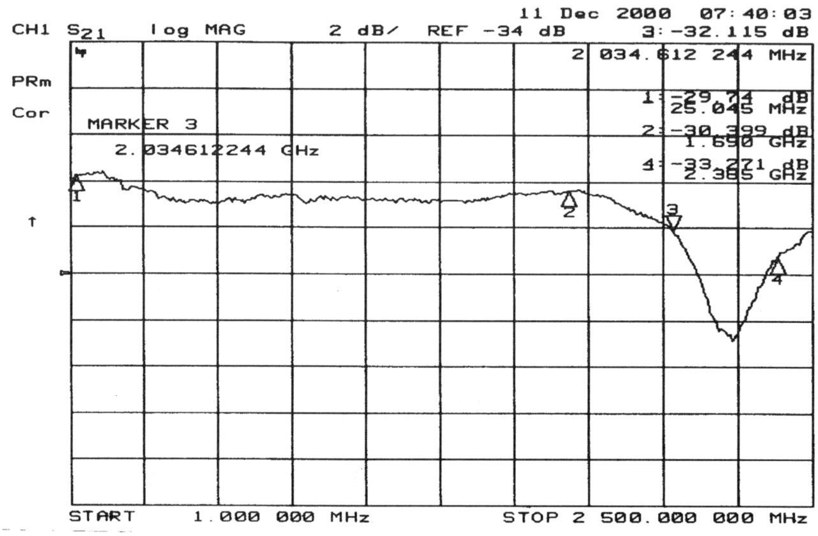

그림 8.22 DFB LD의 변조 특성 측정

주파수 범위 : 1 MHz~2.5 GHz까지 측정

−3 dB 대역폭 : 약 2.0 GHz at I_{bias}=19 mA

* bias 조건이 명시되어야 한다.

b) FP-LD

주파수 범위 : 1 MHz~2.7 GHz까지 측정

-3 dB 대역폭 : 약 1.7 GHz at I_{bias}=28 mA

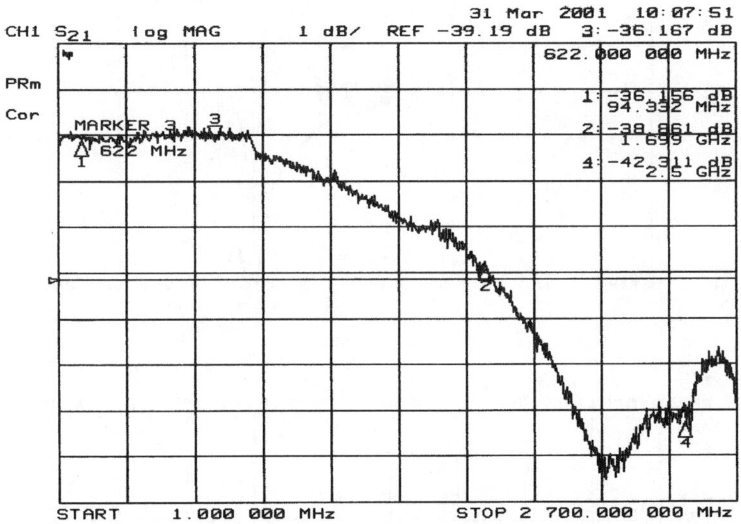

그림 8.23 FP-LD의 변조 특성 측정

3) O/E 전달 함수 측정

① 광수신기, 포토다이오드 측정에 사용

② 측정 예) pin-PD의 주파수 응답 특성

- 기본적으로 레이저 다이오드 측정과 동일하다.
- 측정 결과

  주파수 범위 : 130 MHz~3 GHz까지 측정

  -3 dB 대역폭 : (a) 390 MHz, (b) 1.73 GHz at 1.7 V

  * bias 조건(전압)이 명시되어야 한다.

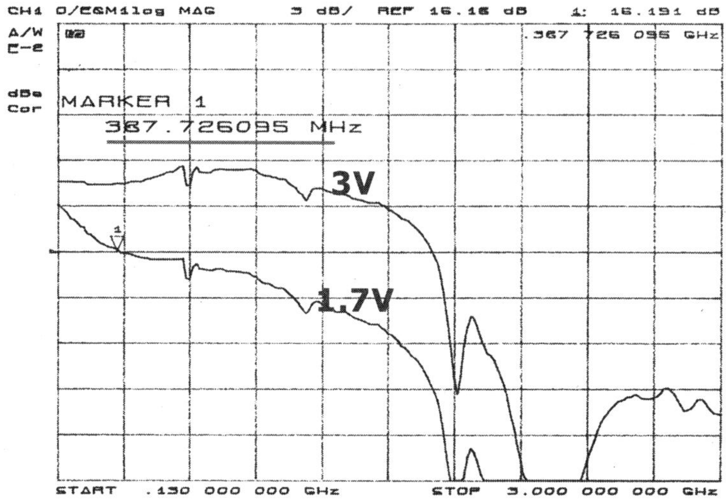

(a)

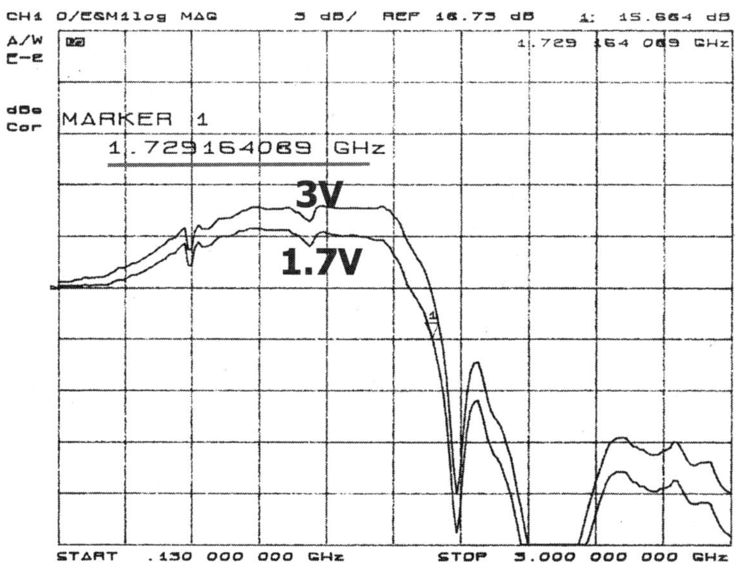

(b)

그림 8.24 pin-PD의 주파수 응답 특성 예

4) O/O 전달 함수 측정

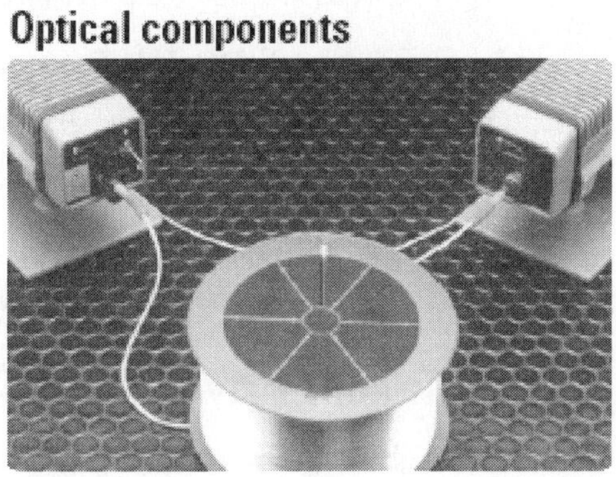

① 광섬유의 색분산 측정에 사용
② 주파수에 따라 광섬유의 위상 변위를 측정하고 이 결과로 광섬유의 group delay를 계산한 다음 광섬유의 색분산을 결정한다.

4.3 변조 신호 분석

① 광통신 시스템이나 부품 설계자는 광신호의 modulation depth, signal strength, distortion, intensity noise 등을 측정 분석하는 데 관심이 있다.
② modulation depth나 distortion은 특히 CATV나 안테나와 같은 여러 개의 RF 신호를 사용하는 아날로그 시스템에서 매우 중요하다.
③ 이러한 측정을 하기 위한 가장 일반적인 장비가 lightwave signal analyzer 이다.

1) lightwave signal analyzer

① 광신호의 변조 스펙트럼을 표시하는 보정된 광수신 시스템

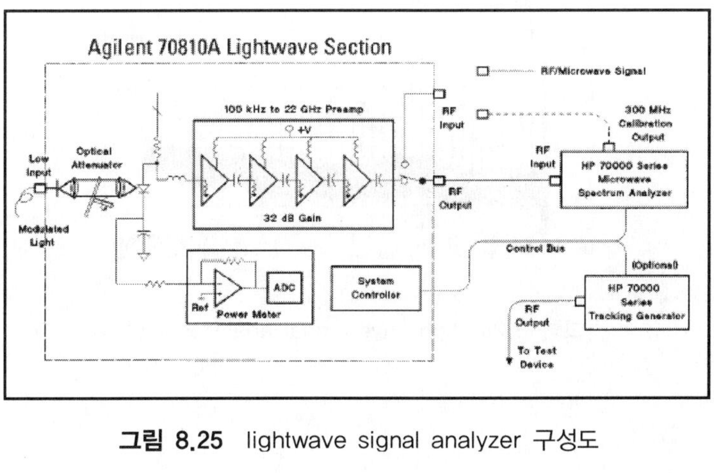

그림 8.25 lightwave signal analyzer 구성도

- 구성 : 광대역 고변환 이득 광변환기+RF spectrum analyzer
- 가변 광감쇠기 : 신호의 overload를 방지
- photocurrent의 DC 성분은 power meter 회로에 의하여 평균 광출력으로 표시되어 변조 신호 측정 결과에 더해진다.

② 측정 단위 표시

- modulation-depth 측정 : 평균 광출력과 비교하기 위하여 dB optical로 측정
- relative intensity noise 측정 : dB electrical로 측정

③ OSA(파장 측정)와 혼동하지 않도록 주의!

2) intensity 변조와 modulation depth

① intensity 변조 측정

- 1개의 변조 신호 : oscilloscope를 기본으로 하는 digital transmission system 사용
- 여러 개의 변조 신호 : lightwave signal analyzer 사용
  (그림 8.26은 측정 예로서 가로축은 변조 주파수를, 세로축은 광출력을 나타냄)

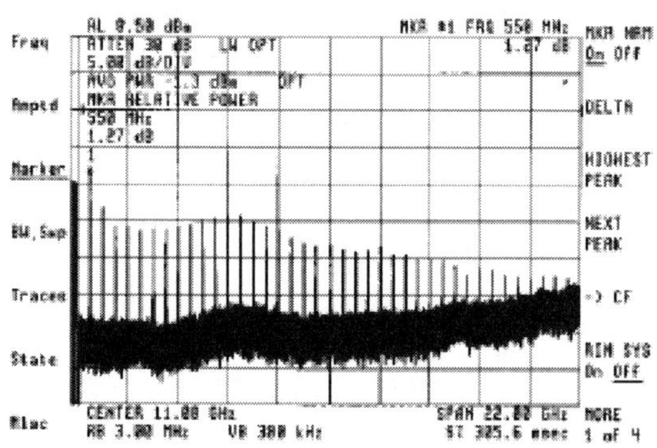

그림 8.26 lightwave signal analyzer 측정 예

② optical modulation depth(OMD) 또는 optical modulation index(OMI)

$$m = \frac{P(f_{\mathrm{mod}})}{P_{AVG}}$$

이때 $P(f_{\mathrm{mod}})$는 최고 광변조 신호를 나타내며, PAVG는 평균 광출력을 나타냄

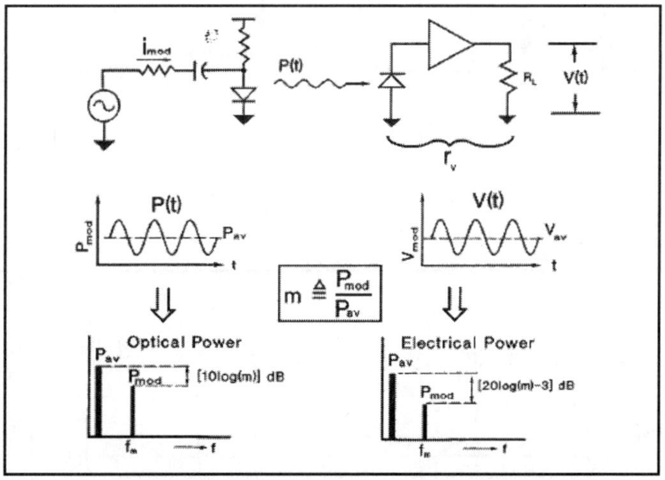

$$P(t) = P_{AVG} + P_{MOD}\cos(2\pi f_m t)$$

Where; P_{AVG} = Average optical power
P_{MOD} = Modulated optical power
f_m = Modulation frequency

그림 8.27 modulation depth 측정

3) distortion

① 전송시스템의 목적은 정보를 가능한 한 정확히 전달하는 것

- linear한 특성이 요구되나 완전한 linear 소자는 존재하지 않음
- harmonic distortion+intermodulation distortion 발생

② harmonic distortion

- 변조 주파수의 신호 세기와 harmonic 주파수 신호 세기의 비

$$HD_x = 10\log\left(\frac{P(xf_{\mathrm{mod}})}{P(f_{\mathrm{mod}})}\right)$$

• 2차 왜곡(HD2), 3차 왜곡(HD3)

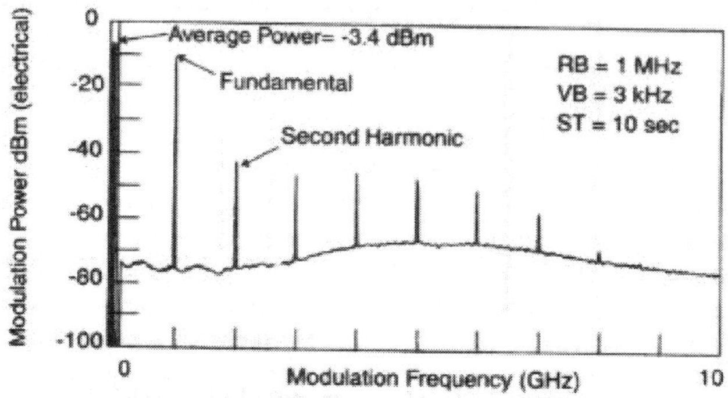

(a)

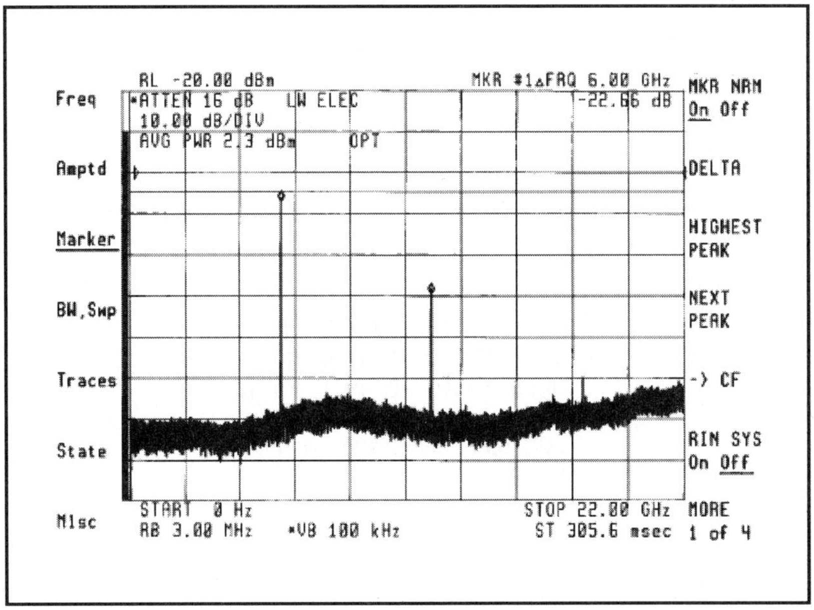

(b)

그림 8.28 harmonic distortion 측정

• marker delta 기능 : −22.66 dB

③ intermodulation distortion

• 두 개의 변조 신호가 상호작용에 의하여 새로운 신호를 생성

• 새로운 신호는 두 신호의 합이나 차가 된다.

- 2차 왜곡(ID_2), 3차 왜곡(ID_3)
- IMD3 : 두 개의 근접한 신호에 의한 3차 왜곡
- composite second order(CSO) 왜곡 : 2차 왜곡의 합
- composite triple-beat(CTB) 왜곡 : 3차 왜곡의 합

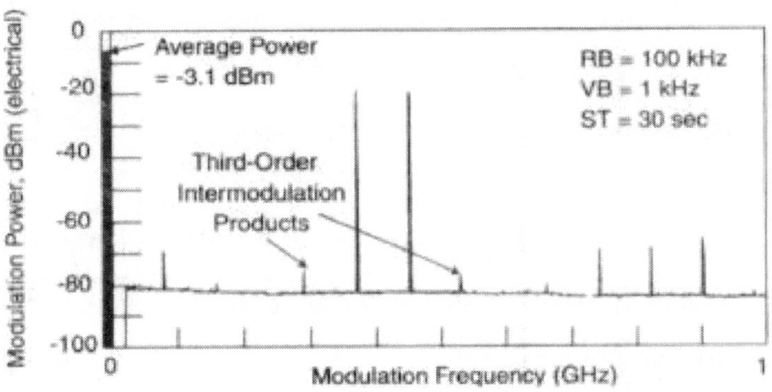

그림 8.29 intermodulation distortion 측정

4.4 intensity 잡음 특성

intensity 잡음 스펙트럼 : SNR에 영향

1) intensity 잡음 측정 방법

① 측정 장비

- lightwave signal analyzer : 가장 일반적으로 사용
- 광수신기 + noise figure meter : 광수신기와 mismatch 손실에 의해 부정확할 수 있음.
- 광수신기 + electric power meter : 잡음을 측정하려는 범위에 맞는 bandpass filter가 필요

② DFB LD 측정 예

- 설정

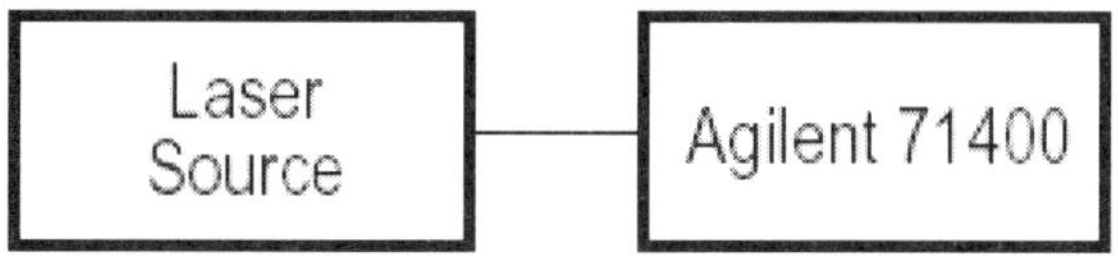

  - start and stop frequencies : 잡음의 전체 스펙트럼을 볼 수 있도록 넓게 설정
  - resolution bandwidth : 측정 해상도이며 전체를 빠르게 측정하기 위하여 measurement span의 1/100 정도로 설정
  - video bandwidth : trace 속도이며 충분히 낮게 설정
  - reference level : 충분히 낮게 설정

- 측정 결과

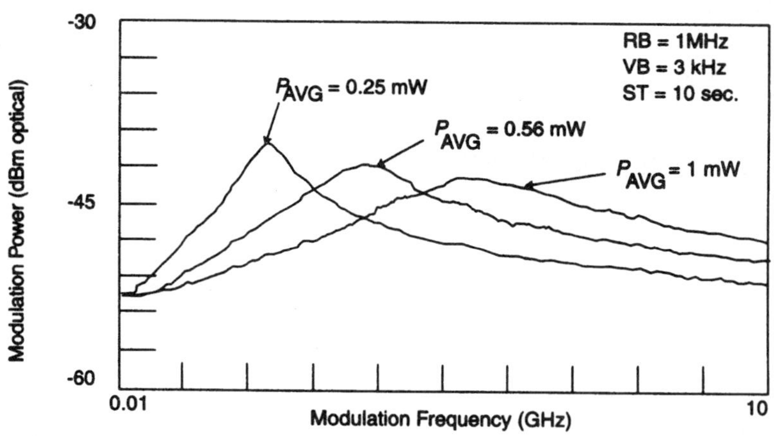

그림 8.30 여러 가지 bias에서의 DFB 레이저 intensity noise 측정

  - 일반적으로 전류나 출력이 증가할수록 intensity 잡음 증가 threshold에서 최대, threshold 이상에서 점차 감소
  - 변조 주파수 특성과 비슷한 형태를 나타냄

2) RIN(Relative Intensity Noise)

① 정의 : SNR과 관련된 중요한 값으로 레이저 다이오드의 품질의 척도이며 다음과 같은 수식으로 정의됨.

$$RIN = \frac{(\Delta P)^2}{(P_{AVG})^2} \text{ dB/Hz}$$

이때 ΔP는 주어진 주파수에서 1Hz 대역폭 내의 광세기 변동을 나타내며 P_{AVG}는 평균 광출력을 나타냄.

② 레이저의 intensity 잡음(RIN)이 주요 잡음 원인인 광전송 시스템에서 SNR을 결정함.

$$\frac{S}{N} = \frac{m^2}{2B \times RIN}$$

이때 m은 modulation index, B는 잡음 대역폭을 나타냄.

③ 측정 시스템에서 다른 잡음도 함께 측정

$$P(measured) = P(laser) + P(shot) + P(thermal)$$

$$RIN(measured) = RIN(laser) + \frac{2q}{I_{dc}} + \frac{P(thermal)}{P_{AVG}(eletrical)}$$

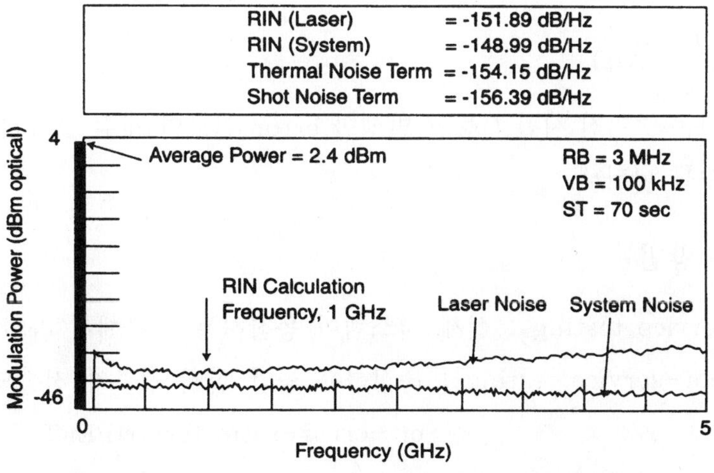

그림 8.31 lightwave signal analyzer를 이용한 RIN 측정

5 디지털 전송(digital modulation) 특성 : BER, Eye diagram, mask, jitter

5.1 디지털 광통신 시스템

① 미국 : 24개의 64 kbps 음성 데이터, 1.544 Mbps(DS-1, T-1)
유럽 : 30개의 64 kbps 음성 데이터, 2.048 Mbps

② 표준화

- SONET(미국) : OC-1, OC-3, OC-12, OC-24, OC-48, OC-192
- SDH(유럽) : STM-1, STM-4, STM-16, STM-64

③ 광통신 시스템에서 신호가 정확히 전달되는지 판단할 수 있는 주요 물리 계층 측정 항목

- Bit-error-ratio testing
- Eye-diagram analysis
- Jitter analysis

5.2 BIT-ERROR RATIO

1) 정의

$$BER = \frac{E(t)}{N(t)}$$

이때 $E(t)$는 주어진 시간 t 동안 발생한 error 신호의 개수, $N(t)$는 전송된 총 신호의 개수를 나타냄.

2) 측정 방법

① In-service testing : 실제 시스템이 동작하는 상황에서 라인 모니터링

② Out-of-service testing : 측정하는 동안 실제 정보가 전송되지 않음
bit-error-ratio tester(BERT)

3) BERT

① 구성

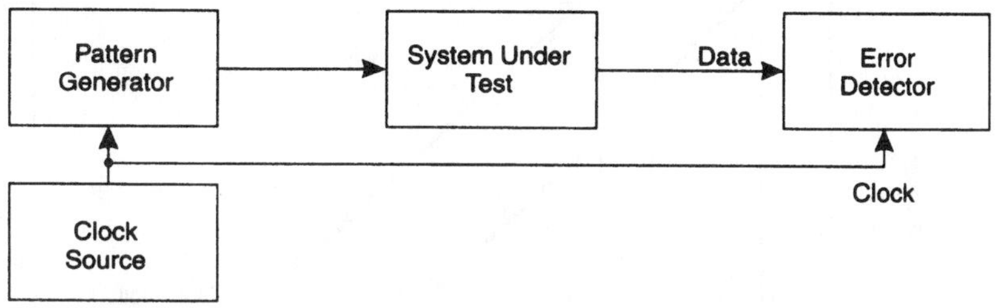

그림 8.32 기본적인 bit-error-ratio 측정기

- pattern generator + error detector로 구성

② test pattern

- PRBS : pseudo-random binary sequence

  패턴 길이가 2^N-1인 신호의 반복(일반적으로 N=7, 10, 15, 20, 23, 31)

  긴 신호일수록 random 신호에 가깝다.

  규정이 없을 경우 $2^{23}-1$를 사용

③ 측정 예

- OC-48 solution

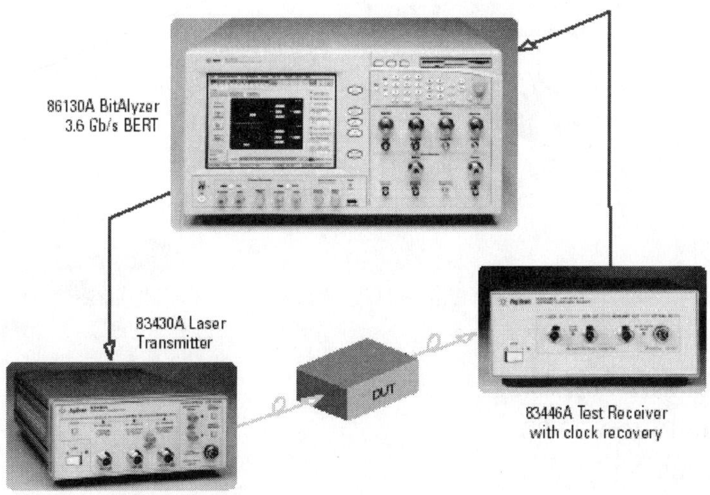

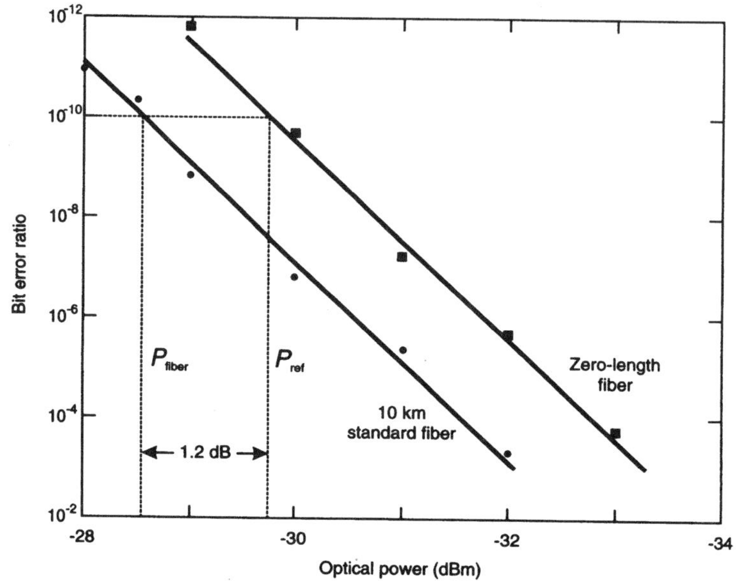

그림 8.33 10km 전송 전후의 BER 대 광출력 그래프

• 광수신기 측정

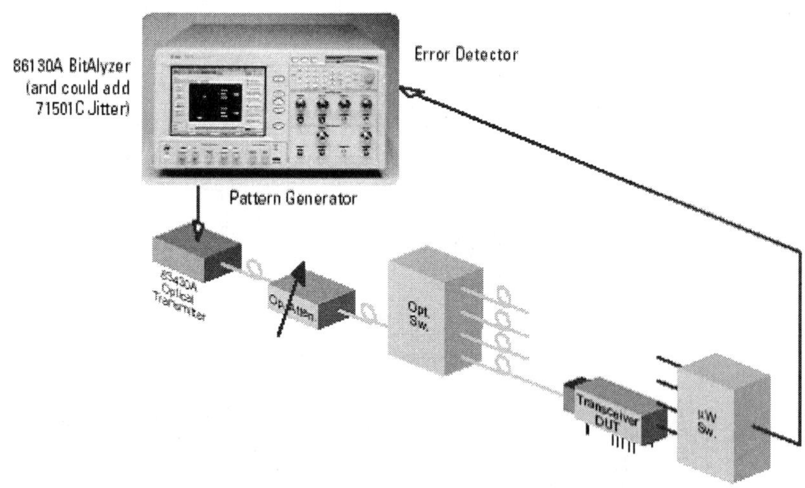

Data Rate : 622Mbit/s

Data Pattern : NRZ

PRBS $2^{23}-1$

5.3 EYE-DIAGRAM ANALYSIS

1) Eye-diagram

① BER 테스트는 전송링크의 품질을 측정하는 데 유용하나 문제점을 찾아 보완하는 데는 어려움.

② 기존의 오실로스코프는 single-value displays

- 실제 통신 신호는 반복 신호라기보다는 1과 0의 불규칙적인 신호로 구성
- 패턴에 의존하는 문제점들(overshoot등)이 존재
- 디지털통신의 파형을 관찰하는 데는 single-value displays가 유용하지 않다.

③ eye diagram(또는 eye pattern)

- 모든 가능한 1과 0의 배합을 중첩시켜 나타냄
- multi-value displays

④ 디지털 오실로스코프의 종류

- real-time sampling : 실제 파형을 나타냄
  A/D 변환기의 속도 제한으로 수 GHz가 한계
- equivalent-time sampling : 파형을 반복 샘플링하여 신호 구현
  고속 신호 측정 가능
  가격이 저렴
  정보의 손실이 있다.

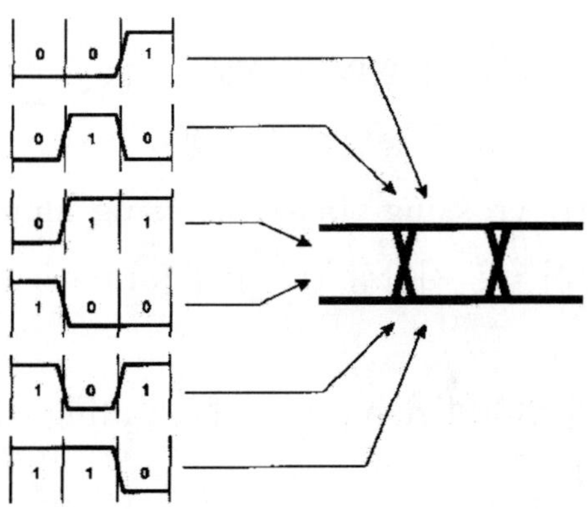

그림 8.34 Eye diagram 개념

2) Eye 변수 분석

① Eye-parameter analysis : 기본적인 파형 특성 측정(rise time, overshoot, jitter 등)

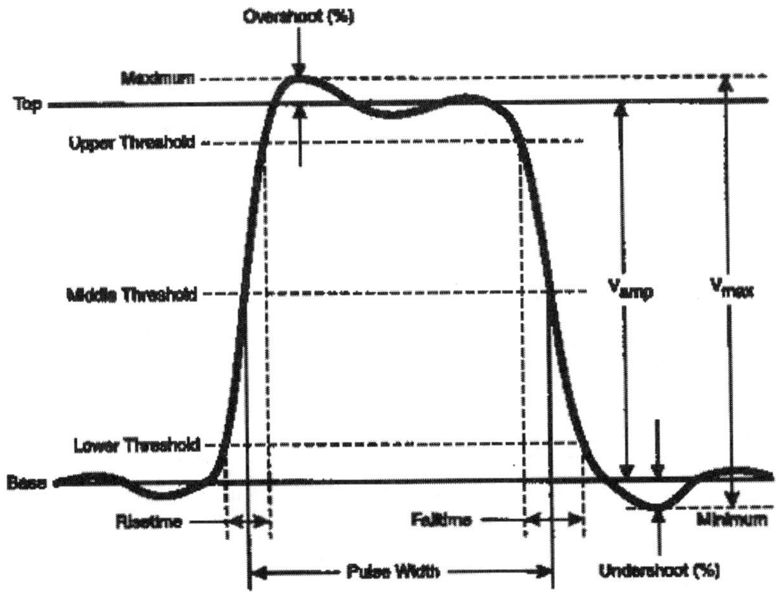

그림 8.35 펄스 변수 정의

- One Level : 논리 1 신호의 평균값을 측정하는 것
  1 신호를 시간축 기준으로 40%에서 60% 사이까지 측정하여 수직 히스토그램 작성
- Zero Level : 논리 0 신호의 평균값
  1 신호와 동일하게 측정
- Eye Crossing : crossing time과 crossing amplitude로 구성
  - bit 구간의 시작은 시간상 rising과 falling edge가 교차되는 점으로 정의
  - 이 점을 찾기 위하여 rising edge에서 falling edge까지 수평 히스토그램으로 분석
  - 이 히스토그램의 평균이 crossing time이고 표준편차가 jitter이다.

- crossing amplitude를 찾기 위하여 같은 윈도우에서 수직 히스토그램을 만든다.

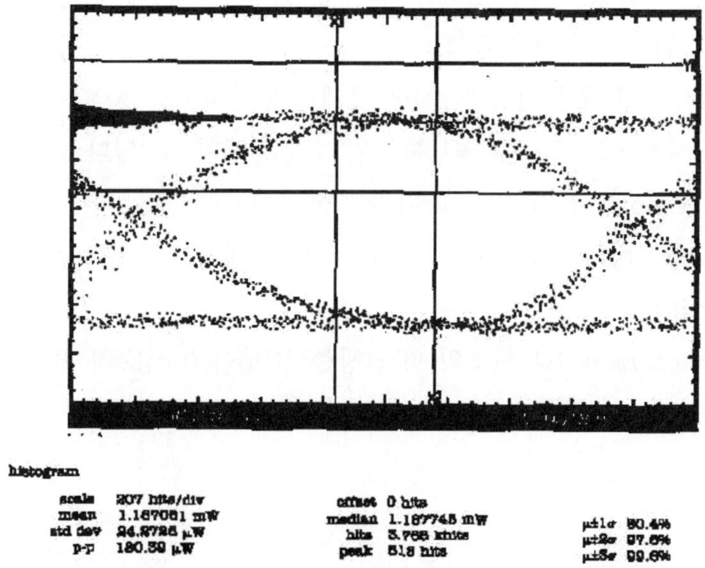

그림 8.36 eye 다이어그램에서 1 레벨의 전압 히스토그램 창

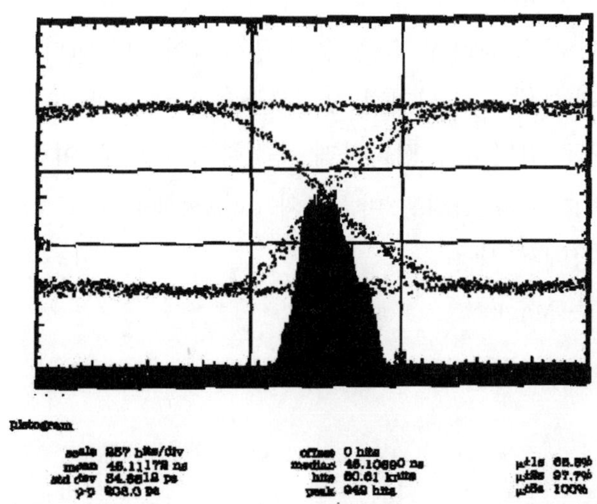

그림 8.37 eye 다이어그램에서 crossing time 히스토그램 창

- Rise Time/Fall Time
  - rise time은 rising edge가 최종 진폭의 10%에서 90%까지 증가하는 데 걸리는 시간으로 정의
  - fall time은 falling edge가 최종 진폭의 90%에서 10%까지 감소하는 데 걸리는 시간으로 정의
  - 광신호의 경우 잡음과 jitter 문제로 통상적으로 20%, 80% 간격을 측정
  - 근사적으로 $T_{10-90} = 1.25 \times T_{20-80}$로 구할 수 있다.
- Overshoot : 1-0 조합에 따라 다르게 나타남.

  overshoot값을 overshoot의 peak 또는 평균으로 구하는 방법이 있으나 주관적임.

② Extinction ratio : 1 신호의 평균 광출력(P_1)을 0 신호의 평균 광출력(P_0)으로 나눈 것

$$ER = \frac{P_1}{P_0}$$

$$EX = 10\log_{10}(ER) \quad \text{---} \quad \text{dB값}$$

- 진폭의 크기를 측정하는 것으로 광통신시스템에서 신뢰성 있게 전송할 수 있는 거리에 영향을 준다.
- 레이저에서 turn-on delay가 발생하지 않도록 0 신호일 경우에도 bias를 가해주며 이로 인하여 적은 양의 광출력이 발생한다.
- 고성능 광수신기 + 디지털 오실로스코프로 측정
- 이론적으로 간단하나 정확하게 측정하기가 매우 어렵다.

③ Mask 측정 : 미리 정의된 마스크와 eye 형태를 비교

- 생산 공정에서 사용
- 산업 표준 Mask

3) 측정 예

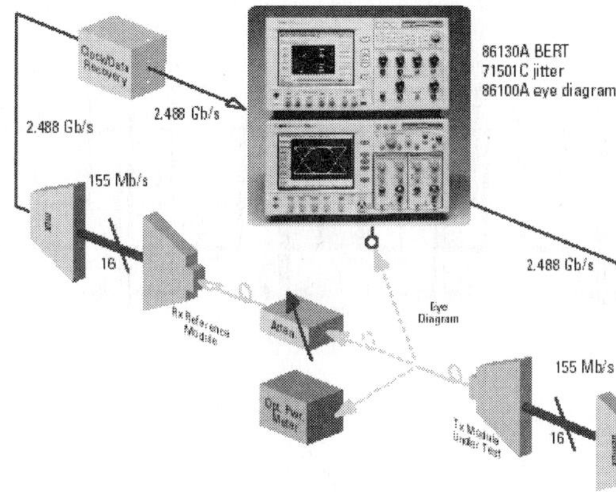

1. Test condition
   - Data rate : 155.52 Mbps
   - Fiber length : 0km, 5km, 10km
   - Temp. : 25℃

Back-to-back

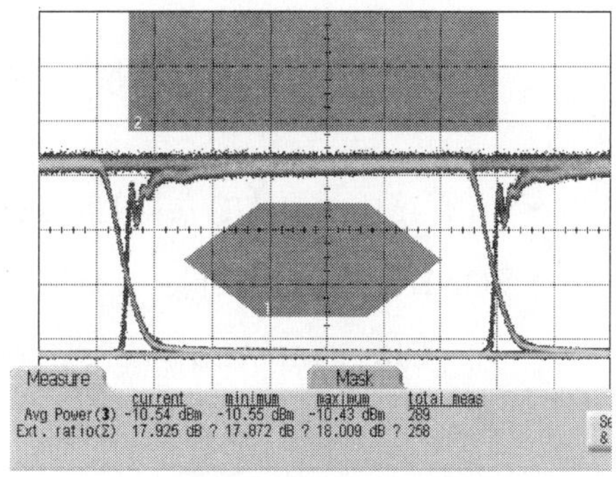

5 km

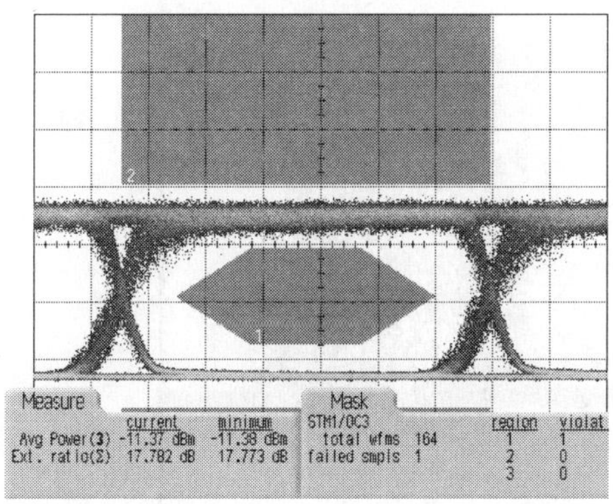

10 km

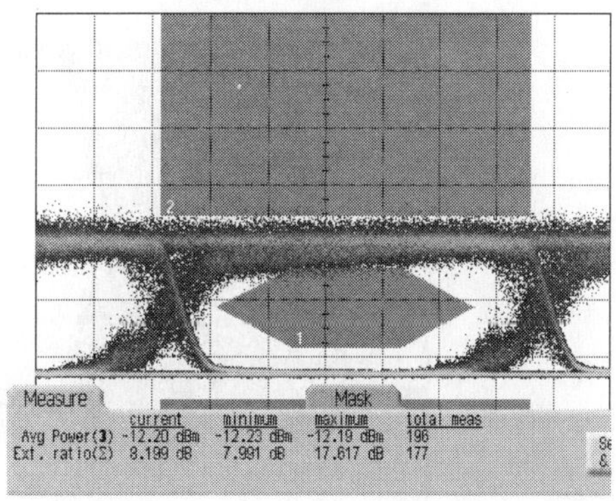

4) JITTER 측정

① Jitter 정의 : 디지털 신호 전송에서 신호의 순간 변화에 따른 짧은 위상변화

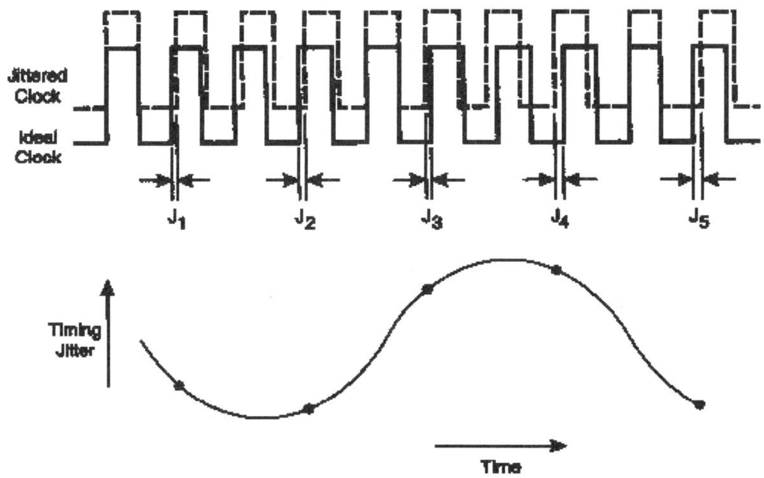

그림 8.38 ideal clock과 jitter clock 비교로 추출한 jitter time 함수

- unit interval(UI) 단위로 표시
- SONET/SDH 장비는 intrinsic jitter가 0.01UI(RMS) 이하를 요구
- Eye Diagram Analyzer로 측정 가능

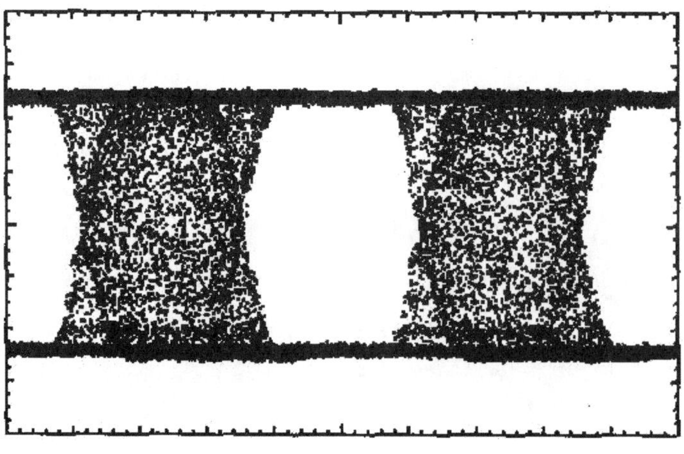

그림 8.39 데이터에 0.5UI의 jitter가 포함된 eye 다이어그램

찾아보기

광통신용 능동소자와 응용

2009년 2월 10일 제1판 1쇄 발행
2010년 10월 05일 제1판 2쇄 발행

저　　자 ◎ **박윤호 · 우덕하 · 이유종 · 이종창**
감 수 자 ◎ **윤 현 재**
발 행 자 ◎ **조 승 식**
발 행 처 ◎ (주) 도서출판 **북스힐**
서울시 강북구 라일락길 36
등　　록 ◎ 제 22-457호

TEL (02) 994-0071(代)
FAX (02) 994-0073
E-MAIL bookswin@unitel.co.kr
www.bookshill.com

값 18,000원

잘못된 책은 교환해 드립니다.

ISBN 978-89-5526-533-0